中核集团核科学与技术研究生规划教材

黑龙江省优秀学术著作出版资助项目

核工程弹塑性力学

戴守通◎编　著

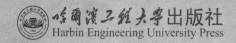

哈尔滨工程大学出版社

Harbin Engineering University Press

内 容 简 介

本书是面向核工程力学专业的应用型教材,主要介绍与核工程力学分析及评价密切相关的弹性和塑性问题基础理论、基本解法和核工程力学分析评价的理论基础,在重视基本理论的基础上,突出核工程应用的特点,以适应我国新型核反应堆工程研发设计的需要。

本书可供核工程力学及相关专业研究生使用,也可供核工程力学专业高年级本科生使用,亦可供核工程研究设计人员参考。

图书在版编目(CIP)数据

核工程弹塑性力学/戴守通编著. —哈尔滨 ：哈尔滨工程大学出版社, 2022.11

ISBN 978-7-5661-3764-7

Ⅰ. ①核… Ⅱ. ①戴… Ⅲ. ①核工程-施工设计-弹性力学-塑性力学 Ⅳ. ①TL371

中国版本图书馆 CIP 数据核字(2022)第 216259 号

核工程弹塑性力学

HEGONGCHENG TANSUXING LIXUE

选题策划　　石　岭

责任编辑　　石　岭　　宗盼盼

封面设计　　李海波

出版发行　　哈尔滨工程大学出版社
社　　址　　哈尔滨市南岗区南通大街 145 号
邮政编码　　150001
发行电话　　0451-82519328
传　　真　　0451-82519699
经　　销　　新华书店
印　　刷　　哈尔滨午阳印刷有限公司
开　　本　　787 mm×1 092 mm　1/16
印　　张　　19.25
字　　数　　459 千字
版　　次　　2022 年 11 月第 1 版
印　　次　　2022 年 11 月第 1 次印刷
定　　价　　69.00 元
http://www.hrbeupress.com
E-mail:heupress@ hrbeu.edu.cn

前　言

　　近十余年来，我国核工程事业发展迅速，特别是第三代核电厂、高温气冷堆核电站以及空间堆、试验快堆、熔盐堆等新型核反应堆研发设计全面展开，这对设计人员的专业素养提出了更高的要求。在十余年的研究生弹塑性力学教学中，笔者发现现有力学教材大都是面向土木工程等非核专业编写的，对核行业特点体现较少，几乎不涉及新型核反应堆关键技术，因而远远无法满足我国核工程研发设计的需要。所以，核行业发展迫切需要一本能够系统全面地讲述核反应堆工程、体现近年来核工程研究新进展的弹塑性力学教材，以适应新时代核工程研发人才培养和行业发展的需要。笔者在十余年来对新型核反应堆工程研发设计的过程中，对新型核反应堆工程的关键技术和需求具有较为深刻的认识，对新入职的从业人员的专业基础也有一定的了解。因此，在上述两方面背景下，笔者撰写了本书。

　　本书是面向核工程力学专业的应用型教材，侧重于核工程力学分析所需要的弹塑性基础理论、基本解法和工程应用之间的系统性联系，突出核反应堆工程应用的特点；针对新型反应堆工程力学分析的需求，特加入了抗震分析和高温蠕变分析的基本理论与方法。

　　本书内容包括弹性力学、塑性力学和数值方法及力学评价基础三大部分，介绍了弹性和塑性问题的基础理论、基本解法、差分法、变分法与有限元法等数值算法的理论基础，以及核工程力学分析与评价的应用基础。

　　本书结合了笔者十余年来的核反应堆研发设计经验和教学经验，借鉴了现有优秀教材的部分内容，在注重基础理论、基本方法的前提下，以核工程研发设计应用为导向，增加了新型反应堆的相关内容，以满足我国核工程事业发展的需要。

　　在成书过程中，中国原子能科学研究院张焕乔院士提出了指导意见，上海核工程研究设计院姚伟达老先生进行了审阅并提出了宝贵意见，中国核工业集团研究生部主任林辉老师全程策划指导，研究生于少博和张帆完成了大量基础性工作，其他领导、老师、同事和朋友也给予了建议并提供了热心帮助。笔者在此一并表示诚挚的感谢！

　　鉴于笔者水平有限，书中错误之处在所难免，恳请广大读者多提宝贵意见和建议，以便再版时修正。

戴守通

2022 年 6 月

目　　录

第 1 篇　弹 性 力 学

第 2 篇 塑 性 力 学

第3篇　数值方法及力学评价基础

第 1 篇　弹 性 力 学

第1章 绪 论

1.1 力学学科体系概述

力学是人类社会七大自然学科(数学、物理学、化学、天文学、地理学、生物学、力学)之一,按物态分为固体力学和流体力学。固体力学包括理论力学、材料力学、弹性力学、塑性力学、断裂力学等。其中,弹性力学是研究弹性体在外力或温度作用下所产生的应力、应变和位移的一门学科。从对象模型的角度出发,弹性力学属于连续介质力学的范畴。

弹性力学的任务和材料力学、理论力学的一样,都是分析各种结构或构件在弹性阶段的应力、应变和位移,校核它们是否具有足够的强度、刚度和稳定性,并寻求改进的方法。然而,这三门学科在研究对象和研究方法上有所不同。

材料力学是在某些假设前提的基础上,主要研究细长梁(长细比一般大于10)在拉压、弯曲、剪切、扭转及其联合作用下的应力、应变和位移,可考虑梁截面内的相对变形。

理论力学是在材料力学的基础上研究杆状构件所组成的结构体系,即杆件系统(如桁架、刚架等),包括非杆状结构(如板壳);把杆件视为刚体,关注杆件之间力和位移的传递关系,不考虑杆件截面内的应力和变形。理论力学以牛顿动力学为基础,研究质点的惯性运动。

弹性力学是以更精确的方法,对材料力学和理论力学所涉及的有关弹性体方面的问题进行更深入的分析,给出更为精确的结果。弹性力学还可以研究挡土墙、堤坝、地基等实体结构。

此外,这三门学科的研究方法也不完全相同。比如对杆件的研究,材料力学可以从静力学、几何学、物理学等方面进行分析,引用了关于变形状态或压力分布的假定。其优点是大大简化数学推演,方便实现求解;缺点是结果往往是近似的,具有较大误差甚至是错误的。弹性力学一般不引用类似假定,而从严格的理论层面出发,得出的结果较为精确;还可以校核材料力学的近似答案,以及对材料力学答案的对错给出判定。其缺点是过分依赖数学推演,使得很多问题都很难得到解答。

比如,对梁在横向载荷作用下的弯曲,材料力学引用平截面假定以及横截面上正应力的线性分布假定。而弹性力学不仅无须引用这些假定,还可以校核材料力学假定是否正确,甚至证明了如果梁的截面尺寸没有远小于梁的长度(非细长杆),那么,梁横截面上的正应力并非线性分布,而是按曲线变化的。所以,当梁不是细长杆时,材料力学给出的最大正应力具有很大误差。

再如,材料力学中计算有小孔的拉伸构件,通常假定拉应力在梁截面上均匀分布,而弹性力学的计算结果表明,净截面上的拉力并非均匀分布,而是在小孔附近发生应力集中,孔边的最大拉应力比平均拉应力大得多,应力集中随着板上的点与孔边距离的增大而快速衰减,在一定距离处才呈现出均匀分布的特性。

弹性力学分为数学弹性力学和实用弹性力学。数学弹性力学注重精确的数学推演,几乎不引用变形状态或应力分布的假定。本书中的弹性力学内容即属于此类。为简化数学推演,实用弹性力学也引用诸如变形状态和应力分布的假定,因而答案也具有一定近似性。从分析方法和求解精度而言,实用弹性力学接近于材料力学,但是,由于其所研究的某些问题比较复杂,同时还要用到数学弹性力学的结果,因此这些研究内容就归入了弹性力学。弹性力学也是塑性力学、断裂力学等学科的基础。

长期以来,各个学科只关注各自领域的研究内容,直至出现了不同学科间的综合应用,才使各学科的联系变得紧密。例如,弹性力学最初并不研究杆件系统,但在引用了理论力学的超静定方法之后,其应用范围得到了极大扩展,使得某些原本无法求解的复杂问题,能够得到解答。这些解答虽然在理论上具有一定的近似性,但对工程应用而言已经足够精确了。

有限元法在 20 世纪快速发展,它将不规则的弹性体划分成有限多个规则的刚体单元,分解为弹性刚度矩阵,将问题转变为理论力学中的力与位移的数学关系,用位移法、力法、变分法进行求解,获得了多个力学学科综合应用的良好效果。

此外,对同一结构的不同构件,甚至对同一构件的不同部分,应具体问题具体分析,通常用弹性力学、理论力学或材料力学求解,可以得到令人满意的答案。

总之,材料力学、理论力学和弹性力学这三门学科之间没有明显的界线,各学科的范围也并非一成不变,不必过分关注学科的分工。不仅如此,还应当充分发挥综合应用的作用,开展多学科跨界研究,才能适应新时代核工业的发展。

弹性力学需满足实际应用的需要。也就是说,与理论研究不同,工程计算不一定非要追求非常精确的计算结果,它允许采用相对简单的计算方法,得到有一定偏差的结果,只要误差能被实际工程所接受即可。实际工程计算中,为了能够实现求解,常常需要降低问题的复杂性,将问题合理简化,甚至采用保守的原则,在保证安全的前提下,兼顾经济性要求,给出适当保守的结果,以满足实际工程需要。

1.2 弹性力学中的基本概念

弹性力学常用的基本概念有外力、应力、变形和位移等。虽然这些概念在材料力学和理论力学中已有介绍,但为夯实基础,仍有必要详细介绍。

作用于物体的外力可分为体积力和表面力,分别简称为体力和面力。体力是在物体体积内任一点都有分布的力,如重力、惯性力、电磁力等。物体内不同部位受到的体力往往是不同的,为了表明物体在某点 P 所受体力的大小和方向,取包含该点的一小部分,设其体积

为 ΔV,如图 1-2-1 所示。

设作用于该点的体力为 ΔF,则体力的平均集度为 $\Delta F/\Delta V$,如果 ΔV 不断减小,则 ΔF 和 $\Delta F/\Delta V$ 都将不断地改变大小、方向与作用点。令 ΔV 无限减小而趋于 P 点,假定体力连续分布,则有

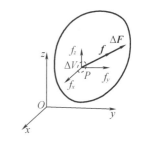

$$\lim_{\Delta V \to 0} \frac{\Delta F}{\Delta V} = f$$

图 1-2-1 体力示意图

极限矢量 f 就是该物体在 P 点所受体力的集度,因为 ΔV 是标量,所以 f 的方向即为 ΔF 的极限方向。极限矢量 f 在坐标轴 x、y、z 上的投影 f_x、f_y、f_z 称为该物体在 P 点的体力分量,其方向以坐标轴正向为正,负向为负。显然,体力的量纲为 $L^{-2}MT^{-2}$(L:长度量纲,M:质量量纲,T:时间量纲)。

面力是指分布在物体表面上的力,如流体压力和接触力。物体在其表面上不同的点所受的面力往往是不同的。为表示该物体在其表面上一点 P 所受面力的大小和方向,取包含该点的一小部分(表面积为 ΔS),如图 1-2-2 所示。

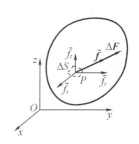

设作用于该面的面力为 ΔF,则面力的平均集度为 $\Delta F/\Delta S$。令 ΔS 无限减小而趋于 P 点,假定面力连续分布,则有

$$\lim_{\Delta S \to 0} \frac{\Delta F}{\Delta S} = \bar{f}$$

图 1-2-2 面力示意图

极限矢量 $\bar{f}$ 即为物体在 P 点所受面力的集度,因为 ΔS 是标量,所以 $\bar{f}$ 的方向就是 ΔF 的极限方向。极限矢量 $\bar{f}$ 在坐标轴 x、y、z 上的投影 f_x、f_y、f_z 称为该物体在 P 点的面力分量,其方向以沿坐标轴正向为正,负向为负。显然,面力的量纲是 $L^{-1}MT^{-2}$。

物体受外力或温度改变的作用,其内部将产生内力。为了研究物体在某点 P 处的内力,假想用过 P 点的截面 mn 将物体分为 A、B 两部分。假想将 B 部分抛弃,如图 1-2-3 所示。

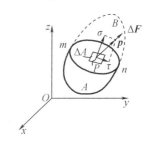

显然,抛弃的部分 B 将在截面 mn 处对留下的部分 A 产生一定的内力。取该截面上包含 P 点的一小部分,其面积为 ΔA,设作用于 ΔA 上的内力为 ΔF,则内力的平均集度,即平均应力为 $\Delta F/\Delta A$。令 ΔA 无限减小而趋于 P 点,假定内力连续分布,则 $\Delta F/\Delta A$ 将趋于某个极限 p,即

图 1-2-3 应力分解示意图

$$\lim_{\Delta A \to 0} \frac{\Delta F}{\Delta A} = p$$

极限矢量 p 即为物体在截面 mn 上 P 点的应力,因为 ΔA 是标量,所以应力 p 的方向就是 ΔF 的极限方向。

任一截面的应力 p,可以分解为沿坐标方向的分量 p_x、p_y、p_z,也可以分解为沿截面法向

和切向的分量,即正应力(σ)和切应力(τ),如图 1-2-3 所示。需要注意的是,应力分量只是数学概念,不代表应力的物理含义。而正应力和切应力则是与物体的应变及材料强度密切相关的。应力的量纲为 $L^{-1}MT^{-2}$。

显然,物体内点 P 位置不同,其截面上的应力也不同。为了分析任意一点的应力状态及各截面上应力的大小和方向,取该点处物体的一个微小正平行六面体,它的棱边分别平行于坐标轴,长度分别是 $P_x = \Delta x, P_y = \Delta y, P_z = \Delta z$。每一面上的应力又可分解为一个正应力和两个切应力,分别与坐标轴平行,如图 1-2-4 所示。所不同的是,需要使用两个下标,才能表明应力的作用面和作用方向,第一个下标表示应力所在面的法线方向,第二个下标才是应力的作用方向。不管正应力、切应力,还是任何应力,都具有这个特性,这是由应力的属性决定的。

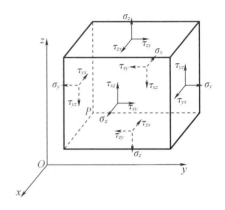

图 1-2-4　点的应力状态示意图

应力是内力的一种度量且成对出现,因此必须明确应力分量的正负号,如果某个截面上的外法线沿坐标轴正向,则这个截面就称为坐标面的正面,该截面上的应力分量以沿坐标轴正向为正,负向为负。相反,如果某截面上的外法线沿坐标轴负向,则这个截面就称为坐标面的负面,该截面上的应力分量以沿坐标轴负向为正,正向为负。

总之,在直角坐标系中,需要两个方向共同决定应力方向,即应力所在面的法向和应力矢量方向,当这两个方向相同时,应力为正值,否则为负值。据此规定,图 1-2-4 的应力分量都是正值。

对于正应力,上述正负号的规定和材料力学中的规定完全相同,即拉应力为正,压应力为负。但对于切应力来说,该规定和材料力学规定不完全相同。

另外,六个切应力之间还具有确定的互等关系。例如,以连接正平行六面体前后两面中心的直线 ab 为轴,列出力矩平衡方程为

$$2\tau_{yz}\Delta z\Delta x\frac{\Delta y}{2} - 2\tau_{zy}\Delta y\Delta x\frac{\Delta z}{2} = 0$$

同样可以列出其余两个相似的方程,从而得到

$$\tau_{yz} = \tau_{zy}, \tau_{zx} = \tau_{xz}, \tau_{xy} = \tau_{yx}$$

此即切应力互等,含义是作用在两个互相垂直的面上,并且垂直于两面交线的切应力是互等的(大小相等,正负相同),因此切应力标记中的两个下标是可以互换的。

如果采用材料力学中的正负号规定,则切应力互等关系为

$$\tau_{yz} = -\tau_{zy}, \tau_{zx} = -\tau_{xz}, \tau_{xy} = -\tau_{yx}$$

为方便推导,上述论述没有考虑不同位置处应力分量的不同,而是把六面体中的应力分量当作均匀应力,且没有考虑体力作用。实际上,即使考虑上述两种因素,仍然可以推导出切应力互等定理。

后续还将证明,对于物体上的任意一点,如果已知 σ_x、σ_y、σ_z、τ_{xy}、τ_{yz}、τ_{zx} 六个应力分量,就

可以求得经过该点的任意斜截面上的正应力和切应力,进而求得该点最大和最小的正应力、切应力及其对应的截面方位。因此,上述六个应力分量完全可以确定一个点的应力状态。

应变表示一种相对于初始状态的改变量,包括线应变和切应变。线应变和切应变分别表示长度的改变与两线段夹角的改变。

物体变形后,线段的长度及线段之间的夹角都将发生改变。各线段长度的相对改变,包括伸长和缩短,称为线应变或正应变。各线段之间的直角的改变称为切应变。

正应变以伸长为正,缩短为负,如 ε_x 表示 x 方向线段的正应变。与正应力的正负号规定相适应,切应变用字母 γ 表示,如 γ_{yz} 表示沿 y、z 两个方向的两条线段之间夹角的改变。切应变以直角变小为正,变大为负。正应变与切应变都是量纲为 1 的量。

同样可以证明,对于物体上的任意一点,如果已知六个应变分量,就可以求得过该点的任意线段的正应变,也可以求得经过该点的任意两个线段之间的角度的改变,因此这六个应变分量也可以完全确定该点的应变状态。

位移表示位置的改变。物体内任意一点的位移,用它在坐标轴 x、y、z 上的投影 u、v、w 表示,以沿坐标轴正方向为正,沿坐标轴负方向为负。这三个投影称为该点的位移分量,因而都是位置坐标的函数。

1.3 弹性力学基本假定

在弹性力学求解中,通常是已知物体的结构形式、弹性常数、约束方式及物体所受的载荷(如体力、面力等),进而求解结构应力分量、应变分量和位移分量。为了由弹性力学问题的已知量求出未知量,必须确立已知量与未知量以及各个未知量之间的关系,进而导出相关方程。针对导出的方程,可以从三个方面进行分析:一是应力、体力及面力之间的静力学关系;二是应变、位移和边界位移之间的几何学关系;三是应变与应力之间的物理学关系。

在构建上述方程时,如果精确考虑各方面的因素,则导出的方程将非常复杂且无法求解。因此,通常按照研究对象的性质和求解问题的范围做一些基本假定,略去一些影响微小的次要因素,使方程求解成为可能。本书大部分章节均基于如下假定展开。

1.3.1 连续性假定

假定整个物体的体积都被组成这个物体的介质所填满,不留任何空隙,这样,物体内的一些物理量如应力、应变、位移等都是连续的,才可能用坐标的连续函数来表达它们的变化规律。实际上,一切物体都是由微粒组成的,严格来说都不符合连续性假定。但是,只要微粒的尺寸及相邻微粒之间的距离与物体的尺寸相比小得多,那么,采用连续性假定,就不会引起太大误差。

1.3.2 完全弹性假定

假定物体完全服从胡克定律,并且应变与相应内力分量成比例,反映该比例关系的系数(弹性常数)不随应力或应变的大小而改变。具体来说,当应力分量增大了若干倍时,应变也增大了若干倍,当应力分量减小到某个数值时,应变也减小到相应数值。当应力分量改变符号时,应变也改变符号,而且二者仍然保持同样的比例关系。由材料力学可知,在应力未超出比例极限以前,脆性材料可以近似视为完全弹性体,在应力未达到屈服极限以前,塑性材料也可以近似视为完全弹性体。

1.3.3　均匀性假定

如果整个物体是由同种材料均匀排布组成的,那么物体所有部位具有相同的弹性,弹性常数不随位置的不同而改变,当取出物体的任意一部分来分析时,分析结果可以用于整个物体的任意部分。如果物体是由两种或两种以上材料组成的,则只要每种材料的颗粒尺寸远远小于物体尺寸,而且在物体内均匀分布,那么,这个物体就可以视为是均匀的。

1.3.4　各向同性假定

假定物体内任意一点的弹性属性在各个方向都相同,物体的弹性常数不随方向而变。显然,木材和竹子都不符合各向同性要求,至于钢材,虽然它含有各向异性的晶体,但由于晶体很微小,并且是随机排列的,所以钢材的弹性实际上可以理解为无数微小晶体随机排列的宏观弹性,因而可以认为是各向同性的。

符合以上四个假定的物体,称为理想弹性体。

1.3.5　小变形假定

假定物体受力以后,整个物体所有各点的位移都远远小于物体原来的尺寸,因而线应变和角应变都远小于1,也就是说,物体变形非常微小,因而构建物体变形后的平衡方程时,就可以用变形前的尺寸来代替变形后的尺寸,得到的结果不至于有很大的误差;并且,在考察物体的应变及位移时,转角和应变的二次及更高次幂可以忽略不计,这才使得弹性力学的微分方程简化为线性方程成为可能。

上述假定中的连续性假定、完全弹性假定加上牛顿定理,构成了弹性力学的理论基础,以此为支柱所形成的弹性力学理论构架,成为连续介质力学众多分支的基本模式。至于其他假定,包括某些教材提及的无初始应力假定等,都不对弹性力学的基本构架产生本质影响,可用来简化问题。

本书所讨论的问题,绝大部分都是理想弹性体的小变形问题。

1.4　弹性力学发展简史

人类利用材料弹性的历史可以追溯到 2 500 年前。公元前 4 世纪战国初期,我国思想家墨子在《墨经》中提出力、杠杆、重心等概念。而西方静力学先驱阿基米德也在约公元前 2 世纪发现了力平衡理论,14 世纪时,达·芬奇完善了该理论。

　　我国东汉经学家郑玄提出过变形与受力成正比的论述,可谓是类似胡克定律的最早记录。西方对弹性力学系统的研究源于17世纪。1678年,胡克通过实验发现了弹性体的变形与受力之间的比例关系。1687年,牛顿发表了《自然哲学的数学原理》,确立了三大运动定律,标志着经典力学的诞生。数学的迅速发展为弹性力学的建立奠定了基础。1727年,伯努利建立了弦的振动方程,得出了张力和伸长量的关系。18世纪中期,伯努利和欧拉建立了受压柱体的微分方程及失稳公式。

　　19世纪中叶,完整的弹性力学理论体系构建成型。柯西和纳维是公认的弹性力学理论奠基人。圣维南给出了大量经典弹性力学问题的解。1820年,纳维从分子微观理论出发,建立了各向同性弹性体的运动方程,堪称连续介质力学奠基性的工作。柯西随后发表了一系列论文,给出了应力和应变的严格定义,导出了六面微元体平衡微分方程,建立了应变和位移之间的几何关系,推论了各向同性材料、各向异性材料的广义胡克定律。1838年,格林证明了各向异性材料有21个独立的弹性常数。这些工作为弹性力学奠定了坚实的理论基础。

　　弹性力学建立了许多重要理论,提出了许多有效的计算方法,得到了许多典型的解。1855—1856年,圣维南提出了求解弹性力学的半逆解法,以及著名的局部小边界处理原理即圣维南原理,其理论解与实际非常吻合。1862年艾里在弹性力学平面问题中引入应力函数,有效扩大了弹性力学问题的可解范围。1898年基尔施解决了小圆孔附近的应力集中问题。这个时期的理论成果主要是建立了弹性力学各种能量原理,提出了近似解法。在弹性力学基本方程建立后不久,人们提出了弹性体的虚功原理和最小势能原理。贝蒂证明了功的互等定理,瑞利和里兹分别从弹性体的虚功原理与最小势能原理出发,提出了著名的瑞利-里兹法。1915年,伽辽金提出了弹性力学近似方法。铁木辛柯出版了《材料力学》《弹性力学》《结构力学》等20部著作。勒夫出版了《弹性的数学理论教程》,系统总结了20世纪以前弹性力学的全部成果,肯定了弹性力学的重要作用,该书在经典弹性理论中影响巨大。勒夫还奠定了薄壳理论基础,首次将弹性原理系统应用于地球物理学。穆斯赫利什维利致力于用复变函数求解弹性力学问题,建立了一套完整的理论和求解体系,这是有限元法普遍使用之前解决工程问题的首选,有力地推动了弹性力学的深入发展。

　　20世纪以来,在经典弹性力学继续发展的同时,许多复杂问题得到了深入研究。1907年冯·卡门提出薄板大挠度问题,此后,他又和钱学森提出薄壳的非线性稳定问题以及大应变问题。这些工作为非线性弹性力学发展做出了重要贡献。

　　同时,弹性力学与其他学科相结合,形成了如非线性弹性力学、非线性板壳理论、热弹性力学各向异性和非均匀体的弹性力学、黏弹性理论、水弹性理论和气动弹性力学等新的分支。这个时期弹性力学问题的解法也有很大进步。1932年,麦克斯韦提出的弹性力学微分方程的差分解法得到了广泛应用。之后相继提出了加权残数法、有限元法、边界单元法、半解析半数值法,为弹性力学解决工程实际问题提供了强有力的工具。另外,在两类变量的广义变分原理的基础上,我国学者胡海昌于1954年首先提出了三场广义变分原理,日本鹫津久一郎于1955年也推出这一原理,因此人们就称这一原理为胡海昌-鹫津久一郎变分原理(Hu-Washizu变分原理)。该原理为有限元法和其他数值方法的发展奠定了坚实的理论基础。1983 年,我国力学家钱伟长提出了更具有普遍意义的三场变分原理,Hu-Washizu变分原理只是其中的特例。

21 世纪初,北京大学王敏中彻底解决了三个平衡微分方程和六个应力协调方程的"六个应力分量与九个方程"之间的矛盾问题,并把百年来关于弹性力学通解的众多的研究结果提升到新的高度,打通了各种通解之间的联系,统一解决了通解的完备性问题,为通解的应用奠定了坚实的理论基础。

随着计算手段的丰富和工程应用的蓬勃发展,弹性力学作为基本理论将不断深入发展,在工业技术和自然科学发展等方面继续发挥重大作用。

1.5 工程力学问题的简化

工程力学问题建立力学模型,一般需要从结构、载荷和材料三方面进行简化。

1.5.1 结构简化

结构简化,如三维空间问题向二维平面问题的简化、三维空间问题向轴对称问题的简化,以及实体结构向板壳结构的简化。

1.5.2 载荷简化

载荷简化,比如根据圣维南原理,把载荷分布不明确的边界上的复杂力系简化为分布明确的简单力系,也包括约束条件简化,不改变其实质的前提下,把一些约束关系进行相应处理。

1.5.3 材料简化

材料简化,是根据各向同性、连续性、均匀性等假定进行简化,从而方便力学模型向数学模型转化。

要得到一个工程问题的解答,首先要根据已知条件进行力学建模,然后再根据力学模型求解数学问题,得到力学问题的解答。力学模型需要对结构、载荷和材料进行合理简化,而数学建模是工程力学求解的核心,数学模型合理与否直接影响到该问题能否得到解答,以及结果精度如何。与其他工程学科不同的是,力学学科除了要准确计算之外,还需要对结果进行评价。而要得到正确合理的计算结果,往往需要经过多次分析优化。

在上述数学基础上进行求解,即得到数学解答,但计算结果的正确性,往往需要进行理论检验或试验验证,如果发现求解有误,则需重新求解,这个反复改进的过程,是力学求解的常态。

另外,数学意义上的正确解,不一定都是工程意义上的正确解,即不一定具有工程实用价值。例如,振动方程的解并不一定与结构实际振动形态相对应,此时就需要对数学解进行判断鉴别,去伪存真,从而得到具有工程实用价值的有用解。

不是所有工程力学问题都能够得到解答,许多典型问题需要借助实验手段才能完好解决。当然,也存在一些力学问题至今尚未得到解答。

数学弹性力学的公式推导比较繁杂,公式意义不很明确,因此初学者会感到困难。在学习过程中,我们不要过分拘泥于细节,应着眼于推导的主要过程。

参 考 文 献

[1]　徐芝纶.弹性力学(上册)[M].5版.北京:高等教育出版社,2016.

[2]　杨桂通.弹塑性力学引论[M].2版.北京:清华大学出版社,2013.

[3]　王敏中,王炜,武际可.弹性力学教程[M].北京:北京大学出版社,2002.

[4]　武际可.力学史[M].重庆:重庆出版社,2000.

[5]　老亮.中国古代材料力学史[M].长沙:国防科技大学出版社,1991.

[6]　黄筑平.连续介质力学基础[M].北京:高等教育出版社,2003.

第2章　弹性力学基本理论

2.1　点的应力与应变状态

2.1.1　张量的基本概念

由于对自然现象认识的加深和生产生活的需要,人类对一些物理概念的认识也逐步走向深入。原始人结绳记事,会使用一个量表达某个概念,即标量。当用一个量无法表达更复杂的概念比如方位时,就需要使用两个甚至三个量表达一个概念,即矢量。而随着科学技术的发展,一些更加复杂的概念比如应力,用两三个量也无法表达清楚其确切含义,此时就需要用更多的量去表达,在这种情况下,张量就应运而生了。

张量的概念最初来源于力学上张力的概念。人们发现,如果要把一点的应力状态表述清楚,涉及更多的维度,需要更多的量。具体而言,必须对一点上微小六面体的各个面上的应力都进行定义(每个面上都有 1 个法向应力和 2 个切向应力(图 1-2-4)),共需要 18 个量才能完好地表达应力的概念。

应力张量为二阶对称张量,共九个应力元素。显然,N 阶张量共有 3^N 个元素,这样就把标量、矢量和张量统一起来了。

由图 1-2-4 可知,指向同一棱边的两个切应力存在互等关系,可见应力张量为二阶对称张量,在平行于微元体六个面中任一个面的截面内,其正应力和切应力都自成平衡,所以,只需要三个正应力和三个切应力就能把一点的应力张量 $\boldsymbol{\sigma}_{ij}$ 表达清楚,即

$$\boldsymbol{\sigma}_{ij} = \begin{pmatrix} \sigma_x & \tau_{xy} & \tau_{xz} \\ \tau_{yx} & \sigma_y & \tau_{yz} \\ \tau_{zx} & \tau_{zy} & \sigma_z \end{pmatrix}$$

2.1.2　一点的应力状态

在三维空间中,通过一点的任一截面均对应一个应力张量,显然,一点的应力状态可以通过无数多的应力张量来表示,换句话说,这些无数多的应力张量构成了该点的应力状态。

物体受力的作用时,其内部应力的大小和方向不仅随截面的方位而变化,而且在同一截面上的各个点的应力大小和方向也不一定相同。虽然通过物体内一点可以做出无穷多个不同的截面,但其中一定存在三个互相垂直的截面(在该截面上只有正应力没有切应力),用这三个截面表达的某点上的应力,即为该点的应力状态。

可以证明,无论一点处的应力状态如何复杂,最终都可用切应力为零的互相垂直截面

上的三对正应力即主应力表示。若三对主应力均不为零,则称该点的应力状态为三向应力状态;若只有两对主应力不为零,则称该点的应力状态为二向应力状态或平面应力状态;若只有一对主应力不为零,则称该点的应力状态为单向应力状态。

为简单起见,本书首先以平面问题为例,导出一点应力状态中的主应力及其主方向等重要参数与应力分量之间的关系式,然后再扩充到三维空间,并得到相应关系式。

1. 平面问题中一点的应力状态

已知平面直角坐标系中一点 P 的应力分量为 σ_x、σ_y、τ_{xy},如图 2-1-1 所示。在该平面内临近 P 点有一斜边 AB,试求出该斜边上的正应力、切应力及其方位。

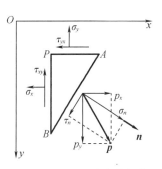

图 2-1-1 平面直角坐标点的应力状态

显然,在斜边 AB 与 P 点构成的三角形 PAB 中,当 P 点与 AB 无限接近时,斜边 AB 上的应力即上述斜截面上的应力。

设斜边 AB 的外法线为 $\boldsymbol{n}$,假定外法线顺时针旋转到相应坐标轴所扫过角度的余弦为其方向余弦,则在直角坐标系中,有

$$\cos(\boldsymbol{n},x) = l$$
$$\cos(\boldsymbol{n},y) = \sin(\boldsymbol{n},x) = m$$

应力 $\boldsymbol{p}$ 在 x、y 轴上的投影分别为 p_x、p_y,设 AB 长为 ds,则直角边 PB 和 PA 长分别为 lds 与 mds。由 x 方向平衡条件可知

$$p_x ds - \sigma_x lds - \tau_{yx} mds + f_x \frac{1}{2} lds mds = 0$$

斜边 AB 趋近于 P 点时,可化简得到

$$p_x = l\sigma_x + m\tau_{yx}$$

同理得到

$$p_y = m\sigma_y + l\tau_{xy}$$

以外法线方向为正,则斜边 AB 上的正应力 σ_n 和切应力 τ_n 可用 p_x、p_y 表示为

$$\sigma_n = lp_x + mp_y$$

进而有

$$\sigma_n = l^2 \sigma_x + m^2 \sigma_y + 2lm\tau_{xy}$$

切应力正负号定义为:当外法线沿顺时针方向转动到达切应力,则该切应力为正,否则为负。投影得

$$\tau_n = lp_y - mp_x$$

进而有

$$\tau_n = lm(\sigma_y - \sigma_x) + (l^2 - m^2)\tau_{xy}$$

可见,如果已知 P 点的应力分量,就可以求得经过 P 点的任一斜面上的正应力及切应力。

如果过 P 点的某一斜面上的切应力等于零,则该斜面上的正应力称为 P 点的一个主应力,而该斜面称为 P 点的一个应力主面,该斜面的法线方向(即主应力的力向)称为 P 点的

一个应力主向。

下面给出平面问题中由一点的应力分量得到其主应力的方法。

假设 P 点有一个应力主面，则在该面上的切应力等于零，该面上的应力 $\boldsymbol{p}$ 就等于该面上的主应力。该面上的应力 $\boldsymbol{p}$ 在 x、y 轴上的投影分别为

$$p_x = l\sigma,\ p_y = m\sigma$$

将 p_x、p_y 表达式代入后得到

$$l\sigma_x + m\tau_{xy} = l\sigma$$
$$m\sigma_y + l\tau_{xy} = m\sigma$$

由上述两式分别解出 m/l，即

$$\frac{m}{l} = \frac{\sigma - \sigma_x}{\tau_{xy}}$$

$$\frac{m}{l} = \frac{\tau_{xy}}{\sigma - \sigma_y}$$

显然，以应力为未知量的二次方程为

$$\sigma^2 - (\sigma_x + \sigma_y)\sigma + (\sigma_x\sigma_y - \tau_{xy}^2) = 0$$

则两个主应力为

$$\sigma_1, \sigma_2 = \frac{\sigma_x + \sigma_y}{2} \pm \sqrt{\left(\frac{\sigma_x - \sigma_y}{2}\right)^2 + \tau_{xy}^2}$$

由于根号内的数值总是正的，因此两个根都是实根。此外，由上式易知

$$\sigma_1 + \sigma_2 = \sigma_x + \sigma_y$$

下面求主应力的方向，即主方向。设 σ_1 与 x 轴的夹角为 α_1，则

$$\tan \alpha_1 = \frac{\sin \alpha_1}{\cos \alpha_1} = \frac{m_1}{l_1}$$

$$\tan \alpha_1 = \frac{\sigma_1 - \sigma_x}{\tau_{xy}}$$

同理可得

$$\tan \alpha_2 = \frac{\sin \alpha_2}{\cos \alpha_2} = \frac{m_2}{l_2}$$

$$\tan \alpha_2 = \frac{\tau_{xy}}{\sigma_2 - \sigma_y}$$

$$\tan \alpha_2 = -\frac{\tau_{xy}}{\sigma_1 - \sigma_x}$$

可见 $\tan \alpha_1 \tan \alpha_2 = -1$，说明两个主应力垂直。这就说明，平面内任意一点，一定存在两个互相垂直的主应力。

由一点的两个主应力 σ_1 和 σ_2 及其主方向，很容易求得该点的最大和最小的正应力及切应力。将两个主方向分别看作 x 轴、y 轴，可知

$$\tau_{xy} = 0,\ \sigma_x = \sigma_1,\ \sigma_y = \sigma_2$$

则截面上的正应力可表示为

$$\sigma_n = l^2 \sigma_1 + m^2 \sigma_2$$

则有

$$\sigma_n = l^2 \sigma_1 + (1-l^2)\sigma_2 = l^2(\sigma_1 - \sigma_2) + \sigma_2$$

σ_n 的最大值为 σ_1，最小值为 σ_2，即主应力是最大或最小正应力。

同样可得最大或最小切应力。切应力可表示为

$$\tau_n = lm(\sigma_2 - \sigma_1).$$

则有

$$
\begin{aligned}
\tau_n &= \pm l\sqrt{1-l^2}(\sigma_2 - \sigma_1) \\
&= \pm\sqrt{l^2 - l^4}(\sigma_2 - \sigma_1) \\
&= \pm\sqrt{\frac{1}{4} - \left(\frac{1}{2} - l^2\right)^2}(\sigma_2 - \sigma_1)
\end{aligned}
$$

易知，当 $l = \sqrt{2}/2$ 时，最大或最小切应力为 $\pm\dfrac{\sigma_2 - \sigma_1}{2}$，其应力主方向与 x 轴、y 轴成 $45°$。

2. 空间问题中一点的应力状态

在平面问题中一点的应力状态的基础上，我们很容易得到空间问题中一点的应力状态。已知三维空间一点 P 的六个应力分量，可推导得到过 P 点任意斜截面上的应力，包括正应力、切应力、主应力及其主方向、最大或最小应力等。

（1）正应力和切应力

在 P 点附近取一斜截面 ABC 平行于过 P 点任意斜截面，如图 2-1-2 所示，则形成四面体 $PABC$，当四面体无限缩小于 P 点时，ABC 上的应力即为斜截面上的应力。

设斜面 ABC 外法线为 $\boldsymbol{n}$，则其方向余弦为

$$\cos(\boldsymbol{n}, x) = l, \cos(\boldsymbol{n}, y) = m, \cos(\boldsymbol{n}, z) = n$$

三角形 ABC 面积为 ΔS，四面体体积为 ΔV，三角形 ABC 上的应力 $\boldsymbol{p}$ 的三个分量为 p_x、p_y、p_z，同样，由平衡条件可得

$$p_x \Delta S - \sigma_x l \Delta S - \tau_{yx} m \Delta S - \tau_{zx} n \Delta S + f_x \Delta V = 0$$

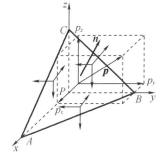

图 2-1-2 空间直角坐标点的应力状态

移项可得

$$p_x + f_x \frac{\Delta V}{\Delta S} = l\sigma_x + m\tau_{yx} + n\tau_{zx}$$

略去高阶小量，并结合另两个方向的平衡关系，则得应力分量与应力张量之间的关系为

$$
\begin{cases}
p_x = l\sigma_x + m\tau_{yx} + n\tau_{zx} \\
p_y = m\sigma_y + n\tau_{zy} + l\tau_{xy} \\
p_z = n\sigma_z + l\tau_{xz} + m\tau_{yz}
\end{cases}
\tag{2-1-1}
$$

则斜截面上正应力 σ_n 为

$$\sigma_n = lp_x + mp_y + np_z$$

即

$$\sigma_n = l^2\sigma_x + m^2\sigma_y + n^2\sigma_z + 2mn\tau_{yz} + 2nl\tau_{zx} + 2lm\tau_{xy}$$

由应力关系

$$p^2 = \sigma_n^2 + \tau_n^2 = p_x^2 + p_y^2 + p_z^2$$

得到斜截面上切应力 τ_n 为

$$\tau_n = \sqrt{p_x^2 + p_y^2 + p_z^2 - \sigma_n^2}$$

可见,若知道一点的六个应力分量,则可得到任一斜截面上的正应力和切应力,显然,六个应力分量决定了一点的应力状态。

特殊情况下,如果 ABC 是物体面力作用的边界面,那么 p_x、p_y、p_z 成为面力分量 $\bar{f}_x$、$\bar{f}_y$、$\bar{f}_z$,则可得到

$$\begin{cases} l\sigma_x + m\tau_{yx} + n\tau_{zx} = \bar{f}_x \\ m\sigma_y + n\tau_{zy} + l\tau_{xy} = \bar{f}_y \\ n\sigma_z + l\tau_{xz} + m\tau_{yz} = \bar{f}_z \end{cases} \quad (2-1-2)$$

式(2-1-2)即为弹性体空间问题的应力边界条件,表示应力分量的边界值和面力分量之间的关系。

(2)主应力及其主方向

由前文已知,切应力为零的斜截面上的正应力即为主应力,该斜截面称为主平面,该面的法线方向称为主方向。设 P 点有一主平面,则该面上的正应力即为全应力,即主应力为全部应力。则该面上的应力 $\boldsymbol{p}$ 在坐标轴上的投影为

$$p_x = l\sigma$$
$$p_y = m\sigma$$
$$p_z = n\sigma$$

将应力分量代入式(2-1-1)可得

$$\begin{cases} l\sigma_x + m\tau_{yx} + n\tau_{zx} = l\sigma \\ m\sigma_y + n\tau_{zy} + l\tau_{xy} = m\sigma \\ n\sigma_z + l\tau_{xz} + m\tau_{yz} = n\sigma \end{cases}$$

且存在几何关系

$$l^2 + m^2 + n^2 = 1$$

则有

$$\begin{cases} (\sigma_x - \sigma)l + \tau_{yx}m + \tau_{zx}n = 0 \\ \tau_{xy}l + (\sigma_y - \sigma)m + \tau_{zy}n = 0 \\ \tau_{xz}l + \tau_{yz}m + (\sigma_z - \sigma)n = 0 \end{cases} \quad (2-1-3)$$

这是关于 l、m、n 的三个齐次线性方程组。l、m、n 必定不能同时为零,故而其方程对应的系数行列式为零,即

$$\begin{vmatrix} \sigma_x - \sigma & \tau_{yx} & \tau_{zx} \\ \tau_{xy} & \sigma_y - \sigma & \tau_{zy} \\ \tau_{xz} & \tau_{yz} & \sigma_z - \sigma \end{vmatrix} = 0$$

展开得三次方程,即特征方程为

$$\sigma^3 - (\sigma_x + \sigma_y + \sigma_z)\sigma^2 + (\sigma_y\sigma_z + \sigma_z\sigma_x + \sigma_x\sigma_y - \tau_{yz}^2 - \tau_{zx}^2 - \tau_{xy}^2)\sigma -$$
$$(\sigma_x\sigma_y\sigma_z - \sigma_x\tau_{yz}^2 - \sigma_y\tau_{zx}^2 - \sigma_z\tau_{xy}^2 + 2\tau_{yz}\tau_{zx}\tau_{xy}) = 0 \qquad (2\text{-}1\text{-}4)$$

解之得到三个实根 σ_1、σ_2、σ_3,即三个主应力。

此外,还需要得到三个主应力的方位,即三个主应力的方向余弦。

得到方向余弦的方法有很多,比如要得到 σ_1 对应的方向余弦 l_1、m_1、n_1,可以用式 (2-1-3)的前两式除以 l_1 得到

$$\tau_{yx}\frac{m_1}{l_1} + \tau_{zx}\frac{n_1}{l_1} + (\sigma_x - \sigma_1) = 0$$

$$(\sigma_y - \sigma_1)\frac{m_1}{l_1} + \tau_{zy}\frac{n_1}{l_1} + \tau_{yx} = 0$$

由此得到关于 $\dfrac{m_1}{l_1}$ 和 $\dfrac{n_1}{l_1}$ 的一对方程组。再由 $l_1^2 + m_1^2 + n_1^2 = 1$ 得到

$$l_1 = \frac{1}{\sqrt{1 + \left(\dfrac{m_1}{l_1}\right)^2 + \left(\dfrac{n_1}{l_1}\right)^2}}$$

即可得到主应力 σ_1 的方向余弦 l_1、m_1、n_1。同理,可得到 σ_2、σ_3 对应的方向余弦。

(3)主应力的正交性及应力不变量

三个主应力 σ_1、σ_2、σ_3 之间存在正交性,证明如下。

设三个主应力 σ_1、σ_2、σ_3 对应的方向余弦分别为 l_1、m_1、n_1,l_2、m_2、n_2 和 l_3、m_3、n_3。将 σ_1、l_1、m_1、n_1 和 σ_2、l_2、m_2、n_2 分别代入式(2-1-3)可得

$$\begin{cases} (\sigma_x - \sigma_1)l_1 + \tau_{yx}m_1 + \tau_{zx}n_1 = 0 \\ \tau_{xy}l_1 + (\sigma_y - \sigma_1)m_1 + \tau_{zy}n_1 = 0 \\ \tau_{xz}l_1 + \tau_{yz}m_1 + (\sigma_z - \sigma_1)n_1 = 0 \end{cases}$$

以及

$$\begin{cases} (\sigma_x - \sigma_2)l_2 + \tau_{yx}m_2 + \tau_{zx}n_2 = 0 \\ \tau_{xy}l_2 + (\sigma_y - \sigma_2)m_2 + \tau_{zy}n_2 = 0 \\ \tau_{xz}l_2 + \tau_{yz}m_2 + (\sigma_z - \sigma_2)n_2 = 0 \end{cases}$$

将关于 σ_1 的三个方程依次乘以 l_2、m_2、n_2 减去关于 σ_2 的三个方程分别乘以 l_1、m_1、n_1,可得$(\sigma_1 - \sigma_2)(l_1l_2 + m_1m_2 + n_1n_2) = 0$,再由 σ_1 与 σ_3 以及 σ_2 与 σ_3 两种组合,同理可得

$$\begin{cases} (\sigma_1 - \sigma_2)(l_1l_2 + m_1m_2 + n_1n_2) = 0 \\ (\sigma_1 - \sigma_3)(l_1l_3 + m_1m_3 + n_1n_3) = 0 \\ (\sigma_2 - \sigma_3)(l_2l_3 + m_2m_3 + n_2n_3) = 0 \end{cases}$$

则可得到以下结论。

①若 $\sigma_1 \neq \sigma_2 \neq \sigma_3$，特征方程无重根，则应力主轴必然互相垂直；

②若 $\sigma_1 = \sigma_2 \neq \sigma_3$，特征方程有二重根，则 σ_1 和 σ_2 的方向必然垂直于 σ_3 的方向，至于 σ_1 和 σ_2 的方向，可以垂直，也可以不垂直；

③若 $\sigma_1 = \sigma_2 = \sigma_3$，特征方程有三重根，则三个应力主轴可以垂直，也可以不垂直，任何方向都是应力主轴。

设 σ_1、σ_2、σ_3 为方程的三个实根，则有

$$(\sigma - \sigma_1)(\sigma - \sigma_2)(\sigma - \sigma_3) = 0$$

展开可得

$$\sigma^3 - (\sigma_1 + \sigma_2 + \sigma_3)\sigma^2 + (\sigma_2\sigma_3 + \sigma_3\sigma_1 + \sigma_1\sigma_2)\sigma - \sigma_1\sigma_2\sigma_3 = 0$$

该方程与特征方程(2-1-4)对比可得

$$\begin{cases} \sigma_x + \sigma_y + \sigma_z = \sigma_1 + \sigma_2 + \sigma_3 \\ \sigma_y\sigma_z + \sigma_z\sigma_x + \sigma_x\sigma_y - \tau_{yz}^2 - \tau_{zx}^2 - \tau_{xy}^2 = \sigma_2\sigma_3 + \sigma_3\sigma_1 + \sigma_1\sigma_2 \\ \sigma_x\sigma_y\sigma_z - \sigma_x\tau_{yz}^2 - \sigma_y\tau_{zx}^2 - \sigma_z\tau_{xy}^2 + 2\tau_{yz}\tau_{zx}\tau_{xy} = \sigma_1\sigma_2\sigma_3 \end{cases}$$

由于主应力不随坐标系的改变而改变，因此特征方程的三个系数也不随坐标系的改变而改变。也就是说，不论坐标系如何选取，下列三个式子的值保持不变。

$$I_1 = \sigma_x + \sigma_y + \sigma_z$$

$$I_2 = \sigma_y\sigma_z + \sigma_z\sigma_x + \sigma_x\sigma_y - \tau_{yz}^2 - \tau_{zx}^2 - \tau_{xy}^2$$

$$I_3 = \sigma_x\sigma_y\sigma_z - \sigma_x\tau_{yz}^2 - \sigma_y\tau_{zx}^2 - \sigma_z\tau_{xy}^2 + 2\tau_{yz}\tau_{zx}\tau_{xy}$$

则方程

$$\sigma^3 - I_1\sigma^2 + I_2\sigma - I_3 = 0$$

称为主应力特征方程，I_1，I_2，I_3 称为其三个不变量。

显然，三个应力不变量 I_1，I_2，I_3 分别是应力张量三个主元之和、代数余子式之和以及所对应的系数行列式。

(4)最大或最小正应力

假定某点三个主应力 σ_1、σ_2、σ_3 及其主方向已经求出，欲得到该点最大或最小应力。方便起见，将三个坐标轴放在应力主方向上。

根据斜截面上的正应力公式

$$\sigma_n = l^2\sigma_1 + m^2\sigma_2 + n^2\sigma_3$$

由 $l^2 + m^2 + n^2 = 1$ 得到

$$\sigma_n = (1 - m^2 - n^2)\sigma_1 + m^2\sigma_2 + n^2\sigma_3$$

分别对 m、n 求偏导，可得 σ_n 的极值分别为 σ_2、σ_3，可见正应力的极值为 σ_1、σ_2、σ_3。

可见，一点应力状态中，最大或最小正应力是最大或最小主应力。若主应力相等，则所有正应力也相等。

再求最大或最小切应力。由前文所述可知

$$\tau_n^2 = l^2\sigma_1^2 + m^2\sigma_2^2 + n^2\sigma_3^2 - (l^2\sigma_1 + m^2\sigma_2 + n^2\sigma_3)^2$$

由 $l^2+m^2+n^2=1$ 可得

$$\tau_n^2=(1-m^2-n^2)\sigma_1^2+m^2\sigma_2^2+n^2\sigma_3^2-[(1-m^2-n^2)\sigma_1+m^2\sigma_2+n^2\sigma_3]^2$$

同样,为了求出 τ_n^2 的极值,分别对 m、n 求偏导可得

$$\begin{cases} m\left[(\sigma_2-\sigma_1)m^2+(\sigma_3-\sigma_1)n^2-\dfrac{1}{2}(\sigma_2-\sigma_1)\right]=0 \\ n\left[(\sigma_2-\sigma_1)m^2+(\sigma_3-\sigma_1)n^2-\dfrac{1}{2}(\sigma_3-\sigma_1)\right]=0 \end{cases}$$

上式有三种可能:

①$m=0,n=0$;

②$m=0,n=\pm\dfrac{\sqrt{2}}{2}$;

③$m=\pm\dfrac{\sqrt{2}}{2},n=0$。

以上三式均可由 $l^2+m^2+n^2=1$ 得到 l,继而得到 τ_n 的值,见表 2-1-1。

表 2-1-1　相关变量数值

变量	数值					
l	± 1	0	0	0	$\pm\dfrac{\sqrt{2}}{2}$	$\pm\dfrac{\sqrt{2}}{2}$
m	0	± 1	0	$\pm\dfrac{\sqrt{2}}{2}$	0	$\pm\dfrac{\sqrt{2}}{2}$
n	0	0	± 1	$\pm\dfrac{\sqrt{2}}{2}$	$\dfrac{\sqrt{2}}{2}$	0
τ_n^2	0	0	0	$\left(\dfrac{\sigma_2-\sigma_3}{2}\right)^2$	$\left(\dfrac{\sigma_1-\sigma_3}{2}\right)^2$	$\left(\dfrac{\sigma_2-\sigma_1}{2}\right)^2$

前三组解对应于应力主面,τ_n^2 的最小值。后三组解具有相同的含义,即过一个应力主轴而平分其余两个应力主轴的夹角,其数值包含了最大或最小切应力:

$$\pm\dfrac{1}{2}(\sigma_2-\sigma_3)\ \pm\dfrac{1}{2}(\sigma_3-\sigma_1)\ \pm\dfrac{1}{2}(\sigma_1-\sigma_2)$$

可见,最大或最小剪应力,在数值上等于最大和最小主应力之差的一半,其方位作用在平分最大和最小主应力夹角的平面上。

最大剪应力在力学上具有特定的含义,它是常用的强度理论之一,即最大剪应力理论,也称第三强度理论。

习　　题

1. 在物体内某点,确定其应力状态的一组应力分量为 $\sigma_x=0$,$\sigma_y=0$,$\sigma_z=0$,$\tau_{xy}=0$,$\tau_{yz}=3a$,$\tau_{xz}=4a$,其中 $a>0$。

试求:

(1)该点的主应力 σ_1、σ_2 和 σ_3;

(2)主应力 σ_1 的主方向;

(3)主方向彼此正交。

2. 已知一受力物体中某点的应力状态为

$$\boldsymbol{\sigma}_{ij}=\begin{bmatrix} \sigma_x & \tau_{xy} & \tau_{xz} \\ \tau_{yx} & \sigma_y & \tau_{yz} \\ \tau_{zx} & \tau_{zy} & \sigma_z \end{bmatrix}=\begin{bmatrix} 2a & 0 & 3.5a \\ 0 & 3a & -2a \\ 3.5a & -2a & 0 \end{bmatrix}$$

其中 a 为大于零的常数,试将该应力张量 $\boldsymbol{\sigma}_{ij}$ 分解为球应力张量 $\boldsymbol{\delta}_{ij}\boldsymbol{\sigma}_{\mathrm{m}}$($\boldsymbol{\sigma}_{\mathrm{m}}$ 为平均应力)与偏应力张量 $\boldsymbol{S}_{ij}$ 之和,并说明这样分解的物理意义。

3. 已知受力物体内一点的应力状态为

$$\boldsymbol{\sigma}_{ij}=\begin{bmatrix} \sigma_x & 0 & 0 \\ 0 & 2 & 2 \\ 0 & 2 & 2 \end{bmatrix}$$

且已知该点的一个主应力的值为 2 MPa。试求:

(1)应力分量 σ_x 的大小;

(2)主应力 σ_1、σ_2 和 σ_3。

4. 已知受力物体内某一点的应力分量为 $\sigma_x=0$,$\sigma_y=2$ MPa,$\sigma_z=1$ MPa,$\tau_{xy}=1$ MPa,$\tau_{yz}=0$,$\tau_{zx}=2$ MPa,试求经过该点的平面 $x+3y+z=1$ 上的正应力。

5. 已知受力物体内某点的应力分量为 $\sigma_x=0$,$\sigma_y=2a$,$\sigma_z=a$,$\tau_{xy}=a$,$\tau_{yz}=0$,$\tau_{zx}=2a$,试求作用在过此点的平面 $x+3y+z=1$ 上的沿坐标轴方向的应力分量,以及该平面上的正应力和切应力。

6. 已知一点处在某直角坐标系下的应力分量为

$$\begin{bmatrix} \sigma_x & \tau_{xy} \\ \tau_{xy} & \sigma_y \end{bmatrix}=\begin{bmatrix} 36 & 6 \\ 6 & 20 \end{bmatrix}$$

试求:

(1)主应力 σ_1、σ_2;

(2)主方向;

(3)应力第一不变量;

(4)$\boldsymbol{n}=\dfrac{1}{2}\boldsymbol{i}+\dfrac{\sqrt{3}}{2}\boldsymbol{j}$ 截面上的正应力和剪应力;

(5)求该点的最大剪应力。

2.2　平面应力与平面应变

任何弹性体都是三维物体,严格来说,任何一个弹性力学问题都是空间问题。但是,如果所考察的弹性体具备某种特殊的形状,并且承受某种特殊的外力,空间问题就可以近似简化为平面问题。这样处理,分析和计算的成本将大大减小,且得到的结果仍然能满足工程精度的要求。

为得到满足工程要求的结果而将问题适当简化,从而容易求出答案,这种思维方法在工程计算中经常使用。

2.2.1　平面应力问题

顾名思义,平面应力意味着所有应力都位于一个平面内,在面的法向没有应力分量,即二维应力状况。

壁很薄的等厚度薄板(图2-2-1),只在板周边受平行于板面且不沿厚度变化的面力,显然,体力也平行于板面而不沿厚度变化。核工程中,起支撑作用的直立平板就属于此种情况。

假设板的厚度为δ,以薄板的竖直面(不承受任何载荷)为x、y面,以垂直于板面的任意直线为z轴,对薄板进行受力分析。

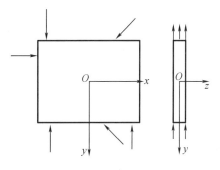

图2-2-1　薄板平面应力示意图

由于板面不受力,所以有

$$(\sigma_z)_{z=\pm\frac{\delta}{2}}=0,(\tau_{zx})_{z=\pm\frac{\delta}{2}}=0,(\tau_{zy})_{z=\pm\frac{\delta}{2}}=0$$

因为外力不沿厚度变化,即没有板厚方向的载荷分量,在应力连续分布的情况下,在板厚方向上没有应力作用,所以可以认为在整个薄板的所有各点都有

$$\sigma_z=0,\tau_{zx}=0,\tau_{zy}=0$$

由切应力互等关系可知

$$\tau_{xz}=0,\tau_{yz}=0$$

由此可知,所有的三个应力分量σ_x、σ_y、τ_{xy}都作用在平行于xy的平面内,所以,这种问题称为平面应力问题;同时,因为板很薄,三个应力分量及分析问题需要考虑的应变分量和位移分量,都可以认为是不沿厚度变化的,也就是说,应力、应变、位移都是x和y的函数,而不随z变化。

2.2.2　平面应变问题

平面应变意味着所有应变都位于一个平面内,即二维应变状况,沿面法向不存在应变分量。设有无限长的柱体,其横截面不沿长度变化,如图2-2-2所示。

设无限长柱体的长度方向为z方向,承受的面力和约束均平行于横截面而不沿长度变化,同时体力也不沿长度变化。载荷平行于截面,也不沿长度变化。也就是说,柱体截面的形状、载荷和约束都不沿长度变化。

假定为理想状况,以其任意横截面为 xy 面,任意纵线为 z 轴,根据无限长假定,可知其所有应力分量、应变分量和位移分量都不沿 z 方向变化,而只是 x 和 y 的函数。此外,在这一无限长柱体平衡问题中,由于任意横截面都可以看作对称面,所以任一截面的地位都

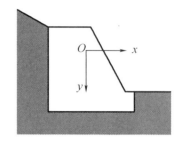

图 2-2-2　无限长柱体截面示意图

是等同的,故而任一横截面在其轴向即 z 方向都不可能有位移,而所有的位移都只能沿 x、y 方向移动,所以,沿 z 方向的位移为零,则其正应变也为零。

由于柱体任一横截面均对称,结合一点应力状态关于切应力的定义可知 $\tau_{zx}=0,\tau_{zy}=0$,再根据切应力互等,可以得到 $\tau_{xz}=0,\tau_{yz}=0$,根据胡克定律可知,相应切应变也为零,则 z 方向应变均为零,平面应变状态成立。应该注意的是,由于 z 方向的伸缩被阻止,所以 z 方向的应力一般情况下并不为零。

上述问题中,各点的 z 方向的位移被限制,所有位移矢量都平行于 xy 面,故而,所有应变分量也平行于 xy 面,这既是一个平面位移问题,又是一个平面应变问题,习惯上仍称为平面应变问题。

在核工程中,由于核设备往往是大型复杂的二维结构,而不具有整体近似为平面的属性,所以,平面应力和平面应变问题在核工程中并不常见,只在特殊的局部结构中才存在。例如,大型设备中起辅助支撑作用的竖直平板的应力状态,就近似于平面应力状态,而在管道系统中,在两个管道固定架之间的直管段的应变状态则接近于平面应变状态。

土木工程中的许多问题都可以简化为平面问题,如挡土墙、支撑平板等的应力状态接近于平面应力状态,水坝、长埋管道、隧洞等的应变状态则接近于平面应变状态。虽然这些结构都不是无限长,而且靠近两端的横截面的状况也与中间截面有所不同,但实践证明,对于离开两端较远处的位置,按平面应变对其进行分析,得出的结果在工程上是完全可以接受的。

综上所述,平面应力和平面应变的状态的相同之处在于,其任何法向(z 向)截面内的应力、应变和位移都只是 x、y 的函数,而与 z 无关。二者的不同之处在于其法向属性不同,分别是应力为零和应变(位移)为零。显然,由于纵横向变形能力的关联性,应力除了和同方向的应变有关外,还和正交方向的应变有关。

实际上,可以把平面应力、平面应变两种状态统一起来,即二者都可以看作承受面内载荷的平面沿其法向的延伸。至于具体是平面应力还是平面应变,则取决于承载面沿其法向是否能够发生位移。如果能够发生法向位移,则说明法向一定没有载荷约束,显然是平面应力;否则,如果法向位移被限制(如两端被约束)或不可能发生(如无限长),那就是平面应变。

2.2.3　工程实例

核工程设备大多数是复杂的机械结构,可简化为平面问题的实例不多,但也不是没有,

如反应堆管道系统中两个支架之间的管段、两端埋在墙内的吊车梁,由于其承载状况、支架形式和截面方位不同,其应力状况也不同。三种管梁如图 2-2-3 所示,均不考虑自身重力,图 2-2-3(a)两端为固定支架,主要承受面内弯矩作用产生的载荷;图 2-2-3(b)两端为铰接支架,也承受面内弯矩作用产生的载荷;图 2-2-3(c)为两端固定的承重梁,其上顶面承受均布载荷。取直角坐标系,管道轴向为 z 方向,垂直于纸面方向为 x 方向,试分析各管梁的不同截面属于何种平面状态。

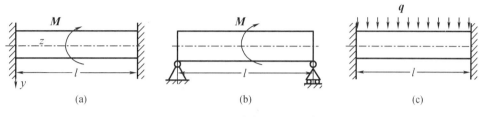

图 2-2-3 不同载荷及约束的管梁

图 2-2-3(a)的管道被两端固定支架完全约束,则无论承受何种形式的载荷,由于轴向位移被限制,那么垂直于轴线的横截面 XY 面的应变状态都近似于平面应变状态。在管道承受图示弯矩的情况下,由于管段沿轴向为一维应力状态,所以不仅 YZ 面和 XZ 面,所有平行或通过梁轴线的平面,都是平面应力状态。

图 2-2-2(b)为两端铰接支架,暂且不考虑铰接附近部位,认为两端面为自由平面,则由于缺少轴向约束,沿轴向将能够发生自由位移,那么垂直于轴向的横截面 XY 面的应变状态将不再是平面应变状态,而由于弯矩导致的轴向应力的存在,XY 面的应力状态也不属于平面应力状态。此时梁仍为一维应力状态,同理,不仅 YZ 面和 XZ 面,所有平行或通过梁轴线的平面,都是平面应力状态。

图 2-2-3(c)为两端固定的承重梁,由于不可能产生轴向位移,所以垂直于梁轴线的横截面 XY 面的应变状态仍近似于平面应变状态。由于上顶面承受均布载荷,所以,梁不再是一维应力状态,而是 YZ 面内的二维应力状态。因此,通过或平行于梁轴线的平面中,只有平行于 YZ 面的平面才是平面应力状态,而 XZ 面以及其他任何通过轴线的斜面,由于法向应力的存在,都不再是平面应力状态,而是空间应力状态。

习　题

1. 对于反应堆厂房大厅,经常安装有两端固定在墙内的吊车梁,电机可停在梁的任何位置,试分析其不同截面属于何种平面状态。

2.3　弹性力学直角坐标基本方程

2.3.1　平衡微分方程

弹性力学分析问题,要从静力学、几何学和物理学三方面来考虑。首先考虑平面中的静力学问题,根据平衡条件导出应力分量与体力分量之间的关系式,也就是平面问题的平衡微分方程。然后再扩展到三维问题,得到空间问题的平衡微分方程。

从图 2-2-1 所示的薄板或图 2-2-2 所示的柱体中,取出一个微小的正平行六面体,假设其厚度方向为 z,且厚度很薄,取单位厚度,则取出的六面体可以认为是一个薄平面 $PACB$,如图 2-3-1 所示。

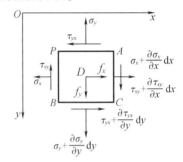

图 2-3-1　平面应力状态

如前所述,应力分量是坐标 x、y 的函数,所以,作用于左右两面或上下两面的应力分量是不完全相同的,存在着微小的差异。假设作用于左面的应力是 σ_x,则根据连续性假定可知,作用于右面的应力,可以用泰勒级数表示为

$$\sigma_x(x+\mathrm{d}x,y)=\sigma_x(x,y)+\frac{\partial\sigma_x(x,y)}{\partial x}\mathrm{d}x+\frac{1}{2!}\cdot\frac{\partial^2\sigma_x(x,y)}{\partial x^2}(\mathrm{d}x)^2+\cdots+$$

$$\frac{1}{n!}\cdot\frac{\partial^n\sigma_x(x,y)}{\partial x^n}(\mathrm{d}x)^n$$

略去二阶以上的高阶小量,则作用于右面的力可简化为

$$\sigma_x(x,y)+\frac{\partial\sigma_x(x,y)}{\partial x}\mathrm{d}x$$

对于均匀应力的结构,即 σ_x 为常量时,有 $\frac{\partial\sigma_x}{\partial x}\mathrm{d}x$ 为 0,则左右两面的应力都是 σ_x。

同理,左面的切应力为 τ_{xy},则右面的切应力为

$$\tau_{xy}+\frac{\partial\tau_{xy}}{\partial x}\mathrm{d}x$$

以此类推,可得到上下两面的正应力和切应力如图 2-3-1 所示。

由于微元体是非常微小的,因此它们各面所受的应力可以认为是均匀分布的,则其合力必定通过面的中心。同理,六面体所受的体力也是均匀分布的,其合力作用在微元体的中心。

以通过微元体中心并平行于 z 轴的直线作为距轴,列出力矩的平衡方程,即

$$\left(\tau_{xy}+\frac{\partial\tau_{xy}}{\partial x}\mathrm{d}x\right)\mathrm{d}y\times1\times\frac{\mathrm{d}x}{2}+\tau_{xy}\mathrm{d}y\times1\times\frac{\mathrm{d}x}{2}-\left(\tau_{yx}+\frac{\partial\tau_{yx}}{\partial y}\mathrm{d}y\right)\mathrm{d}x\times1\times\frac{\mathrm{d}y}{2}-\tau_{yx}\mathrm{d}x\times1\times\frac{\mathrm{d}y}{2}=0$$

在建立方程时,按照小变形假定,使用了微元体变形以前的尺寸,没有使用平衡状态下变形以后的尺寸。以后建立任何平衡方程时,都将同样处理,不再另外说明。

将上式整理得到

$$\tau_{xy}+\frac{1}{2}\frac{\partial\tau_{xy}}{\partial x}\mathrm{d}x=\tau_{yx}+\frac{1}{2}\frac{\partial\tau_{yx}}{\partial y}\mathrm{d}y$$

令 $\mathrm{d}x$、$\mathrm{d}y$ 趋于零,则 A、B、C 三点都趋近 P 点,各面上的平均切应力都趋近于 P 点的切应力,同样可证明切应力互等。

以 x 轴为投影,列出力的平衡方程 $\sum F_x=0$,即

$$\left(\sigma_x+\frac{\partial\sigma_x}{\partial x}\mathrm{d}x\right)\cdot\mathrm{d}y\times1-\sigma_x\cdot\mathrm{d}y\times1+\left(\tau_{yx}+\frac{\partial\tau_{yx}}{\partial y}\mathrm{d}y\right)\cdot\mathrm{d}x\times1-\tau_{yx}\cdot\mathrm{d}x\times1+f_x\cdot\mathrm{d}x\cdot\mathrm{d}y\times1=0$$

同理得到 y 方向的平衡方程,即可得到平面问题应力分量与体力分量之间的关系,也就是平面问题的平衡微分方程。

$$\begin{cases}\dfrac{\partial\sigma_x}{\partial x}+\dfrac{\partial\tau_{yx}}{\partial y}+f_x=0\\[2mm]\dfrac{\partial\sigma_y}{\partial y}+\dfrac{\partial\tau_{xy}}{\partial x}+f_y=0\end{cases} \qquad(2\text{-}3\text{-}1)$$

式(2-3-1)含有三个未知量 σ_x、σ_y、τ_{xy},因此该问题是超静定问题,必须考虑几何学和物理学条件,才能得到解答。

对于平面应变,作用在 z 方向两个面的正应力能够自我平衡,而与 x、y 方向的平衡互不干涉,故而不影响平衡方程的建立,所以上述方程对平面应力和平面应变都是适用的。

在空间问题中,仍然可从静力学角度得到平衡微分方程。直角坐标下的三维元六面体如图 2-3-2 所示,易知,六个面中任意两两相对的面之间的应力分量均存在微小的差异,可以通过泰勒公式得到具体数值。比如,若作用在前面的正应力为 σ_x,则作用在后面的正应力为 $\sigma_x+\dfrac{\partial\sigma_x}{\partial x}$,以此类推,得到六个面上的全部应力分量。然后通过坐标方向的平衡关系可以得到

$$\left(\sigma_x+\frac{\partial\sigma_x}{\partial x}\mathrm{d}x\right)\mathrm{d}y\mathrm{d}z-\sigma_x\mathrm{d}y\mathrm{d}z+\left(\tau_{yx}+\frac{\partial\tau_{yx}}{\partial y}\mathrm{d}y\right)\mathrm{d}z\mathrm{d}x-\tau_{yz}\mathrm{d}z\mathrm{d}x+$$

$$\left(\tau_{zx}+\frac{\partial\tau_{zx}}{\partial z}\mathrm{d}z\right)\mathrm{d}x\mathrm{d}y-\tau_{zx}\mathrm{d}x\mathrm{d}y+f_x\mathrm{d}x\mathrm{d}y\mathrm{d}z=0$$

最终可以得到空间问题的平衡微分方程:

$$\begin{cases}\dfrac{\partial\sigma_x}{\partial x}+\dfrac{\partial\tau_{yx}}{\partial y}+\dfrac{\partial\tau_{zx}}{\partial z}+f_x=0\\[2mm]\dfrac{\partial\sigma_y}{\partial y}+\dfrac{\partial\tau_{zy}}{\partial z}+\dfrac{\partial\tau_{xy}}{\partial x}+f_y=0\\[2mm]\dfrac{\partial\sigma_z}{\partial z}+\dfrac{\partial\tau_{xz}}{\partial x}+\dfrac{\partial\tau_{yz}}{\partial y}+f_z=0\end{cases} \qquad(2\text{-}3\text{-}2)$$

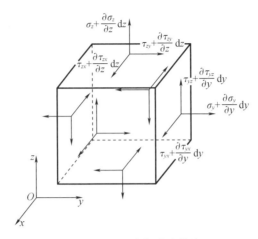

图 2-3-2 空间应力状态

显然,式(2-3-2)含有六个未知量,因此该问题属于三次超静定问题,往往需要结合几何方程及物理方程,才能得到解答。

另外,如果以任意两个相对面的中心线为轴,把所有应力分量对应的载荷对该轴取矩,即可列出力矩平衡方程。比如,以前后两面的中心线为轴,可以得到

$$\left(\tau_{yz}+\frac{\partial \tau_{yz}}{\partial y}dy\right)dxdz\,\frac{dy}{2}+\tau_{yz}dxdz\,\frac{dy}{2}-\left(\tau_{zy}+\frac{\partial \tau_{zy}}{\partial z}dz\right)dxdy\,\frac{dz}{2}-\tau_{zy}dxdy\,\frac{dz}{2}=0$$

则有

$$\tau_{yz}+\frac{1}{2}\,\frac{\partial \tau_{yz}}{\partial y}dy-\tau_{zy}-\frac{1}{2}\,\frac{\partial \tau_{zy}}{\partial z}dz=0$$

即

$$\tau_{yz}=\tau_{zy}$$

可见,在空间问题中,也可以得到切应力互等关系。

2.3.2　几何方程

为清晰起见,仍然首先考虑平面问题的几何学方程,导出应变分量与位移分量之间的关系式,即平面问题的几何方程,然后再扩展到空间问题的几何方程。

在直角坐标系中,设弹性体内某点为 P,在 P 点的邻域内沿 x 轴和 y 轴的正方向,取两个微小长度的线段 PA 和 PB,令 $PA=dx$,$PB=dy$,如图 2-3-3 所示。

假定弹性体在某种因素作用下,P、A、B 三点分别移动到 P'、A'、B',可知,线段 PA 沿 x 方向的位移主要将引起两种效应,一是使线段 PA 沿 x 方向伸缩;二是使线段 PB 绕 P' 点转过一个极小的角度 β,而线段 PA 沿 y 方向的伸缩是高阶小量,忽略不计。同理,线段 PB 沿 y 方向的位移也将引起两种效应,即使线段 PB 沿 y 方向伸缩,以及使线段 PA 绕 P' 点转过一个极小的角度 α,而线段 PB 沿 x 方向的伸缩也是高阶小量,仍然忽略不计。

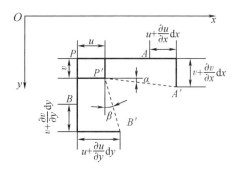

图 2-3-3 正交微线段示意图

先求线应变,即将应变用位移分量表示。对线段 PA、PB 而言,设 P 点在 x 方向的位移分量是 u,由于 x 坐标的改变,则 A 点在 x 方向的位移分量,可用泰勒级数表示为

$$u+\frac{\partial u}{\partial x}\mathrm{d}x+\frac{1}{2!}\frac{\partial^2 u}{\partial x^2}\mathrm{d}x+\cdots$$

略去二阶及更高阶微量,则简化为

$$u+\frac{\partial u}{\partial x}\mathrm{d}x$$

线段 PA 的正应变为

$$\varepsilon_x=\frac{\left(u+\dfrac{\partial u}{\partial x}\mathrm{d}x\right)-u}{\mathrm{d}x}=\frac{\partial u}{\partial x}$$

这里是小位移问题,y 方向的位移所引起的线段 PA 的伸缩,是更高阶小量,其贡献忽略不计。

同样可知,线段 PB 的线应变是

$$\varepsilon_y=\frac{\partial v}{\partial y}$$

再求切应变,即线段 PA 与线段 PB 之间的直角的改变量,仍然需要用位移分量表示。由图 2-3-3 可知,切应变由两部分组成,一部分是由 y 方向的位移分量 v 引起的 x 方向的线段 PA 的转角 α,另一部分是由 x 方向的位移分量 u 引起的 y 方向的线段 PB 的转角 β。

设 P 在 y 方向的位移分量是 v,则 A 点在 y 方向的位移分量是 $v+\dfrac{\partial v}{\partial x}$,则线段 PA 的转角为

$$\alpha=\frac{\left(v+\dfrac{\partial v}{\partial x}\mathrm{d}x\right)-v}{\mathrm{d}x}=\frac{\partial v}{\partial x}$$

同样,线段 PB 的转角为

$$\beta=\frac{\partial u}{\partial y}$$

由此可知,线段 PA、PB 之间直角的改变量为

$$\gamma_{xy} = \alpha + \beta = \frac{\partial v}{\partial x} + \frac{\partial u}{\partial y}$$

由以上三式,得到平面问题的位移和应变之间的关系的几何方程为

$$\begin{cases} \varepsilon_x = \dfrac{\partial u}{\partial x} \\[2mm] \varepsilon_y = \dfrac{\partial v}{\partial y} \\[2mm] \gamma_{xy} = \dfrac{\partial v}{\partial x} + \dfrac{\partial u}{\partial y} \end{cases}$$

同理,可得另外一个 z 方向的线应变和两个切应变,共四个几何方程,则得到直角坐标空间问题的几何方程为

$$\begin{cases} \varepsilon_x = \dfrac{\partial u}{\partial x}, \gamma_{yz} = \dfrac{\partial w}{\partial y} + \dfrac{\partial v}{\partial z} \\[2mm] \varepsilon_y = \dfrac{\partial v}{\partial y}, \gamma_{zx} = \dfrac{\partial u}{\partial z} + \dfrac{\partial w}{\partial x} \\[2mm] \varepsilon_z = \dfrac{\partial w}{\partial z}, \gamma_{xy} = \dfrac{\partial v}{\partial x} + \dfrac{\partial u}{\partial y} \end{cases} \qquad (2-3-3)$$

式中,w 为 P 点在 z 方向的位移分量。

可知,当物体的位移分量确定时,应变分量即可完全确定。反之,当应变分量完全确定时,位移分量未必能完全确定,说明如下。

设应变分量为零,即

$$\varepsilon_x = \varepsilon_y = \gamma_{xy} = 0$$

试求出相应的位移分量。

由于应变分量为零,则有

$$\frac{\partial u}{\partial x} = 0, \frac{\partial v}{\partial y} = 0, \frac{\partial v}{\partial x} + \frac{\partial u}{\partial y} = 0$$

前两式分别对 x、y 积分,得到

$$u = f_1(y), v = f_2(x)$$

其中,f_1、f_2 为任意函数,则

$$-\frac{\mathrm{d} f_1(y)}{\mathrm{d} y} = \frac{\mathrm{d} f_2(x)}{\mathrm{d} x}$$

该方程左边只含有 y 变量,右边只含有 x 变量,则两边只能为常数,设为 ω,则得

$$\frac{\mathrm{d} f_1(y)}{\mathrm{d} y} = -\frac{\mathrm{d} f_2(x)}{\mathrm{d} x} = \omega$$

积分得到

$$f_1(y) = u_0 - \omega y, f_2(x) = v_0 + \omega x$$

其中,u_0、v_0 为任意常数,可得位移分量:

$$u = u_0 - \omega y, v = v_0 + \omega x$$

同理,在空间问题中,也可以通过如下假设得到类似结果:

$$\varepsilon_x = \varepsilon_y = \varepsilon_z = \gamma_{yz} = \gamma_{zx} = \gamma_{xy} = 0$$

即

$$\begin{cases} \dfrac{\partial u}{\partial x}=0, \dfrac{\partial v}{\partial y}=0, \dfrac{\partial w}{\partial z}=0 \\[2mm] \dfrac{\partial w}{\partial y}+\dfrac{\partial v}{\partial z}=0, \dfrac{\partial u}{\partial z}+\dfrac{\partial w}{\partial x}=0, \dfrac{\partial v}{\partial x}+\dfrac{\partial u}{\partial y}=0 \end{cases}$$

将 $\dfrac{\partial u}{\partial x}=0, \dfrac{\partial v}{\partial y}=0, \dfrac{\partial w}{\partial z}=0$ 积分得(f 为任意函数)

$$u=f_1(y,z)$$
$$v=f_2(z,x)$$
$$w=f_3(x,y)$$

将 u、v、w 代入 $\dfrac{\partial w}{\partial y}+\dfrac{\partial v}{\partial z}=0, \dfrac{\partial u}{\partial z}+\dfrac{\partial w}{\partial x}=0, \dfrac{\partial v}{\partial x}+\dfrac{\partial u}{\partial y}=0$ 得

$$\begin{cases} \dfrac{\partial}{\partial y}f_3(x,y)+\dfrac{\partial}{\partial z}f_2(z,x)=0 \\[2mm] \dfrac{\partial}{\partial z}f_1(y,z)+\dfrac{\partial}{\partial x}f_3(x,y)=0 \\[2mm] \dfrac{\partial}{\partial x}f_2(z,x)+\dfrac{\partial}{\partial y}f_1(y,z)=0 \end{cases} \tag{2-3-4}$$

消元,求导得

$$\frac{\partial^2}{\partial z^2}f_1(y,z)=0$$

$$\frac{\partial^2}{\partial y^2}f_1(y,z)=0$$

则可得到

$$f_1(y,z)=u_0+by+cz+dyz$$
$$f_2(z,x)=v_0+fz+gx+hzx$$
$$f_3(x,y)=w_0+jx+ky+lxy$$

将以上三式代入式(2-3-4),得 $l=d=h=0, f=-k, j=-c, b=-g$,令 $k=\omega_x, c=\omega_y, g=\omega_z$,则

$$\begin{cases} u=u_0+\omega_y z-\omega_z y \\ v=v_0+\omega_z x-\omega_x z \\ w=w_0+\omega_x y-\omega_y x \end{cases}$$

上述位移即所谓的刚体位移,是在应变为零的情况下得到的,也就是物体在没有变形的情况下产生的位移。实际上,u_0、v_0、w_0 分别为物体沿 x、y、z 轴方向的刚体平移,ω 为物体绕 z 轴的刚体转动。

对于一个在一定载荷和约束下处于平衡状态的弹性体而言,除约束点外,变形和位移同时为零的情况实际上不可能发生,而位移不为零、变形为零的情况更不可能发生。也就

是说,从理论上而言,实际平衡体中的刚体位移是不可能发生的,之所以有刚体位移的概念,完全是因为假定变形为零而进行数学推导所得到的结果。在数学推导中,这种现象很常见,即在数学推导层面合理的结果,不一定符合物理实际。

值得一提的是,在核工程力学仿真分析中,经常会遇到刚体位移的现象。比如,在一个结构受力分析中,如果在某方向约束不足,即会得到该方向位移非常大,远远超出实际可能发生的位移量级(这种由于约束不足导致的位移非常大的现象,也称为刚体位移)。这是由于计算模型缺少必要的约束而得到的畸形结果。

体积的改变与位移分量之间也存在一定关系。设微小六面体的三条棱边分别为 Δx、Δy、Δz,变形后的体积为

$$(\Delta x+\varepsilon_x \Delta x)(\Delta y+\varepsilon_y \Delta y)(\Delta z+\varepsilon_z \Delta z)$$

则单位体积的体积改变量,即体积应变为

$$\theta = \frac{(\Delta x+\varepsilon_x \Delta x)(\Delta y+\varepsilon_y \Delta y)(\Delta z+\varepsilon_z \Delta z)}{\Delta x \Delta y \Delta z}$$

$$= (1+\varepsilon_x)(1+\varepsilon_y)(1+\varepsilon_z)-1$$

$$=\varepsilon_x+\varepsilon_y+\varepsilon_z+\varepsilon_y\varepsilon_z+\varepsilon_z\varepsilon_x+\varepsilon_x\varepsilon_y+\varepsilon_x\varepsilon_y\varepsilon_z$$

由于应变是微小的,高阶微量完全可以忽略不计,故可得到

$$\theta=\varepsilon_x+\varepsilon_y+\varepsilon_z$$

则有

$$\theta = \frac{\partial u}{\partial x}+\frac{\partial v}{\partial y}+\frac{\partial w}{\partial z}$$

2.3.3 物理方程

物理方程反映应变分量与应力分量之间的关系,在完全弹性的各向同性体内,应变分量与应力分量之间的关系非常简单,根据胡克定律和泊松比概念,可直接得到空间问题物理方程的第一种形式,即

$$
\begin{cases}
\varepsilon_x = \dfrac{1}{E}\left[\sigma_x-\mu(\sigma_y+\sigma_z) \right] \\[2mm]
\varepsilon_y = \dfrac{1}{E}\left[\sigma_y-\mu(\sigma_z+\sigma_x) \right] \\[2mm]
\varepsilon_z = \dfrac{1}{E}\left[\sigma_z-\mu(\sigma_x+\sigma_y) \right] \\[2mm]
\gamma_{yz} = \dfrac{2(1+\mu)}{E}\tau_{yz} \\[2mm]
\gamma_{zx} = \dfrac{2(1+\mu)}{E}\tau_{zx} \\[2mm]
\gamma_{xy} = \dfrac{2(1+\mu)}{E}\tau_{xy}
\end{cases}
\tag{2-3-5}
$$

式中,E 是弹性模量,又称杨氏模量;μ 是横向收缩系数,又称泊松比。

G 是切变模量,又称刚度模量,其与 E、μ 之间具有如下关系:

$$G = \frac{E}{2(1+\mu)}$$

在通常情况下,这些弹性参量不随应力或应变的改变而改变,所以称为弹性常数,也不随位置坐标或方向的改变而改变,因为已经假定考虑的物体是完全弹性的、均匀的、各向同性的。

泊松比意味着轴向拉压时的横向收缩,一般在 0~0.5 取值。实际上测量出的泊松比都是正值,这也符合人们的直观认识。但近年来的研究出现了负泊松比材料,如图 2-3-4 所示,材料在轴向拉伸时,出现了横向膨胀的拉胀现象,各向同性材料泊松比可以是负值,其范围是正值的两倍,即泊松比数值介于 $(-1, 0.5]$。近年来出现了泊松比为 -0.7 的泡沫材料。

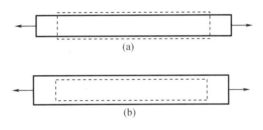

(a)

(b)

图 2-3-4 负泊松比材料示意图

经典弹性力学中,许多材料特性取决于泊松比,当泊松比接近于 -1 时,材料剪切模量理论上将趋于无限大,所以,负泊松比材料的拉胀特性使它具有更大的强度。

需要注意的是,上述特性并不等于这些弹性常数不受任何外界因素影响。比如,随着温度的上升,弹性模量 E 呈现逐渐减小的趋势,某种不锈钢在 600 ℃时的弹性模量约为室温时的 70%。所以,所谓的常数也并不是一成不变的,而是相对于通常的状况而言的。

由物理方程三个切向关系式可知,若把坐标轴放置在与应力主向重合的位置,则切应力、切应变同时为零,说明应力主向与应变主向是重合的,分别是主应力和主应变。主应力、主应变之间的关系为

$$\begin{cases} \varepsilon_1 = \dfrac{1}{E}\left[\sigma_1 - \mu(\sigma_2 + \sigma_3)\right] \\[2mm] \varepsilon_2 = \dfrac{1}{E}\left[\sigma_2 - \mu(\sigma_3 + \sigma_1)\right] \\[2mm] \varepsilon_3 = \dfrac{1}{E}\left[\sigma_3 - \mu(\sigma_1 + \sigma_2)\right] \end{cases}$$

可见,如果已知三个主应力,则可以方便地计算出主应变,而不必求解三次方程。

将物理方程前三式相加,得到

$$\varepsilon_x + \varepsilon_y + \varepsilon_z = \frac{1-2\mu}{E}(\sigma_x + \sigma_y + \sigma_z)$$

$\Theta = \sigma_1 + \sigma_2 + \sigma_3$ 称为体积应力,则其与体积应变之间的关系为

$$\theta = \frac{1-2\mu}{E}\Theta$$

其中,比例常数$\frac{1-2\mu}{E}$称为体积模量。

由物理方程第一式得到

$$\varepsilon_x = \frac{1}{E}\left[(1+\mu)\sigma_x - \mu(\sigma_x+\sigma_y+\sigma_z)\right] = \frac{1}{E}\left[(1+\mu)\sigma_x - \mu\Theta\right]$$

$$\sigma_x = \frac{1}{1+\mu}(E\varepsilon_x + \mu\Theta)$$

而$\theta = \frac{1-2\mu}{E}\Theta$,则有

$$\sigma_x = \frac{E}{1+\mu}\left(\frac{\mu}{1-2\mu}\theta + \varepsilon_x\right)$$

同理可得空间问题的物理方程的第二种形式,即

$$\begin{cases} \sigma_x = \dfrac{E}{1+\mu}\left(\dfrac{\mu}{1-2\mu}\theta + \varepsilon_x\right) \\[2mm] \sigma_y = \dfrac{E}{1+\mu}\left(\dfrac{\mu}{1-2\mu}\theta + \varepsilon_y\right) \\[2mm] \sigma_z = \dfrac{E}{1+\mu}\left(\dfrac{\mu}{1-2\mu}\theta + \varepsilon_z\right) \\[2mm] \tau_{yz} = \dfrac{E}{2(1+\mu)}\gamma_{yz} \\[2mm] \tau_{zx} = \dfrac{E}{2(1+\mu)}\gamma_{zx} \\[2mm] \tau_{xy} = \dfrac{E}{2(1+\mu)}\gamma_{xy} \end{cases}$$

引入$\lambda = \dfrac{E\mu}{(1+\mu)(1-2\mu)}$,并已知$G = \dfrac{E}{2(1+\mu)}$,于是可得

$$\begin{cases} \sigma_x = \lambda\theta + 2G\varepsilon_x \\[1mm] \sigma_y = \lambda\theta + 2G\varepsilon_y \\[1mm] \sigma_z = \lambda\theta + 2G\varepsilon_z \\[1mm] \tau_{yz} = G\gamma_{yz} \\[1mm] \tau_{zx} = G\gamma_{zx} \\[1mm] \tau_{xy} = G\gamma_{xy} \end{cases}$$

此为空间问题的物理方程的又一形式,λ称为拉梅常数。

可知,对于空间问题,共有十五个方程、十五个未知数,包括六个物理方程、六个几何方程和三个平衡微分方程,未知数包括六个应力分量、六个应变分量和三个位移分量。

平面问题的物理方程,无论平面应力还是平面应变,显然都具有更简单的形式。

平面应力问题中,z方向应力为零,则可得到

$$\begin{cases} \varepsilon_x = \dfrac{1}{E}(\sigma_x - \mu\sigma_y) \\[2mm] \varepsilon_y = \dfrac{1}{E}(\sigma_y - \mu\sigma_x) \\[2mm] \gamma_{xy} = \dfrac{2(1+\mu)}{E}\tau_{xy} \end{cases}$$

此即平面应力问题的物理方程,此时,z 方向平衡关系式为

$$\varepsilon_z = -\dfrac{\mu}{E}(\sigma_x + \sigma_y)$$

上式说明,在平面应力问题中,z 方向线应变可直接由 x、y 方向的正应力得出,而不需要 z 方向正应力和其他额外的函数,所以,ε_z 不是独立函数。而在切线方向,由于切应力为零,则切应变也为零。

在平面应变问题中,由于 z 方向位移和应变都是零,则得到

$$\sigma_z = \mu(\sigma_x + \sigma_y)$$

从而有

$$\begin{cases} \varepsilon_x = \dfrac{1-\mu^2}{E}\left(\sigma_x - \dfrac{\mu}{1-\mu}\sigma_y\right) \\[3mm] \varepsilon_y = \dfrac{1-\mu^2}{E}\left(\sigma_y - \dfrac{\mu}{1-\mu}\sigma_x\right) \\[3mm] \gamma_{xy} = \dfrac{2(1+\mu)}{E}\tau_{xy} \end{cases}$$

此即平面应变问题的物理方程。同样,在平面应变问题中,z 方向位移和应变也都是零。

把平面应力问题的物理方程中的 E 换为 $\dfrac{E}{1-\mu^2}$,μ 换为 $\dfrac{\mu}{1-\mu}$,就得到平面应变问题的物理方程。

反之亦然,把平面应变问题的物理方程中的 E 换为 $\dfrac{E(1+2\mu)}{(1+\mu)^2}$,$\mu$ 换为 $\dfrac{\mu}{1+\mu}$,也可得到平面应力问题的物理方程。

2.4 弹性力学极坐标基本方程

在处理弹性力学问题时,选择什么形式的坐标系,虽不会影响到问题的本质,但会直接影响到求解过程的繁简程度。如果坐标系选择得当,问题就可能大为简化。例如,对于圆形、楔形、扇形等物体,采用极坐标求解比用直角坐标方便得多。

2.4.1 平衡微分方程

平面微元体 $PACB$ 如图 2-4-1 所示。沿 r 方向的正应力称为径向正应力,用 σ_r 表示,

沿 θ 方向的正应力称为环向正应力,用 σ_θ 表示,剪应力用 $\tau_{r\theta}$ 表示,径向及环向的体力分量分别用 f_r 及 f_θ 表示,各应力分量正负号的规定和直角坐标规定相同。

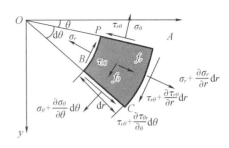

图 2-4-1 极坐标平衡微分方程微元图

对于图示微元体,有三个平衡方程,即径向力平衡方程、环向力平衡方程和力矩平衡方程:

$$\sum F_r = 0$$

$$\sum F_\theta = 0$$

$$\sum M = 0$$

由径向力平衡方程,可得

$$\left(\sigma_r + \frac{\partial \sigma_r}{\partial r}dr\right)(r+dr)d\theta - \sigma_r r d\theta - \left(\sigma_\theta + \frac{\partial \sigma_\theta}{\partial \theta}d\theta\right)dr\frac{d\theta}{2} - \sigma_\theta dr\frac{d\theta}{2} + \left(\tau_{\theta r} + \frac{\partial \tau_{\theta r}}{\partial \theta}d\theta\right)dr - \tau_{\theta r}dr + f_r r d\theta dr = 0$$

由环向力平衡方程,可得

$$\left(\sigma_\theta + \frac{\partial \sigma_\theta}{\partial \theta}d\theta\right)dr - \sigma_\theta dr + \left(\tau_{r\theta} + \frac{\partial \tau_{r\theta}}{\partial r}dr\right)(r+dr)d\theta - \tau_{r\theta}r d\theta + \left(\tau_{\theta r} + \frac{\partial \tau_{\theta r}}{\partial \theta}d\theta\right)dr\frac{d\theta}{2} + \tau_{\theta r}dr\frac{d\theta}{2} + f_\theta r d\theta dr = 0$$

由于 $d\theta$ 很小,则 $\sin\dfrac{d\theta}{2} \approx \dfrac{d\theta}{2}$,$\cos\dfrac{d\theta}{2} \approx 1$,由切应力互等关系可得

$$\begin{cases} \dfrac{\partial \sigma_r}{\partial r} + \dfrac{1}{r}\dfrac{\partial \tau_{r\theta}}{\partial \theta} + \dfrac{\sigma_r - \sigma_\theta}{r} + f_r = 0 \\[3mm] \dfrac{1}{r}\dfrac{\partial \sigma_\theta}{\partial \theta} + \dfrac{\partial \tau_{r\theta}}{\partial r} + \dfrac{2\tau_{r\theta}}{r} + f_\theta = 0 \end{cases}$$

这就是极坐标平衡微分方程。

此平衡微分方程中包含三个未知函数 σ_r、σ_θ 和 $\tau_{r\theta}$,所以,和直角坐标平衡微分方程一样,极坐标平衡微分方程也是超静定的,因此必须考虑变形条件和物理关系,才能得到解答。

但是,极坐标平衡微分方程和直角坐标平衡微分方程也有所不同。在直角坐标系中,应力分量仅以偏导数的形式出现,在极坐标系中,微元体环向的两个微面面积并不相等,如平衡微分方程中的 $\dfrac{1}{r}\dfrac{\partial \tau_{r\theta}}{\partial \theta}$ 和 $\dfrac{1}{r}\dfrac{\partial \sigma_\theta}{\partial \theta}$,以及 $\dfrac{\sigma_r - \sigma_\theta}{r}$ 和 $\dfrac{2\tau_{r\theta}}{r}$。显然,半径愈小,差值愈大。

另外,在直角坐标系中,两个变量 x 和 y 在概念与形式上是完全对称的,两个变量具有同等含义,甚至可以互换,所以,其平衡微分方程的结构形式是对称的。但在极坐标系中,环向和径向两个变量各自具有不同的含义,不可能互换,所以,极坐标平衡微分方程的结构形式不具有对称性。

2.4.2 几何方程

几何方程反映位移与应变之间的数学关系,在极坐标系中,设 ε_r、ε_θ、$\gamma_{r\theta}$ 分别表示径向正应变、环向正应变和切应变(径向与环向两线段之间的直角的改变), u_r 和 u_θ 分别表示径向位移与环向位移。

和直角坐标几何方程相比,极坐标几何方程较为复杂,这里用叠加法讨论极坐标中的应变与位移间的微分关系。

1. 假定只有径向位移,而无环向位移

如图 2-4-2 所示,由于径向位移的影响,线段 PA、PB 由初始位置分别移动到了 $P'A'$、$P'B'$,结合泰勒公式,可知 P、A、B 三点的位移分别为

$$PP' = u_r$$

$$AA' = u_r + \frac{\partial u_r}{\partial r}\mathrm{d}r$$

$$BB' = u_r + \frac{\partial u_r}{\partial \theta}\mathrm{d}\theta$$

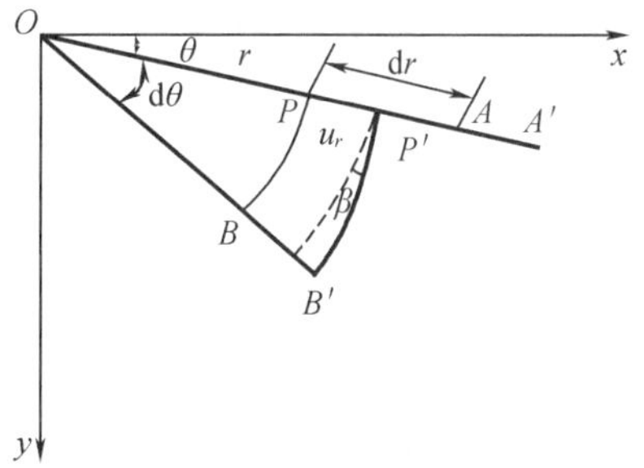

径向线段 PA 的正应变(线段 PA 的变化量除以原长)为

$$\varepsilon_r = \frac{P'A' - PA}{PA} = \frac{\left(u_r + \frac{\partial u_r}{\partial r}\mathrm{d}r\right) - u_r}{\mathrm{d}r} = \frac{\partial u_r}{\partial r}$$

同理,环向线段 PB 的正应变为

$$\varepsilon_\theta = \frac{P'B' - PB}{PB} = \frac{(r + u_r)\mathrm{d}\theta - r\mathrm{d}\theta}{r\mathrm{d}\theta} = \frac{u_r}{r}$$

径向线段 PA 的转角为零,环向线段 PB 的转角为

$$\beta = \frac{BB' - PP'}{PB} = \frac{\left(u_r + \frac{\partial u_r}{\partial \theta}\mathrm{d}\theta\right) - u_r}{r\mathrm{d}\theta} = \frac{1}{r}\frac{\partial u_r}{\partial \theta}$$

则切应变为

$$\gamma_{r\theta} = \beta = \frac{1}{r}\frac{\partial u_r}{\partial \theta}$$

2. 假定只有环向位移,而无径向位移

如图 2-4-3 所示,由于环向位移的影响,线段 PA、PB 由初始位置分别移动到了 $P''A''$、$P''B''$,结合泰勒公式,可知 P、A、B 三点的位移分别为

$$PP'' = u_\theta$$

$$AA'' = u_\theta + \frac{\partial u_\theta}{\partial r}\mathrm{d}r$$

$$BB'' = u_\theta + \frac{\partial u_\theta}{\partial \theta}\mathrm{d}\theta$$

图 2-4-2 极坐标几何方程径向微元图

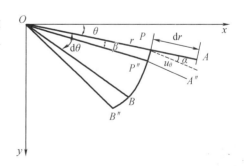

图 2-4-3 极坐标几何方程环向微元图

径向线段 PA 的正应变为

$$\varepsilon_r = 0$$

环向线段 PB 的正转角为

$$\varepsilon_\theta = \frac{P''B'' - PB}{PB} = \frac{\left(u_\theta + \dfrac{\partial u_\theta}{\partial \theta} d\theta\right) - u_\theta}{r d\theta} = \frac{1}{r} \frac{\partial u_\theta}{\partial \theta}$$

径向线段 PA 的转角为

$$\alpha = \frac{AA'' - PP''}{PA} = \frac{\left(u_\theta + \dfrac{\partial u_\theta}{\partial r} dr\right) - u_\theta}{dr} = \frac{\partial u_\theta}{\partial r}$$

环向线段 PB 的转角即为 POP'' 的夹角:

$$\beta = -\frac{u_\theta}{r}$$

则得到切应变为

$$\gamma_{r\theta} = \alpha + \beta = \frac{\partial u_\theta}{\partial r} - \frac{u_\theta}{r}$$

同时存在径向和环向位移,由叠加法得

$$\begin{cases} \varepsilon_r = \dfrac{\partial u_r}{\partial r} \\[2mm] \varepsilon_\theta = \dfrac{u_r}{r} + \dfrac{1}{r} \dfrac{\partial u_\theta}{\partial \theta} \\[2mm] \gamma_{r\theta} = \dfrac{1}{r} \dfrac{\partial u_r}{\partial \theta} + \dfrac{\partial u_\theta}{\partial r} - \dfrac{u_\theta}{r} \end{cases}$$

此即极坐标下的几何方程。

2.4.3 物理方程

物理方程是代数方程,极坐标系和直角坐标系一样是正交的,所以,极坐标物理方程和直角坐标物理方程具有相同的形式,只是标示符号不同,平面应力的物理方程是

$$\begin{cases} \varepsilon_r = \dfrac{1}{E} (\sigma_r - \mu\sigma_\theta) \\[2mm] \varepsilon_\theta = \dfrac{1}{E} (\sigma_\theta - \mu\sigma_r) \\[2mm] \gamma_{r\theta} = \dfrac{2(1+\mu)}{E} \tau_{r\theta} \end{cases}$$

同样进行常数互换,即得平面应变情况下的极坐标物理方程:

$$\begin{cases} \varepsilon_r = \dfrac{1-\mu^2}{E}\left(\sigma_r - \dfrac{\mu}{1-\mu}\sigma_\theta\right) \\[3mm] \varepsilon_\theta = \dfrac{1-\mu^2}{E}\left(\sigma_\theta - \dfrac{\mu}{1-\mu}\sigma_r\right) \\[3mm] \gamma_{r\theta} = \dfrac{2(1+\mu)}{E}\tau_{r\theta} \end{cases}$$

2.5 边界条件及其应用

核工程空间问题的大多数边界可视为平面边界,但也有少数三维空间边界的,显然,三维空间边界问题非常复杂,本节只对平面边界问题展开讨论。

弹性力学平面问题共有八个基本方程和八个未知函数,方程包括两个平衡微分方程、三个几何方程和三个物理方程;函数包括三个应力分量 σ_x、σ_y、τ_{xy},三个应变分量 ε_x、ε_y、γ_{xy} 和两个位移分量 u、v,基本方程与未知函数的数目相等。因此,在适当的边界条件下,从理论上是完全可以通过基本方程解出未知函数的。

按边界条件的不同,弹性力学问题分为位移边界问题、应力边界问题和混合边界问题。在位移边界问题中,已知物体在所有边界上的位移分量,即在边界上有

$$u_S = \bar{u} \quad v_S = \bar{v} \tag{2-5-1}$$

式中,u_S 和 v_S 表示边界上的位移分量;$\bar{u}$、$\bar{v}$ 是边界上的已知函数。此即平面问题的位移边界条件。

在应力边界问题中,已知弹性体在全部边界上所受的外力,已知的面力可以变换为应力表达的边界条件,为此,只需把图 2-1-1 中的斜边 AB 取在弹性体的边界上,使 N 成为边界面的外法线方向。则当斜边 AB 与 P 点无限接近时,p_x、p_y 分别成为面力分量;同时,σ_x 成为应力分量的边界值,则可得应力边界条件为

$$\begin{cases} l(\sigma_x)_S + m(\tau_{yx})_S = \bar{f}_x \\ m(\sigma_y)_S + l(\tau_{xy})_S = \bar{f}_y \end{cases} \tag{2-5-2}$$

在平面问题的应力边界条件中,方程左边表示应力分量的边界值,右边是已知面力分量。弹性力学求解的困难在于边界问题,式(2-5-2)以方程的形式,将弹性体内部应力和边界面力之间建立起了数学联系。

上述讨论是基于一般的边界方向进行的,实际工程弹性体结构的边界方向往往是比较特殊的,对于此种情况,其边界面往往与坐标轴平行,因此方向余弦非常特殊,应力边界条件即可大为简化。

在垂直于 x 轴的边界上,$l = \pm 1$,$m = 0$,应力边界条件简化为

$$(\sigma_x)_S = \pm\bar{f}_x \quad (\tau_{xy})_S = \pm\bar{f}_y$$

在垂直于 y 轴的边界上,$l = 0$,$m = \pm 1$,应力边界条件简化为

$$(\sigma_y)_S = \pm \overline{f_y}, (\tau_{yx})_S = \pm \overline{f_x}$$

可见,对于上述特殊情况,应力分量的边界值即为所对应的面力分量。当边界的外法线沿坐标轴正向时,二者的正负号相同;当边界的外法线沿坐标轴负向时,二者的正负号相反。

值得注意的是,由于方向余弦的关系,在垂直于 x 轴的边界面上,应力边界条件没有 σ_y,在垂直于 y 轴的边界面上,应力边界条件中没有 σ_x。换言之,在平行于坐标轴的边界面上,应力边界条件只可能有切应力和法向正应力,而不可能有切向正应力。

在混合边界问题中,物体的一部分边界具有已知位移,因而具有位移边界条件,另一部分边界则具有已知面力,因而具有应力边界条件。

但是,应该特别指出的是,在某边界任一点的任一方向上,其位移边界条件和应力边界条件有且只有一个。也就是说,在任一边界方向上,同时具备位移边界和应力边界条件的情况是不存在的。

这一点对于工程应力分析特别重要。对于用计算机编程计算结构应力,如果在某方向上同时输入位移边界值和应力边界值,则导致程序退出。对于有限元仿真分析,如果在模型某一方向的边界上既施加位移边界条件又施加应力边界条件,则等于重复施加了边界条件,虽然不会导致程序停止运行,但是,其计算结果将是错误的。

此外,在同一部分边界上,也可能出现混合边界条件,即两个边界条件中,一个是位移边界条件,另一个是应力边界条件。

如连杆支撑,其坐标及边界如图 2-5-1(a)所示,在其 x 方向只有位移边界条件 $u_x = 0$,而在其 y 方向上只有应力边界条件 $\tau_{xy} = 0$。

又如某齿槽结构,其坐标如图 2-5-1(b)所示,在其 x 方向只有应力边界条件 $\sigma_x = 0$,在其 y 方向只有位移边界条件 $u_y = 0$。而其法向为 y 轴的边界以及与坐标轴斜交的边界,具有一般性,都可能有与此相似的混合边界条件。

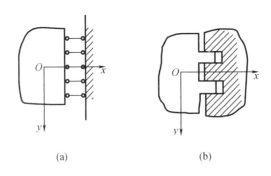

(a)　　　　　　　　(b)

图 2-5-1　连杆支撑和齿槽

由上述分析可知,结构的某部分边界上,可能存在混合边界条件。在以平衡为前提的弹性力学分析中,位移边界条件可以通过静平衡关系进行判断,而应力边界条件则通过边界方程进行推断。

显然,上述结论对于三维空间问题同样适用。

就核工程结构力学分析而言,"边界"一词应具有更广泛的意义。除了结构的自然边界外,还应该包括"人工边界"。例如,在结构力学有限元分析中,为了提高所分析问题的结果精度和求解效率,我们经常采用结构子模型方法,即先进行整体结构力学分析,初步得到最大应力的位置和大小,然后再从整体模型中合理取出一小部分进行详细分析。人工边界施加的正确与否对分析结果至关重要。

例如,某新型反应堆的椭圆截面圆环如图 2-5-2 所示。根据对称性从完整圆环上截取其中一个对称单元,右端截面施加位移边界,左端截面施加载荷边界。则位移边界应施加整体模型计算得到的真实位移值,除非能证明施加方法的保守性,否则不能施加其他位移边界,包括零位移,否则将无法与原始结构保持同样的平衡关系。

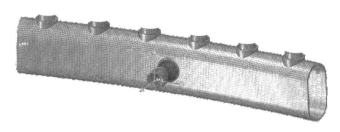

图 2-5-2 某新型反应堆的椭圆截面圆环

在核工程结构力学分析,如核反应堆压力容器的力学分析中,由于结构变化或者载荷集中,往往不可能完全具备轴对称条件,但是,有时结构中可能存在着有限数量的环向对称线或对称面,即只有少数几个旋转对称轴,此时需要其结构、载荷及约束在每条对称轴(或对称面)上同时满足旋转对称,三个条件缺一不可。

显然,即便只存在有限数量的对称线或对称面,也足以为应力分析带来很大方便,比如,可以利用该特性,将结构分为有限多的对称部分,通过计算其中一部分得到的分析结果,即可得到全部结构的应力分布。

必须指出,满足上述轴对称或旋转对称的结构,其任一对称面或对称线的约束条件是环向位移为零,这对工程分析非常有用,常常可以用来对对称结构的应力分析进行边界约束。

以下是核工程中中心对称结构的应力分析。

①某核反应堆压力容器具有环向对称的结构特性,而其温度等载荷也是环向对称的,由于环向结构的设计方式,使得其对称轴减少为三个,则可取 1/3 结构进行力学分析,如图 2-5-3 所示,对称面上的约束条件可设置为 $u_\theta = 0$。

由于每圈孔道个数并不相同,因此中心对称线并不一定是直线,也可能是折线。

②某新型高温核反应堆堆芯结构,整体结构沿环向对称,载荷主要是温度,也沿环向对称,只需截取环向最小对称单元即可。根据孔道的分布,可截取最小对称单元进行应力分析,如图 2-5-4 所示,显然,与前面中心对称约束一样,其约束条件仍然是 $u_\theta = 0$。

图 2-5-3　中心对称结构 1

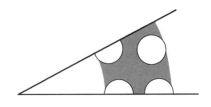

图 2-5-4　中心对称结构 2

2.6　圣维南原理

在求解弹性力学问题时,其解答可分为结构内部和边界两种类型。对于结构内部,使应力分量、应变分量及位移分量完全满足基本方程并不困难,因为应力分量、应变分量、位移分量本来就是通过求解三大方程(弹性力学的平衡微分方程、几何方程、物理方程)得到的,但对于结构边界处,由于边界条件是特定数值,要使边界条件也完全满足三大方程,往往存在很大困难。因此,弹性力学问题在数学上称为边值问题或边界问题。

另外,在很多实际工程结构计算中,经常会遇到这样的情况,在物体的一小部分边界上,仅仅知道物体所受面力的宏观效应或综合效果,但对于该面力的具体分布方式并不清楚,或者根本无法描述清楚,因而也就无从考虑这部分边界上的应力边界条件。

圣维南原理对求解上述问题起到了很大的作用。

圣维南原理最普遍的描述是:如果把物体小部分边界上的面力,变换为分布不同但静力等效(主矢相同,对同一点的主矩也相同)的另一组面力,那么,这种变换只对变换处附近的应力分布产生显著影响,而对远处应力分布产生的影响可以忽略不计。

由此可见,利用圣维南原理,可以将结构小区域上的边界载荷,在静力等效的前提下进行任意改变,距离该区域较远处的应力不会有明显影响。

例如,设有柱形构件,在两端截面的形心处受到大小相等、方向相反的拉力 P,如图 2-6-1(a)所示,如果把一端或两端的拉力变换为静力等效的力,如图 2-6-1(b)或图 2-6-1(c)所示,则只对虚线画出部分的应力分布有显著的影响,而对其余部分的应力分布的影响非常小,可以忽略不计。如果再将两端的拉力变换为均匀分布的拉力,集度等于 P/A,其中 A 为构件的横截面积,如图 2-6-1(d)所示,其结果是,仍然只有靠近两端部分的应力分布受到显著的影响。

可见,在上述四种情况下,距离两端较远的部分的梁应力分布,并没有太大的不同。至于变换载荷分布影响应力分布区域的具体范围,经过实验验证等方法,工程上已经有明确的界定。

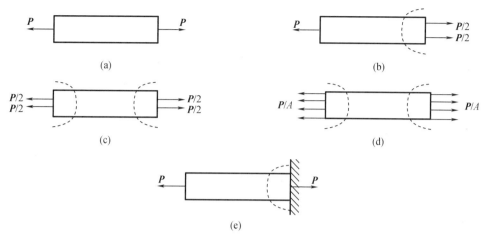

图 2-6-1　不同的静力等效图

对工程应用而言,图 2-6-1(d)所示的情况更容易求解,因为其面力均匀连续分布,边界条件比较简单,所以应力是很容易求得的,而且解答也是很简单的。但是,在其余三种情况下,由于面力不是连续分布,而是以集中载荷的形式出现,甚至只知道载荷综合作用效果,而不知道其具体分布方式,此时的应力是难以求得的。

根据圣维南原理,将图 2-6-1(d)所示情况下的应力解答应用到其余三种情况,虽然不能完全满足两端的应力边界条件,但仍然可以表明,离杆端较远处的应力状态并没有显著的误差,这一结果已经被理论分析和实验量测所证实。

必须注意的是,应用圣维南原理,绝不能脱离"静力等效"的条件。在图 2-6-1(b)或图 2-6-1(c)所示的构件上,如果右端两个面力 $P/2$ 不关于端面形心对称,那么其合力 P 就无法作用于截面的形心,只要有偏心就将产生附加力矩,即只保证了主矢相等,但主矩并不相等,无法保持原有的平衡状态,显然,这就不是静力等效了。这时的应力,不仅在靠近两端处有差异,在整个构件中也有很大不同。

除了载荷边界外,当物体小部分边界上的位移边界条件不能精确满足时,也可以应用圣维南原理得到有用的解答。如图 2-6-1(e)所示,构件的右端是固定端,也就是说,在该构件的右端有位移边界条件 $u=0, v=0$,将图 2-6-1(d)所示情况的简单解答应用于这一情况时,这个位移边界条件是不能满足的。但是,很显然,右端的面力一定是合成经过截面形心的力 P,它和左端的面力 P 平衡。也就是说,右端固定端的面力与经过右端截面形心的力 P 静力等效。因此,根据圣维南原理,把上述简单解答应用于这一情况时,仍然只是对靠近两端处影响较大,而对离两端较远处产生的影响可以忽略不计。

圣维南原理另一种描述是:如果物体小部分边界上的面力是一个平衡力系(主矢及主矩都等于零),那么,这个面力就只会使近处产生显著的应力,而对远处应力的影响可以不计。

关于圣维南原理的两种描述完全等效,因为静力等效的两组面力,它们的差异必然是一个平衡力系。

在小边界上与物体原来所受力系静力等效的面力并不是唯一的。如图 2-6-1 所示,与端部所受的集中力的静力等效的面力除图 2-6-1(b)(c)(d)所示的端部力系外,还存在很多其他的形式,其中包括非均匀分布的面力。只要端部力系与原力系符合静力等效的要求即可,所以,在应用圣维南原理时,存在选用何种等效力系的问题,对此,需要有一个端部面力的统一形式,从而大大方便实际求解。

如图 2-6-2 所示的悬臂梁,其自由端受到集中力 **P**、**Q** 和集中力偶 **M** 的作用,在该问题中,如果梁的长度远大于高度,则梁的两端面即为次要边界,对于梁右端的面力边界,是无法给出精确表达的,只能用圣维南原理给出等效的边界条件。

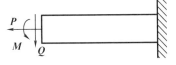

图 2-6-2　悬臂臂梁自由端简化

由悬臂梁自由端的面力系 $\bar{f}_x$、$\bar{f}_y$ 与其所受的集中力 **P**、**Q** 及集中力偶 **M** 静力等效,可得

$$\begin{cases} \int_{-h/2}^{h/2} \bar{f}_x \mathrm{d}y = P \\ \int_{-h/2}^{h/2} \bar{f}_y \mathrm{d}y = Q \\ \int_{-h/2}^{h/2} y\bar{f}_x \mathrm{d}y = M \end{cases}$$

上式左端积分时,梁厚度方向尺寸为单位长度。

另一方面,设面力系 $\bar{f}_x$、$\bar{f}_y$ 在悬臂梁自由端与对应的应力分量存在如下关系:

$$(\sigma_x)_{x=l} = \bar{f}_x \quad (\tau_{xy})_{x=l} = \bar{f}_y$$

最终得到

$$\begin{cases} \int_{-h/2}^{h/2} (\sigma_x)_{x=l} \mathrm{d}y = P \\ \int_{-h/2}^{h/2} (\tau_{xy})_{x=l} \mathrm{d}y = Q \\ \int_{-h/2}^{h/2} y(\sigma_x)_{x=l} \mathrm{d}y = M \end{cases}$$

上式表明,在梁自由端的边界上,待求应力在该边界的主矢和主矩同外力的合力与合力矩相等。一般情况下,集中力 **P**、**Q** 和集中力偶 **M** 可以看作面力的主矢与主矩,因此,在小边界上应用圣维南原理也可以描述为,在同一小边界上应力的主矢和主矩应分别等于面力的主矢与主矩,不仅数值相等,而且方向一致。

精确的应力边界条件一般为函数方程,常常不容易满足。而用圣维南原理得到的等效边界条件是三个积分形式的条件,最后可化为代数方程,故而容易满足。因此,在求解弹性力学问题时,常在小边界上用近似的三个积分条件代替精确的边界条件,这样可使求解大为简化,而得出的应力结果只在小边界附近有较大的误差。

圣维南原理是法国力学家圣维南于 1855 年在解决等截面直杆扭转问题时提出的,最初称为局部效应原理,后来称为圣维南原理。100 多年来,无数的实际计算和实验量测都证实了它的正确性,许多学者从多方面展开综合研究,获得了一些研究成果,但至今尚无完整、严格的理论证明。

2.7 圣维南原理工程应用

在核工程大型系统设备和复杂结构的应力分析中,由于设备连接的管道系统非常庞大,经常跨越几个厂房而不可能将整个系统和设备进行全模型计算,所以只以一部分结构为对象进行分析。另外,有时受制于台式机计算能力的限制,为提高计算效率,只关注局部应力结果,也需要把结构切开处理。这种情况下,往往需要根据圣维南原理对截切边界进行适当处理。以下结合工程实例加以说明。

2.7.1 设备接载荷管的处理

中国原子能科学研究院自主研发、设计和建造的中国先进研究堆的四台换热器和四台主泵都是大型核设备,连接大型管道系统,这些管道系统横跨几个厂房,对大型设备的作用载荷非常可观。中国先进研究堆二回路系统布置图如图 2-7-1 所示。

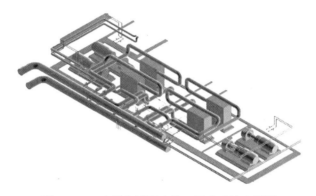

图 2-7-1 中国先进研究堆二回路系统布置图

对管道系统进行力学分析时,大型设备接管口的位移对管道系统的作用不能忽略。同样,对设备进行力学分析时,大型管道系统对设备接管口的作用力(接管载荷)也不能忽略。

管道系统对设备的作用,可以通过三个力矩和三个力共六个载荷来表达,这些载荷可以通过管道计算得到。因为管道计算模型是一维的线模型,提供给设备计算使用的是接管口的点载荷,而容器计算中,接管口往往是二维壳模型,甚至是三维实体模型,二者不能完全对应,施加接管载荷,需要使用圣维南原理进行静力等效,即保证壳或实体管口所施加载荷的综合效果与管道计算所提供的载荷等效。具体而言,就是保证所施加的载荷对管口形心的合力和合力矩与点载荷完全一致。

实际上,由于模型不一致,所施加的接管载荷与设备管口受到的实际载荷不可能完全一致,所以,管口区域的应力结果也与实际应力有较大差异,但对距离管口较远部位的应力分布几乎没有影响。为得到设备接管区域的准确应力,往往将接管预留足够长(工程上有明确的长度要求),从而消除改变管口载荷分布而对接管根部应力产生的影响。

2.7.2 子结构模型的应用

对一些大型复杂的设备结构,由于整体结构模型太复杂,很难处理,因此工程计算常常需要人为截切一部分结构进行计算。为避免计算结果产生较大误差甚至错误,其模型边界的处理需要非常谨慎。显然,此时需要使用圣维南原理进行人工截切边界的处理。

图 2-7-2 中国试验快堆某立式容器的一部分结构

中国原子能科学研究院自主研发的中国第一座快中子反应堆——中国试验快堆某立式容器的一部分结构如图2-7-2所示,其高应力区位于多孔区。为减小计算量,提高计算效率,需截掉容器多孔区以上的上半部分,只计算多孔区以上的下半部分,故应在截切面上使用圣维南原理,把完整模型提取的边界载荷施加在局部模型截切面上。为保证结果正确,需要关注两个问题:一是截切面上的载荷必须按静力等效施加;二是截切面距离高应力区要足够远,以便保证局部应力集中效应不会对计算结果造成太大影响。

需要注意的是,并不是所有边界都能够使用圣维南原理进行处理,脱离了静力等效的原则,尤其是对于截切区域较大,或者截切区域距离关注区域比较近等情况,均无法使用圣维南原理。

2.8 叠 加 原 理

弹性力学的平衡微分方程、几何方程、物理方程以及边界条件都是在线性范围内成立的,所以,它们都满足线性叠加原理。叠加原理可以描述为:同一弹性体,分别受若干组不同的体力、面力和位移作用,则弹性体在这些载荷共同作用下的应力、应变,等于每组载荷单独作用下的应力、应变之和。以下对两组载荷的情况进行证明。

两组不同的载荷、应力、应变、位移等均通过上标 $i=1,2$ 表示,则体力为 $f_x^{(i)}$、$f_y^{(i)}$、$f_z^{(i)}$,面力为 $\bar{f}_x^{(i)}$、$\bar{f}_y^{(i)}$、$\bar{f}_z^{(i)}$,位移为 $\bar{u}^{(i)}$、$\bar{v}^{(i)}$、$\bar{w}^{(i)}$,应力为 $\sigma_x^{(i)}$、$\sigma_y^{(i)}$、$\sigma_z^{(i)}$、$\tau_{xy}^{(i)}$、$\tau_{yz}^{(i)}$、$\tau_{xz}^{(i)}$,应变为 $\varepsilon_x^{(i)}$、$\varepsilon_y^{(i)}$、$\varepsilon_z^{(i)}$、$\gamma_{yz}^{(i)}$、$\gamma_{zx}^{(i)}$、$\gamma_{xy}^{(i)}$,这些分量应当满足平衡微分方程:

$$\begin{cases} \dfrac{\partial \sigma_x^{(i)}}{\partial x} + \dfrac{\partial \tau_{xy}^{(i)}}{\partial y} + \dfrac{\partial \tau_{xz}^{(i)}}{\partial z} + f_x^{(i)} = 0 \\[2mm] \dfrac{\partial \tau_{yx}^{(i)}}{\partial x} + \dfrac{\partial \sigma_y^{(i)}}{\partial y} + \dfrac{\partial \tau_{yz}^{(i)}}{\partial z} + f_y^{(i)} = 0 \quad (i=1,2) \\[2mm] \dfrac{\partial \tau_{zx}^{(i)}}{\partial x} + \dfrac{\partial \tau_{zy}^{(i)}}{\partial y} + \dfrac{\partial \sigma_z^{(i)}}{\partial z} + f_z^{(i)} = 0 \end{cases}$$

满足几何方程:

$$\begin{cases} \varepsilon_x^{(i)} = \dfrac{\partial u^{(i)}}{\partial x}, \varepsilon_y^{(i)} = \dfrac{\partial v^{(i)}}{\partial y}, \varepsilon_z^{(i)} = \dfrac{\partial w^{(i)}}{\partial z} \\ \gamma_{yz}^{(i)} = \dfrac{\partial w^{(i)}}{\partial y} + \dfrac{\partial v^{(i)}}{\partial z}, \gamma_{zx}^{(i)} = \dfrac{\partial u^{(i)}}{\partial z} + \dfrac{\partial w^{(i)}}{\partial x}, \gamma_{xy}^{(i)} = \dfrac{\partial v^{(i)}}{\partial x} + \dfrac{\partial u^{(i)}}{\partial y} \end{cases} (i=1,2)$$

以及满足物理方程:

$$\begin{cases} \varepsilon_x^{(i)} = \dfrac{1}{E}\left[\sigma_x^{(i)} - \mu(\sigma_y^{(i)} + \sigma_z^{(i)})\right] \\ \varepsilon_y^{(i)} = \dfrac{1}{E}\left[\sigma_y^{(i)} - \mu(\sigma_z^{(i)} + \sigma_x^{(i)})\right] \\ \varepsilon_z^{(i)} = \dfrac{1}{E}\left[\sigma_z^{(i)} - \mu(\sigma_x^{(i)} + \sigma_y^{(i)})\right] \\ \gamma_{yz}^{(i)} = \dfrac{2(1+\mu)}{E}\tau_{yz}^{(i)} \\ \gamma_{zx}^{(i)} = \dfrac{2(1+\mu)}{E}\tau_{xz}^{(i)} \\ \gamma_{xy}^{(i)} = \dfrac{2(1+\mu)}{E}\tau_{xy}^{(i)} \end{cases} (i=1,2)$$

在边界上,这些分量满足应力边界条件:

$$\begin{cases} l(\sigma_x^{(i)})_{S_\sigma} + m(\tau_{yx}^{(i)})_{S_\sigma} + n(\tau_{zx}^{(i)})_{S_\sigma} = \overline{f}_x^{(i)} \\ m(\sigma_y^{(i)})_{S_\sigma} + l(\tau_{zy}^{(i)})_{S_\sigma} + m(\tau_{xy}^{(i)})_{S_\sigma} = \overline{f}_y^{(i)} \\ n(\sigma_z^{(i)})_{S_\sigma} + l(\tau_{xz}^{(i)})_{S_\sigma} + m(\tau_{yz}^{(i)})_{S_\sigma} = \overline{f}_z^{(i)} \end{cases} (i=1,2)$$

以及满足位移边界条件:

$$(u^{(i)})_{S_\sigma} = \overline{u}^{(i)}, (v^{(i)})_{S_\sigma} = \overline{v}^{(i)}, (w^{(i)})_{S_\sigma} = \overline{w}^{(i)} \quad (i=1,2)$$

令一组载荷为这两组载荷之和,即

$$\begin{cases} f_x = f_x^{(1)} + f_x^{(2)}, f_y = f_y^{(1)} + f_y^{(2)}, f_z = f_z^{(1)} + f_z^{(2)} \\ \overline{f}_x = \overline{f}_x^{(1)} + \overline{f}_x^{(2)}, \overline{f}_y = \overline{f}_y^{(1)} + \overline{f}_y^{(2)}, \overline{f}_z = \overline{f}_z^{(1)} + \overline{f}_z^{(2)} \\ \overline{u} = \overline{u}^{(1)} + \overline{u}^{(2)}, \overline{v} = \overline{v}^{(1)} + \overline{v}^{(2)}, \overline{w} = \overline{w}^{(1)} + \overline{w}^{(2)} \end{cases}$$

将上述两组载荷应力、应变、位移分别相加,则有

$$\begin{cases} \sigma_x = \sigma_x^{(1)} + \sigma_x^{(2)}, \sigma_y = \sigma_y^{(1)} + \sigma_y^{(2)}, \sigma_z = \sigma_z^{(1)} + \sigma_z^{(2)} \\ \tau_{xy} = \tau_{xy}^{(1)} + \tau_{xy}^{(2)}, \tau_{yz} = \tau_{yz}^{(1)} + \tau_{yz}^{(2)}, \tau_{zx} = \tau_{zx}^{(1)} + \tau_{zx}^{(2)} \end{cases}$$

$$\begin{cases} \varepsilon_x = \varepsilon_x^{(1)} + \varepsilon_x^{(2)}, \varepsilon_y = \varepsilon_y^{(1)} + \varepsilon_y^{(2)}, \varepsilon_z = \varepsilon_z^{(1)} + \varepsilon_z^{(2)} \\ \gamma_{xy} = \gamma_{xy}^{(1)} + \gamma_{xy}^{(2)}, \gamma_{yz} = \gamma_{yz}^{(1)} + \gamma_{yz}^{(2)}, \gamma_{zx} = \gamma_{zx}^{(1)} + \gamma_{zx}^{(2)} \end{cases}$$

$$\begin{cases} u = u^{(1)} + u^{(2)} \\ v = v^{(1)} + v^{(2)} \\ w = w^{(1)} + w^{(2)} \end{cases}$$

则应力、应变、位移将满足平衡微分方程：

$$\begin{cases} \dfrac{\partial \sigma_x}{\partial x} + \dfrac{\partial \tau_{xy}}{\partial y} + \dfrac{\partial \tau_{xz}}{\partial z} + f_x = 0 \\[3mm] \dfrac{\partial \tau_{yx}}{\partial x} + \dfrac{\partial \sigma_y}{\partial y} + \dfrac{\partial \tau_{yz}}{\partial z} + f_y = 0 \\[3mm] \dfrac{\partial \tau_{zx}}{\partial x} + \dfrac{\partial \tau_{zy}}{\partial y} + \dfrac{\partial \sigma_z}{\partial z} + f_z = 0 \end{cases}$$

满足物理方程：

$$\begin{cases} \varepsilon_x = \dfrac{1}{E}\left[\sigma_x - \mu(\sigma_y + \sigma_z) \right] \\[3mm] \varepsilon_y = \dfrac{1}{E}\left[\sigma_y - \mu(\sigma_z + \sigma_x) \right] \\[3mm] \varepsilon_z = \dfrac{1}{E}\left[\sigma_z - \mu(\sigma_x + \sigma_y) \right] \\[3mm] \gamma_{yz} = \dfrac{2(1+\mu)}{E} \tau_{yz} \\[3mm] \gamma_{zx} = \dfrac{2(1+\mu)}{E} \tau_{zx} \\[3mm] \gamma_{xy} = \dfrac{2(1+\mu)}{E} \tau_{xy} \end{cases}$$

以及满足几何方程：

$$\begin{cases} \varepsilon_x = \dfrac{\partial u}{\partial x}, \ \varepsilon_y = \dfrac{\partial v}{\partial y}, \ \varepsilon_z = \dfrac{\partial w}{\partial z} \\[3mm] \gamma_{yz} = \dfrac{\partial w}{\partial y} + \dfrac{\partial v}{\partial z}, \ \gamma_{zx} = \dfrac{\partial u}{\partial z} + \dfrac{\partial w}{\partial x}, \ \gamma_{xy} = \dfrac{\partial v}{\partial x} + \dfrac{\partial u}{\partial y} \end{cases}$$

且满足应力边界条件：

$$\begin{cases} l(\sigma_x)_{S_\sigma} + m(\tau_{yx})_{S_\sigma} + n(\tau_{zx})_{S_\sigma} = \bar{f}_x \\[3mm] m(\sigma_y)_{S_\sigma} + l(\tau_{zy})_{S_\sigma} + m(\tau_{xy})_{S_\sigma} = \bar{f}_y \\[3mm] n(\sigma_z)_{S_\sigma} + l(\tau_{xz})_{S_\sigma} + m(\tau_{yz})_{S_\sigma} = \bar{f}_z \end{cases}$$

以及满足位移边界条件：

$$(u)_{S_\sigma} = \bar{u}$$

$$(v)_{S_\sigma} = \bar{v}$$

$$(w)_{S_\sigma} = \bar{w}$$

可见，两组载荷共同作用下的应力、应变，等于每组载荷单独作用下的应力、应变之和，即不同载荷作用结果满足叠加原理。叠加原理集中反映了弹性力学问题（包括方程和边界）的线性特性。

叠加原理可用于将一个多种载荷共同作用的复杂问题,变换为几个简单载荷单独作用的问题进行求解;将有体力作用的问题,分解为无体力齐次方程的通解问题与有体力齐次方程的特解问题进行求解。

在几种复杂载荷同时作用的结构力学问题求解中,也常常将这些载荷进行单独求解,通过观察单一载荷下分析结果的合理性,来判断有限元模型的正确性,从而判断整个复杂结果仿真分析结果的正确性。

2.9 解的唯一性

对于同一个弹性力学求解问题,可能有多种不同的方法,得到的解具有不同的形式,比如有的解是多项式,有的解是三角函数,还有的解是级数形式。但这并不意味着,同一个弹性力学问题存在多个不同的解。显然,一个载荷、约束确定的结构,必须只能存在一个确定应力、应变的解。如果弹性体存在位移边界,则位移分量也是唯一的,即弹性力学的解具有唯一性。

弹性力学解的唯一性可以这样描述:在体力、面力及已知位移作用下,在弹性平衡时,弹性体内存在唯一的应力分量、应变分量和位移分量。

显然,证明诸如唯一性的问题,使用反证法比较合适。

设弹性体在给定的体力 f_x、f_y、f_z,应力边界上的面力 $\bar{f}_x$、$\bar{f}_y$、$\bar{f}_z$ 和位移边界上的已知位移 $\bar{u}$、$\bar{v}$、$\bar{w}$ 作用下,存在两组解。

第一组解以上标"1"表示,即

$$\begin{cases} u^{(1)}、v^{(1)}、w^{(1)} \\ \varepsilon_x^{(1)}、\varepsilon_y^{(1)}、\varepsilon_z^{(1)}、\gamma_{xy}^{(1)}、\gamma_{yz}^{(1)}、\gamma_{zx}^{(1)} \\ \sigma_x^{(1)}、\sigma_y^{(1)}、\sigma_z^{(1)}、\tau_{xy}^{(1)}、\tau_{yz}^{(1)}、\tau_{zx}^{(1)} \end{cases} \tag{2-9-1}$$

则这一组解满足三大方程和边界条件。

第二组解以上标"2"表示,即

$$\begin{cases} u^{(2)}、v^{(2)}、w^{(2)} \\ \varepsilon_x^{(2)}、\varepsilon_y^{(2)}、\varepsilon_z^{(2)}、\gamma_{xy}^{(2)}、\gamma_{yz}^{(2)}、\gamma_{zx}^{(2)} \\ \sigma_x^{(2)}、\sigma_y^{(2)}、\sigma_z^{(2)}、\tau_{xy}^{(2)}、\tau_{yz}^{(2)}、\tau_{zx}^{(2)} \end{cases} \tag{2-9-2}$$

同样,这一组解也满足三大方程和边界条件。

只需要证明这两组解是完全相同的,则解的唯一性即得到证明。

记上述两组解的差为一新变量,如果将两组解对应的方程相减,由叠加原理可知,新变量对应的应力分量、应变分量和位移分量对应于体力、面力和边界条件全部为零的状态。

$$\begin{cases} u = u^{(1)} - u^{(2)}, v = v^{(1)} - v^{(2)}, w = w^{(1)} - w^{(2)} \\ \varepsilon_x = \varepsilon_x^{(1)} - \varepsilon_x^{(2)}, \varepsilon_y = \varepsilon_y^{(1)} - \varepsilon_y^{(2)}, \varepsilon_z = \varepsilon_z^{(1)} - \varepsilon_z^{(2)} \\ \gamma_{xy} = \gamma_{xy}^{(1)} - \gamma_{xy}^{(2)}, \gamma_{yz} = \gamma_{yz}^{(1)} - \gamma_{yz}^{(2)}, \gamma_{zx} = \gamma_{zx}^{(1)} - \gamma_{zx}^{(2)} \\ \sigma_x = \sigma_x^{(1)} - \sigma_x^{(2)}, \sigma_y = \sigma_y^{(1)} - \sigma_y^{(2)}, \sigma_z = \sigma_z^{(1)} - \sigma_z^{(2)} \\ \tau_{xy} = \tau_{xy}^{(1)} - \tau_{xy}^{(2)}, \tau_{yz} = \tau_{yz}^{(1)} - \tau_{yz}^{(2)}, \tau_{zx} = \tau_{zx}^{(1)} - \tau_{zx}^{(2)} \end{cases} \quad (2-9-3)$$

显然,零体力、零面力、零位移的状况分别满足下述平衡微分方程:

$$\begin{cases} \dfrac{\partial \sigma_x}{\partial x} + \dfrac{\partial \tau_{xy}}{\partial y} + \dfrac{\partial \tau_{xz}}{\partial z} = 0 \\[2mm] \dfrac{\partial \tau_{yx}}{\partial x} + \dfrac{\partial \sigma_y}{\partial y} + \dfrac{\partial \tau_{yz}}{\partial z} = 0 \\[2mm] \dfrac{\partial \tau_{zx}}{\partial x} + \dfrac{\partial \tau_{zy}}{\partial y} + \dfrac{\partial \sigma_z}{\partial z} = 0 \end{cases} \quad (2-9-4)$$

并满足应力边界条件:

$$\begin{cases} l(\sigma_x)_{S_\sigma} + m(\tau_{yx})_{S_\sigma} + n(\tau_{zx})_{S_\sigma} = 0 \\ m(\sigma_y)_{S_\sigma} + n(\tau_{zy})_{S_\sigma} + l(\tau_{xy})_{S_\sigma} = 0 \\ n(\sigma_z)_{S_\sigma} + l(\tau_{xz})_{S_\sigma} + m(\tau_{yz})_{S_\sigma} = 0 \end{cases} \quad (2-9-5)$$

以及满足位移边界条件:

$$(u)_{S_\sigma} = 0, (v)_{S_\sigma} = 0, (w)_{S_\sigma} = 0 \quad (2-9-6)$$

将 u、v、w 分别与式(2-9-4)中的第一、第二和第三式相乘后相加,并进行积分,得到

$$\int_V \left[\left(\frac{\partial \sigma_x}{\partial x} + \frac{\partial \tau_{xy}}{\partial y} + \frac{\partial \tau_{xz}}{\partial z} \right) u + \left(\frac{\partial \tau_{yx}}{\partial x} + \frac{\partial \sigma_y}{\partial y} + \frac{\partial \tau_{yz}}{\partial z} \right) v + \left(\frac{\partial \tau_{zx}}{\partial x} + \frac{\partial \tau_{zy}}{\partial v} + \frac{\partial \sigma_z}{\partial z} \right) w \right] \mathrm{d}V = 0$$

$$(2-9-7)$$

式(2-9-7)共包括九项,通过利用分部积分、高斯公式和几何方程进行变化,则第一项有

$$\int_V \frac{\partial \sigma_x}{\partial x} u \mathrm{d}V = \int_V \left[\frac{\partial}{\partial x}(\sigma_x u) - \sigma_x \frac{\partial u}{\partial x} \right] \mathrm{d}V = \int_S l\sigma_x u \mathrm{d}S - \int_V \sigma_x \varepsilon_x \mathrm{d}V$$

其余各项同理变化,则得

$$\int_S \left[(l\sigma_x + m\tau_{yx} + n\tau_{zx})u + (m\sigma_y + n\tau_{zy} + l\tau_{xy})v + (n\sigma_z + l\tau_{xz} + m\tau_{yz})w \right] \mathrm{d}S -$$

$$\int_V (\sigma_x \varepsilon_x + \sigma_y \varepsilon_y + \sigma_z \varepsilon_z + \tau_{xy}\gamma_{xy} + \tau_{yz}\gamma_{yz} + \tau_{zx}\gamma_{zx}) \mathrm{d}V = 0 \quad (2-9-8)$$

在边界上,应力分量和位移分量需分别满足应力边界条件式(2-9-5)和位移边界条件式(2-9-6),则式(2-9-8)中的面积分为零。则有

$$\int_V (\sigma_x \varepsilon_x + \sigma_y \varepsilon_y + \sigma_z \varepsilon_z + \tau_{xy}\gamma_{xy} + \tau_{yz}\gamma_{yz} + \tau_{zx}\gamma_{zx}) \mathrm{d}V = 0 \quad (2-9-9)$$

从而有

$$\frac{E}{1+\mu} \int_V \left[\frac{\mu}{1-2\mu} \theta^2 + (\varepsilon_x^2 + \varepsilon_y^2 + \varepsilon_z^2) + \frac{1}{2}(\gamma_{xy}^2 + \gamma_{yz}^2 + \gamma_{zx}^2) \right] \mathrm{d}V = 0 \quad (2-9-10)$$

上式不可能为负值,则只能有

$$\varepsilon_x = \varepsilon_y = \varepsilon_z = \gamma_{yz} = \gamma_{zx} = \gamma_{xy} = 0$$

由物理方程可知

$$\sigma_x = \sigma_y = \sigma_z = \tau_{xy} = \tau_{yz} = \tau_{zx} = 0$$

即

$$\varepsilon_x^{(1)} = \varepsilon_x^{(2)}, \varepsilon_y^{(1)} = \varepsilon_y^{(2)}, \varepsilon_z^{(1)} = \varepsilon_z^{(2)}, \gamma_{xy}^{(1)} = \gamma_{xy}^{(2)}$$

$$\gamma_{yz}^{(1)} = \gamma_{yz}^{(2)}, \gamma_{zx}^{(1)} = \gamma_{zx}^{(2)}; \sigma_x^{(1)} = \sigma_x^{(2)}, \sigma_y^{(1)} = \sigma_y^{(2)}$$

$$\sigma_z^{(1)} = \sigma_z^{(2)}, \tau_{xy}^{(1)} = \tau_{xy}^{(2)}, \tau_{yz}^{(1)} = \tau_{yz}^{(2)}, \tau_{zx}^{(1)} = \tau_{zx}^{(2)}$$

则说明应力分量和应变分量必须是唯一的。

应变分量为零,则位移分量为刚体位移,如存在位移边界,则刚体位移必须为零,即

$$u = v = w = 0$$

同样得到

$$u^{(1)} = u^{(2)}, v^{(1)} = v^{(2)}, w^{(1)} = w^{(2)}$$

则说明位移分量也是唯一的。

但是,如果弹性体不存在位移边界,则只能有应力分量和应变分量是唯一的,位移分量可能相差某个刚体位移。

弹性力学解的唯一性具有重要作用,它为求解弹性力学问题的各种不同方法提供了理论依据,如果能找到一组解,并验证它们满足基本方程和边界条件,则可根据解的唯一性,断定这组解即为问题的唯一正确解。

需要注意,弹性力学的解虽然是唯一的,但解的表达形式可以不同。由于解法不同,解的形式可能是函数式、级数式等,但这些不同形式的解,在数值上都是统一的。

习　　题

1. 扇环内半径为 a,外半径为 b,柱坐标系如图 1 所示,一端固定,另一端中点受水平载荷 P 的作用,环的外侧受均布法向载荷 q 的作用,试写出其边界条件。

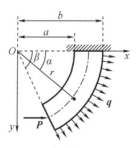

图 1　习题 1 图

2. 承受水压作用的三角坝如图 2 所示,水的密度为 ρ_1,坝身混凝土密度为 ρ_2。设应力

解为

$$\sigma_x = ax + by, \ \sigma_y = cx + dy - \rho_2 y, \ \tau_{xy} = -dx - ay$$

试用边界条件确定常数 a、b、c、d。

3. 单位厚度的楔形体,材料密度为 ρ_1,楔形体左侧作用密度为 ρ_2 的液体,如图 3 所示。试写出楔形体的边界条件。

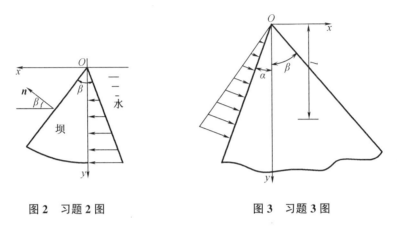

图 2 习题 2 图   图 3 习题 3 图

4. 半空间体在边界上受法向集中载荷 P 的作用,如图 4 所示。试列出其应力边界条件。

5. 如图 5 所示一半圆环,在外壁只受 $q\sin\theta$ 的法向面力作用,内壁不受力作用。A 端为固定端,B 端为自由端。试写出该问题的逐点应力边界条件和位移边界条件。

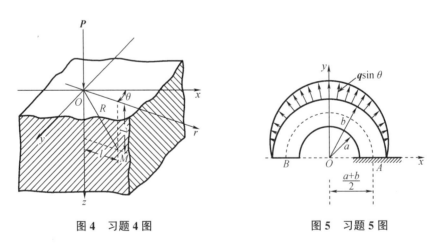

图 4 习题 4 图   图 5 习题 5 图

6. 已知球体的半径为 r,材料的密度为 ρ_1,球体在密度为 $\rho_2(\rho_2 > \rho_1)$ 的液体中漂浮,如图 6 所示。试写出球体的面力边界条件。

7. 试考察应力函数 $\varphi = cxy^3$,$c > 0$,能满足相容方程,并求出应力分量(不计体力),画出图 7 所示的矩形体边界上的面力分布,并在次要边界上表示出面力的主矢和主矩。

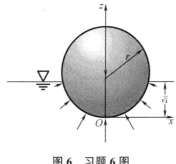

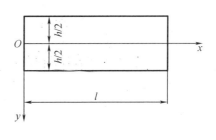

图6 习题6图   图7 习题7图

8. 图8所示为矩形截面水坝,其右侧受静水压力,顶部受集中力作用。试写出水坝的应力边界条件。

9. 试写出图9所示的悬臂梁的全部边界条件。

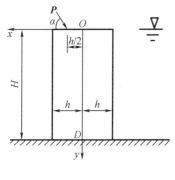

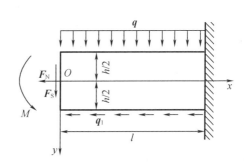

图8 习题8图   图9 习题9图

参 考 文 献

[1] 徐芝纶. 弹性力学(上册)[M]. 4版. 北京:高等教育出版社,2006.

[2] 陈惠发,萨里普 A F. 弹性与塑性力学[M]. 余天庆,王勋文,刘再华,编译. 北京:中国建筑工业出版社,2004.

[3] 杨桂通. 弹塑性力学引论[M]. 2版. 北京:清华大学出版社,2013.

[4] 徐秉业,刘信声,沈新普. 应用弹塑性力学[M]. 2版. 北京:清华大学出版社,2017.

[5] 王敏中,王炜,武际可. 弹性力学教程[M]. 北京:北京大学出版社,2002.

[6] 黄克智,薛明德,陆明万. 张量分析[M]. 北京:清华大学出版社,1986.

[7] 黄筑平. 连续介质力学基础[M]. 北京:高等教育出版社,2003.

[8] 郭仲衡. 张量(理论和应用)[M]. 北京:科学出版社,1988.

[9] 陆明万,罗学富. 弹性理论基础[M]. 北京:清华大学出版社,1990.

[10] 铁摩辛柯 S P,古地尔 J N. 弹性理论[M]. 3版. 徐芝纶,译. 北京:高等教育出版社,2013.

第3章 弹性力学问题的基本解法

理论力学求解超静定问题,有力法、位移法和混合法三种基本方法。在力法中,以某些反力或内力为基本未知量;在位移法中,以某些位移为基本未知量;在混合法中,同时以某些位移、反力或内力为基本未知量,求出基本未知量后,再求其他未知量。

同样,弹性力学问题的求解也有三种基本方法,即按应力求解、按位移求解和混合求解。按应力求解时,以应力为基本未知量,由只包含应力的平衡微分方程和应力边界条件求出应力,再用物理方程求出应变,最后用几何方程求出位移。按位移求解时,以位移为基本未知量,由只包含位移的平衡微分方程和位移边界条件求出位移,再用几何方程求出应变,最后用物理方程求出应力。在混合求解时,同时以位移和应力为基本未知量,使用只包含基本未知量的微分方程和边界条件,求出基本未知量后,再求出其他未知量。

3.1 按应力求解平面问题

3.1.1 求解原理及相容方程

按应力求解需要导出只含应力的平衡微分方程,通常的思路是消元,消去应变和位移,但平衡微分方程本身就只含应力,无法再消,而几何方程、物理方程相消,至多可得到含应力和位移的方程,此路不通。

此时需要转换思路,考虑由几何方程自身变换,消去位移分量,得出只含应变分量的关系式,再将物理方程代入,即可得到只含应力分量的关系式,具体推导如下。

将几何方程第二式中的左式对 z 求二阶导数,第三式中的左式对 y 求二阶导数,然后二者相加,得到

$$\frac{\partial^2 \varepsilon_y}{\partial z^2} + \frac{\partial^2 \varepsilon_z}{\partial y^2} = \frac{\partial^3 v}{\partial y \partial z^2} + \frac{\partial^3 w}{\partial z \partial y^2} = \frac{\partial^2}{\partial y \partial z}\left(\frac{\partial v}{\partial z} + \frac{\partial w}{\partial y}\right)$$

再结合切应变方程,得到

$$\frac{\partial^2 \varepsilon_y}{\partial z^2} + \frac{\partial^2 \varepsilon_z}{\partial y^2} = \frac{\partial \gamma_{yz}}{\partial y \partial z}$$

同理,可得到只含应变的方程:

$$\begin{cases} \dfrac{\partial^2 \varepsilon_y}{\partial z^2} + \dfrac{\partial^2 \varepsilon_z}{\partial y^2} = \dfrac{\partial \gamma_{yz}}{\partial y \partial z} \\[3mm] \dfrac{\partial^2 \varepsilon_z}{\partial x^2} + \dfrac{\partial^2 \varepsilon_x}{\partial z^2} = \dfrac{\partial^2 \gamma_{zx}}{\partial z \partial x} \\[3mm] \dfrac{\partial^2 \varepsilon_x}{\partial y^2} + \dfrac{\partial^2 \varepsilon_y}{\partial x^2} = \dfrac{\partial^2 \gamma_{xy}}{\partial x \partial y} \end{cases} \qquad (3-1-1)$$

式(3-1-1)称为相容方程或应变协调方程,其意义在于,两个正应变和一个切应变必须满足该方程,才能保证所对应位移分量的存在。如果应变不能满足该方程,则将无法求得位移,或者说,这样的应变实际上是不存在的。因为,由三者中的任何两个方程求出的位移分量,将与第三个方程产生矛盾,即不能相容。所以,相容方程就是确保所给出的应变值是实际存在的。

简单举例,任意取不满足相容方程的应变分量,如 $\varepsilon_x = 0$, $\varepsilon_y = 0$, $\gamma_{xy} = cxy$,常数 c 不为零,由几何方程可得

$$\frac{\partial u}{\partial x} = 0, \frac{\partial v}{\partial y} = 0$$

积分得

$$u = f(y), v = f(x)$$

再代入几何方程第三式中的右式,可得

$$\gamma_{xy} = \frac{\partial u}{\partial y} + \frac{\partial v}{\partial x} \neq cxy$$

显然,按几何方程得到的 γ_{xy} 与事先给出的 γ_{xy} 无法相等,因而无法得到满足几何方程的位移值。也就是说,不满足相容方程的应变值,没有与之对应的位移值,因为这些数值实际上是不存在的。

除了上述以应变形式表示外,显然也可以把相容方程改成用应力形式表示。

对于平面应力问题,把物理方程代入相容方程即可得

$$\frac{\partial^2}{\partial y^2}(\sigma_x - \mu\sigma_y) + \frac{\partial^2}{\partial x^2}(\sigma_y - \mu\sigma_x) = 2(1+\mu)\frac{\partial^2 \tau_{xy}}{\partial x \partial y} \qquad (3-1-2)$$

上式可用平衡微分方程简化为只含正应力而不含切应力的形式:

$$\frac{\partial \tau_{yx}}{\partial y} = -\frac{\partial \sigma_x}{\partial x} - f_x$$

$$\frac{\partial \tau_{xy}}{\partial x} = -\frac{\partial \sigma_y}{\partial y} - f_y$$

将以上两式分别对 x、y 求导,然后相加,可得

$$2\frac{\partial^2 \tau_{xy}}{\partial x \partial y} = -\frac{\partial^2 \sigma_x}{\partial x^2} - \frac{\partial^2 \sigma_y}{\partial y^2} - \frac{\partial f_x}{\partial x} - \frac{\partial f_y}{\partial y}$$

将上式代入式(3-1-2)可得

$$\left(\frac{\partial^2}{\partial x^2} + \frac{\partial^2}{\partial y^2}\right)(\sigma_x + \sigma_y) = -(1+\mu)\left(\frac{\partial f_x}{\partial x} + \frac{\partial f_y}{\partial y}\right) \qquad (3-1-3)$$

把式(3-1-3)中的 μ 换成 $\dfrac{\mu}{1-\mu}$,即可得平面应变的相容方程:

$$\left(\frac{\partial^2}{\partial x^2}+\frac{\partial^2}{\partial y^2}\right)(\sigma_x+\sigma_y)=-\frac{1}{1-\mu}\left(\frac{\partial f_x}{\partial x}+\frac{\partial f_y}{\partial y}\right) \qquad (3-1-4)$$

当然,进行同样的推演,也可得到关于平面应变问题的相容方程。

按应力求解平面问题时,在平面应力问题中,应力分量应当满足平衡微分方程(2-3-1)和相容方程(3-1-3);在平面应变问题中,应力分量应当满足平衡微分方程(2-3-1)和相容方程(3-1-4)。此外,应力分量在边界上还应当满足应力边界条件式(2-5-2)。

位移边界条件式(2-5-1)一般无法改用应力分量及其导数来表示,因此,对于位移边界问题和混合边界问题,一般不宜按应力求解。

对于应力边界问题,当满足了平衡微分方程、相容方程和应力边界条件时,是否能完全确定应力分量,还要看物体是单连体还是多连体。单连体的几何特性是,对于在物体内所做的任何一根闭合曲线,都可以使它在物体内不断收缩而趋于一点。如无孔平板就是单连体。多连体则不具有上述几何性质,如开孔平板空心圆球即为多连体。简而言之,单连体是只具有单个连续边界的物体,多连体则具有多个连续边界,即有内孔或空腔的物体。

对于平面问题,如果满足了平衡微分方程和相容方程,也满足应力边界条件,对于单连体的情况,应力分量就能够完全确定。但对于多连体的情况,应力分量表达式可能有待定函数或常数。由应力分量求出的位移分量表达式中,由于使用了积分运算,可能出现多值项,表示弹性体的同一点具有不同的位移,在连续体中显然是不可能的。必须根据位移单值条件,令多值项具有一个确定值,才可以完全确定应力分量。

相容方程的意义可以从数学和力学两方面进行阐述。其数学意义在于,它能使六个几何方程(以三个位移为未知函数)的推演结果不发生矛盾。其物理意义在于,它能保证变形后的弹性体保持连续。弹性体任意一点的变形,都要受到相邻单元体变形的约束,因而变形后仍然能够保持协调连续。物体变形后每一个单元体都发生形状改变,若变形不满足一定关系,则变形后的单元体将无法保持连续,而将产生缝隙或嵌入。为使变形后的物体保持连续,应变分量必须满足一定的关系,这种关系就是相容方程。

3.1.2　常体力情况下的简化

很多工程问题中,体力都是常量,也就是说,体力分量 f_x 和 f_y 在整个弹性体内都是确定数值,不随坐标而变,如重力和变速运动惯性力,就是典型的常体力。在这种情况下,相容方程式(3-1-3)和式(3-1-4)的右边都为零,而两种平面问题的相容方程可统一简化为

$$\left(\frac{\partial^2}{\partial x^2}+\frac{\partial^2}{\partial y^2}\right)(\sigma_x+\sigma_y)=0$$

可见,在常体力情况下,$\sigma_x+\sigma_y$ 应当满足拉普拉斯调和方程,$\sigma_x+\sigma_y$ 应当是调和函数。记号 ∇^2 代表 $\dfrac{\partial^2}{\partial x^2}+\dfrac{\partial^2}{\partial y^2}$,上式简写为

$$\nabla^2(\sigma_x+\sigma_y)=0$$

在常体力情况下,平衡微分力程(2-3-1)、相容方程(3-1-3)和应力边界条件式(2-5-2)中都不包含弹性常数,而且对于两种平面问题也都是相同的。因此,在单连体的应力边界问题中,如果两个弹性体具有相同的几何外形,并受到同样的外力,那么,不管这两个弹性体的材料是否相同,也不管是平面应力还是平面应变,其应力分量 σ_x、σ_y、τ_{xy} 的分布都是相同的。但是,应力分量 σ_z、应变分量和位移分量却不一定相同。

根据上述讨论,可得到以下几点推论。

①应力大小与材料无关。针对某种材料物体而求出的应力分量 σ_x、σ_y、τ_{xy},也适用于具有同样边界、受有同样外力的其他材料构成的物体。用实验方法量测结构或构件的三个应力分量时,用方便量测的材料来制造模型,以代替不方便量测的结构或构件。

②应力大小与应力状态无关。针对平面内力问题而求出的三个应力分量,也适用于边界相同、外力相同的平面应变情况下的物体。这给弹性力学在工程上的应用带来了极大的便利,可以用平面应力情况下的薄板来代替平面应变情况下的长柱形结构或构件,这为实验应力分析提供了极大的便利。

③体力可转化为面力。在常体力情况下,对于单连体的应力边界问题,还可把体力的作用改为面力的作用,以便于解答问题和实验量测,说明如下。

设应力分量为 σ_x、σ_y、τ_{xy},得到这些应力分量的微分方程为

$$\begin{cases} \dfrac{\partial \sigma_x}{\partial x}+\dfrac{\partial \tau_{xy}}{\partial y}+f_x=0 \\[2mm] \dfrac{\partial \sigma_y}{\partial y}+\dfrac{\partial \tau_{xy}}{\partial x}+f_y=0 \\[2mm] \left(\dfrac{\partial^2}{\partial x^2}+\dfrac{\partial^2}{\partial y^2}\right)(\sigma_x+\sigma_y)=0 \end{cases} \tag{3-1-5}$$

边界条件为

$$\begin{cases} l(\sigma_x)_S+m(\tau_{xy})_S=\bar{f}_x \\[2mm] m(\sigma_y)_S+l(\tau_{xy})_S=\bar{f}_y \end{cases} \tag{3-1-6}$$

令

$$\sigma_x=\sigma_x'-f_x x, \quad \sigma_y=\sigma_y'-f_y y, \quad \tau_{xy}=\tau_{xy}' \tag{3-1-7}$$

导出 σ_x'、σ_y'、τ_{xy}' 所具有的边界条件,需将式(3-1-7)代入式(3-1-5),得

$$\begin{cases} \dfrac{\partial \sigma_x'}{\partial x}+\dfrac{\partial \tau_{xy}'}{\partial y}=0 \\[2mm] \dfrac{\partial \sigma_y'}{\partial y}+\dfrac{\partial \tau_{xy}'}{\partial x}=0 \\[2mm] \left(\dfrac{\partial^2}{\partial x^2}+\dfrac{\partial^2}{\partial y^2}\right)(\sigma_x'+\sigma_y')=0 \end{cases} \tag{3-1-8}$$

将式(3-1-7)代入式(3-1-6)可得

$$\begin{cases} l(\sigma_x')_S+m(\tau_{xy}')_S=\bar{f}_x+lf_x x \\[2mm] m(\sigma_y')_S+l(\tau_{xy}')_S=\bar{f}_y+mf_y y \end{cases} \tag{3-1-9}$$

两两对比可知，σ'_x、σ'_y、τ'_{xy}所需满足的微分方程和边界条件，相当于体力为零、面力分量分别增加了 $lf_x x$ 和 $mf_y y$。

由此可得求解问题的方法为：先不计体力，对弹性体施加以代替体力的面力分量，求出应力分量以后，再按照式(3-1-7)分别叠加，即可得到原问题的应力分量。

对图 3-1-1(a)所示的简支梁进行应力分析，如果用数值法如差分法计算，将比面力作用下的计算要复杂得多。如果用实验方法量测应力，施加模拟的重力载荷也比施加面力载荷麻烦得多，采用上述常体力简化方法，无论计算还是量测都变得简单。

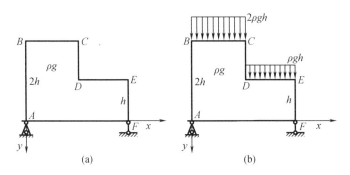

图 3-1-1　简支梁受重力作用

先不计体力，施加以代替体力的面力，取坐标轴如图 3-1-1 所示，则 $f_x = 0$，$f_y = \rho g$，ρ 为梁的密度，g 是重力加速度，代替体力的面力分量分别是 $\overline{f}_x^* = lxf_x = 0$ 以及 $\overline{f}_y^* = myf_y = m\rho gy$。

根据面力表达式 $\overline{f}_y^* = m\rho gy$，在边界 AF 上，$y = 0$，无须施加面力。在边界 AB、CD、EF 上，$m = 0$，也无须施加面力。而在边界 DE、BC 上，$m = -1$，y 分别等于 $-h$ 和 $-2h$，故应施加的面力分别为 $\overline{f}_y^* = \rho gy$ 和 $\overline{f}_y^* = 2\rho gy$。

用数值方法或量测方法求出图 3-1-1(b)所示情况下的应力分量 σ'_x、σ'_y、τ'_{xy}以后，即可求得原问题的应力分量：

$$\sigma_x = \sigma'_x - f_x x = \sigma'_x$$
$$\sigma_y = \sigma'_y - f_y y = \sigma'_y - \rho gy$$
$$\tau_{xy} = \tau'_{xy}$$

显然，所取的坐标系不同，代替体力的面力变量也不同，中间应力分量 σ'_x、σ'_y、τ'_{xy}也不同，但最终应力结果是相同的。

3.1.3　逆解法及半逆解法

按应力求解应力边界问题时，当体力为常量时，应力分量 σ_x、σ_y、τ_{xy} 应当满足平衡微分方程：

$$\begin{cases} \dfrac{\partial \sigma_x}{\partial x} + \dfrac{\partial \tau_{xy}}{\partial y} + f_x = 0 \\[3mm] \dfrac{\partial \sigma_y}{\partial y} + \dfrac{\partial \tau_{xy}}{\partial x} + f_y = 0 \end{cases} \tag{3-1-10}$$

以及相容方程：

$$\left(\frac{\partial^2}{\partial x^2}+\frac{\partial^2}{\partial y^2}\right)(\sigma_x+\sigma_y)=0 \qquad (3-1-11)$$

并在边界上满足应力边界条件。对于多连体,上述应力分量还应满足位移单值条件。

平衡微分方程(3-1-10)是一个非齐次微分方程组,它的解包含两个部分,分别为任意一个特解及其齐次微分方程的通解。齐次微分方程为

$$\begin{cases} \dfrac{\partial \sigma_x}{\partial x}+\dfrac{\partial \tau_{xy}}{\partial y}=0 \\[2mm] \dfrac{\partial \sigma_y}{\partial y}+\dfrac{\partial \tau_{xy}}{\partial x}=0 \end{cases} \qquad (3-1-12)$$

特解的形式有很多,如可取为

$$\sigma_x=-f_x x-f_y y,\sigma_y=-f_x x-f_y y,\tau_{xy}=0$$

也可取为

$$\sigma_x=-f_x x,\sigma_y=-f_y y,\tau_{xy}=0$$

或取为

$$\sigma_x=0,\sigma_y=0,\tau_{xy}=-f_x y-f_y x$$

等,只要能满足平衡微分方程即可。

为了求得齐次微分方程的通解,将式(3-1-12)中的第一个方程改写为

$$\frac{\partial \sigma_x}{\partial x}=\frac{\partial}{\partial y}(-\tau_{xy})$$

根据微分方程理论,一定存在某个函数$A(x,y)$,使得

$$\sigma_x=\frac{\partial A}{\partial y} \qquad (3-1-13)$$

$$-\tau_{xy}=\frac{\partial A}{\partial x} \qquad (3-1-14)$$

同样将式(3-1-12)中的第二个方程改写为

$$\frac{\partial \sigma_y}{\partial y}=\frac{\partial}{\partial x}(-\tau_{xy})$$

同理,也一定存在某个函数$B(x,y)$,使得

$$\sigma_y=\frac{\partial B}{\partial x} \qquad (3-1-15)$$

$$-\tau_{xy}=\frac{\partial B}{\partial y} \qquad (3-1-16)$$

由式(3-1-14)及式(3-1-16)可得

$$\frac{\partial A}{\partial x}=\frac{\partial B}{\partial y}$$

同理,则一定存在某个函数φ,使得

$$A=\frac{\partial \varphi}{\partial y}$$

$$B = \frac{\partial \varphi}{\partial x}$$

将 A、B 分别代入式(3-1-13)、式(3-1-14)、式(3-1-15),便得到通解

$$\sigma_x = \frac{\partial^2 \varphi}{\partial y^2}, \sigma_y = \frac{\partial^2 \varphi}{\partial x^2}, \tau_{xy} = -\frac{\partial^2 \varphi}{\partial x \partial y}$$

将通解与任一组特解叠加,即得平衡微分方程的全解:

$$\sigma_x = \frac{\partial^2 \varphi}{\partial y^2} - f_x x, \sigma_y = \frac{\partial^2 \varphi}{\partial x^2} - f_y y, \tau_{xy} = -\frac{\partial^2 \varphi}{\partial x \partial y}$$

由推导过程可知,不论 φ 为何种函数,应力分量总能满足平衡微分力程,函数 φ 称为平面问题的应力函数,也称艾里应力函数。

应力分量同时也必须满足相容方程,因此,应力函数也必须满足相应的方程。将通解代入式(3-1-11),即得方程

$$\left(\frac{\partial^2}{\partial x^2} + \frac{\partial^2}{\partial y^2} \right) \left(\frac{\partial^2 \varphi}{\partial y^2} - f_x x + \frac{\partial^2 \varphi}{\partial x^2} - f_y y \right) = 0$$

其中 f_x 及 f_y 为常量,上式中 $f_x x$ 及 $f_y y$ 可以略去,简化为

$$\left(\frac{\partial^2}{\partial x^2} + \frac{\partial^2}{\partial y^2} \right) \left(\frac{\partial^2 \varphi}{\partial x^2} + \frac{\partial^2 \varphi}{\partial y^2} \right) = 0$$

或者展开为

$$\frac{\partial^4 \varphi}{\partial x^4} + 2\frac{\partial^4 \varphi}{\partial x^2 \partial y^2} + \frac{\partial^4 \varphi}{\partial y^4} = 0 \qquad (3-1-17)$$

这就是用应力函数表示的相容方程。

由此可见,应力函数应当是重调和函数。相容方程可以简写为

$$\nabla^4 \varphi = 0$$

如果不计体力,则应力分量为

$$\begin{cases} \sigma_x = \dfrac{\partial^2 \varphi}{\partial y^2} \\[2mm] \sigma_y = \dfrac{\partial^2 \varphi}{\partial x^2} \\[2mm] \tau_{xy} = -\dfrac{\partial^2 \varphi}{\partial x \partial y} \end{cases} \qquad (3-1-18)$$

按应力求解应力边界问题时,如果体力是常量,则只需用微分方程求解应力函数 φ,然后求出应力分量,但这些应力在边界上应当满足应力边界条件,在多连体的情况下,还需考虑位移单值条件。在求解具体问题时,偏微分方程一般都很难求解,因此,只能转而采用其他方法,常用逆解法或半逆解法。

逆解法是先假定满足相容方程的应力函数 φ,求出应力分量,然后根据应力分量和边界条件,来考察特定形状的弹性体,确定这些应力分量对应什么样的面力,从而得知所设定的应力函数可以解决什么问题。

半逆解法是针对具体的问题,根据弹性体边界和受力的某种特性,推定部分或全部应

力分量的函数形式,从而推导出应力函数 φ,然后再验证这个应力函数是否满足相容方程,并验证所假设的应力分量和由此应力函数求出的应力分量是否满足应力边界条件,对于多连体还要满足位移单值条件。如果相容方程和边界条件都能满足,显然就得到了正确的解,如果上述任一条件得不到满足,就需要采用其他方法重新求解。

3.1.4 多项式解答及矩形梁的纯弯曲

1. 多项式解答

按位移求解一般较难实现,但对于少数几个简单的平面问题,可用逆解法求得多项式解答。假设不计体力,取应力函数为一次式,即

$$\varphi = a + bx + cy$$

显然,相容方程总能得到满足,由式(3-1-18)可得应力分量:

$$\sigma_x = 0, \sigma_y = 0, \tau_{xy} = \tau_{yx} = 0$$

不论弹性体为何种形状,也不论如何选择坐标系,由应力边界条件总是得出 $f_x = f_y = 0$。由此可见:

①线性应力函数对应于无面力、无应力的零应力状态;

②任何应力函数加或减一个线性函数,均不影响应力结果。

取应力函数为二次多项式

$$\varphi = ax^2 + bxy + cy^2$$

显然,相容方程总能得到满足,为清楚起见,试分别考察上式中每一项所能解决的问题。

对于 $\varphi = ax^2$,由应力分量与应力函数关系式得应力分量 $\sigma_x = 0, \sigma_y = 2a, \tau_{xy} = \tau_{yx} = 0$。对于图 3-1-2(a)所示的矩形板和坐标方向,当板内发生上述应力时,左、右两边没有面力,上、下两边分别有向上和向下的均布面力 **2a**。可见,应力函数 $\varphi = ax^2$ 能解决矩形板在 y 方向受均布拉力或均布压力的问题。

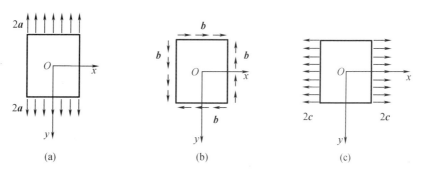

(a)　　　　　　　　　(b)　　　　　　　　　(c)

图 3-1-2　矩形板受不同载荷

对应于 $\varphi = bxy$,应力分量 $\sigma_x = 0, \sigma_y = 0, \tau_{xy} = \tau_{yx} = -b$。如图 3-1-2(b)所示的矩形板和坐标方向,当板内发生上述应力时,左、右两边分别有向下和向上的均布面力 **b**,而上、下两边分别有向右和向左的均布面力 **b**。可见,应力函数中 $\varphi = bxy$ 能解决矩形板受均布剪力的

问题。

显然,应力函数 $\varphi = cy^2$ 能解决矩形板在 x 方向受均布拉力或均布压力的问题,如图 3-1-2(c)所示。两个纯二次函数其实是同种问题。

可见,二次多项式的应力函数能够解决一些简单的平面问题。

再取应力函数为三次式 $\varphi = ay^3$,不论系数 a 如何取值,相容方程也总能得到满足,对应的应力分量为 $\sigma_x = 6ay, \sigma_y = 0, \tau_{xy} = \tau_{yx} = 0$。当矩形板内发生上述应力时,上、下两边没有面力,左、右两边没有竖直面力,只有线性变化的水平面力,且该水平面力能够合成力偶,力偶矩为 M。可见,应力函数 $\varphi = ay^3$ 能解决矩形梁的纯弯曲的问题,如图 3-1-3 所示。

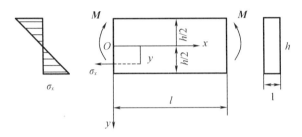

图 3-1-3 矩形梁受弯曲力偶矩的作用

如取应力函数为三次混合次幂 $\varphi = axy^2$,显然,相容方程也能得到满足,则对应的应力分量是

$$\sigma_x = 6ay, \sigma_y = 0, \tau_{xy} = -2ay$$

由于切应力的存在,已没有一个清晰的结构与这个解相对应。

至于四次及更高次幂的应力函数,如 $\varphi = ay^4$,或 $\varphi = ax^2y^2$,此时所涉及的问题已相当复杂,就更难有清晰的结构与之相对应了。所以,工程中实用的多项式解答仅限上述几种。

2. 矩形梁的纯弯曲

设有矩形梁,长度远大于高度,高度远大于宽度,即只有一个方向尺寸特别小,接近于竖直扁平状的长梁,显然近似于只有平面应力。或者长度远大于宽度和高度,即只有一个方向的尺寸特别大,接近于无限长的矩形梁,则近似于只有平面应变。

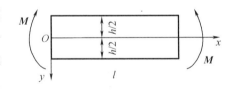

图 3-1-4 矩形梁的纯弯曲

矩形梁的两端受相反的力偶矩作用而弯曲,不计体力,方便起见,取单位宽度的梁(图 3-1-4),令单位宽度上力偶矩为 M,其量纲为 LMT^{-2}。

由前文可知,满足相容方程的应力函数 $\varphi = ay^3$ 可解决矩形梁的纯弯曲问题,相应应力分量为

$$\sigma_x = 6ay, \sigma_y = 0, \tau_{xy} = \tau_{yx} = 0$$

下面分析这些应力分量是否能满足边界条件,如能满足,则系数 a 该如何取值。

由于矩形梁的长度远大于其高度,上、下两个边界占全部边界的绝大部分,因而是主要边界。主要边界必须精确满足边界条件。次要的小边界不能精确满足边界条件,则可以引

用圣维南原理,使得边界条件得到近似满足,从而得出有用的解答。

首先,上边和下边两个主要边界没有面力要求,是可以满足的,所有各点正应力和切应力均为零。

在左端或右端的水平面力应合成力偶,力偶矩为 M,则

$$\int_{-\frac{h}{2}}^{\frac{h}{2}} \sigma_x \mathrm{d}y = 0$$

$$\int_{-\frac{h}{2}}^{\frac{h}{2}} \sigma_x y \mathrm{d}y = M$$

则有

$$6a \int_{-\frac{h}{2}}^{\frac{h}{2}} y \mathrm{d}y = 0$$

$$6a \int_{-\frac{h}{2}}^{\frac{h}{2}} y^2 \mathrm{d}y = M$$

$6a \int_{-\frac{h}{2}}^{\frac{h}{2}} y \mathrm{d}y = 0$ 总能满足,而 $6a \int_{-\frac{h}{2}}^{\frac{h}{2}} y^2 \mathrm{d}y = M$ 要求

$$a = \frac{2M}{h^3}$$

则

$$\sigma_x = \frac{12M}{h^3}y, \sigma_y = 0, \tau_{xy} = \tau_{yx} = 0$$

梁截面的惯性矩为

$$I = \frac{1 \times h^3}{12}$$

或改写为

$$\sigma_x = \frac{M}{I}y, \sigma_y = 0, \tau_{xy} = \tau_{yx} = 0$$

此即矩形梁纯弯曲时的应力分量,与材料力学的结果完全相同。

应当指出,组成梁端面力偶的面力必须线性分布,且在梁截面中心为零,上述解答才是完全精确的。如果梁端的面力按其他方式(如弯矩或集中力)分布,这个解答必然产生误差。按圣维南原理,误差在梁的两端附近特别显著,而在距离梁端面较远处,可忽略不计。由此可见,对于长度远大于截面尺寸的梁,上述解答是有实用价值的。而对长度与宽度尺寸相差不多,即两个方向的尺寸基本接近的深梁,上述解答没有实用价值。

3.1.5 梁受挤压载荷

1. 简支梁受均布挤压载荷

设有矩形截面的简支梁,高度为 h,长度为 $2l$,受均布载荷 q,不计体力,简支梁由其两端的反力 ql 维持平衡,如图 3-1-5 所示,取单位宽度的梁进行分析,则可视为平面应力问题。

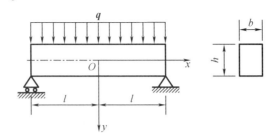

图 3-1-5　简支梁受均布挤压载荷

用半逆解法求解该问题时,可以尝试从某一应力分量的构成因素中寻找应力函数。梁的三个应力分量中,σ_x 和 τ_{xy} 与 x 坐标及 y 坐标都有关系,而 σ_y 是由 q 导致的,根据 q 沿 x 轴均布的特性,σ_y 与 x 无关,由此,可假设 σ_y 只是 y 的函数,即

$$\sigma_y = f(y)$$

已知

$$\frac{\partial^2 \varphi}{\partial x^2} = f(y)$$

对 x 积分得

$$\varphi = \frac{x^2}{2}f(y) + xf_1(y) + f_2(y) \tag{3-1-19}$$

其中 $f_1(y)$、$f_2(y)$ 是任意常函数,即待定函数。

验证应力函数是否满足相容方程,需要对 φ 求四阶导数:

$$\frac{\partial^4 \varphi}{\partial x^4} = 0, \quad \frac{\partial^4 \varphi}{\partial x^2 \partial y^2} = \frac{\mathrm{d}^2 f(y)}{\mathrm{d}y^2}$$

$$\frac{\partial^4 \varphi}{\partial y^4} = \frac{x^2 \mathrm{d}^4 f(y)}{2\mathrm{d}y^4} + x\frac{\mathrm{d}^4 f_1(y)}{\mathrm{d}y^4} + \frac{\mathrm{d}^4 f_2(y)}{\mathrm{d}y^4}$$

将以上结果代入相容方程,得

$$\frac{1}{2}\frac{\mathrm{d}^4 f(y)}{\mathrm{d}y^4}x^2 + \frac{\mathrm{d}^4 f_1(y)}{\mathrm{d}y^4}x + \frac{\mathrm{d}^4 f_2(y)}{\mathrm{d}y^4} + 2\frac{\mathrm{d}^2 f(y)}{\mathrm{d}y^2} = 0$$

相容条件要求该二次方程有无数个根,全梁内的 x 值都应满足条件,则系数和自由项必须都等于零,即

$$\frac{\mathrm{d}^4 f(y)}{\mathrm{d}y^4} = 0, \quad \frac{\mathrm{d}^4 f_1(y)}{\mathrm{d}y^4} = 0, \quad \frac{\mathrm{d}^4 f_2(y)}{\mathrm{d}y^4} + 2\frac{\mathrm{d}^2 f(y)}{\mathrm{d}y^2} = 0$$

前两个方程要求:

$$f(y) = Ay^3 + By^2 + Cy + D, \quad f_1(y) = Ey^3 + Fy^2 + Gy$$

$f_1(y)$ 中的常数项可忽略,因为它是应力函数表达式 x 的一次项。

由第三个方程得

$$f_2(y) = -\frac{A}{10}y^5 - \frac{B}{6}y^4 + Hy^3 + Ky^2$$

$f_2(y)$ 中的常数项和一次项都可以略去,因为这些项是应力函数的一次项。将 $f(y)$、

$f_1(y)$ 和 $f_2(y)$ 代入式(3-1-19),可得应力函数:

$$\varphi = \frac{x^2}{2}(Ay^3 + By^2 + Cy + D) + x(Ey^3 + Fy^2 + Gy) - \frac{A}{10}y^5 - \frac{B}{6}y^4 + Hy^3 + Ky^2$$

相应的应力分量为

$$\sigma_x = \frac{\partial^2 \varphi}{\partial y^2} = \frac{x^2}{2}(6Ay + 2B) + x(6Ey + 2F) - 2Ay^3 - 2By^2 + 6Hy + 2K$$

$$\sigma_y = \frac{\partial^2 \varphi}{\partial x^2} = Ay^3 + By^2 + Cy + D$$

$$\tau_{xy} = -\frac{\partial^2 \varphi}{\partial x \partial y} = -x(3Ay^2 + 2By + C) - (3Ey^2 + 2Fy + G)$$

这些应力分量已经满足了平衡微分方程和相容方程,选择适当的常数 $A,B,\cdots,K$,使全部边界条件也得到满足,则以上应力分量即是正确的解。

常规的思维是,有多少个待定系数,就要找出多少个边界条件,从理论上而言,问题即可得到解答。但是,这样做势必非常烦琐,可先考虑有没有其他比较便利的解题方法,以便能够提高解题效率。

对本题而言,更好的方法是利用应力的对称性。显然,yz 面是梁和载荷的对称面,所以应力分布也应当对称于 yz 面。这样,σ_x 和 σ_y 应当是 x 的偶函数,而 τ_{xy} 应当是 x 的奇函数。于是由 σ_x 和 τ_{xy} 表达式可知

$$E = F = G = 0$$

将上式代入应力分量表达式,三个应力分量变为

$$\begin{cases} \sigma_x = \dfrac{x^2}{2}(6Ay + 2B) - 2Ay^3 - 2By^2 + 6Hy + 2K \\ \sigma_y = Ay^3 + By^2 + Cy + D \\ \tau_{xy} = -x(3Ay^2 + 2By + C) \end{cases}$$

上式中还有六个待定常数,此时则需要利用应力边界条件求出。

先考察简支梁主边界,即上、下两边的边界条件

$$(\sigma_y)_{y=\frac{h}{2}} = 0, \quad (\sigma_y)_{-\frac{h}{2}} = -q, \quad (\tau_{xy})_{y=\pm\frac{h}{2}} = 0$$

则有

$$\frac{h^3}{8}A + \frac{h^2}{4}B + \frac{h}{2}C + D = 0$$

$$-\frac{h^3}{8}A + \frac{h^2}{4}B - \frac{h}{2}C + D = -q$$

$$\frac{3}{4}h^2A + hB + C = 0$$

$$\frac{3}{4}h^2A - hB + C = 0$$

上述四个方程互不相关,而且只包含四个未知数,故可联立求解得

$$A = -\frac{2q}{h^3}, B = 0, C = \frac{3q}{2h}, D = -\frac{q}{2}$$

将上述常数代入应力分量表达式,得

$$\begin{cases} \sigma_x = -\frac{6q}{h^3}x^2y + \frac{4q}{h^3}y^3 + 6Hy + 2K \\[3mm] \sigma_y = -\frac{2q}{h^3}y^3 + \frac{3q}{2h}y - \frac{q}{2} \\[3mm] \tau_{xy} = \frac{6q}{h^3}xy^2 - \frac{3q}{2h}x \end{cases} \qquad (3\text{-}1\text{-}20)$$

此时只剩下 H、K 两个未知系数,只需要两个边界条件即可,而梁左右两端共有六个边界条件可用,足以满足解题需要。

由于对称性,考虑其中任何梁的一端均可。由于梁的两端均没有水平面力,这就要求,当 $x=l$ 或 $x=0$ 时,不论 y 取任何值,都必须有 $\sigma_x=0$。实际上,这一要求只在数学上行得通,在力学上是无法满足的。这就再次说明,满足数学要求的解答,未必具有物理意义,而这也是工程求解中经常遇到的现象。

因此,可使用圣维南原理,令 σ_x 在该边界上合成平衡力系,有

$$\int_{-\frac{h}{2}}^{\frac{h}{2}} (\sigma_x)_{x=l}\,\mathrm{d}y = 0$$

$$\int_{-\frac{h}{2}}^{\frac{h}{2}} (\sigma_x)_{x=l}\,y\,\mathrm{d}y = 0$$

将 $\sigma_x = -\frac{6q}{h^3}x^2y + \frac{4q}{h^3}y^3 + 6Hy + 2K$ 代入以上两式,得

$$\int_{-\frac{h}{2}}^{\frac{h}{2}} \left(-6\frac{ql^2}{h^3}y + \frac{4q}{h^3}y^3 + 6Hy + 2K \right)\mathrm{d}y = 0$$

$$\int_{-\frac{h}{2}}^{\frac{h}{2}} \left(-6\frac{ql^2}{h^3}y + \frac{4q}{h^3}y^3 + 6Hy \right)y\,\mathrm{d}y = 0$$

则有

$$K = 0$$

$$H = \frac{ql^2}{h^3} - \frac{q}{10h}$$

将 H 和 K 代入式(3-1-20)的第一个方程,得

$$\sigma_x = -\frac{6q}{h^3}x^2y + \frac{4q}{h^3}y^3 + \frac{6ql^2}{h^3}y - \frac{3q}{5h}y$$

在梁的右边,有

$$\int_{-\frac{h}{2}}^{\frac{h}{2}} \tau_{xy}\,\mathrm{d}y = ql$$

剪力方向按材料力学顺时针为正的规定取用,则有

$$\int_{-\frac{h}{2}}^{\frac{h}{2}} \left(\frac{6ql}{h^3}y^2 - \frac{3ql}{2h} \right) \mathrm{d}y = ql$$

整理上述各式,最终得应力分量为

$$\begin{cases} \sigma_x = \dfrac{6q}{h^3}(l^2-x^2)y + q\dfrac{y}{h}\left(4\dfrac{y^2}{h^2} - \dfrac{3}{5} \right) \\[3mm] \sigma_y = -\dfrac{q}{2}\left(1+\dfrac{y}{h} \right)\left(1-\dfrac{2y}{h} \right)^2 \\[3mm] \tau_{xy} = -\dfrac{6q}{h^3}x\left(\dfrac{h^2}{4} - y^2 \right) \end{cases} \qquad (3-1-21)$$

直观起见,各应力分量沿铅直方向的变化趋势大致如图 3-1-6 所示。

图 3-1-6　应力分量沿铅直方向的变化趋势

式(3-1-21)可写为

$$\begin{cases} \sigma_x = \dfrac{M}{I}y + q\dfrac{y}{h}\left(4\dfrac{y^2}{h^2} - \dfrac{3}{5} \right) \\[3mm] \sigma_y = -\dfrac{q}{2}\left(1+\dfrac{y}{h} \right)\left(1-\dfrac{2y}{h} \right)^2 \\[3mm] \tau_{xy} = \dfrac{qS}{bI} \end{cases}$$

梁宽度取单位值 1,则惯性矩 $I = \dfrac{h^3}{12}$,静距 $S = \dfrac{h^2}{8} - \dfrac{y^2}{2}$。

在 σ_x 的表达式中,第一项是主要项(和材料力学中的解答相同),其量级与 $q\dfrac{l^2}{h^2}$ 同级,第二项是弹性力学修正项,其量级与 q 同级。可见,对于长细比较大的梁,主要项对结果起到决定性的作用,而修正项的贡献很小,甚至可以忽略。长细比一般不小于 10,即主要项是修正项的至少 100 倍。这就是材料力学中需要把梁的尺寸限制在细长范围内的原因。而随着长细比的减小,第一项所占的比例也越来越小,材料力学的结果误差将越来越大。对于短粗的深梁,二者将趋于同一量级,修正项所占的比例当然就不可忽略了,此时材料力学的结果将无法接受。

σ_y 为各层纤维之间的挤压应力,其量级与 q 同级,且最大数值仅仅为 q,发生在梁顶,从梁顶面到底面逐渐减小为零。由于 q 的数值很小,在材料力学中一般不考虑应力分量 σ_y,这就是材料力学不考虑梁的挤压应力的理论依据。

切应力 τ_{xy} 的量级与 $q\dfrac{l}{h}$ 同级,其表达式与材料力学完全一样。

2. 悬臂梁受梯度挤压载荷

悬臂梁受梯度挤压载荷如图 3-1-7 所示。若梁的正应力 σ_x 由材料力学计算公式给出,试用平衡微分方程求出 τ_{xy}、σ_y,并检验该应力分量能否满足应力表示的相容方程。

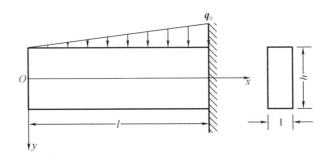

图 3-1-7　悬臂梁受梯度挤压载荷

(1)求横截面上正应力 σ_x

任意截面的弯矩为 $M=-\dfrac{q_0}{6l}x^3$,截面惯性矩为 $I=\dfrac{h^3}{12}$,由材料力学计算公式有

$$\sigma_x=\frac{My}{I}=-\frac{2q_0}{lh^3}x^3y \tag{3-1-22}$$

(2)由平衡微分方程求 τ_{xy}、σ_y

平衡微分方程为

$$\begin{cases}\dfrac{\partial\sigma_x}{\partial x}+\dfrac{\partial\tau_{xy}}{\partial y}+f_x=0 \tag{3-1-23}\\[3mm]\dfrac{\partial\tau_{yx}}{\partial x}+\dfrac{\partial\sigma_y}{\partial y}+f_y=0 \tag{3-1-24}\end{cases}$$

不计体力,将式(3-1-22)代入式(3-1-23),有

$$\frac{\partial\tau_{xy}}{\partial y}=\frac{6q_0}{lh^3}x^2y$$

积分得

$$\tau_{xy}=\frac{3q_0}{lh^3}x^2y^2+f_1(x)$$

利用边界条件:

$$\tau_{xy}\big|_{y=\pm\frac{h}{2}}=0$$

有

$$\frac{3q_0}{4lh^3}x^2h^2+f_1(x)=0$$

$$\tau_{xy}=\frac{3q_0}{lh^3}x^2\left(y^2-\frac{1}{4}h^2\right) \tag{3-1-25}$$

将式(3-1-25)代入式(3-1-24),有

$$\frac{6q_0}{lh^3}x\left(y^2-\frac{1}{4}h^2\right)+\frac{\partial\sigma_y}{\partial y}=0$$

积分得

$$\sigma_y=-\frac{6q_0}{lh^3}x\left(\frac{y^3}{3}-\frac{1}{4}h^2y\right)+f_2(x)$$

利用边界条件：

$$\sigma_y\big|_{y=-\frac{h}{2}}=-\frac{q_0}{l}x\,,\sigma_y\big|_{y=\frac{h}{2}}=0$$

可得

$$\begin{cases}-\dfrac{6q_0}{lh^3}x\left(-\dfrac{h^3}{24}+\dfrac{1}{8}h^3\right)+f_2(x)=-\dfrac{q_0}{l}x\\[3mm]-\dfrac{6q_0}{lh^3}x\left(\dfrac{h^3}{24}-\dfrac{1}{8}h^3\right)+f_2(x)=0\end{cases}$$

显然有

$$f_2(x)=-\frac{q_0}{2l}x$$

从而有

$$-\frac{q_0}{2l}x-\frac{q_0}{2l}x=-\frac{q_0}{l}x$$

边界条件成立。

将 $f_2(x)$ 代入 σ_y 的表达式，有

$$\sigma_y=-\frac{6q_0}{lh^3}x\left(\frac{y^3}{3}-\frac{1}{4}h^2y\right)-\frac{q_0}{2l}x \tag{3-1-26}$$

应力分量为

$$\begin{cases}\sigma_x=\dfrac{My}{I}=-\dfrac{2q_0}{lh^3}x^3y\\[3mm]\tau_{xy}=\dfrac{3q_0}{lh^3}x^2\left(y^2-\dfrac{1}{4}h^2\right)\\[3mm]\sigma_y=-\dfrac{6q_0}{lh^3}x\left(\dfrac{y^3}{3}-\dfrac{1}{4}h^2y\right)-\dfrac{q_0}{2l}x\end{cases} \tag{3-1-27}$$

再校核梁端部的边界条件。

①梁左端边界 $(x=0)$：

$$\int_{-\frac{h}{2}}^{\frac{h}{2}}\sigma_x\big|_{x=0}\mathrm{d}y=0,\qquad\int_{-\frac{h}{2}}^{\frac{h}{2}}\tau_{xy}\big|_{x=0}\mathrm{d}y=0$$

显然，该条件自然满足。

②梁右端边界 $(x=l)$：

$$\int_{-\frac{h}{2}}^{\frac{h}{2}}\sigma_x\big|_{x=l}\mathrm{d}y=\int_{-\frac{h}{2}}^{\frac{h}{2}}-\frac{2q_0x^3}{lh^3}y\bigg|_{x=l}\mathrm{d}y=0$$

$$\int_{-\frac{h}{2}}^{\frac{h}{2}} \tau_{xy}\big|_{x=l}\,\mathrm{d}y = \int_{-\frac{h}{2}}^{\frac{h}{2}} \frac{3q_0 x^2}{lh^3}\left(y^2 - \frac{h^2}{4}\right)\bigg|_{x=l}\,\mathrm{d}y = \frac{q_0 l}{2}$$

$$\int_{-\frac{h}{2}}^{\frac{h}{2}} \sigma_x\big|_{x=l}\,y\,\mathrm{d}y = \int_{-\frac{h}{2}}^{\frac{h}{2}} -\frac{2q_0 x^3}{lh^3}y^2\bigg|_{x=l}\,\mathrm{d}y = -\frac{2q_0 l^3}{3lh^3}y^3\bigg|_{-\frac{h}{2}}^{\frac{h}{2}} = -\frac{q_0 l^2}{6}M$$

可见,所有边界条件均满足。

检验应力分量 σ_x、τ_{xy}、σ_y 是否满足应力相容方程:常体力下的应力相容方程为

$$\nabla^2(\sigma_x + \sigma_y) = \left(\frac{\partial^2}{\partial x^2} + \frac{\partial^2}{\partial y^2}\right)(\sigma_x + \sigma_y) = 0$$

而

$$\frac{\partial^2}{\partial x^2}(\sigma_x + \sigma_y) = -\frac{12q_0}{lh^3}xy, \quad \frac{\partial^2}{\partial y^2}(\sigma_x + \sigma_y) = -\frac{12q_0}{lh^3}xy$$

$$\nabla^2(\sigma_x + \sigma_y) = \left(\frac{\partial^2}{\partial x^2} + \frac{\partial^2}{\partial y^2}\right)(\sigma_x + \sigma_y) = -\frac{24q_0}{lh^3}xy \neq 0$$

可见,应力分量 σ_x、τ_{xy}、σ_y 不满足应力相容方程,因而式(3-1-27)并不是该问题的正确解。

由此可见,当梁的上边界存在以某种方式施加的挤压载荷时,梁内均会有挤压应力。挤压应力为均布压力时,可通过挤压应力 σ_y 与 x 无关得到应力函数,从而在考虑挤压应力的情况下使问题得到解答。若挤压应力不是均布的,则无法由此得到应力函数,此时可以尝试通过材料力学纵向应力公式来解答,但该解答未必满足弹性力学要求。因为,材料力学的纵向应力是基于纵向纤维互不挤压假定得到的,可以认为梁内不存在横向挤压应力。实际上,当梁内存在挤压应力时,以材料力学假定为基础所得到的结果是不精确的。而当挤压应力较大时,其解的误差也较大,甚至是错误的。

3.1.6 楔形体受重力和液体压力

设楔形体左面铅直,承受重力及液体压力,右面与铅直面成 α 角,下端无限长,坐标轴如图3-1-8所示。楔形体的密度为 ρ_1,液体密度为 ρ_2,试求应力分量。

显然,仍应首选半逆解法。和简支梁受均布载荷问题不同,本题无法由应力分量推测应力函数。但根据本题应力构成特点,可另辟蹊径,采用量纲分析的方法来得到应力分量。

对于楔形体上的任一点,每一应力分量都由两部分组成,第一部分是重力的贡献,应当和楔形体属性 $\rho_1 g$ 成正比。第二部分是由液体压力引起的,和液体属性 $\rho_2 g$ 成正比。

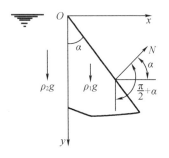

图3-1-8 楔形体重力坝

当然,上述每部分的应力分量还和 α、x、y 有关,由于应力分量的量纲是 $L^{-1}MT^{-2}$,ρg 的量纲是 $L^{-2}MT^{-2}$,α 的量纲为1,x 和 y 的量纲是 L,显然,ρg 的量纲乘以 L 即为应力分量的量纲。

可知,如果应力分量具有多项式的解答,那么它们的表达式只能是 $A\rho_1 gx$、$B\rho_1 gy$、$C\rho_2 gx$、$D\rho_2 gy$ 四项的组合,其中 A、B、C、D 是量纲为1的实常数。也就是说,应力分量只能是 x 和 y

的纯一次式,根据应力分量和应力函数的方次关系,应力函数应当是 x 和 y 的纯三次式。

因此,可列举出应力函数 φ 的多项式表达形式为

$$\varphi = ax^3 + bx^2y + cxy^2 + ey^3$$

显然,不论系数如何取值,上式总能满足相容方程。

对楔形体而言,注意到体力分量 $f_x = 0, f_y = \rho_1 g$,所以应力分量的表达式为

$$\begin{cases} \sigma_x = \dfrac{\partial^2 \varphi}{\partial y^2} - xf_x = 2cx + 6ey \\[2mm] \sigma_y = \dfrac{\partial^2 \varphi}{\partial x^2} - yf_y = 6ax + 2by - \rho_1 gy \\[2mm] \tau_{xy} = -\dfrac{\partial^2 \varphi}{\partial x \partial y} = -2bx - 2cy \end{cases} \qquad (3-1-28)$$

这些应力分量满足平衡微分方程和相容方程。适当选择各个系数,使之满足边界条件,即可得到该问题的解答。

左面 $(x=0)$ 应力边界条件:

$$(\sigma_x)_{x=0} = -\rho_2 gy, (\tau_{xy})_{x=0} = 0$$

则有

$$6ey = -\rho_2 gy, -2cy = 0 (e = -\rho_2 g/6, c = 0)$$

将上式代入式 $(3-1-28)$,得

$$\begin{cases} \sigma_x = -\rho_2 gy \\ \sigma_y = 6ax + 2by - \rho_1 gy \\ \tau_{xy} = \tau_{yx} = -2bx \end{cases} \qquad (3-1-29)$$

右面 $(x = y\tan \alpha)$,$\bar{f}_x = 0, \bar{f}_y = 0$,应力边界条件:

$$l(\sigma_x)_{x=y\tan \alpha} + m(\tau_{xy})_{x=y\tan \alpha} = 0$$
$$m(\sigma_y)_{x=y\tan \alpha} + l(\tau_{xy})_{x=y\tan \alpha} = 0$$

则有

$$\begin{cases} 2bm\tan \alpha + l\rho_2 g = 0 \\ 6am\tan \alpha + 2b(m - l\tan \alpha) - m\rho_1 g = 0 \end{cases} \qquad (3-1-30)$$

将 $l = \cos(\boldsymbol{n}, x) = \cos \alpha, m = \cos(\boldsymbol{n}, y) = \cos(90° + \alpha) = -\sin \alpha$ 代入式 $(3-1-30)$,得

$$b = \frac{\rho_2 g}{2}\cot^2 \alpha, a = \frac{\rho_1 g}{6}\cot \alpha - \frac{\rho_2 g}{3}\cot^3 \alpha$$

将 a、b 代入式 $(3-1-29)$,得到莱维解答:

$$\begin{cases} \sigma_x = -\rho_2 gy \\ \sigma_y = (\rho_1 g\cot \alpha - 2\rho_2 g\cot^3 \alpha)x + (\rho_2 g\cot^2 \alpha - \rho_1 g)y \\ \tau_{xy} = \tau_{yx} = -\rho_2 gx\cot^2 \alpha \end{cases}$$

各应力分量沿水平方向的变化趋势如图 3-1-9 所示。

三个应力分量中,σ_x 在水平面内保持不变,这是材料力学无法得到的;σ_y 沿水平方向

线性变化,与材料力学偏心受压公式结果相同;τ_{xy} 也按线性变化,但与材料力学等截面矩形梁的切应力分布不同。

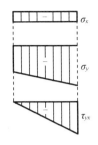

图 3-1-9 各应力分量沿水平方向的变化趋势

上述解答是楔形体重力坝的基本应力解答,但该解答是理想化的,应用时须注意以下三点。

①坝身不是无限长,沿着坝轴还有不同的横截面,因此,这并不是严格的平面问题,但是,沿坝轴的伸缩缝把坝身分成了若干段,在每一段内坝身截面没有变化,切应力也近乎为零。那么,这个问题是可以近似为平面问题的。

②假定楔形体下端无限长,可以自由地变形,这与事实明显不符。底部与地基相连,坝身底部的应变受到地基的约束,因此,上述解答对于大坝底部是不精确的。

③坝顶并不是尖顶,而是具有一定的宽度,顶部通常还受有其他载荷,因此,在靠近坝顶处,上述解答也不适用。

实际工程中重力坝的应力分析多采用有限元法进行。

习　　题

1. 试由下述应变状态确定各系数与物体体力之间的关系。

$$\varepsilon_x = Axy, \varepsilon_y = By^3, \gamma_{xy} = C - Dy^2, \varepsilon_z = \gamma_{xz} = \gamma_{yz} = 0$$

2. 矩形截面竖直柱体,密度为 ρ,均布剪力 q 作用于柱体右侧面上,如图 1 所示,试求应力分量。(提示:采用半逆解法,因为在材料力学弯曲的基本公式中,假设材料符合简单的胡克定律,故可认为矩形截面竖直柱体的纵向纤维间无挤压,即可设应力分量 $\sigma_x = 0$。)

3. 一矩形截面柱体,如图 2 所示,均布切向面力 q 作用于柱体右侧面上,均布压力 p 作用于柱体顶面上,设函数 φ 为

$$\varphi = y(Ax^3 + Bx^2 + Cx) + Dx^3 + Ex^2$$

式中,A、B、C、D、E 为待定常数。试求:

(1)φ 是否能作为应力函数;

(2)若 φ 可作为应力函数,请确定系数 A、B、C、D、E 的值;

(3)写出应力分量表达式(不计柱体的体力)。

4. 图 3 所示为矩形截面悬臂梁,长为 l,高为 h,在左端面受力 P 作用。不计体力,试求梁的应力分量。试取应力函数 $\varphi = Axy^3 + Bxy$。

5. 图 4 所示为悬臂梁,受均布载荷 q 的作用,试检验函数 $\varphi = Ay^3 + Bx^2y^3 + Cy^3 + Dx^2 + Ex^2y$ 能否作为应力函数。如果可以,求各个待定系数的值及悬臂梁应力分量。

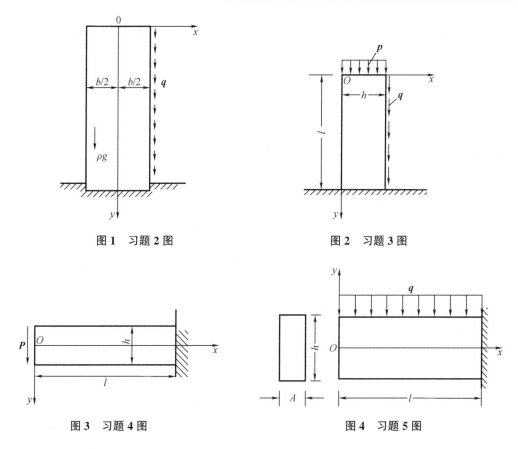

图 1　习题 2 图　　　　　　　图 2　习题 3 图

图 3　习题 4 图　　　　　　　图 4　习题 5 图

6. 图 5 所示的半无限平面体在边界上受有两等值反向、间距为 d 的集中力作用,单位宽度上集中力的值为 P,设间距 d 很小。试求其应力分量,并讨论所求解的适用范围。(提示:取应力函数为 $\varphi = A\sin(2\theta + B\theta)$。)

7. 设图 6 所示的三角形悬臂梁,只受自重作用,材料密度为 γ,试构造应力函数,并求悬臂梁的应力解。

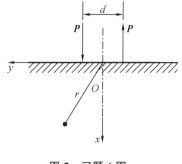

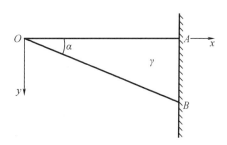

图 5　习题 6 图　　　　　　　图 6　习题 7 图

8. 一正方形薄板,边长为 a,设应力函数为

$$\varphi = \frac{P}{a^2}\left(\frac{1}{2}x^2y^2 - \frac{1}{6}y^4\right)$$

试给出边界上的面力。

9. 如图 7 所示的矩形截面立柱,一侧面上受均匀剪力,不计体力,求应力分布。(提示:可按材料力学偏心受压公式假设应力函数,或直接给出 $\sigma_x=0$。)

10. 上表面受均布压力 q 作用的很长(z 轴)的直角六面体,放置在绝对刚性和光滑的基础上,如图 8 所示。若取 $\varphi=ay^2$ 为应力函数。试求该物体的应力解、应变解和位移解。

11. 上边界受均布压力 p 作用的 z 方向(垂直于板面)很长的直角六面体,放置在绝对刚性与光滑的基础上,如图 9 所示。不计自重,且 $h\gg b$。试选取适当的应力函数解此问题,求出相应的应力分量。

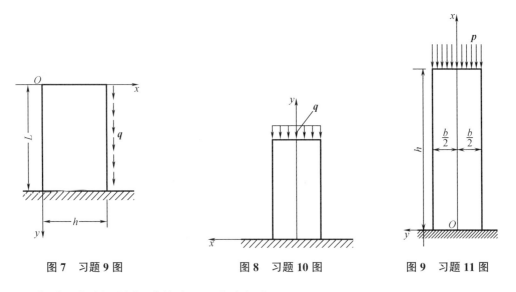

图 7　习题 9 图　　　　图 8　习题 10 图　　　　图 9　习题 11 图

12. 在平面应力问题中,若给出一组应力解为

$$\sigma_x=ax+by,\ \sigma_y=cx+dy,\ \tau_{xy}=ex+fy,\ \tau_{yz}=\tau_{zx}=\sigma_z=0$$

式中,a、b、c、d、e 和 f 均为待定常数,且已知该组应力解满足相容条件。试问:这组应力解再满足什么条件就是某一弹性力学平面应力问题的应力解。

13. 已知一弹性力学问题的位移解为

$$u=\frac{z^2+\mu(x^2+y^2)}{2a},\ v=\frac{\mu xy}{a},\ w=-\frac{xz}{a}$$

式中,a 为已知常数。试求应变分量,并指出它们能否满足变形协调条件(即相容方程)。

14. 如图 10 所示的简支梁仅承受自重,材料的密度为 ρ,试检验函数

$$\varphi=Ax^2y^3+By^5+Cy^3+Dx^2y$$

是否可以作为应力函数,并且求各个待定系数。

15. 如图 11 所示的悬臂梁,承受均布应力 q 的作用,试检验函数

$$\varphi=Ay^3+Bx^2y^3+Cy^3+Dx^2+Ex^2y$$

能否作为应力函数。如果能,求各个待定系数及悬臂梁应力分量。

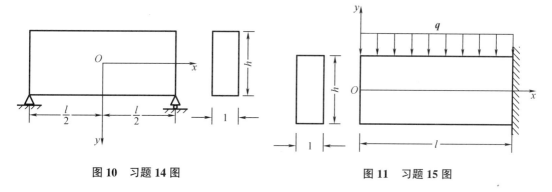

图 10 习题 14 图   图 11 习题 15 图

16. 设有矩形截面的长竖柱,密度为 ρ,在一侧面上受均布剪力 q,如图 12 所示,试求应力分量。(提示:采用半逆解法,因为在材料力学弯曲的基本公式中,假设材料符合简单的胡克定律,故可认为矩形截面竖柱的纵向纤维间无挤压,即可设应力分量 $\sigma_x = 0$。)

17. 如图 13 所示,悬臂梁上部受线性分布载荷,梁的厚度为 1,不计体力。试利用材料力学知识写出 σ_x、τ_{xy} 的表达式,并利用平面问题的平衡微分方程导出 σ_y、τ_{xy} 的表达式。

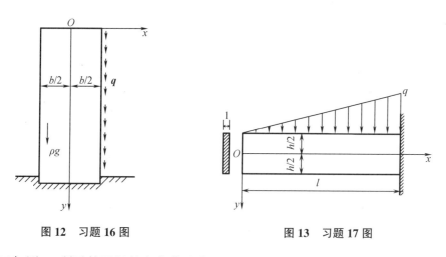

图 12 习题 16 图   图 13 习题 17 图

18. 已知图 14 所示的平板的应力分量为

$$\sigma_x = -20y^3 + 30yx^2, \tau_{xy} = -30y^2x, \sigma_y = 10y^3$$

试确定 OA 边界上的 x 方向面力和 AC 边界上的 x 方向面力,并在图上画出,要求标注方向。

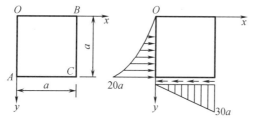

图 14 习题 18 图

19. 已知如图 15 所示的悬挂板,固定在 O 点,若板的厚度为 1,材料的相对密度为 γ,试求该板在重力作用下的应力分量。

20. 如图 16 所示的楔形体，外型为抛物线 $y = ax^2$，下端无限伸长，厚度为 1，材料的密度为 ρ。试证明 $\sigma_x = -\dfrac{\rho g}{6a}$，$\sigma_y = -\dfrac{2\rho g}{3} y$，$\tau_{xy} = -\dfrac{\rho g}{3} x$ 为其自重应力的正确解答。

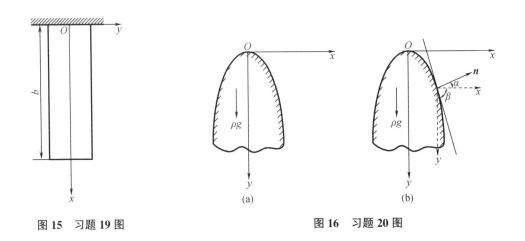

图 15　习题 19 图　　　　　　　　图 16　习题 20 图

3.2　按应力求解空间问题

按应力求解空间问题，以应力为基本未知函数，通常思维是，从十五个基本方程中消去位移分量和应变分量，得到包含六个应力分量的方程，解出应力分量后，再解出应变分量和位移分量。因为平衡方程中已经包含应力分量，而不包含位移分量和应变分量，所以只需从几何方程和物理方程中消去这些分量。

先从几何方程中消去位移分量，为此，将几何方程(2-3-3)中的 $\varepsilon_y = \dfrac{2v}{2y}$ 对 z 求二阶导数与 $\varepsilon_z = \dfrac{\partial w}{\partial z}$ 对 y 求二阶导数相加，得到

$$\frac{\partial^2 \varepsilon_y}{\partial z^2} + \frac{\partial \varepsilon_z}{\partial y^2} = \frac{\partial^3 v}{\partial y \partial z^2} + \frac{\partial^3 w}{\partial z \partial y^2} = \frac{\partial^2}{\partial y \partial z}\left(\frac{\partial v}{\partial z} + \frac{\partial w}{\partial y}\right)$$

由几何方程(2-3-3)可知，上式括号内的表达式就是 γ_{yz}，于是有

$$\begin{cases} \dfrac{\partial^2 \varepsilon_y}{\partial z^2} + \dfrac{\partial^2 \varepsilon_z}{\partial y^2} = \dfrac{\partial^2 \gamma_{yz}}{\partial y \partial z} \\[3mm] \dfrac{\partial^2 \varepsilon_z}{\partial x^2} + \dfrac{\partial^2 \varepsilon_x}{\partial z^2} = \dfrac{\partial^2 \gamma_{zx}}{\partial z \partial x} \\[3mm] \dfrac{\partial^2 \varepsilon_x}{\partial y^2} + \dfrac{\partial^2 \varepsilon_y}{\partial x^2} = \dfrac{\partial^2 \gamma_{xy}}{\partial x \partial y} \end{cases} \qquad (3\text{-}2\text{-}1)$$

这是表示应变协调的一组方程，也是一组相容方程。

将几何方程中的 $\gamma_{yz}=\dfrac{\partial w}{\partial y}+\dfrac{\partial v}{\partial z}, \gamma_{zx}=\dfrac{\partial u}{\partial z}+\dfrac{\partial w}{\partial x}, \gamma_{xy}=\dfrac{\partial v}{\partial x}+\dfrac{\partial u}{\partial y}$ 分别对 x、y、z 求导,得到另一组相容方程:

$$\begin{cases} \dfrac{\partial \gamma_{yz}}{\partial x}=\dfrac{\partial^2 w}{\partial y \partial x}+\dfrac{\partial^2 v}{\partial z \partial x} \\[3mm] \dfrac{\partial \gamma_{zx}}{\partial y}=\dfrac{\partial^2 u}{\partial z \partial y}+\dfrac{\partial^2 w}{\partial x \partial y} \\[3mm] \dfrac{\partial \gamma_{xy}}{\partial z}=\dfrac{\partial^2 v}{\partial x \partial z}+\dfrac{\partial^2 u}{\partial y \partial z} \end{cases}$$

由此可得

$$\frac{\partial}{\partial x}\left(-\frac{\partial \gamma_{yz}}{\partial x}+\frac{\partial \gamma_{zx}}{\partial y}+\frac{\partial \gamma_{xy}}{\partial z}\right)=\frac{\partial}{\partial x}\left(2\frac{\partial^2 u}{\partial y \partial z}\right)=2\frac{\partial^2}{\partial y \partial z}\left(\frac{\partial u}{\partial x}\right)$$

$$\begin{cases} \dfrac{\partial}{\partial x}\left(-\dfrac{\partial \gamma_{yz}}{\partial x}+\dfrac{\partial \gamma_{zx}}{\partial y}+\dfrac{\partial \gamma_{xy}}{\partial z}\right)=2\dfrac{\partial^2 \varepsilon_x}{\partial y \partial z} \\[3mm] \dfrac{\partial}{\partial y}\left(-\dfrac{\partial \gamma_{zx}}{\partial y}+\dfrac{\partial \gamma_{xy}}{\partial z}+\dfrac{\partial \gamma_{yz}}{\partial x}\right)=2\dfrac{\partial^2 \varepsilon_y}{\partial z \partial x} \\[3mm] \dfrac{\partial}{\partial z}\left(-\dfrac{\partial \gamma_{xy}}{\partial z}+\dfrac{\partial \gamma_{yz}}{\partial x}+\dfrac{\partial \gamma_{zx}}{\partial y}\right)=2\dfrac{\partial^2 \varepsilon_z}{\partial x \partial y} \end{cases} \qquad (3\text{-}2\text{-}2)$$

通过类似步骤,可以导出无数多的应变分量所应满足的相容方程。可以证明,如果六个应变分量满足了式(3-2-1)和式(3-2-2),就可以保证位移分量的存在,也就可以用几何方程(2-3-3)求得位移分量。当然,对于多连体而言,求得的位移分量可能是多值的,为了得出确定的位移分量,还须考虑位移单值条件。

将物理方程(2-3-4)代入式(3-2-1)及式(3-2-2),整理后得出用应力分量表示的相容方程:

$$\begin{cases} (1+\mu)\left(\dfrac{\partial^2 \sigma_y}{\partial z^2}+\dfrac{\partial^2 \sigma_z}{\partial y^2}\right)-\mu\left(\dfrac{\partial^2 \Theta}{\partial z^2}+\dfrac{\partial^2 \Theta}{\partial y^2}\right)=2(1+\mu)\dfrac{\partial^2 \tau_{yz}}{\partial y \partial z} \\[3mm] (1+\mu)\left(\dfrac{\partial^2 \sigma_z}{\partial x^2}+\dfrac{\partial^2 \sigma_x}{\partial z^2}\right)-\mu\left(\dfrac{\partial^2 \Theta}{\partial x^2}+\dfrac{\partial^2 \Theta}{\partial z^2}\right)=2(1+\mu)\dfrac{\partial^2 \tau_{zx}}{\partial z \partial x} \\[3mm] (1+\mu)\left(\dfrac{\partial^2 \sigma_x}{\partial y^2}+\dfrac{\partial^2 \sigma_y}{\partial x^2}\right)-\mu\left(\dfrac{\partial^2 \Theta}{\partial y^2}+\dfrac{\partial^2 \Theta}{\partial x^2}\right)=2(1+\mu)\dfrac{\partial^2 \tau_{xy}}{\partial x \partial y} \end{cases}$$

$$\begin{cases} (1+\mu)\dfrac{\partial}{\partial x}\left(-\dfrac{\partial \tau_{yz}}{\partial x}+\dfrac{\partial \tau_{zx}}{\partial y}+\dfrac{\partial \tau_{xy}}{\partial z}\right)=\dfrac{\partial^2}{\partial y \partial z}\left[(1+\mu)\sigma_x-\mu\Theta\right] \\[3mm] (1+\mu)\dfrac{\partial}{\partial y}\left(-\dfrac{\partial \tau_{zx}}{\partial y}+\dfrac{\partial \tau_{xy}}{\partial z}+\dfrac{\partial \tau_{yz}}{\partial x}\right)=\dfrac{\partial^2}{\partial z \partial x}\left[(1+\mu)\sigma_y-\mu\Theta\right] \\[3mm] (1+\mu)\dfrac{\partial}{\partial z}\left(-\dfrac{\partial \tau_{xy}}{\partial z}+\dfrac{\partial \tau_{yz}}{\partial x}+\dfrac{\partial \tau_{zx}}{\partial y}\right)=\dfrac{\partial^2}{\partial y \partial z}\left[(1+\mu)\sigma_z-\mu\Theta\right] \end{cases}$$

利用平衡微分方程(2-3-2),可简化上述各式,使其只包含体积应力和一个应力分量,得到米歇尔相容方程:

$$
\begin{cases}
(1+\mu)\nabla^2\sigma_x+\dfrac{\partial^2\Theta}{\partial x^2}=-\dfrac{1+\mu}{1-\mu}\left[(2-\mu)\dfrac{\partial f_x}{\partial x}+\mu\dfrac{\partial f_y}{\partial y}+\mu\dfrac{\partial f_z}{\partial z}\right] \\[3mm]
(1+\mu)\nabla^2\sigma_y+\dfrac{\partial^2\Theta}{\partial y^2}=-\dfrac{1+\mu}{1-\mu}\left[(2-\mu)\dfrac{\partial f_y}{\partial y}+\mu\dfrac{\partial f_z}{\partial z}+\mu\dfrac{\partial f_x}{\partial x}\right] \\[3mm]
(1+\mu)\nabla^2\sigma_z+\dfrac{\partial^2\Theta}{\partial z^2}=-\dfrac{1+\mu}{1-\mu}\left[(2-\mu)\dfrac{\partial f_z}{\partial z}+\mu\dfrac{\partial f_x}{\partial x}+\mu\dfrac{\partial f_y}{\partial y}\right] \\[3mm]
(1+\mu)\nabla^2\tau_{yz}+\dfrac{\partial^2\Theta}{\partial y\partial z}=-(1+\mu)\left(\dfrac{\partial f_z}{\partial y}+\dfrac{\partial f_y}{\partial z}\right) \\[3mm]
(1+\mu)\nabla^2\tau_{zx}+\dfrac{\partial^2\Theta}{\partial z\partial x}=-(1+\mu)\left(\dfrac{\partial f_x}{\partial z}+\dfrac{\partial f_z}{\partial x}\right) \\[3mm]
(1+\mu)\nabla^2\tau_{xy}+\dfrac{\partial^2\Theta}{\partial x\partial y}=-(1+\mu)\left(\dfrac{\partial f_y}{\partial x}+\dfrac{\partial f_x}{\partial y}\right)
\end{cases}
\tag{3-2-3}
$$

体力为零或常量的情况下,米歇尔相容方程可继续简化为贝尔特拉米相容方程:

$$
\begin{cases}
(1+\mu)\nabla^2\sigma_x+\dfrac{\partial^2\Theta}{\partial x^2}=0 \\[3mm]
(1+\mu)\nabla^2\sigma_y+\dfrac{\partial^2\Theta}{\partial y^2}=0 \\[3mm]
(1+\mu)\nabla^2\sigma_z+\dfrac{\partial^2\Theta}{\partial z^2}=0 \\[3mm]
(1+\mu)\nabla^2\tau_{yz}+\dfrac{\partial^2\Theta}{\partial y\partial z}=0 \\[3mm]
(1+\mu)\nabla^2\tau_{zx}+\dfrac{\partial^2\Theta}{\partial z\partial x}=0 \\[3mm]
(1+\mu)\nabla^2\tau_{xy}+\dfrac{\partial^2\Theta}{\partial x\partial y}=0
\end{cases}
\tag{3-2-4}
$$

按应力求解空间问题时,须使六个应力分量满足平衡微分方程(2-3-2),满足相容方程(3-2-3)或者相容方程(3-2-4),并在边界上满足应力边界条件式(2-1-1),此外,有时还须考虑位移单值条件。

如果应力分量的表达式是坐标 x、y、z 的线性函数,则相容方程总能得到满足。因此,对于一个单连体的应力边界问题,如果体力为零或为常量,则满足平衡微分方程和边界条件的线性函数的应力分量表达式将给出完全精确的应力解。

由于位移边界条件一般无法使用应力分量及其导数来表示,因此,位移边界问题和混合边界问题一般都不能按应力求解。

弹性力学有三个平衡微分方程、六个应力协调方程,一共九个方程,可未知应力分量只有六个,对于这个根本性的矛盾问题,很长一段时间没有完善解决,而只是有一些不同论断,比如,有人认为六个应力协调方程不是独立的,也有人认为,协调方程为高阶方程,自身暗含一个额外解,故而方程数和未知数仍然相等,但这些都不够彻底。北京大学王敏中和黄克服彻底解决了这个问题。结论是,将九个方程中的任意六个作为方程,其余三个作为边界条件。共有八十四种可能,其中的八十一种可能,证明了三个式子作为边界条件在区域内部是成立的。而剩下的三种情形,作为边界条件的三个式子在区域内不成立。该问题的实质是弹性力学协调方程并不相互独立,六个协调方程再微商一次,就只有三个是独立的。

3.3 按位移求解平面问题

3.3.1 求解原理

与按应力求解平面问题相比,按位移求解平面问题的过程较为简洁,只需要进行消元代换即可。具体为:将几何方程代入物理方程,得到应力位移方程,再代入平衡微分方程,即得到只含位移的偏微分方程。当然,还将用到边界条件。在平面应力情况下,由应变表示的物理方程为

$$
\begin{cases}
\varepsilon_x = \dfrac{1}{E}(\sigma_x - \mu\sigma_y) \\[2mm]
\varepsilon_y = \dfrac{1}{E}(\sigma_y - \mu\sigma_x) \\[2mm]
\gamma_{xy} = \dfrac{2(1+\mu)}{E}\tau_{xy}
\end{cases}
$$

再将几何方程代入,得到位移表示的物理方程,即弹性方程:

$$
\begin{cases}
\sigma_x = \dfrac{E}{1-\mu^2}\left(\dfrac{\partial u}{\partial x} + \mu\dfrac{\partial v}{\partial y}\right) \\[2mm]
\sigma_y = \dfrac{E}{1-\mu^2}\left(\dfrac{\partial v}{\partial y} + \mu\dfrac{\partial u}{\partial x}\right) \\[2mm]
\tau_{xy} = \dfrac{E}{2(1+\mu)}\left(\dfrac{\partial v}{\partial x} + \dfrac{\partial u}{\partial y}\right)
\end{cases}
$$

代入平衡微分方程,简化以后,即得

$$
\begin{cases}
\dfrac{E}{1-\mu^2}\left(\dfrac{\partial^2 u}{\partial x^2} + \dfrac{1-\mu}{2}\dfrac{\partial^2 u}{\partial y^2} + \dfrac{1+\mu}{2}\dfrac{\partial^2 v}{\partial x\partial y}\right) + f_x = 0 \\[2mm]
\dfrac{E}{1-\mu^2}\left(\dfrac{\partial^2 v}{\partial y^2} + \dfrac{1-\mu}{2}\dfrac{\partial^2 v}{\partial x^2} + \dfrac{1+\mu}{2}\dfrac{\partial^2 u}{\partial x\partial y}\right) + f_y = 0
\end{cases}
\qquad (3-3-1)
$$

此即用位移表示的平衡微分方程,该方程是按位移求解平面应力问题时的基本微分方程。

另外,将弹性方程代入应力边界条件,可得位移表示的应力边界条件。

$$\begin{cases} \dfrac{E}{1-\mu^2}\left[l\left(\dfrac{\partial u}{\partial x}+\mu\,\dfrac{\partial v}{\partial y}\right)_S +m\,\dfrac{1-\mu}{2}\left(\dfrac{\partial u}{\partial y}+\dfrac{\partial v}{\partial x}\right)_S \right]=\bar{f}_x \\[4mm] \dfrac{E}{1-\mu^2}\left[m\left(\dfrac{\partial v}{\partial y}+\mu\,\dfrac{\partial u}{\partial x}\right)_S +l\,\dfrac{1-\mu}{2}\left(\dfrac{\partial v}{\partial x}+\dfrac{\partial u}{\partial y}\right)_S \right]=\bar{f}_y \end{cases} \tag{3-3-2}$$

可见,按位移求解平面应力问题时,需要使位移分量满足平衡微分方程,并在边界上满足位移边界条件。显然,对于平面应变问题,只需将上述各方程中的 E 换为 $\dfrac{E}{1-\mu^2}$,μ 换为 $\dfrac{\mu}{1-\mu}$ 即可。

一般情况下,按位移求解平面问题,最后都将转化为求解一个联立的二阶偏微分方程组,而无法简化为一个单独的微分方程。偏微分方程一般很难求解,这是按位移求解平面问题的困难所在,也是按位移求解平面问题未能得到很多函数解的根本原因。从理论上看,按位移求解适用于任何平面问题,不论体力是否为常量,也不论边界是位移边界、应力边界还是混合边界。因此,如果不局限于精确的函数解答,而是为实际工程问题寻求数学解答,毫无疑问,按位移求解的优越性将非常明显。

3.3.2　梁的位移分量求解

按位移求解实际上归结为求解两个二阶偏微分方程,因而按位移求解变得非常困难。但是,对于一些简单载荷作用下的简单结构而言,比如简单载荷作用下的梁,求解问题实际上已经大为简化,故而可以得到解答。

下面以矩形梁的纯弯曲为例,说明由应力分量求位移分量的过程。假定纯弯曲矩形截面梁为平面应力状况,将应力分量 $\sigma_x=\dfrac{M}{I}y,\sigma_y=0,\tau_{xy}=\tau_{yx}=0$ 代入物理方程

$$\begin{cases} \varepsilon_x=\dfrac{1}{E}\left(\sigma_x-\mu\sigma_y\right) \\[3mm] \varepsilon_y=\dfrac{1}{E}\left(\sigma_y-\mu\sigma_x\right) \\[3mm] \gamma_{xy}=\dfrac{2(1+\mu)}{E}\tau_{xy} \end{cases} \tag{3-3-3}$$

可得应变分量为

$$\varepsilon_x=\dfrac{M}{EI}y,\varepsilon_y=-\dfrac{\mu M}{EI}y,\gamma_{xy}=0$$

再将上式代入几何方程

$$\begin{cases} \varepsilon_x=\dfrac{\partial u}{\partial x} \\[3mm] \varepsilon_y=\dfrac{\partial v}{\partial y} \\[3mm] \gamma_{xy}=\dfrac{\partial v}{\partial x}+\dfrac{\partial u}{\partial y} \end{cases}$$

可得

$$\frac{\partial u}{\partial x}=\frac{M}{EI}y,\frac{\partial v}{\partial y}=-\frac{\mu M}{EI}y,\frac{\partial v}{\partial x}+\frac{\partial u}{\partial y}=0 \qquad (3-3-4)$$

$\dfrac{\partial u}{\partial x}=\dfrac{M}{EI}y,\dfrac{\partial v}{\partial y}=-\dfrac{\mu M}{EI}y$ 积分得

$$u=\frac{M}{EI}xy+f_1(y),v=-\frac{\mu M}{2EI}y^2+f_2(x) \qquad (3-3-5)$$

其中,f_1 和 f_2 是任意函数。则有

$$-\frac{\mathrm{d}f_1(y)}{\mathrm{d}y}=\frac{\mathrm{d}f_2(x)}{\mathrm{d}x}+\frac{M}{EI}x$$

该函数左边只含 y,右边只含 x。因此,两边只能都等于同一常数 ω,于是有

$$\frac{\mathrm{d}f_1(y)}{\mathrm{d}y}=-\omega$$

$$\frac{\mathrm{d}f_2(x)}{\mathrm{d}x}=-\frac{M}{EI}x+\omega$$

积分可得

$$f_1(y)=-\omega y+u_0$$

$$f_2(x)=-\frac{M}{2EI}x^2+\omega x+v_0$$

将上两式代入位移解答式(3-3-5),得位移分量为

$$\begin{cases} u=\dfrac{M}{EI}xy-\omega y+u_0 \\[2mm] v=-\dfrac{\mu M}{2EI}y^2-\dfrac{M}{2EI}x^2+\omega x+v_0 \end{cases} \qquad (3-3-6)$$

其中,u_0、v_0、ω 为任意常数,须由约束条件求得。而对于一个具体结构而言,其约束条件是确定的,所以,ω 取值也是确定的。

容易知道,铅直线段的转角为

$$\beta=\frac{\partial u}{\partial y}=\frac{M}{EI}x-\omega$$

显然可见,在同一横截面上,x 均为常量,故而 β 也是常量,则同一横截面上的各铅直线段的转角相同,也就是说,横截面各点的角位移均保持同步,从而使截面保持平面,这就是材料力学中平截面假定的理论依据。

又由式(3-3-6)中的 $v=-\dfrac{\mu M}{2EI}y^2-\dfrac{M}{2EI}x^2+\omega x+v_0$ 可见,不论约束条件如何,只要位移是微小的,梁的各纵向纤维的曲率都是

$$\frac{1}{r}=\frac{\partial^2 v}{\partial x^2}=-\frac{M}{EI}$$

这就是材料力学中梁挠度的基本计算公式。

简支梁如图 3-3-1 所示,左端铰支座 O 处既没有水平位移,也没有铅直位移;右端连杆支座没有铅直位移。

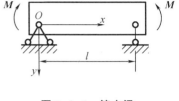

图 3-3-1　简支梁

则可知约束条件为

$$(u)_{\substack{x=0\\y=0}}=0,\ (v)_{\substack{x=0\\y=0}}=0,\ (v)_{\substack{x=l\\y=0}}=0$$

容易得到

$$u_0=0,v_0=0,\omega=\frac{Ml}{2EI}$$

得到梁的位移分量为

$$u=\frac{M}{EI}\left(x-\frac{l}{2}\right)y$$

$$v=\frac{M}{2EI}(l-x)x-\frac{\mu M}{2EI}y^2$$

梁的挠度方程是

$$(v)_{y=0}=\frac{M}{2EI}(l-x)x$$

悬臂梁所受载荷及坐标系如图 3-3-2 所示。可知,无论 y 取何值,固定端都必须有 $u=0,v=0$,这个结果在数学上是毫无争议的,而由式(3-3-6)可见,这个条件是无法满足的。此外,在工程实际中,这个端面全约束也是无法实现的,因为,无论四周焊接还是螺栓固定,端面内总有很多点是空隙状态而不受约束。求解这样的问题,只能从概念模型上进行合理简化。一个可行的方法是,假定右端面中心固定,不能转动也不能移动,则约束条件为

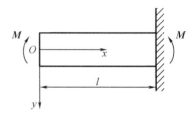

图 3-3-2　悬臂梁所受载荷及坐标系

$$(u)_{\substack{x=l\\y=0}}=0,\ (v)_{\substack{x=l\\y=0}}=0,\ \left(\frac{\partial v}{\partial x}\right)_{\substack{x=l\\y=0}}=0$$

由此可得

$$u_0=0,v_0=-\frac{Ml^2}{2EI},\omega=\frac{Ml}{EI}$$

得出悬臂梁的位移分量为

$$u=-\frac{M}{EI}(l-x)y$$

$$v=-\frac{M}{2EI}(l-x)^2-\frac{\mu M}{2EI}y^2$$

梁轴线挠度方程为

$$(v)_{y=0}=-\frac{M}{2EI}(l-x)^2$$

对于平面应变,只要将平面应力的应变公式和位移公式中的 E 换为 $\dfrac{E}{1-\mu^2}$,μ 换为 $\dfrac{\mu}{1-\mu}$

即可。

杆件如图 3-3-3 所示，y 方向上端固定，下端自由，受自重体力 $f_x = 0$，$f_y = \rho g$（ρ 为杆密度，g 为重力加速度）的作用。试用位移法求解。

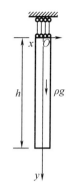

将该问题作为一维问题处理，有 $u = 0$，$v = v(y)$，泊松比 $\mu = 0$，代入用位移表示的平衡微分方程，第一式自然满足，第二式变为

$$\frac{\mathrm{d}^2 v}{\mathrm{d}y^2} = -\frac{\rho g}{E}$$

求解上述常微分方程，积分得

图 3-3-3　杆件

$$v(y) = -\frac{\rho g}{2E}y^2 + Ay + B$$

根据边界条件确定常数 A 和 B。

上、下边的边界条件为

$$v\big|_{y=0} = 0 \text{ 和 } \sigma\big|_{y=h} = 0$$

则有

$$v_y = -\frac{\rho g}{2E}y^2 + Ay + B, \sigma_y(y) = \frac{E}{1-\mu^2}\left(\frac{\partial v}{\partial y} + \mu\,\frac{\partial u}{\partial x}\right)$$

可求得待定常数 $A = \rho g h / E$ 和 $B = 0$。从而有

$$v_y = \frac{\rho g}{2E}(2hy - y^2)$$

从而得到应变和应力分别为

$$\varepsilon_y = \frac{\rho g}{E}(h - y)$$

$$\sigma_y = \rho g(h - y)$$

3.4　按位移求解空间问题

和求解平面问题一样，按位移求解空间问题，也是取位移分量为基本未知函数进行求解，以三个位移分量为基本未知函数，从十五个基本方程和边界条件中消去应力分量与应变分量，导出只含三个位移分量的基本微分方程和边界条件，由此解出位移分量。然后根据几何方程和物理方程求应变分量和应力分量。

3.4.1　不同坐标系下的空间问题

1. 直角坐标空间问题

将几何方程(2-3-3)代入物理方程(2-3-5)中，得到用位移表示应力的弹性方程

$$\begin{cases} \sigma_x = \dfrac{E}{1+\mu}\left(\dfrac{\mu}{1-2\mu}\theta+\dfrac{\partial u}{\partial x}\right) \\[2mm] \sigma_y = \dfrac{E}{1+\mu}\left(\dfrac{\mu}{1-2\mu}\theta+\dfrac{\partial v}{\partial y}\right) \\[2mm] \sigma_z = \dfrac{E}{1+\mu}\left(\dfrac{\mu}{1-2\mu}\theta+\dfrac{\partial w}{\partial z}\right) \\[2mm] \tau_{yz} = \dfrac{E}{2(1+\mu)}\left(\dfrac{\partial w}{\partial y}+\dfrac{\partial v}{\partial z}\right) \\[2mm] \tau_{zx} = \dfrac{E}{2(1+\mu)}\left(\dfrac{\partial u}{\partial z}+\dfrac{\partial w}{\partial x}\right) \\[2mm] \tau_{xy} = \dfrac{E}{2(1+\mu)}\left(\dfrac{\partial v}{\partial x}+\dfrac{\partial u}{\partial y}\right) \end{cases}$$

其中,$\theta = \dfrac{\partial u}{\partial x}+\dfrac{\partial v}{\partial y}+\dfrac{\partial w}{\partial z}$。

将弹性方程代入平衡微分方程。

平衡微分方程为

$$\begin{cases} \dfrac{\partial \sigma_x}{\partial x}+\dfrac{\partial \tau_{xy}}{\partial y}+\dfrac{\partial \tau_{xz}}{\partial z}+f_x=0 \\[2mm] \dfrac{\partial \tau_{yx}}{\partial x}+\dfrac{\partial \sigma_y}{\partial y}+\dfrac{\partial \tau_{yz}}{\partial z}+f_y=0 \\[2mm] \dfrac{\partial \tau_{zx}}{\partial x}+\dfrac{\partial \tau_{zy}}{\partial y}+\dfrac{\partial \sigma_z}{\partial z}+f_z=0 \end{cases}$$

首先,将弹性方程代入平衡微分方程第一式左边前三项,可得

$$\frac{E}{1+\mu}\left(\frac{\mu}{1-2\mu}\frac{\partial \theta}{\partial x}+\frac{\partial^2 u}{\partial x^2}\right)+\frac{E}{2(1+\mu)}\left(\frac{\partial^2 u}{\partial z^2}+\frac{\partial^2 w}{\partial x\partial z}+\frac{\partial^2 u}{\partial y^2}+\frac{\partial^2 v}{\partial x\partial y}\right)$$

即

$$\frac{E}{1+\mu}\frac{\mu}{1-2\mu}\frac{\partial \theta}{\partial x}+\frac{E}{1+\mu}\frac{\partial^2 u}{\partial x^2}+\frac{E}{2(1+\mu)}\left(\frac{\partial^2 u}{\partial z^2}+\frac{\partial^2 u}{\partial y^2}+\frac{\partial^2 w}{\partial x\partial z}+\frac{\partial^2 v}{\partial x\partial y}\right)$$

进一步得

$$\frac{E}{1+\mu}\frac{\mu}{1-2\mu}\frac{\partial \theta}{\partial x}+\frac{E}{2(1+\mu)}\left(\frac{\partial^2 u}{\partial z^2}+\frac{\partial^2 u}{\partial y^2}+\frac{\partial^2 u}{\partial x^2}+\frac{\partial^2 u}{\partial x^2}+\frac{\partial^2 w}{\partial x\partial z}+\frac{\partial^2 v}{\partial x\partial y}\right)$$

采用记号

$$\nabla^2 = \frac{\partial^2}{\partial x^2}+\frac{\partial^2}{\partial y^2}+\frac{\partial^2}{\partial z^2}$$

并由几何方程可得

$$\frac{E}{1+\mu}\frac{\mu}{1-2\mu}\frac{\partial \theta}{\partial x}+\frac{E}{2(1+\mu)}\nabla^2 u+\frac{E}{2(1+\mu)}\left(\frac{\partial \varepsilon_x}{\partial x}+\frac{\partial \varepsilon_y}{\partial x}+\frac{\partial \varepsilon_z}{\partial x}\right)$$

整理后得到

$$\frac{E}{1+\mu}\frac{\mu}{1-2\mu}\frac{\partial \theta}{\partial x}+\frac{E}{2(1+\mu)}\nabla^2 u+\frac{E}{2(1+\mu)}\frac{\partial \theta}{\partial x}$$

即

$$\frac{E}{2(1+\mu)}\left(\frac{1}{1-2\mu}\frac{\partial\theta}{\partial x}+\nabla^2 u\right)+f_x=0$$

同理,则有

$$\begin{cases}\dfrac{E}{2(1+\mu)}\left(\dfrac{1}{1-2\mu}\dfrac{\partial\theta}{\partial x}+\nabla^2 u\right)+f_x=0\\[3mm]\dfrac{E}{2(1+\mu)}\left(\dfrac{1}{1-2\mu}\dfrac{\partial\theta}{\partial y}+\nabla^2 v\right)+f_y=0\\[3mm]\dfrac{E}{2(1+\mu)}\left(\dfrac{1}{1-2\mu}\dfrac{\partial\theta}{\partial z}+\nabla^2 w\right)+f_z=0\end{cases} \qquad (3-4-1)$$

这是用位移分量表示的平衡微分方程,也就是按位移求解空间问题时所需用的基本微分方程。

如果应力边界条件也用位移分量来表示,得出的方程将很长,只能把应力边界条件保存为式(2-5-2)的形式,而其中的应力分量可以通过位移分量表示,位移边界条件则仍然用初始形式表示。

2. 轴对称空间问题

在核工程设计中,经常用到柱状或筒状的回转体设备,这些设备往往都具有轴对称的特性,即其整体结构的形状、约束及所受的载荷都对称于某一轴线。这种情况下,所有的应力、应变和位移也都对称于这一轴线,该轴线称为对称轴,通过该轴的平面称为对称面。此问题即轴对称空间问题,也称旋转对称问题,或中心对称问题。

以弹性体的对称轴为 z 轴,则所有应力、应变、位移分量都将只是半径 r 和竖直坐标 z 的函数,而不随 θ 而变化。所以,在研究轴对称问题的应力、应变、位移时,使用柱坐标系 r、θ、z 比用直角坐标 x、y、z 方便得多。

(1)轴对称空间问题平衡微分方程

取 z 轴向上,从弹性体中取一个微小六面体,如图 3-4-1 所示,两个同心柱面相距 dr,两个竖直面互成 $d\theta$ 角,两个水平面相距 dz。

设径向正应力、环向正应力和轴向正应力分别为 σ_r、σ_θ、σ_z,柱面上沿 z 方向的切应力为 τ_{rz},作用在水平面上的径向切应力为 τ_{zr}。由切应力互等关系可知 $\tau_{rz}=\tau_{zr}$。由对称性可知,其余四个切应力 $\tau_{r\theta}$、$\tau_{z\theta}$、$\tau_{\theta r}$、$\tau_{\theta z}$ 都不存在,这样,共有四个应力分量 σ_r、σ_θ、σ_z、τ_{rz},它们都只是 r 和 z 的函数,而与 θ 无关。

设六面体内柱面上的平均正应力为 σ_r,则由泰勒公式可知,外柱面的平均正应力为 $\sigma_r+\dfrac{\partial\sigma_r}{\partial r}dr$。由对称性可知,$\sigma_\theta$ 在环向没有增量。若六面体下面的平均正应力是 σ_z,则在上面平均正应力是 $\sigma_z+\dfrac{\partial\sigma_z}{\partial z}dz$,同样,在下面和上面的平均切应力分别是 τ_{zr} 及 $\tau_{zr}+\dfrac{\partial\tau_{zr}}{\partial z}dz$,内面和外面的平均切应力分别是 τ_{rz} 及 $\tau_{rz}+\dfrac{\partial\tau_{rz}}{\partial r}dr$。径向体力为 f_r,轴向体力为 f_z,根据对称性,环

向体力分量为零。将六面体所受载荷投影到六面体中心的径向轴上,可得平衡微分方程

$$\left(\sigma_r+\frac{\partial \sigma_r}{\partial r}\mathrm{d}r\right)(r+\mathrm{d}r)\mathrm{d}\theta \mathrm{d}z-\sigma_r r\mathrm{d}\theta \mathrm{d}z-2\sigma_\theta \mathrm{d}r\mathrm{d}z\frac{\mathrm{d}\theta}{2}+$$

$$\left(\tau_{zr}+\frac{\partial \tau_{zr}}{\partial z}\mathrm{d}z\right)r\mathrm{d}\theta \mathrm{d}r-\tau_{zr}r\mathrm{d}\theta \mathrm{d}r+f_r r\mathrm{d}\theta \mathrm{d}r\mathrm{d}z=0$$

略去高阶微量,并由微小角度三角函数性质得到

$$\frac{\partial \sigma_r}{\partial r}+\frac{\partial \tau_{zr}}{\partial z}+\frac{\sigma_r-\sigma_\theta}{r}+f_r=0$$

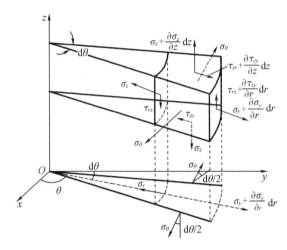

图 3-4-1 微小六面体

同理,将各载荷投影到 z 轴上,可得

$$\left(\tau_{rz}+\frac{\partial \tau_{rz}}{\partial r}\mathrm{d}r\right)(r+\mathrm{d}r)\mathrm{d}\theta \mathrm{d}z-\tau_{rz}r\mathrm{d}\theta \mathrm{d}z+\left(\sigma_z+\frac{\partial \sigma_z}{\partial z}\mathrm{d}z\right)r\mathrm{d}\theta \mathrm{d}r-\sigma_z r\mathrm{d}\theta \mathrm{d}r+f_z r\mathrm{d}\theta \mathrm{d}r\mathrm{d}z=0$$

简化后得到

$$\frac{\partial \sigma_z}{\partial z}+\frac{\partial \tau_{rz}}{\partial r}+\frac{\tau_{rz}}{r}+f_z=0$$

则轴对称空间问题的平衡微分方程为

$$\begin{cases} \dfrac{\partial \sigma_r}{\partial r}+\dfrac{\partial \tau_{zr}}{\partial z}+\dfrac{\sigma_r-\sigma_\theta}{r}+f_r=0 \\[3mm] \dfrac{\partial \sigma_z}{\partial z}+\dfrac{\partial \tau_{rz}}{\partial r}+\dfrac{\tau_{rz}}{r}+f_z=0 \end{cases}$$

由轴对称特性可知,弹性体在环向自成平衡。这就是按位移求解轴对称空间问题时所需用的基本微分方程。

(2)轴对称空间问题几何方程

设径向正应变为 ε_r,环向正应变为 ε_θ,轴向正应变为 ε_z,与径向及切向相关的切应变为 γ_{zr},由对称性可知,与环向相关的切应变 $\gamma_{r\theta}$ 和 $\gamma_{z\theta}$ 都为零。径向位移为 u_r,z 向位移仍然用

w 表示,易知,环向位移为零。

与前节相似,可知由径向位移引起的应变分量是

$$\varepsilon_r = \frac{\partial u_r}{\partial r}, \varepsilon_\theta = \frac{u_r}{r}, \gamma_{zr} = \frac{\partial u_r}{\partial z}$$

轴向位移 w 引起的应变分量是

$$\varepsilon_z = \frac{\partial w}{\partial z}, \gamma_{zr} = \frac{\partial w}{\partial r}$$

则可得到轴对称空间问题的几何方程

$$\varepsilon_r = \frac{\partial u_r}{\partial r}, \varepsilon_\theta = \frac{u_r}{r}, \varepsilon_z = \frac{\partial w}{\partial z}, \gamma_{zr} = \frac{\partial u_r}{\partial z} + \frac{\partial w}{\partial r}$$

（3）轴对称空间问题物理方程

柱坐标和直角坐标一样具有正交性,则物理方程可由胡克定律得

$$\begin{cases} \varepsilon_r = \frac{1}{E}\left[\sigma_r - \mu(\sigma_\theta + \sigma_z) \right] \\[2mm] \varepsilon_\theta = \frac{1}{E}\left[\sigma_\theta - \mu(\sigma_z + \sigma_r) \right] \\[2mm] \varepsilon_z = \frac{1}{E}\left[\sigma_z - \mu(\sigma_r + \sigma_\theta) \right] \\[2mm] \gamma_{zr} = \frac{2(1+\mu)}{E}\tau_{zr} \end{cases}$$

前三式叠加得到

$$\vartheta = \frac{1-2\mu}{E}\Theta$$

体积应变 ϑ 为

$$\vartheta = \varepsilon_r + \varepsilon_\theta + \varepsilon_z = \frac{\partial u_r}{\partial r} + \frac{u_r}{r} + \frac{\partial w}{\partial z}$$

体积应力 Θ 为

$$\Theta = \sigma_r + \sigma_\theta + \sigma_z$$

可知,ϑ、Θ 均为不随坐标系而改变的不变量。

同理,可得到物理方程的另一形式,即

$$\begin{cases} \sigma_r = \frac{E}{1+\mu}\left(\frac{\mu}{1-2\mu}\vartheta + \varepsilon_r \right) \\[2mm] \sigma_\theta = \frac{E}{1+\mu}\left(\frac{\mu}{1-2\mu}\vartheta + \varepsilon_\theta \right) \\[2mm] \sigma_z = \frac{E}{1+\mu}\left(\frac{\mu}{1-2\mu}\vartheta + \varepsilon_z \right) \\[2mm] \tau_{zr} = \frac{E}{2(1+\mu)}\gamma_{zr} \end{cases} \tag{3-4-2}$$

可知,轴对称空间问题的环向对称性决定了这些问题具有更简洁的形式和更少的未知

函数。具体情况为,共有十个方程,包括六个物理方程、四个几何方程和两个平衡方程,同样有十个未知函数,包括四个应力分量、四个应变分量和两个位移分量。应力、应变都是三个正方向量加一个切方向量,环向的两个切向量不存在,环向位移分量也不存在。

3. 球对称空间问题

对于球对称空间问题,也可以进行同样的推导,将几何方程代入物理方程,得到弹性方程,即

$$\sigma_r = \frac{E}{(1+\mu)(1-2\mu)}\left[(1-\mu)\varepsilon_r + 2\mu\varepsilon_\theta\right]$$

$$\sigma_\theta = \frac{E}{(1+\mu)(1-2\mu)}(\varepsilon_\theta + \mu\varepsilon_r)$$

再代入平衡微分方程,得到常微分方程

$$\frac{E(1-\mu)}{(1+\mu)(1-2\mu)}\left(\frac{d^2u}{dr^2} + \frac{2}{r}\frac{du}{dr} - \frac{2}{r^2}u\right) + f_r = 0$$

这就是按位移求解球对称空间问题时所用的基本微分方程。

以上给出了各种情况下的空间问题基本方程。实际上,按位移求解只有在一些具有简单的结构和简单的边界条件下,才能得到解答,大多数情况下,都是无法求解的。

以下将给出一些空间问题求解的简单实例。

3.4.2 半空间体受重力及均布压力

设有无限大等厚度弹性层,其密度为 ρ,在底面受全约束,顶面受均布压力 q,如图3-4-2所示。

以水平面为 xy 面,z 轴铅直向下,这样,体力分量就是对称的,任一铅直平面都是对称面。

根据对称性,任何铅直平面均为对称面,x 和 y 向均不能有位移,故可做如下假设:

$$u = v = 0, w = w(z)$$

可以得到

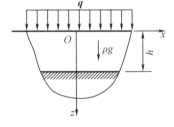

图3-4-2 无限大等厚度弹性层顶面受均布压力

$$\theta = \frac{du}{dx} + \frac{dv}{dy} + \frac{dw}{dz} = \frac{dw}{dz}$$

$$\frac{\partial\theta}{\partial x} = \frac{\partial\theta}{\partial y} = 0, \frac{\partial\theta}{\partial z} = \frac{d^2w}{dz^2}$$

代入平衡微分方程(3-4-1),前两式自然满足,第三式整理为如下常微分方程:

$$\frac{\partial\theta}{\partial z} = \frac{d^2w}{dz^2} = -\frac{(1+\mu)(1-2\mu)}{E(1-\mu)}\rho g$$

积分后得到

$$\theta = \frac{dw}{dz} = -\frac{(1+\mu)(1-2\mu)}{E(1-\mu)}\rho g(z+A)$$

$$w(z) = -\frac{(1+\mu)(1-2\mu)}{2E(1-\mu)}\rho g(z+A)^2 + B$$

现在,试根据边界条件来决定常数 A 和 B,将以上的结果代入弹性方程。

实际上,σ_z 由 q 和重力两部分载荷构成,也可以利用叠加原理,直接得到其表达式为 $\sigma_z = -\rho g z - q$,再使用物理方程,也可以得到 σ_x 和 σ_y。

$$\sigma_z = -\rho g(z+A)$$

$$\sigma_x = \sigma_y = -\frac{\mu}{1-\mu}\rho g(z+A) = \frac{\mu}{1-\mu}\sigma_z$$

$$\tau_{xy} = \tau_{xz} = \tau_{yz} = 0$$

根据边界条件,x、y 向面力为零,z 向面力为 q,则有

$$-\sigma_z = q(z=0)$$

得到

$$A = q/\rho g$$

则由弹性方程可得到铅直位移

$$w(z) = -\frac{(1+\mu)(1-2\mu)}{2E(1-\mu)}\rho g\left(z+\frac{q}{\rho g}\right)^2 + B$$

为了确定常数 B,必须利用位移边界条件,由于弹性层的下面承受完全约束,半空间体在下边界 h 处没有位移,有位移边界条件

$$w\big|_{z=h} = 0$$

由此得常数 B 为

$$B = \frac{(1+\mu)(1-2\mu)}{2E(1-\mu)}\rho g\left(h+\frac{q}{\rho g}\right)^2$$

则得到位移分量 w 为

$$w = -\frac{(1+\mu)(1-2\mu)}{E(1-\mu)}\left(q(h-z)z+\frac{\rho g}{2}\right)(h^2-z^2)$$

进而可得到所有应力分量、应变分量。

应力分量和位移分量都已完全确定,并且所有条件都已满足,可见前述假设完全正确,而所得的应力和位移就是正确解答。

显然,最大位移发生在上表面施加载荷处,而最大应力发生在下表面施加位移约束处。可见,位移较小的地方,说明其局部刚度较大,因而其应力往往也较大;反之,位移较大的地方,其局部刚度较小,其应力往往也较小,这一结果在弹性力学应力分析中作用较大。比如在管道系统仿真分析中,需要通过调整管道支架位置来调节应力分布,如果某处应力较大需要降低,根据生活经验,一般会认为是由于承担了更多的载荷,才导致应力过大,故而认为需要添加支架才能达到分担载荷的目的。实际上恰恰相反,添加支架将使刚度提高,结果应力将会更大。所以,需要降低局部刚度,将支架向更远的地方移动才有效。在设备应力分析中,为降低应力,应采取的措施也基本相似。

3.4.3 空心球受均布压力

空心球内、外半径分别为 a 和 b,其内、外表面分别受均布内压 $\boldsymbol{q}_a$ 和均布外压 $\boldsymbol{q}_b$ 作用,

体力不计。对于球对称问题有 $f_r = 0$，则微分方程简化为

$$\frac{d^2 u}{dr^2} + \frac{2}{r} \frac{du}{dr} - \frac{2}{r^2} u = 0$$

已知该类型常微分方程的解答是

$$u = Ar + \frac{B}{r^2}$$

其中，A 和 B 是任意常数。

将 u 代入球对称问题的弹性方程，得应力分量表达式：

$$\sigma_r = \frac{E}{1-2\mu} A - \frac{2E}{1+\mu} \frac{B}{r^3}$$

$$\sigma_\theta = \frac{E}{1-2\mu} A + \frac{E}{1+\mu} \frac{B}{r^3}$$

边界条件是

$$(\sigma_r)_{r=a} = -q_a$$

$$(\sigma_r)_{r=b} = -q_b$$

则有

$$\frac{E}{1-2\mu} A - \frac{2E}{(1+\mu) a^3} B = -q_a$$

$$\frac{E}{1-2\mu} A - \frac{2E}{(1+\mu) b^3} B = -q_b$$

求解得到 A、B 为

$$A = \frac{a^3 q_a - b^3 q_b}{E(b^3 - a^3)} (1-2\mu)$$

$$B = \frac{a^3 b^3 (q_a - q_b)}{2E(b^3 - a^3)} (1+\mu)$$

整理得到径向位移为

$$u_r = \frac{(1+\mu) r}{E} \left(\frac{\dfrac{b^3}{2r^3} + \dfrac{1-2\mu}{1+\mu}}{\dfrac{b^3}{a^3} - 1} q_a - \frac{\dfrac{a^3}{2r^3} + \dfrac{1-2\mu}{1+\mu}}{1 - \dfrac{a^3}{b^3}} q_b \right)$$

从而有

$$\sigma_r = -\frac{\dfrac{b^3}{r^3} - 1}{\dfrac{b^3}{a^3} - 1} q_a - \frac{1 - \dfrac{a^3}{r^3}}{1 - \dfrac{a^3}{b^3}} q_b$$

$$\sigma_\theta = \frac{\dfrac{b^3}{r^3} + 1}{\dfrac{b^3}{a^3} - 1} q_a - \frac{1 + \dfrac{a^3}{r^3}}{1 - \dfrac{a^3}{b^3}} q_b$$

由于不存在坐标方向的切应力分量,上式所示的径向正应力 σ_r 及切向正应力 σ_θ 就是主应力。

如果空心球只受内压 q 作用,则径向位移的表达式简化为

$$u_r = \frac{(1+\mu)\,r}{E}\,\frac{\dfrac{b^3}{2r^3}+\dfrac{1-2\mu}{1+\mu}}{\dfrac{b^3}{a^3}-1}q = \frac{(1+\mu)\,qr}{E}\,\frac{\dfrac{1}{2r^3}+\dfrac{1-2\mu}{1+\mu}\dfrac{1}{b^3}}{\dfrac{1}{a^3}-\dfrac{1}{b^3}}$$

应力分量简化以后可得

$$\sigma_r = -\frac{\dfrac{b^3}{r^3}-1}{\dfrac{b^3}{a^3}-1}q = \frac{\dfrac{1}{r^3}-\dfrac{1}{b^3}}{\dfrac{1}{a^3}-\dfrac{1}{b^3}}q$$

$$\sigma_\theta = -\frac{\dfrac{b^3}{2r^3}-1}{\dfrac{b^3}{a^3}-1}q = \frac{\dfrac{1}{2r^3}-\dfrac{1}{b^3}}{\dfrac{1}{a^3}-\dfrac{1}{b^3}}q$$

设有无限大弹性体,存在半径为 a 的球形小孔洞,孔洞内受流体压力 q 的作用,为了得到孔洞附近的位移和应力,只需在上列各式中令 b 趋向于无限大,这样就得到

$$u_r = \frac{(1+\mu)\,qa^3}{2Er^2}$$

$$\sigma_r = -\frac{qa^3}{r^3}$$

$$\sigma_\theta = \frac{qa^3}{2r^3}$$

可见,径向位移 u 按照 r^2 的增大而消减,径向及切向正应力均按 r^2 的增大而消减,在 r 远大于 a 处,应力非常小,可以忽略不计。这也从另一个侧面验证了圣维南原理,因为圆球形空洞内的压力是平衡力系。

值得注意的是,孔边将发生 $q/2$ 的切向拉压力,它可能引起脆性材料的开裂。在核工程承压设备和管道中,由于材料中可能存在原始缺陷,或者服役过程中发生微小裂纹,则在这一拉应力作用下,微观缺陷将可能快速扩展成贯穿裂纹,导致发生泄漏甚至设备或管道断裂等恶劣后果。

3.4.4 位移势函数的引用

在重力场中半空间体均布压力的问题及空心圆球受均布压力的问题中,位移分量都只是一个坐标的函数,从而比较简单地直接由位移分量的平衡微分方程求得解答。在一般的空间问题中,位移分量是两个或多个坐标的函数,就不可能这样直接求解了。

因此,有些数学家和力学家曾经引用多种多样的位移函数,将位移分量用位移函数来表示,然后致力于寻求各种问题的位移函数,求得位移分量的解答,继而求得应力分量的解

答。下面介绍一种简单的位移函数,即位移势函数。

19世纪,位移和应变这两个概念的区分还不是很严格。由于求解应力而引用的函数称为应力函数,为求解位移而引用的函数,自然也应被称为位移函数,但却被一些数学家和力学家称为应变函数。为了表示对大师们的尊重,不少学者就沿用了应变函数的名称。后来发现,位移和应变这两个概念是严格区别的,再把位移函数称为应变函数,已经不合适了。

本节只讨论体力不计的情况,则平衡微分方程(3-4-1)简化为

$$\begin{cases} \dfrac{1}{1-2\mu}\dfrac{\partial\theta}{\partial x}+\nabla^2 u=0 \\[2mm] \dfrac{1}{1-2\mu}\dfrac{\partial\theta}{\partial y}+\nabla^2 v=0 \\[2mm] \dfrac{1}{1-2\mu}\dfrac{\partial\theta}{\partial z}+\nabla^2 w=0 \end{cases} \quad (3-4-3)$$

令位移有势,即位移在某一方向的分量和位移的势函数 $\psi(x,y,z)$ 在该方向的导数成正比,为方便后面的运算,取比例常数为 $1/2G$,即 $(1+\mu)/E$,于是得到

$$\begin{cases} u=\dfrac{1}{2G}\dfrac{\partial\psi}{\partial x} \\[2mm] v=\dfrac{1}{2G}\dfrac{\partial\psi}{\partial y} \\[2mm] w=\dfrac{1}{2G}\dfrac{\partial\psi}{\partial z} \end{cases} \quad (3-4-4)$$

从而有

$$\theta=\frac{\partial u}{\partial x}+\frac{\partial v}{\partial y}+\frac{\partial w}{\partial z}=\frac{1}{2G}\nabla^2\psi$$

$$\frac{\partial\theta}{\partial x}=\frac{1}{2G}\frac{\partial}{\partial x}\nabla^2\psi,\frac{\partial\theta}{\partial y}=\frac{1}{2G}\frac{\partial}{\partial y}\nabla^2\psi,\frac{\partial\theta}{\partial z}=\frac{1}{2G}\frac{\partial}{\partial z}\nabla^2\psi$$

$$\nabla^2 u=\frac{1}{2G}\frac{\partial}{\partial x}\nabla^2\psi,\nabla^2 v=\frac{1}{2G}\frac{\partial}{\partial y}\nabla^2\psi,\nabla^2 w=\frac{1}{2G}\frac{\partial}{\partial z}\nabla^2\psi$$

代入式(3-4-3),可得 ψ 所应满足的条件为

$$\frac{\partial}{\partial x}\nabla^2\psi=0,\frac{\partial}{\partial y}\nabla^2\psi=0,\frac{\partial}{\partial z}\nabla^2\psi=0$$

即

$$\nabla^2\psi=C$$

其中,C 是任意常数,取任意满足 $\nabla^2\psi=C$ 的函数 ψ,求出的位移分量都能满足微分方程,因而函数 ψ 可作为问题的解。

显然,如果取 $C=0$,则 $\nabla^2\psi=0$,求出的位移分量也能作为问题的解。函数 ψ 的取值范围大大缩小了,对具体问题而言,寻求函数 ψ 就比较容易了,因为此时的 ψ 是调和函数,而调和函数在数学分析中已经研究得很详尽了。

进一步分析可知,当 $\nabla^2\psi=0$ 时,由式(3-4-4)可得体积应变 $\theta=0$,注意到 $E=2G(1+\mu)$,

则可由式(3-4-4)及弹性方程得出非常简单的应力分量表达式,即

$$
\begin{cases}
\sigma_x = \dfrac{\partial^2 \psi}{\partial x^2},\ \sigma_y = \dfrac{\partial^2 \psi}{\partial y^2},\ \sigma_z = \dfrac{\partial^2 \psi}{\partial z^2} \\[2mm]
\tau_{xy} = \dfrac{\partial^2 \psi}{\partial x \partial y},\ \tau_{zy} = \dfrac{\partial^2 \psi}{\partial z \partial y},\ \tau_{xz} = \dfrac{\partial^2 \psi}{\partial x \partial z}
\end{cases}
\tag{3-4-5}
$$

可见,对于空间问题,如果找到适当的调和函数 ψ,使得式(3-4-4)给出的位移分量和式(3-4-5)给出的应力分量能够满足边界条件,那么,就能得到该问题的正确解。

对于轴对称问题,不计体力时,位移分量的微分方程简化为

$$
\begin{cases}
\dfrac{1}{1-2\mu}\dfrac{\partial \theta}{\partial r} + \nabla^2 u_r - \dfrac{u_r}{r^2} = 0 \\[2mm]
\dfrac{1}{1-2\mu}\dfrac{\partial \theta}{\partial z} + \nabla^2 w = 0
\end{cases}
\tag{3-4-6}
$$

其中

$$
\nabla^2 = \frac{\partial^2}{\partial r^2} + \frac{1}{r}\frac{\partial}{\partial r} + \frac{\partial^2}{\partial z^2}
$$

假设位移有势,将位移分量用位移势函数 $\psi(r,z)$ 表示为

$$
u_r = \frac{1}{2G}\frac{\partial \psi}{\partial r},\ w = \frac{1}{2G}\frac{\partial \psi}{\partial z}
\tag{3-4-7}
$$

则有

$$
\theta = \frac{\partial u_r}{\partial r} + \frac{u_r}{r} + \frac{\partial w}{\partial z} = \frac{1}{2G}\nabla^2 \psi
$$

$$
\frac{\partial \theta}{\partial r} = \frac{1}{2G}\frac{\partial}{\partial r}\nabla^2 \psi\quad \frac{\partial \theta}{\partial z} = \frac{1}{2G}\frac{\partial}{\partial z}\nabla^2 \psi
$$

$$
\nabla^2 u_r - \frac{u_r}{r^2} = \frac{1}{2G}\frac{\partial}{\partial r}\nabla^2 \psi
$$

$$
\nabla^2 w = \frac{1}{2G}\frac{\partial}{\partial z}\nabla^2 \psi
$$

代入式(3-4-6),则 ψ 所应满足的条件为

$$
\frac{\partial}{\partial r}\nabla^2 \psi = 0,\ \frac{\partial}{\partial z}\nabla^2 \psi = 0
$$

即

$$
\nabla^2 \psi = C
$$

和直角坐标一样,取 $C=0$,即 $\nabla^2 \psi = 0$。

于是,ψ 才成为调和函数,而且可由式(3-4-7)及弹性方程(3-4-2)得出非常简单的应力分量表达式:

$$
\begin{cases}
\sigma_r = \dfrac{\partial^2 \psi}{\partial r^2},\ \sigma_\theta = \dfrac{1}{r}\dfrac{\partial \psi}{\partial r} \\[2mm]
\sigma_z = \dfrac{\partial^2 \psi}{\partial z^2},\ \tau_{rz} = \dfrac{\partial^2 \psi}{\partial r \partial z}
\end{cases}
\tag{3-4-8}
$$

可知,对于轴对称问题,如果找到适当的调和函数,使得式(3-4-7)给出的位移分量和式(3-4-8)给出的应力分量能够满足边界条件,就可得到问题的正确解。

实际上,并不是所有问题的位移都是有势的,因此位移势函数并不是在所有问题中都存在,所以用位移势函数求解问题也不一定能成功。如果位移势函数存在,则有

$$\theta = \frac{1}{2G}\nabla^2\psi = \frac{C}{2G}$$

上式表明体积应变在整个弹性体中都是常量,这种情况显然是非常特殊的。因此,位移势函数所能解决的问题是非常少的。下面介绍的两种位移函数,可以用来解决较多问题,但是,在合适的时候,为减少运算量,也可以应用位移势函数。

3.4.5 勒夫位移函数和伽辽金位移函数

对于轴对称问题,勒夫引用一个位移函数 $\zeta(r,z)$,把位移分量表示为

$$u_r = -\frac{1}{2G}\frac{\partial^2\zeta}{\partial r\partial z}$$

$$w = -\frac{1}{2G}\left[2(1-\mu)\nabla^2 - \frac{\partial^2}{\partial z^2}\right]\zeta \tag{3-4-9}$$

其中

$$\nabla^2 = \frac{\partial^2}{\partial r^2} + \frac{1}{r}\frac{\partial}{\partial r} + \frac{\partial^2}{\partial z^2}$$

将表达式(3-4-9)代入空间轴对称位移的微分方程(3-4-6),可见位移函数 ζ 所应满足的条件是

$$\nabla^4\zeta = 0$$

显然,ζ 应当是重调和函数,称为勒夫位移函数。由勒夫位移函数求应力分量的表达式为

$$\sigma_r = \frac{\partial}{\partial z}\left(\mu\nabla^2 - \frac{\partial^2}{\partial r^2}\right)\zeta$$

$$\sigma_\theta = \frac{\partial}{\partial z}\left(\mu\nabla^2 - \frac{1}{r}\frac{\partial}{\partial r}\right)\zeta$$

$$\sigma_z = \frac{\partial}{\partial z}\left[(2-\mu)\nabla^2 - \frac{\partial^2}{\partial z^2}\right]\zeta$$

$$\tau_{zr} = \frac{\partial}{\partial r}\left[(1-\mu)\nabla^2 - \frac{\partial^2}{\partial z^2}\right]\zeta$$

可见,对于轴对称问题,只需找到恰当的满足重调和要求的勒夫位移函数 $\zeta(r,z)$,使该位移函数给出的位移分量和应力分量能够满足边界条件,就能得到该问题的正确解。勒夫位移函数有时也称勒夫应变函数。

为了求解一般的非轴对称的空间问题,伽辽金把勒夫位移函数加以推广,引用位移函数 $\xi(x,y,z)$、$\eta(x,y,z)$、$\zeta(x,y,z)$ 把位移分量表示为

$$\begin{cases} u = \dfrac{1}{2G}\left[2(1-\mu)\nabla^2\xi - \dfrac{\partial}{\partial x}\left(\dfrac{\partial\xi}{\partial x}+\dfrac{\partial\eta}{\partial y}+\dfrac{\partial\zeta}{\partial z}\right)\right] \\[2mm] v = \dfrac{1}{2G}\left[2(1-\mu)\nabla^2\eta - \dfrac{\partial}{\partial y}\left(\dfrac{\partial\xi}{\partial x}+\dfrac{\partial\eta}{\partial y}+\dfrac{\partial\zeta}{\partial z}\right)\right] \\[2mm] w = \dfrac{1}{2G}\left[2(1-\mu)\nabla^2\zeta - \dfrac{\partial}{\partial z}\left(\dfrac{\partial\xi}{\partial x}+\dfrac{\partial\eta}{\partial y}+\dfrac{\partial\zeta}{\partial z}\right)\right] \end{cases} \tag{3-4-10}$$

其中

$$\nabla^2 = \frac{\partial^2}{\partial x^2}+\frac{\partial^2}{\partial y^2}+\frac{\partial^2}{\partial z^2}$$

将表达式(3-4-10)代入位移分量要满足的微分方程(3-4-6),可见,上述三个位移函数所应满足的条件是

$$\nabla^4\xi = \nabla^4\eta = \nabla^4\zeta = 0$$

则三个位移函数都应当是重调和函数,将表达式(3-4-10)代入弹性方程,得应力分量为

$$\begin{cases} \sigma_x = 2(1-\mu)\dfrac{\partial}{\partial x}\nabla^2\xi + \left(\mu\nabla^2 - \dfrac{\partial^2}{\partial x^2}\right)\left(\dfrac{\partial\xi}{\partial x}+\dfrac{\partial\eta}{\partial y}+\dfrac{\partial\zeta}{\partial z}\right) \\[3mm] \sigma_y = 2(1-\mu)\dfrac{\partial}{\partial y}\nabla^2\eta + \left(\mu\nabla^2 - \dfrac{\partial^2}{\partial y^2}\right)\left(\dfrac{\partial\xi}{\partial x}+\dfrac{\partial\eta}{\partial y}+\dfrac{\partial\zeta}{\partial z}\right) \\[3mm] \sigma_z = 2(1-\mu)\dfrac{\partial}{\partial z}\nabla^2\zeta + \left(\mu\nabla^2 - \dfrac{\partial^2}{\partial z^2}\right)\left(\dfrac{\partial\xi}{\partial x}+\dfrac{\partial\eta}{\partial y}+\dfrac{\partial\zeta}{\partial z}\right) \\[3mm] \tau_{yz} = (1-\mu)\left(\dfrac{\partial}{\partial y}\nabla^2\zeta + \dfrac{\partial}{\partial z}\nabla^2\eta\right) - \dfrac{\partial^2}{\partial y\partial z}\left(\dfrac{\partial\xi}{\partial x}+\dfrac{\partial\eta}{\partial y}+\dfrac{\partial\zeta}{\partial z}\right) \\[3mm] \tau_{zx} = (1-\mu)\left(\dfrac{\partial}{\partial z}\nabla^2\xi + \dfrac{\partial}{\partial x}\nabla^2\zeta\right) - \dfrac{\partial^2}{\partial z\partial x}\left(\dfrac{\partial\xi}{\partial x}+\dfrac{\partial\eta}{\partial y}+\dfrac{\partial\zeta}{\partial z}\right) \\[3mm] \tau_{xy} = (1-\mu)\left(\dfrac{\partial}{\partial x}\nabla^2\eta + \dfrac{\partial}{\partial y}\nabla^2\xi\right) - \dfrac{\partial^2}{\partial x\partial y}\left(\dfrac{\partial\xi}{\partial x}+\dfrac{\partial\eta}{\partial y}+\dfrac{\partial\zeta}{\partial z}\right) \end{cases} \tag{3-4-11}$$

对于一般的空间问题,只须找到三个恰当的重调和函数,使式(3-4-6)给出的位移分量和式(3-4-11)给出的应力分量能够满足边界条件,就能得到该问题的正确解。

3.4.6 半空间体受法向集中力

设有半空间体,不计体力,在其边界面上受有法向集中力 $\boldsymbol{F}$ 通过 O 点,如图 3-4-3 所示,这显然是一个轴对称问题,而对称轴就是力的作用线。因此,把 z 轴放在力 $\boldsymbol{F}$ 的作用线上,坐标原点 O 即力 $\boldsymbol{F}$ 的作用点。

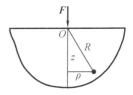

图 3-4-3 半空间体受法向集中力

应力边界条件要求满足

$$(\sigma_z)_{z=0,r\neq0} = (\tau_{zr})_{z=0,r\neq0} = 0 \tag{3-4-12}$$

其应力边界条件,在 O 点附近的一小部分边界上有一组面力作用,面力具体分布不明确,但其宏观效果等效于集中力 $\boldsymbol{F}$,在半空间体的任何一个水平截面上的应力,必须和集中力 $\boldsymbol{F}$ 合成为平衡力系,于是由应力边界条件转化得到平衡条件为

$$\int_0^\infty (2\pi r \mathrm{d}r)\sigma_x + F = 0 \qquad (3\text{-}4\text{-}13)$$

随着与集中力 F 距离的不同,应力数值相差也很大,显然,体积应变 θ 不可能是常量,于是,仅仅利用位移式函数无法得到正确解,但是,轴对称问题可以考虑勒夫位移函数。

通过量纲分析,应力分量表达式为 F 乘以长度坐标 L 的负二次幂。可见,ζ 的表达式应该是 F 乘以长度坐标的正一次幂,据此假设可知,位移函数 ζ 应该正比于 R 的一次幂,重调和函数可取

$$\zeta = A_1 R = A_1 \sqrt{r^2 + z^2}$$

其中,A_1 为任意常数。

将上式代入相应表达式,得到位移分量及应力分量为

$$\begin{cases}
u_r = \dfrac{A_1}{2G}\dfrac{rz}{R^3} \\[2mm]
w = \dfrac{A_1}{2G}\left(\dfrac{3-4\mu}{R} + \dfrac{z^2}{R^3}\right) \\[2mm]
\sigma_r = A_1\left[\dfrac{(1-2\mu)z}{R^3} - \dfrac{3r^2 z}{R^5}\right] \\[2mm]
\sigma_\theta = \dfrac{A_1(1-2\mu)z}{R^3} \\[2mm]
\sigma_z = -A_1\left[\dfrac{(1-2\mu)z}{R^3} + \dfrac{3z^3}{R^5}\right] \\[2mm]
\tau_{zr} = -A_1\left[\dfrac{(1-2\mu)z}{R^3} + \dfrac{3rz^2}{R^5}\right]
\end{cases}$$

边界条件式(3-4-12)已满足,但边界条件式(3-4-13)无法满足,因为上式中最后一式给出

$$(\tau_{zr})_{z=0,\,r\neq 0} = -\dfrac{A_1(1-2\mu)}{r^2}$$

其和 r^2 成反比,并不恒等于零。

为了使边界条件都得到满足,再取一个轴对称的位移势函数 ψ,既能保证在 $z=0$ 处满足 $\sigma_z = 0$,也能使新得到的 τ_{zr} 和已有切应力互相抵消,则问题得到解决。由量纲分析可知,轴对称位移势函数 ψ 应当是长度坐标的零次幂,对长度坐标零次幂的调和函数进行试算,可见选用函数 $\ln(R+z)$ 是合适的,则

$$\psi = A_2 \ln(R+z)$$

其中,A_2 也是任意常数。整理得相应的位移分量及应力分量如下:

$$\begin{cases} u_r = \dfrac{A_2 r}{2GR(R+z)} \\[3mm] w = \dfrac{A_2}{2GR} \\[3mm] \sigma_r = A_2 \left[\dfrac{z}{R^3} - \dfrac{1}{R(R+z)} \right] \\[3mm] \sigma_\theta = \dfrac{A_2}{R(R+z)} \\[3mm] \sigma_z = -\dfrac{A_2 z}{R^3} \\[3mm] \tau_{zr} = -\dfrac{A_2 r}{R^3} \end{cases}$$

将两次得到的解答相叠加,叠加后的 σ_z 仍然满足边界条件,而边界条件式(3-4-12)要求

$$-\frac{A_1(1-2\mu)}{r^2} - \frac{A_2}{r^2} = 0$$

即

$$(1-2\mu)A_1 + A_2 = 0$$

将叠加后的 σ_z 代入平衡条件,可见该条件要求

$$4\pi(1-\mu)A_1 + 2\pi A_2 = F$$

联立求解,得到

$$A_1 = \frac{F}{2\pi}$$

$$A_2 = -\frac{(1-2\mu)F}{2\pi}$$

从而得到满足所有一切条件的布西内斯克解答如下:

$$\begin{cases} \sigma_r = \dfrac{F}{2\pi R^2} \left[\dfrac{(1-2\mu)R}{R+z} - \dfrac{3r^2 z}{R^3} \right] \\[3mm] \sigma_\theta = \dfrac{(1-2\mu)F}{2\pi R^2} \left(\dfrac{z}{R} - \dfrac{R}{R+z} \right) \\[3mm] \sigma_z = -\dfrac{3Fz^3}{2\pi R^5} \\[3mm] \tau_{zr} = \tau_{rz} = -\dfrac{3Frz^2}{2\pi R^5} \end{cases}$$

当然,也可以不用位移势函数,而使用如下勒夫位移函数:

$$\zeta = A_2 \left[R + z\ln(R+z) \right]$$

把勒夫位移函数 ζ 代入应力位移表达式,得出完全相同的位移分量及应力分量,只是其运算工作量要大得多。

由以上所得的应力及位移公式可知,当 R 增加时,应力、位移数值迅速减小,也就是说,应力、位移都具有局部特征。当 R 趋于零时,各应力分量都趋于无穷大,这是因为假设外力集中作用在一点的缘故。实际上载荷不可能加在一个几何点上,而是分布在一个小面积上,因此,即使实际应力相当大,甚至已进入塑性阶段,但也不可能无穷大。根据圣维南原理,只要离开集中力作用点稍远处,上述应力位移公式仍可认为是正确的。

3.4.7 半空间体表面受切向集中力

设半空间体,体力不计,其表面受切向集中力,如图 3-4-4 所示。

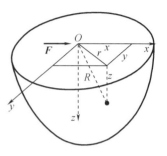

F 的作用点为坐标原点 O,作用线为 x 轴,z 轴指向半空间体内部。应力边界条件要求:

$$\sigma_z, \tau_{zx}, \tau_{zx} = 0(z=0, r \neq 0) \tag{3-4-14}$$

由平衡状态应力边界条件可知,三个方向的平动和三个方向的转动都不可能发生。则得到下列平衡条件:

图 3-4-4　半空间体表面受切向集中力

$$\begin{cases} \int_{-\infty}^{\infty}\int_{-\infty}^{\infty} \tau_{zx}\mathrm{d}x\mathrm{d}y + F = 0 \\[2mm] \int_{-\infty}^{\infty}\int_{-\infty}^{\infty} \sigma_z \mathrm{d}x\mathrm{d}y = 0 \\[2mm] \int_{-\infty}^{\infty}\int_{-\infty}^{\infty} \tau_{zy}\mathrm{d}x\mathrm{d}y = 0 \\[2mm] \int_{-\infty}^{\infty}\int_{-\infty}^{\infty} (z\tau_{zx} - x\sigma_z)\mathrm{d}x\mathrm{d}y = 0 \\[2mm] \int_{-\infty}^{\infty}\int_{-\infty}^{\infty} (y\sigma_z - z\tau_{zy})\mathrm{d}x\mathrm{d}y = 0 \\[2mm] \int_{-\infty}^{\infty}\int_{-\infty}^{\infty} (x\tau_{zy} - y\tau_{zy})\mathrm{d}x\mathrm{d}y = 0 \end{cases} \tag{3-4-15}$$

其中,前三式为线方向平衡关系,后三式为角方向平衡关系。

取坐标一次幂的重调和函数为伽辽金位移函数,即

$$\xi = A_1 R, \eta = 0, \zeta = A_2 x\ln(R+z)$$

再取坐标零次幂的重调和函数为位移函数,即

$$\psi = \frac{A_3 x}{R+z}$$

将伽辽金位移函数 ξ、η、ζ 代入式(3-4-10)、式(3-4-11),位移函数 ψ 代入式(3-4-4)、式(3-4-5),然后分别对各个位移分量和应力分量进行叠加,代入边界条件式(3-4-14)及方程(3-4-15),可知

$$A_1 = \frac{F}{4\pi(1-\mu)}$$

$$A_2 = -\frac{(1-2\mu)F}{4\pi(1-\mu)}$$

$$A_3 = -\frac{(1-2\mu)F}{2\pi}$$

则得到满足一切条件的赛鲁迪解答,即

$$u = \frac{(1+\mu)F}{2\pi ER}\left\{1+\frac{x^2}{R^2}+(1-2\mu)\left[\frac{R}{R+z}-\frac{x^2}{(R+z)^2}\right]\right\}$$

$$v = \frac{(1+\mu)F}{2\pi ER}\left[\frac{xy}{R^2}-\frac{(1-2\mu)xy}{(R+z)^2}\right]$$

$$w = \frac{(1+\mu)F}{2\pi ER}\left[\frac{xz}{R^2}+\frac{(1-2\mu)x}{R+z}\right]$$

$$\sigma_x = \frac{Fx}{2\pi R^3}\frac{(1-2\mu)}{(R+z)^2}\left(R^2-y^2-\frac{2Ry^2}{R+z}-\frac{3x^2}{R^2}\right)$$

$$\sigma_y = \frac{Fx}{2\pi R^3}\frac{(1-2\mu)}{(R+z)^2}\left(3R^2-x^2-\frac{2Rx^2}{R+z}-\frac{3y^2}{R^2}\right)$$

$$\sigma_z = -\frac{3Fxz^2}{2\pi R^5}$$

$$\tau_{yz} = -\frac{3Fxyz}{2\pi R^5}$$

$$\tau_{zx} = -\frac{3Fx^2z}{2\pi R^5}$$

$$\tau_{xy} = -\frac{Fy}{2\pi R^3}\frac{(1-2\mu)}{(R+z)^2}\left(x^2-R^2+\frac{2Rx^2}{R+z}-\frac{3x^2}{R^2}\right)$$

显然,也可以使用其他方法求解,如不引用位移势函数,而引用伽辽金位移函数:

$$\xi = A_3\left[R-z\ln(R+z)\right], \eta = \zeta = 0$$

这样也将得出同样的解答,只不过计算工作量要大得多。

半空间体表面受集中力的作用,其应力分量具有如下特征。

①当半径 R 趋于无穷大时,各应力分量趋于零;反之,当 R 趋于零时,各应力分量趋于无限大。这就说明,在离开集中力作用点非常远处,应力非常小,在靠近集中力作用点处,应力非常大。这再一次说明了圣维南原理,在载荷作用点附近,应力非常大,而随着距离的增大,应力以指数关系很快衰减。

②水平截面上的应力都与弹性常数无关,因而在任何材料制成的弹性体中,都有同样的分布。其他截面上的应力一般都随泊松比而变化。

③水平截面上的全应力,都是指向集中力的作用点,则有

$$\sigma_z : \tau_{zr} = z : r, \sigma_z : \tau_{zx} : \tau_{zy} = z : x : y$$

3.4.8 圆柱杆两端受均布拉力

试用勒夫应力函数 $\varphi = z(c_1r^2+c_2z^2)$ 求解圆柱杆的两端受均匀分布作用的各应力分量。

首先,检查应力函数是否满足相容条件

$$\nabla^2(\nabla^2\varphi) = 0$$

对函数 φ 进行求导,得

$$\frac{\partial \varphi}{\partial r} = 2c_1 rz$$

$$\frac{\partial^2 \varphi}{\partial r^2} = 2c_1 z$$

$$\frac{\partial^2 \varphi}{\partial z^2} = 6c_2 z$$

$$\nabla^2 \varphi = \frac{\partial^2 \varphi}{\partial r^2} + \frac{1}{r} \frac{\partial \varphi}{\partial r} + \frac{\partial^2 \varphi}{\partial z^2} = 2c_1 z + \frac{2c_1 rz}{r} + 6c_2 z = (4c_1 + 6c_2)z$$

显然有

$$\nabla^2 (\nabla^2 \varphi) = 0$$

应力分量

$$\sigma_r = \frac{\partial}{\partial z}\left(\mu \nabla^2 \varphi - \frac{\partial^2 \varphi}{\partial r^2}\right) = -2c_1(1-2\mu) + 6\mu c_2 \tag{3-4-16}$$

$$\sigma_\theta = \frac{\partial}{\partial z}\left(\mu \nabla^2 \varphi - \frac{1}{r} \frac{\partial \varphi}{\partial r}\right) = -2c_1(1-2\mu) + 6\mu c_2 \tag{3-4-17}$$

$$\sigma_z = \frac{\partial}{\partial z}\left[(2-\mu) \nabla^2 \varphi - \frac{\partial^2 \varphi}{\partial z^2}\right] = 4c_1(2-\mu) + 6c_2(1-\mu) \tag{3-4-18}$$

$$\tau_{zr} = \frac{\partial}{\partial r}\left[(1-\mu) \nabla^2 \varphi - \frac{\partial^2 \varphi}{\partial z^2}\right] = 0 \tag{3-4-19}$$

应力分量中的常数由边界条件

$$(\sigma_r)_{r=a} = 0$$

$$(\sigma_z)_{z=l} = q$$

决定,将应力表达式代入边界条件,得

$$-2c_1(1-2\mu) + 6c_2\mu = 0$$

$$4c_1(2-\mu) + 6c_2(1-\mu) = q$$

由此可得

$$c_1 = \frac{\mu}{2(1+\mu)}q, \quad c_2 = \frac{1-2\mu}{6(1+\mu)}q$$

代入应力分量表达式(3-4-16)、式(3-4-17)、式(3-4-18)、式(3-4-19),得

$$\sigma_r = 0, \quad \sigma_\theta = 0, \quad \sigma_z = q, \quad \tau_{zr} = 0$$

3.5 弹性力学极坐标求解

在求解平面问题时,对于圆形、筒形、扇形等回转体,用极坐标求解往往比直角坐标方便。而核工程中的大型柱状容器以及管道系统是非常常见的,所以,有必要对极坐标求解有充分的了解。

3.5.1 坐标变换

用极坐标求解平面问题时(不计体力),只需从微分方程求出应力函数,然后按公式求出应力分量,当然,这些应力分量还需满足位移单值条件,并且在边界上满足应力边界条件。

在给定的应力状态下,如果已知极坐标中的应力分量 σ_r、σ_θ、$\tau_{r\theta}$,就可以利用简单的关系式得到直角坐标中的应力分量 σ_x、σ_y、τ_{xy};反之,如果已知直角坐标中的应力分量,也可以利用简单的关系式求得极坐标中的应力分量。表示两个坐标系中应力分量的关系式,称为应力分量的坐标变换式。

假设已知极坐标的应力分量,试求直角坐标的应力分量,为此,在弹性体中取微小三角板 A,如图 3-5-1(a)所示,其 ab 边及 ac 边分别沿 r 和 θ 方向,bc 沿 y 方向,各边应力如图 3-5-1(a)所示。令 bc 边的长度为 ds,则 ab 边及 ac 边长度分别为 $ds\sin\theta$ 和 $ds\cos\theta$,三角板取单位厚度。

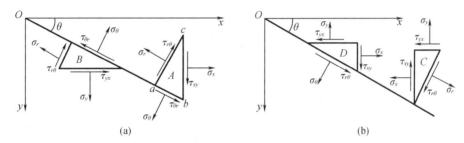

图 3-5-1 极坐标与直角坐标转换

根据平衡条件,可得平衡方程:

$$\sigma_x ds - \sigma_r ds\cos^2\theta - \sigma_\theta ds\sin^2\theta + \tau_{r\theta} ds\cos\theta\sin\theta + \tau_{\theta r} ds\sin\theta\cos\theta = 0$$

即

$$\sigma_x = \sigma_r\cos^2\theta + \sigma_\theta\sin^2\theta - 2\tau_{r\theta}\sin\theta\cos\theta$$

同理有

$$\tau_{xy} = (\sigma_r - \sigma_\theta)\sin\theta\cos\theta + \tau_{r\theta}(\cos^2\theta - \sin^2\theta)$$

另外,由图 3-5-1(a)中的三角板 B,根据 y 向载荷平衡关系,可得平衡方程

$$\sigma_y = \sigma_r\sin^2\theta + \sigma_\theta\cos^2\theta + 2\tau_{r\theta}\sin\theta\cos\theta$$

综上,得出应力分量由极坐标向直角坐标的变换式为

$$\begin{cases} \sigma_x = \sigma_r\cos^2\theta + \sigma_\theta\sin^2\theta - 2\tau_{r\theta}\sin\theta\cos\theta \\ \sigma_y = \sigma_r\sin^2\theta + \sigma_\theta\cos^2\theta + 2\tau_{r\theta}\sin\theta\cos\theta \\ \tau_{xy} = (\sigma_r - \sigma_\theta)\sin\theta\cos\theta + \tau_{r\theta}(\cos^2\theta - \sin^2\theta) \end{cases}$$

经三角变换可得极坐标向直角坐标的转换关系:

$$
\begin{cases}
\sigma_x = \dfrac{\sigma_r + \sigma_\theta}{2} + \dfrac{\sigma_r - \sigma_\theta}{2}\cos 2\theta - \tau_{r\theta}\sin 2\theta \\[3mm]
\sigma_y = \dfrac{\sigma_r + \sigma_\theta}{2} - \dfrac{\sigma_r - \sigma_\theta}{2}\cos 2\theta + \tau_{r\theta}\sin 2\theta \\[3mm]
\tau_{xy} = \dfrac{\sigma_r - \sigma_\theta}{2}\sin 2\theta + \tau_{r\theta}\cos 2\theta
\end{cases}
$$

同理,由图 3-5-1(b)中的微小三角板 C 和 D,可得到直角坐标向极坐标的转换关系:

$$
\begin{cases}
\sigma_r = \dfrac{\sigma_x + \sigma_y}{2} + \dfrac{\sigma_x - \sigma_y}{2}\cos 2\theta - \tau_{xy}\sin 2\theta \\[3mm]
\sigma_\theta = \dfrac{\sigma_x + \sigma_y}{2} - \dfrac{\sigma_x - \sigma_y}{2}\cos 2\theta + \tau_{xy}\sin 2\theta \\[3mm]
\tau_{r\theta} = \dfrac{\sigma_y - \sigma_x}{2}\sin 2\theta + \tau_{xy}\cos 2\theta
\end{cases}
$$

3.5.2　应力函数及相容方程

为了得到极坐标中用应力函数 φ 表示的应力和相容方程,利用极坐标和直角坐标的关系:

$$
r^2 = x^2 + y^2, \quad \theta = \arctan\frac{y}{x}
$$

$$
x = r\cos\theta, \quad y = r\sin\theta
$$

得到

$$
\frac{\partial r}{\partial x} = \frac{x}{r} = \cos\theta
$$

$$
\frac{\partial r}{\partial y} = \frac{y}{r} = \sin\theta
$$

$$
\frac{\partial \theta}{\partial x} = -\frac{y}{r^2} = -\frac{\sin\theta}{r}
$$

$$
\frac{\partial \theta}{\partial y} = \frac{x}{r^2} = \frac{\cos\theta}{r}
$$

$$
\frac{\partial \varphi}{\partial x} = \frac{\partial \varphi}{\partial r}\frac{\partial r}{\partial x} + \frac{\partial \varphi}{\partial \theta}\frac{\partial \theta}{\partial x} = \cos\theta\,\frac{\partial \varphi}{\partial r} - \frac{\sin\theta}{r}\frac{\partial \varphi}{\partial \theta} \qquad \frac{\partial \varphi}{\partial y} = \frac{\partial \varphi}{\partial r}\frac{\partial r}{\partial y} + \frac{\partial \varphi}{\partial \theta}\frac{\partial \theta}{\partial y} = \sin\theta\,\frac{\partial \varphi}{\partial r} + \frac{\cos\theta}{r}\frac{\partial \varphi}{\partial \theta}
$$

$$
\frac{\partial^2 \varphi}{\partial x^2} = \cos^2\theta\,\frac{\partial^2 \varphi}{\partial r^2} - \frac{2\sin\theta\cos\theta}{r}\frac{\partial^2 \varphi}{\partial r\partial \theta} + \frac{\sin^2\theta}{r}\frac{\partial \varphi}{\partial r} + \frac{2\sin\theta\cos\theta}{r^2}\frac{\partial \varphi}{\partial \theta} + \frac{\sin^2\theta}{r^2}\frac{\partial^2 \varphi}{\partial \theta^2}
$$

$$
\frac{\partial^2 \varphi}{\partial y^2} = \sin^2\theta\,\frac{\partial^2 \varphi}{\partial r^2} + \frac{2\sin\theta\cos\theta}{r}\frac{\partial^2 \varphi}{\partial r\partial \theta} + \frac{\cos^2\theta}{r}\frac{\partial \varphi}{\partial r} - \frac{2\sin\theta\cos\theta}{r^2}\frac{\partial \varphi}{\partial \theta} + \frac{\cos^2\theta}{r^2}\frac{\partial^2 \varphi}{\partial \theta^2}
$$

$$
\frac{\partial^2 \varphi}{\partial x\partial y} = \sin\theta\cos\theta\,\frac{\partial^2 \varphi}{\partial r^2} + \frac{\cos^2\theta - \sin^2\theta}{r}\frac{\partial^2 \varphi}{\partial r\partial \theta} - \frac{\sin\theta\cos\theta}{r}\frac{\partial \varphi}{\partial r} - \frac{\cos^2\theta - \sin^2\theta}{r^2}\frac{\partial \varphi}{\partial \theta} - \frac{\sin\theta\cos\theta}{r^2}\frac{\partial^2 \varphi}{\partial \theta^2}
$$

当 $\theta = 0$ 时,极坐标的各分量和直角坐标各分量相同。将上面各式代入应力分量的表达

式(常体力):

$$\sigma_x = \frac{\partial^2 \varphi}{\partial y^2} \quad \sigma_y = \frac{\partial^2 \varphi}{\partial x^2} \quad \tau_{xy} = -\frac{\partial^2 \varphi}{\partial x \partial y}$$

得到

$$\sigma_r = (\sigma_x)_{\theta=0} = \left(\frac{\partial^2 \varphi}{\partial y^2}\right)_{\theta=0} = \frac{1}{r}\frac{\partial \varphi}{\partial r} + \frac{1}{r^2}\frac{\partial^2 \varphi}{\partial \theta^2}$$

$$\sigma_\theta = (\sigma_y)_{\theta=0} = \left(\frac{\partial^2 \varphi}{\partial x^2}\right)_{\theta=0} = \frac{\partial^2 \varphi}{\partial r^2}$$

$$\tau_{r\theta} = (\tau_{xy})_{\theta=0} = \left(-\frac{\partial^2 \varphi}{\partial x \partial y}\right)_{\theta=0} = -\frac{\partial}{\partial r}\left(\frac{1}{r}\frac{\partial \varphi}{\partial \theta}\right)$$

可以证明,当体力为零时,这些应力分量满足平衡微分方程。从而得到

$$\frac{\partial^2 \varphi}{\partial x^2} + \frac{\partial^2 \varphi}{\partial y^2} = \frac{\partial^2 \varphi}{\partial r^2} + \frac{1}{r}\frac{\partial \varphi}{\partial r} + \frac{1}{r^2}\frac{\partial^2 \varphi}{\partial \theta^2}$$

由直角坐标的相容方程 $\left(\frac{\partial^2}{\partial x^2} + \frac{\partial^2}{\partial y^2}\right)^2 \varphi = 0$ 得到极坐标相容方程:

$$\left(\frac{\partial^2}{\partial r^2} + \frac{1}{r}\frac{\partial}{\partial r} + \frac{1}{r^2}\frac{\partial^2}{\partial \theta^2}\right)^2 \varphi = 0$$

用极坐标求解平面问题时(体力不计),就只需从相容方程求解应力函数 $\varphi(r,\theta)$,然后求出应力分量,再考察应力分量是否满足边界条件,多连体还要满足位移单值条件。

3.5.3 轴对称应力及位移

柱状容器和管状结构在核工程中尤其常见,这些结构都具有或部分具有中心对称或旋转对称的特点,其应力分量仅是半径的函数,如承压圆筒、圆环问题,称为轴对称问题。研究轴对称应力和位移分布对核工程结构力学分析设计具有十分重要的现实意义。

采用逆解法,假定应力函数 φ 仅是径向坐标 r 的函数:$\varphi = \varphi(r)$ 相容方程简化为

$$\left(\frac{d^2}{dr^2} + \frac{1}{r}\frac{d}{dr}\right)^2 \varphi = 0$$

该四阶常微分方程的通解为

$$\varphi = A\ln r + Br^2\ln r + Cr^2 + D$$

则应力分量为

$$\sigma_r = \frac{A}{r^2} + B(1 + 2\ln r) + 2C$$

$$\sigma_\theta = -\frac{A}{r^2} + B(3 + 2\ln r) + 2C$$

$$\tau_{r\theta} = \tau_{\theta r} = 0$$

显然,正应力都只是半径 r 的函数,且不随环向转角而变化,切应力为零,所以,其应力只随半径而改变,而与其余因素都无关。即其应力状态对称于通过 z 轴的任一平面,或者说绕转轴对称。

将上述应力的表达式代入应力应变关系式中,可以得到应变的表达式,再代入位移与应变积分后的几何方程,得到轴对称应力状态下的位移分量:

$$u_r = \frac{1}{E}\left[-(1+\mu)\frac{A}{r}+2(1-\mu)Br(\ln r-1)+(1-3\mu)Br+2(1-\mu)Cr\right]+I\cos\theta+K\sin\theta$$

$$u_\theta = \frac{4Br\theta}{E}+Hr-I\sin\theta+K\cos\theta$$

可见,其位移分量同样具有轴对称的特性。

对于平面应变问题,将上面公式做相应代换即可。

3.5.4 圆筒受均布压力

设圆筒内半径为 a,外半径为 b,内压为 $\boldsymbol{q}_a$,外压为 $\boldsymbol{q}_b$,如图 3-5-2 所示。显然,该问题为轴对称问题。

根据上节有解:

$$\sigma_r = \frac{A}{r^2}+B(1+2\ln r)+2C$$

$$\sigma_\theta = -\frac{A}{r^2}+B(3+2\ln r)+2C$$

$$\tau_{r\theta}=\tau_{\theta r}=0$$

边界条件为

$$(\tau_{r\theta})_{r=a}=0,\ (\tau_{r\theta})_{r=b}=0$$

$$(\sigma_r)_{r=a}=-q_a,\ (\sigma_r)_{r=b}=-q_b$$

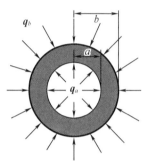

图 3-5-2　圆筒受内、外压力

得到

$$\frac{A}{a^2}+B(1+2\ln a)+2C=-q_a$$

$$\frac{A}{b^2}+B(1+2\ln b)+2C=-q_b$$

这里,两个方程有三个待定常数,需要从多连体的位移单值条件补充方程。

环向位移表达式:

$$u_\theta = \frac{4Br\theta}{E}+Hr-I\sin\theta+K\cos\theta$$

第一项是多值的,在同一 r 处,取 θ 和 $\theta+2\pi$ 时,环向位移相差 $\dfrac{8\pi Br}{E}$,这显然是不可能的,因此位移单值条件要求必须有 $B=0$,则

$$\frac{A}{a^2}+2C=-q_a$$

$$\frac{A}{b^2}+2C=-q_b$$

由此解出 A 和 C,代入应力分量表达式,得到拉梅解答:

$$\begin{cases} \sigma_r = -\dfrac{\dfrac{b^2}{r^2}-1}{\dfrac{b^2}{a^2}-1}q_a - \dfrac{1-\dfrac{a^2}{r^2}}{1-\dfrac{a^2}{b^2}}q_b \\[4mm] \sigma_\theta = \dfrac{\dfrac{b^2}{r^2}+1}{\dfrac{b^2}{a^2}-1}q_a - \dfrac{1+\dfrac{a^2}{r^2}}{1-\dfrac{a^2}{b^2}}q_b \end{cases}$$

下面分别讨论内压和外压单独作用的情况。

只作用均匀内压时,如核压力容器,$q_b = 0$,上述解答为

$$\sigma_r = -\frac{\dfrac{b^2}{r^2}-1}{\dfrac{b^2}{a^2}-1}q_a$$

$$\sigma_\theta = \frac{\dfrac{b^2}{r^2}+1}{\dfrac{b^2}{a^2}-1}q_a$$

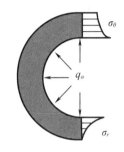

图3-5-3 内压筒应力分布

应力分布大致如图3-5-3所示。

当 $b \to \infty$ 时,得到具有圆孔的无限大薄板,或具有圆形孔道的无限大弹性体,这时解答为

$$\sigma_r = -\frac{a^2}{r^2}q_a$$

$$\sigma_\theta = \frac{a^2}{r^2}q_a$$

只有外压时 ($q_a = 0$),如外压容器,上面解答化为

$$\sigma_r = -\frac{1-\dfrac{a^2}{r^2}}{1-\dfrac{a^2}{b^2}}q_b$$

$$\sigma_\theta = -\frac{1+\dfrac{a^2}{r^2}}{1-\dfrac{a^2}{b^2}}q_b$$

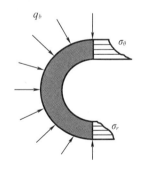

图3-5-4 外压筒应力分布

应力分布大致如图3-5-4所示。

3.5.5 圆孔边缘应力集中

在核工程设备或结构设计中,由于工艺等原因常常需要在结构上设置小孔,孔边缘的应力远远大于不开孔时的应力,也远远大于距离孔边较远处的应力,这一现象称为孔边应

力集中。孔边应力集中不是由于开孔减小了受力面积导致的,根据工程计算和试验,开孔尺寸即使只减小千分之几,孔边应力也会增大很多倍,所以,应力集中的强弱和开孔尺寸大小无关,完全是由于孔的存在改变了结构形式,而导致孔边应力急剧增大。应力集中只影响局部区域,在孔径几倍远处,应力就几乎不受影响了。而且,孔边应力集中越严重,应力峰值越大,其应力衰减也越快。

应力集中的程度与孔的形状有关,一般来说,圆孔孔边的集中程度较低,因此,结构开孔应尽可能设置圆孔或椭圆孔,因为尖角孔的应力集中非常惊人,对结构局部应力贡献特别大,易导致裂纹,最终造成疲劳断裂。

实际上,发生应力集中的不仅是孔边,结构尺寸突变、载荷突变处等也都导致局部应力急剧增大。圆孔孔边的应力可以用相对简单的数学工具进行分析,本节只对圆孔边进行分析。限定圆孔尺寸远小于结构尺寸,并假设圆孔位置远离结构边缘。

首先,设有矩形薄板,距离边界较远处有半径为 a 的小圆孔,左右两边受均布拉力 q,坐标原点取圆孔中心,坐标轴平行于边界。

就直边边界条件而论,宜使用直角坐标,但是,因为这里主要是考察圆孔附近的应力,所以用极坐标求解。

可将直边变换为圆边,以远大于 a 的某长度 b 为半径,以坐标原点为圆心作一大圆,如图 3-5-5 所示,根据圣维南原理,在远离小孔的大圆圆周处,应力状态与无孔时相同,则有

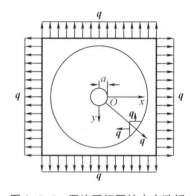

$$\sigma_x = q, \sigma_y = q, \tau_{xy} = 0$$

经坐标变换,可得极坐标应力分量为

$$\sigma_r = q, \sigma_{r\theta} = 0$$

则原问题转化为新问题:内外半径分别为 a 和 b 的圆环或圆筒在外边受均布压力 q。

图 3-5-5　四边受相同拉力小孔板

只需在外压圆环的解答中令外压为 q,即可得到新问题的解答:

$$\sigma_r = q \frac{1 - \dfrac{a^2}{r^2}}{1 - \dfrac{a^2}{b^2}}$$

$$\sigma_\theta = q \frac{1 + \dfrac{a^2}{r^2}}{1 - \dfrac{a^2}{b^2}}$$

$$\tau_{\theta r} = \tau_{\theta r} = 0$$

因为 b 远大于 a,a/b 近似为 0,则得到解答为

$$\sigma_r = q\left(1 - \frac{a^2}{r^2}\right)$$

$$\sigma_\theta = q\left(1+\frac{a^2}{r^2}\right)$$

$$\tau_{r\theta} = \tau_{\theta r} = 0$$

可见,孔边环向正应力是$2q$,是无孔时的两倍。

以左右两边受均布拉力q的矩形薄板为例,如图 3-5-6 所示,以远大于a的某一长度b为半径,以小孔中心为圆心作圆,根据直角坐标与极坐标的变换公式,得到大圆的边界条件:

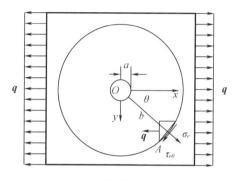

图 3-5-6　两边受相同拉力小孔板

$$(\sigma_r)_{r=b} = \frac{q}{2} + \frac{q}{2}\cos 2\theta$$

$$(\tau_{r\theta})_{r=b} = -\frac{q}{2}\sin 2\theta$$

上述面力可以分解成两部分,其中第一部分面力是

$$(\sigma_r)_{r=b} = \frac{q}{2} \quad (\tau_{r\theta})_{r=b} = 0$$

第二部分面力是

$$(\sigma_r)_{r=b} = \frac{q}{2}\cos 2\theta$$

$$(\tau_{r\theta})_{r=b} = -\frac{q}{2}\sin 2\theta$$

对于第一部分面力所引起的应力,令$q_b = -\frac{q}{2}$,得

$$\sigma_r = \frac{q}{2}\,\frac{1-\dfrac{a^2}{r^2}}{1-\dfrac{a^2}{b^2}}$$

$$\sigma_\theta = \frac{q}{2}\,\frac{1+\dfrac{a^2}{r^2}}{1-\dfrac{a^2}{b^2}}$$

$$\tau_{r\theta} = 0$$

由于b远远大于a,从而得到解答:

$$\sigma_r = \frac{q}{2}\left(1-\frac{a^2}{r^2}\right)$$

$$\sigma_\theta = \frac{q}{2}\left(1+\frac{a^2}{r^2}\right)$$

$$\tau_{r\theta} = 0$$

关于第二部分面力所引起的应力,可采用半逆解法:假设σ_r为r的某一函数乘以

$\cos 2\theta$, 而 $\tau_{r\theta}$ 为 r 的另一函数乘以 $\sin 2\theta$。

已知应力函数和应力分量之间的关系为

$$\sigma_r = \frac{1}{r}\frac{\partial\varphi}{\partial r} + \frac{1}{r^2}\frac{\partial^2\varphi}{\partial\theta^2}$$

$$\tau_{r\theta} = -\frac{\partial}{\partial r}\left(\frac{1}{r}\frac{\partial\varphi}{\partial\theta}\right)$$

可以假设

$$\varphi = f(r)\cos 2\theta$$

代入相容方程可得

$$\cos 2\theta\left[\frac{\mathrm{d}^4 f(r)}{\mathrm{d}r^4} + \frac{2}{r}\frac{\mathrm{d}^3 f(r)}{\mathrm{d}r^3} - \frac{9}{r^2}\frac{\mathrm{d}^2 f(r)}{\mathrm{d}r^2} + \frac{9}{r^3}\frac{\mathrm{d}f(r)}{\mathrm{d}r}\right] = 0$$

求解常微分方程得

$$f(r) = Ar^4 + Br^2 + C + \frac{D}{r^2}$$

其中, A、B、C、D 为任意常数, 可得应力函数为

$$\varphi = \left(Ar^4 + Br^2 + C + \frac{D}{r^2}\right)\cos 2\theta$$

则应力分量为

$$\begin{cases} \sigma_r = -\left(2B + \frac{4C}{r^2} + \frac{6D}{r^4}\right)\cos 2\theta \\ \sigma_\theta = \left(12Ar^2 + 2B + \frac{6D}{r^4}\right)\cos 2\theta \\ \tau_{r\theta} = \left(6Ar^2 + 2B - \frac{2C}{r^2} - \frac{6D}{r^4}\right)\sin 2\theta \end{cases}$$

上式代入两个边界条件 $(\sigma_r)_{r=a} = 0$, $(\tau_{r\theta})_{r=a} = 0$ 得

$$2B + \frac{4C}{b^2} + \frac{6D}{b^4} = -\frac{q}{2}$$

$$6Ab^2 + 2B - \frac{2C}{b^2} - \frac{6D}{b^4} = -\frac{q}{2}$$

$$2B + \frac{4C}{a^2} + \frac{6D}{a^4} = 0$$

$$6Aa^2 + 2B - \frac{2C}{a^2} - \frac{6D}{a^4} = 0$$

求解可得

$$A = 0, B = -\frac{q}{4}, C = qa^2, D = -\frac{qa^4}{4}$$

各已知量代入, 可得到基尔斯解答。

$$
\begin{cases}
\sigma_r = \dfrac{q}{2}\left(1-\dfrac{a^2}{r^2}\right)+\dfrac{q}{2}\left(1-\dfrac{a^2}{r^2}\right)\left(1-3\dfrac{a^2}{r^2}\right)\cos 2\theta \\[3mm]
\sigma_\theta = \dfrac{q}{2}\left(1+\dfrac{a^2}{r^2}\right)-\dfrac{q}{2}\left(1+3\dfrac{a^4}{r^4}\right)\cos 2\theta \\[3mm]
\tau_{r\theta}=\tau_{\theta r}=-\dfrac{q}{2}\left(1-\dfrac{a^2}{r^2}\right)\left(1+3\dfrac{a^2}{r^2}\right)\sin 2\theta
\end{cases}
$$

可知,环向正应力沿不同路线有不同的表达方式,分别为

$$
\sigma_\theta = q(1-2\cos 2\theta)\quad (\text{沿孔边})
$$

$$
\sigma_\theta = q\left(1+\dfrac{1}{2}\dfrac{a^2}{r^2}+\dfrac{3}{2}\dfrac{a^4}{r^4}\right)\quad (\text{沿}\,y\,\text{轴})
$$

可见,应力在孔边是无孔时的三倍,随着远离孔边而急剧降为 **q**。

沿 x 轴环向正应力基本不大,最大位于右孔边,为 **-q**,其公式是

$$
\sigma_\theta = -\dfrac{q}{2}\dfrac{a^2}{r^2}\left(3\dfrac{a^2}{r^2}-1\right)
$$

其应力分布的具体样式如图 3-5-7 所示。

由图 3-5-7 可知,当孔板受双向均布载荷时,孔边最大应力集中为单向受均布载荷时 y 向和 x 向最大应力的叠加,即为 $3q-q=2q$,这与前文结果完全一致。同理可知,两对边受均布拉伸载荷,另两对边受均布挤压载荷时,其孔边最大应力为 $3q+q=4q$。

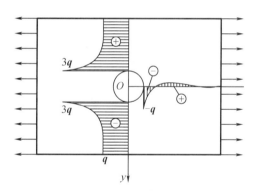

图 3-5-7 小孔应力集中、应力分布

矩形薄板左右两边受均布拉力 $\bm{q}_1$,并在上下两边受有均布拉力 $\bm{q}_2$,如图 3-5-8 所示,也可由前面解答得出应力分量。首先令该解答中的 $q=q_1$,然后令该解答中的 $q=q_2$,并将 θ 用 $90°+\theta$ 代替,最后将两个结果相叠加,得到

$$
\begin{cases}
\sigma_r = \dfrac{q_1+q_2}{2}\left(1-\dfrac{a^2}{r^2}\right)+\dfrac{q_1-q_2}{2}\left(1-\dfrac{a^2}{r^2}\right)\left(1-3\dfrac{a^2}{r^2}\right)\cos 2\theta \\[3mm]
\sigma_\theta = \dfrac{q_1+q_2}{2}\left(1+\dfrac{a^2}{r^2}\right)-\dfrac{q_1-q_2}{2}\left(1+3\dfrac{a^4}{r^4}\right)\cos 2\theta \\[3mm]
\tau_{r\theta}=\tau_{\theta r}=-\dfrac{q_1-q_2}{2}\left(1-\dfrac{a^2}{r^2}\right)\left(1+3\dfrac{a^2}{r^2}\right)\sin 2\theta
\end{cases}
$$

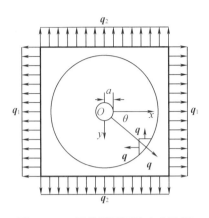

图 3-5-8 四边受不同拉力小孔板

对任意形状的薄板,受有任意面力,而在距离边界较远处有一个小圆孔,只要有了无孔时的应力解答,也就可以得到孔边的应力。为此可先求出相应于圆孔中心的应力分量,然后求出相应两个应力主向及主应力。如果圆孔很小,圆孔附近的部分就可以认为是两个主向分别受均布拉力,即 $q_1 = \sigma_1$,$q_2 = \sigma_2$,即可应用上面的公式求得孔边应力。结果虽然有一定误差,但在实际工程中却有较大参考价值。

目前结构力学分析中,普遍采用有限元法进行孔边应力集中分析,其结果精度完全能够满足工程需要。

3.6 核工程空间问题实例

对核工程而言,很多问题都是相对复杂的结构,即使是平面问题,也是无法使用解析法得到解答的。本书将介绍核工程中三维空间问题的典型问题,即浮子流量计的力学分析。

AP1000核电站流量计结构如图 3-6-1(a)所示,一般安装在管道上,保守起见,力学分析模型采用悬臂梁形式,即左端固定,右端自由。考虑的载荷主要是地震、压力和重力。值得注意的是,流量计在管道内的安装方向并不确定,可能沿任何方向安装,而在一端固定时,另一端接管载荷的方向也不确定,即存在多种可能。所以,其地震载荷、接管载荷的作用方向存在极大的不确定性。这就要求力学分析必须考虑所有可能存在的安装方向,即分析结果必须能够包络所有安装方向,分析如下。

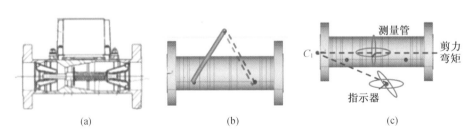

(a)   (b)   (c)

图 3-6-1 流量计结构及应力分析简化模型

指示器质心与两个螺栓刚性连接,质心位移与固定端螺栓位移分别耦合,与自由端螺栓只有轴向位移不耦合,使得两螺栓间的轴向位移不至于被卡死,如图3-6-1(b)所示。

内压与自重的数值和方向均确定。

地震载荷、接管载荷作用方向应取最不利组合,以包络所有安装方位。悬臂梁模型下,载荷的不利组合原则是,确保左法兰与测量管交界面的应力最大,对中心点 C_1 最大,如图3-6-1(c)所示。

指示器地震载荷各个方向情况不尽相同,竖直分量向下,水平合分量应垂直于指示器质心 Z_1 与 C_1 的连线,对 C_1 的最大弯矩为 M_1。

测量管地震载荷中,竖直分量向下。水平合分量与测量管中轴垂直,对 C_1 的最大弯矩为 M_2。值得注意的是,测量管与指示器地震载荷的作用方向不一致,这与事实不符,但力学分析结果是保守的。

将以上可变弯矩,M_1 和 M_2 合成为合弯矩 M_c。

所以,可变载荷的载荷施加方法是,接管载荷:轴力应使 C_1 面产生拉应力;扭矩方向容易确定。剪力与弯矩在 C_1 面引起弯矩 M_3 与 M_4,都应与 M_c 方向相同,即各个弯矩的分量比例相同。即 M_3 与 M_4 各轴分量,按与 M_c 的各轴分量同比例分配施加。

本题体现了核工程空间问题的典型模拟计算,对一些复杂的结构,即使是包络的方法,也不一定能保证实现求解。目前大多力学分析都借助有限元方法。但是,有限元方法也不是万能的,仍存在一些题目无法求解。此时,就可以考虑综合使用数学分析、有限元方法等方法进行求解,并在保守的原则下适当简化,从而达到求解目的。

习　　题

1. 如图1所示,由内、外筒组成的组合筒(长度有限,两端自由),装配前内筒的外半径比外筒的内半径大,求接触压力,并导出环向预应力的表达式。

2. 楔形体顶端受集中力 P 作用,与 x 轴的夹角为 β,如图2所示。取单位厚度考虑,试确定楔形体内的应力分量。

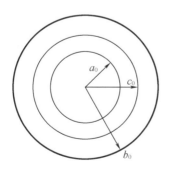
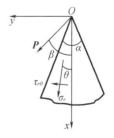

图 1　习题 1 图　　　　　图 2　习题 2 图

3. 求图3所示两个问题的截面 $m-n$ 上的应力 σ_x。

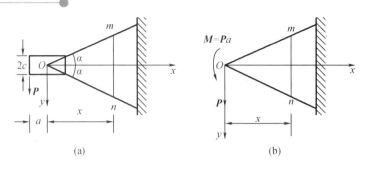

图 3 习题 3 图

4. 等厚度圆环的内、外半径分别为 a 和 b，以等角速度旋转，如图 4 所示，试求其应力和位移。

5. 楔形体右侧面受均布载荷 q 作用，如图 5 所示。试求其应力分量。

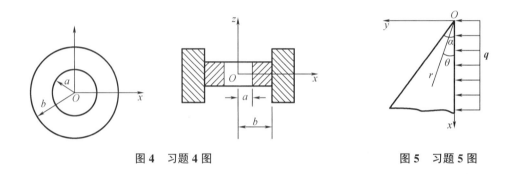

图 4 习题 4 图   图 5 习题 5 图

参 考 文 献

[1] 徐芝纶. 弹性力学(下册)[M]. 4 版. 北京:高等教育出版社,2006.

[2] 王敏中,王炜,武际可. 弹性力学教程[M]. 北京:北京大学出版社,2002.

[3] 戴守通,郭孝威,毛欢,等. FT011 浮子流量计应力分析的载荷不利组合[J]. 原子能科学技术,2015,49:247-251.

[4] 陈惠发,萨里普 A F. 弹性与塑性力学[M]. 余天庆,王勋文,刘再华,编译. 北京:中国建筑工业出版社,2004.

[5] 杨桂通. 弹塑性力学引论[M]. 2 版. 北京:清华大学出版社,2013.

[6] 徐秉业,刘信声,沈新普. 应用弹塑性力学[M]. 2 版. 北京:清华大学出版社,2017.

[7] 黄筑平. 连续介质力学基础[M]. 北京:高等教育出版社,2003.

[8] 萨文 Г H. 孔附近的应力集中[M]. 卢鼎霍,译. 北京:科学出版社,1965.

[9] 陆明万,罗学富. 弹性理论基础[M]. 北京:清华大学出版社,1990.

[10] 铁摩辛柯 S P,古地尔 J N. 弹性理论[M]. 3 版. 徐芝纶,译. 北京:高等教育出版社,2013.

[11] 钟万勰. 弹性力学求解新体系[M]. 大连:大连理工大学出版社,1995.

[12] 钱伟长,叶开沅. 弹性力学[M]. 北京:科学出版社,1980.

第4章　核工程基本应力求解

4.1　热　应　力

人类对热现象的认识可以追溯到远古时代,原始人钻燧取火,就说明了史前先民对热现象的认识和应用,同时还把热工转换的朴素原理与原始人类的生活紧密联系起来。

战国时期邹燕创立的五行学说,就包括对火的描述和认知。但这种认识尚未上升到科学理论的高度,直到18、19世纪,热学才作为物理学的一部分发展起来了,提出了一些普遍的原理,如热力学定律、热传导等,确立了一些有关的基本量,如温度、内能、热量、线膨胀系数和热传导系数等。

热胀冷缩是人所共知的物理现象,但上升为科学理论则是从19世纪30年代开始的,由于社会生产的发展,出现了纺织、冶金等工业现象,汽轮机、内燃机等的出现,进一步推动了热力学的发展。近代线性热应力理论创始于1835年,法国人杜哈梅尔提出,温度变化时,物体如果受到约束,就会产生热应力,并将热应力分成热膨胀应力和应变产生的应力两部分。20世纪50年代,计算机的问世极大地提高了解决热力问题的能力,许多棘手的问题得以迎刃而解。

20世纪70年代,大型高温高压蒸汽动力装置出现了疲劳裂纹,这种金属低周疲劳损伤严重影响使用寿命。于是围绕设备寿命损耗展开研究,是热应力现象研究的新领域。

4.1.1　热应力基本特性

当弹性体的温度发生改变时,它的各个部分通常都将发生热胀冷缩。但是,弹性体通常会受到外在约束,而且弹性体各部分之间存在相互约束,使得膨胀或收缩不能完全自由进行,而是受到不同程度的限制,从而产生应力。这种由于热胀冷缩受到限制而产生的应力,称为热应力,早期也称为温度应力或变温应力。

热应力的特性和其他载荷引起的应力有明显不同,要得到热应力大小,必须经过以下两个步骤:

①按照热传导理论,根据弹性体的传热学性质、内部热源、初始条件和边界条件,计算弹性体内各点在各瞬时的温度,即首先需要"确定温度场",前后两个温度场之差就是弹性体的温差。

②按照热弹性力学,根据弹性体的温差来求出物体内各点的热应力,即所谓"确定应力场"。

可见,要得到热应力,必须明确始末两点的载荷状态,而其他应力计算往往只需要某一个点的状态即可,这是热应力计算与其他应力的明显不同。

一般的应力都是由一定大小的载荷导致的,一定的应力相应于一定的载荷,但热应力和其他应力有所不同,热应力大小并不和某个温度载荷直接相关,而是和两个温度载荷的差值直接相关,也就是与两个温度值之间的温度范围直接相关。通常所说的热应力,其准确意义应该是"热应力范围",其含义是,热应力是和具体的温差范围相对应,和温度高低没有必然联系,一定的温差才相应于一定的热应力。这是热应力和其他类型应力所不同的地方。

另外,认为热应力是和具体的温差相对应,其含义不应理解为,有了温差就有热应力,除温差外,热应力的产生还有一个必要前提,那就是热胀冷缩必须受到一定程度的约束。也就是说,如果没有任何约束,那么,再大的温差也不会产生热应力。比如,放置于地面的一根杆件,由于可以完全自由膨胀,所以,即使温差达到上千度,其热应力也必将为零。

由热应力计算公式

$$\sigma = \varepsilon \cdot E = E \cdot \alpha \cdot \Delta T \cdot L / L = E\alpha\Delta T$$

可知,对于两端完全固定的简支梁,假如温差为 100 ℃,常用不锈钢热膨胀系数取 1.8×10^{-6} mm/mm/℃,弹性模量 E 为 2×10^{11} MPa,可知,如果热膨胀被完全限制,即使温度只升高 100 ℃,理论上热应力也将超过 30 MPa。反之,哪怕存在万分之一的伸缩空间,应力就将降低 20 MPa。所以,工程计算都是理想化的完全约束,即使温度不高,得到上千兆帕的热应力也不足为奇。但是,只要提供非常微小的结构伸缩空间,热应力就将急剧下降。

考虑到热应力的这一特性,工程设计中结构杆件和管道均不宜过长,因为结构越长,热膨胀就越大,如果得不到有效释放,热应力就越大。如果需要降低热应力,可采用增加弯头、弧形等措施,以改变结构的长直特性。

弯头缓冲热应力的原理如图 4-1-1 所示,弯管 BDE 可以视为多条微小管段 BD、DE 等连接而成,长直管 AB 沿线方向膨胀,弯管 BD 阻碍其膨胀,实际上只有沿 BC 线方向的切向分量 $\Delta L\cos\theta$ 才起到限制膨胀的作用,而法向分量 $\Delta L\sin\theta$ 根本不限制膨胀。易知,分量 $\Delta L\cos\theta$ 与半径 R 成正比,因此半径 R 越短,热应力越小。这就是弯管能够缓冲热膨胀的原因,而其曲率半径越小,对热膨胀的缓冲作用也越明显。

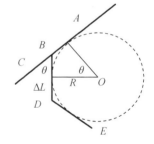

图 4-1-1　弯头缓冲热应力的原理

在热应力分析中,热应力随着结构局部刚度变化而急剧变化,这种特性应当足够重视,在高温核设施结构设计中,应当给高温设备设计出充分的柔性,以缓冲热膨胀,降低热应力。而在结构应力分析中,遇到上千兆帕的热应力都很平常,只要稍微提供伸缩空间,热应力很快就下降。

另外,由于弹性变形的量级大约是塑性变形量级的上百倍,使得结构热应力随着温度上升而出现有趣的现象,即热应力起初将随着温度升高而增大,当应力达到弹性极限发生塑性变形后,热应力又明显变小,也就是说,热应力的发展过程具有自我限制的特性,即自限性。这种特性是其他载荷应力所没有的。

4.1.2 热传导微分方程

热量从物体一部分传到另一部分,或从一个物体传入相接触的另一个物体,都称为热传导。和弹性力学一样,热传导理论也不考虑物质的微粒构造,而把物体当作连续介质。

一般而言,在热传导过程中,物体内各点的温度随着各点的位置不同和时间的经过而变化,因而温度 T 是位置坐标和时间 t 的函数:

$$T = T(x, y, z, t) \tag{4-1-1}$$

在任一时刻,所有各点的温度值的总体,称为温度场。如果温度场的温度随时间的变化而改变,它就称为不稳定温度场或非定常温度场;如果温度场的温度不随时间的变化而改变,它就称为稳定温度场或定常温度场。在稳定温度场中,温度只是位置坐标的函数,即

$$T = T(x, y, z) \quad \left(\frac{\partial T}{\partial t} = 0 \right) \tag{4-1-2}$$

如果温度场的温度随三个位置坐标的变化而改变,如式(4-1-1)所示,它就称为空间温度场或三维温度场;如果温度场的温度只随平面内的两个位置坐标的变化而改变,它就称为平面温度场,其数学表示是

$$T = T(x, y, t) \quad \left(\frac{\partial T}{\partial z} = 0 \right) \tag{4-1-3}$$

平面稳定温度场的数学表示为

$$T = T(x, y) \quad \left(\frac{\partial T}{\partial t} = 0, \frac{\partial T}{\partial z} = 0 \right) \tag{4-1-4}$$

在任一时刻,连接场内温度相同的各点,就得到某一瞬时的等温面。图4-1-2中的虚线就表示温度相差为 ∇T 的一些等温面。显然,沿着等温面温度不变;沿着其他方向,温度都有变化,沿着等温面的法线方向,温度的变化最块。

为了明确表示温度 T 在某点 P 处的变化率,在该点取一个矢量,称为温度梯度,用 ∇T 表示,它沿着等温面的法线方向,指向增温的方面,而大小等于 $\frac{\partial T}{\partial n}$,其中,$n$

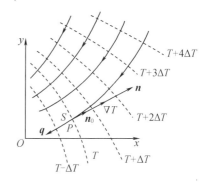

图4-1-2 等温面示意图

为沿等温面法线的距离。取单位矢量 $\boldsymbol{n}_0$,沿等温面法线而指向升温的方向,则

$$\nabla T = \boldsymbol{n}_0 \frac{\partial T}{\partial n} \tag{4-1-5}$$

显然,一点的温度梯度表示该点温度变化最快的方向和大小,一点温度沿坐标方向的变化率,等于其温度梯度在坐标轴上的投影。

$$
\begin{cases}
\dfrac{\partial T}{\partial x} = \dfrac{\partial T}{\partial n}\cos(\boldsymbol{n}, x) \\[2mm]
\dfrac{\partial T}{\partial y} = \dfrac{\partial T}{\partial n}\cos(\boldsymbol{n}, y) \\[2mm]
\dfrac{\partial T}{\partial z} = \dfrac{\partial T}{\partial n}\cos(\boldsymbol{n}, z)
\end{cases}
\tag{4-1-6}
$$

在单位时间内通过某等温面的热量称为热流速度(与水流的流量相似),用$\dfrac{\mathrm{d}Q}{\mathrm{d}t}$表示,由于热量的量纲与功和能量相同,不难得到,热流速度的量纲是L^2Mt^{-3}(本书使用t表示时间,以与温度T相区分)。通过等温面单位面积的热流速度称为热流密度(与水流的速度相似)。用q表示热流密度的大小,则有

$$
q = \dfrac{\mathrm{d}Q}{\mathrm{d}t}\Big/ S
\tag{4-1-7}
$$

它的量纲是Mt^{-3}。在热传导中,热流密度必须当作矢量看待(和水流速度一样),它的矢量表示是

$$
\boldsymbol{q} = -\boldsymbol{n}_0 \dfrac{\mathrm{d}Q}{\mathrm{d}t}\Big/ S
\tag{4-1-8}
$$

因为它也是沿着等温面的法向方向,但指向降温的方向。

热传导基本定律为:热流密度与温度梯度成正比且反向,即

$$
\boldsymbol{q} = -\lambda \, \nabla T
\tag{4-1-9}
$$

其中,比例常数λ称为导热系数,或热传导系数。由式(4-1-5)、式(4-1-8)、式(4-1-9)三式消去矢量$\boldsymbol{q}$及∇T,得到

$$
\lambda = \dfrac{\mathrm{d}Q}{\mathrm{d}t}\Big/ \left(\dfrac{\partial T}{\partial n} S\right)
\tag{4-1-10}
$$

可知,导热系数λ表示"在单位温度梯度下通过等温面单位面积的热流速度",也即当温度沿等温面法线每单位长度降低1 ℃时,在单位时间内传过等温面单位面积的热量,它的量纲是$LMt^{-3}K^{-1}$。注意每单位长度的表述,因为等温线法向只是一个方向,并没有长度概念,所以必须加以限定。

由式(4-1-5)及式(4-1-9)可知,热流密度$\boldsymbol{q}$大小是

$$
q = \lambda \, \dfrac{\partial T}{\partial n}
$$

所以热流密度$\boldsymbol{q}$在x轴上的投影是

$$
q_x = q\cos(\boldsymbol{q}, x) = \lambda \, \dfrac{\partial T}{\partial n}\cos(\boldsymbol{q}, x) = -\lambda \, \dfrac{\partial T}{\partial n}\cos(\boldsymbol{n}, x)
$$

从而通过式(4-1-6)得到

$$
q_x = -\lambda \, \dfrac{\partial T}{\partial x}
$$

同理可得热流密度$\boldsymbol{q}$在y轴和x轴上的投影,即

$$q_x = -\lambda \frac{\partial T}{\partial x}, q_y = -\lambda \frac{\partial T}{\partial y}, q_z = -\lambda \frac{\partial T}{\partial z} \qquad (4\text{-}1\text{-}11)$$

由于坐标轴是任意选取的,所以式(4-1-11)表示:热流密度在任一方向的分量,等于导热系数乘以温度在该方向的递减率。

在任意一段时间内,物体的任一微小部分所积蓄的热量(亦即温度增高所需的热量),等于传入该微小部分的热量加上内部热源所供给的热量。这一热量平衡原理,也是热传导微分方程建立的依据。

取直角坐标系并取微小六面体 $dxdydz$,如图4-1-3所示。假定该六面体的温度在 dt 时间内由 T 升高到 $T+\frac{\partial T}{\partial t}dt$。由于温度升高了 $\frac{\partial T}{\partial t}dt$,它所积蓄的热量是 $crdxdydz \cdot \frac{\partial T}{\partial t}dt$,其中 r 是物体的密度;c 是比热容,即单位质量的物体升高一度时所需的温度。

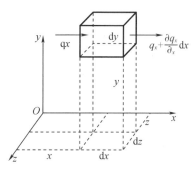

图 4-1-3 热传导微元体

在同一时间 dt 内,由六面体左面传入的热量为 $q_x dydzdt$,由右面传出的净热量为

$$-\frac{\partial q_x}{\partial x}dxdydzdt$$

将式(4-1-11)中的第一式代入上式,结果为 $\lambda \frac{\partial^2 T}{\partial x^2}dxdydzdt$。同样地,由上、下两面及前、后两面传入的净热量分别为 $\lambda \frac{\partial^2 T}{\partial y^2}dydzdxdt$ 及 $\lambda \frac{\partial^2 T}{\partial z^2}dzdxdydt$。这样,传入六面体的总净热量为 $\lambda \left(\frac{\partial^2 T}{\partial x^2}+\frac{\partial^2 T}{\partial y^2}+\frac{\partial^2 T}{\partial z^2}\right)dxdydzdt$,或简写为 $\lambda \nabla^2 T dxdydzdt$。

设该六面体的内部有热源,其强度为 W(在单位时间、单位体积内供给的热量),则该热源在时间 dt 内所供给的热量为 $Wdxdydzdt$。在这里,供热的热源作为正的热源;吸热的热源作为负的热源。

所以,根据热量平衡原理,有

$$c\rho dxdydz \frac{\partial T}{\partial t}dt = \lambda \nabla^2 T dxdydzdt + Wdxdydzdt$$

上式两边同时除以 $c\rho dxdydzdt$,变换可得热传导微分方程,即

$$\frac{\partial T}{\partial t} - \frac{\lambda}{c\rho}\nabla^2 T = \frac{W}{c\rho} \qquad (4\text{-}1\text{-}12)$$

或简写为

$$\frac{\partial T}{\partial t} - a \nabla^2 T = \frac{W}{c\rho} \qquad (4\text{-}1\text{-}13)$$

式中

$$a = \frac{\lambda}{c\rho}$$

a 称为导温系数,又称热扩散系数,量纲 L^2t^{-1},单位通常为 m^2/h。

方程中的导热系数 λ、比热 c、密度 ρ 和热扩散系数 a 都可以近似地当作常量,但热源强度 W 却往往随着时间的变化而有较大变化,它必须作为时间 t 的函数。

4.1.3 温度场边值条件

为了能够求解热传导微分方程,从而求得温度场,必须已知物体在初瞬时的温度分布,即初始条件;同时还必须已知初瞬时以后物体表面与周围介质之间进行热交换的规律,即边界条件。初始条件和边界条件合称为边值条件。初始条件是时间边值条件,边界条件是空间边值条件。

初始条件一般表示为如下形式:

$$(T)_{t=0}=f(x,y,z)$$

在某些特殊情况下,在初瞬时,温度为均匀分布,即

$$(T)_{t=0}=C$$

式中,C 是常数。

边界条件可能以四种方式给出。

第一类边界条件:已知物体表面上任意一点在所有各瞬时的温度,即

$$T_s=f(t)$$

其中,T_s 是物体表面的温度。在最简单的情况下,上式为

$$T_s=C \qquad .$$

即物体表面的温度保持不变。这种边界条件可能是借助人工维持的,也可能是物体与周围介质进行特殊热交换时实现的,参阅下面所说的第三类边界条件。

第二类边界条件:已知物体表面任意一点的法向热流密度,即

$$(q_n)_S=f(t)$$

其中,角码 S 表示表面,角码 n 表示法向。按照 4.1.2 中最后的结论,上式可以改写为

$$-\lambda\left(\frac{\partial T}{\partial n}\right)_S=(q_n)_S=f(t)$$

在绝热边界上,由于热流密度为零,由上式得

$$\left(\frac{\partial T}{\partial n}\right)_S=0$$

第三类边界条件:已知物体边界上任意一点在所有各瞬时的对流传热情况。按照热量的对流定律,在单位时间内从物体表面传向周围介质的热流密度与两者的温差成正比,即

$$(q_n)_S=\beta(T_s-T_e)$$

式中,T_e 为周围介质的温度;β 称为对流换热系数(又称为表面传热系数),它的量纲是 $Mt^{-3}K^{-1}$。换热系数 β 依赖于周围介质的密度、黏度、流速、流向、流态,还依赖于物体表面的曲率和糙率,它的数值范围跨度非常大,工程应用中,需要试验测定具体结构、具体环境的对流换热系数。按照上述结论,可得到

$$-\lambda\left(\frac{\partial T}{\partial n}\right)_S=\beta(T_s-T_e)$$

即

$$\left(\frac{\partial T}{\partial n}\right)_S = -\frac{\beta}{\lambda}(T_S - T_e)$$

如果周围介质的流速较大,对流几乎是完全的,则物体表面被迫取周围介质的温度,上式可以近似地代以

$$T_S = T_e$$

如果 T_e 随时间变化,是时间 t 的函数,则 $\frac{\beta}{\lambda}$ 很大,$\left(\frac{\partial T}{\partial n}\right)_S$ 取普通数值。

第四类边界条件:已知物体和与之接触的另一物体以热传导方式进行热交换的情况。通常都假定接触是完全的,即物体表面的温度 T_s 和接触体表面的温度 T_e 相同,即

$$T_S = T_e$$

按照边值条件求解热传导微分方程,在数学上是个难题,对于工程实际提出的问题,用函数求解一般是不现实的。对于平面问题,可以用差分法求解,最好使用有限单元法求解。对于空间问题,就只能用有限单元法求解。

4.1.4 简单热应力问题求解

本节介绍热应力求解问题的第二步,即根据弹性体内的温度场来决定热应力。为此,首先需要导出热弹性力学的基本方程和边界条件。

设弹性体内各点在某两个时刻的温差为 T,而不是某个时刻的温度值。如果弹性体不受约束,温差 T 将引起弹性体内各点的微小伸长,从而发生正应变 αT,其中 α 是弹性体的线胀系数,量纲是 K^{-1}。在各向同性弹性体中,系数 α 不随方向而变,所以这种正应变在各个方向都相同,因而不产生任何切应变。在通常温度不是很高的热应力问题中,还可以假定 α 也不随温度而变化,否则,热应力问题将成为非线性问题。在以上前提下,弹性体内各点的应变分量可写为

$$\varepsilon_x = \varepsilon_y = \varepsilon_z = \alpha T, \gamma_{yz} = \gamma_{zx} = \gamma_{xy} = 0 \tag{4-1-14}$$

式中,α 是常数。

但是,由于弹性体受到的外部约束及自身各部分之间的相互约束,上述应变不能自由发生,热膨胀受到限制,于是产生了热应力。

$$\begin{cases} \varepsilon_x = \frac{1}{E}[\sigma_x - \mu(\sigma_y + \sigma_z)] + \alpha T \\[2mm] \varepsilon_y = \frac{1}{E}[\sigma_y - \mu(\sigma_z + \sigma_x)] + \alpha T \\[2mm] \varepsilon_z = \frac{1}{E}[\sigma_z - \mu(\sigma_x + \sigma_y)] + \alpha T \\[2mm] \gamma_{yz} = \frac{2(1+\mu)}{E}\tau_{yz} \\[2mm] \gamma_{zx} = \frac{2(1+\mu)}{E}\tau_{zx} \\[2mm] \gamma_{xy} = \frac{2(1+\mu)}{E}\tau_{xy} \end{cases} \tag{4-1-15}$$

由于物体的弹性,上述热应力又将如同外载荷一样引起附加的应变。因此,其连同式(4-1-14)所示的应变,构成总的应变分量。假定图 2-2-1 所示的等厚度薄板及坐标系中,没有体力和面力的作用,但有温差 T 的作用,温差 T 也是平行于 xy 面的、两个瞬时的平面温度场之差,因而只是 x 和 y 的函数,不随 z 而变化。显然,这种情况仍是平面应力问题,有

$$\sigma_z = 0, \tau_{yz} = 0, \tau_{zx} = 0 \tag{4-1-16}$$

由式(4-1-15)得出用应力分量和温差 T 表示应变分量的物理方程,即热弹性力学的物理方程

$$\begin{cases} \varepsilon_x = \dfrac{1}{E}(\sigma_x - \mu\sigma_y) + \alpha T \\[3mm] \varepsilon_y = \dfrac{1}{E}(\sigma_y - \mu\sigma_x) + \alpha T \\[3mm] \gamma_{xy} = \dfrac{2(1+\mu)}{E}\tau_{xy} \end{cases} \tag{4-1-17}$$

由式(4-1-17)求解应力分量,就得出用应变分量和温差 T 表示应力分量的物理方程

$$\begin{cases} \sigma_x = \dfrac{E}{1-\mu^2}(\varepsilon_x + \mu\varepsilon_y) - \dfrac{E\alpha T}{1-\mu} \\[3mm] \sigma_y = \dfrac{E}{1-\mu^2}(\varepsilon_y + \mu\varepsilon_x) - \dfrac{E\alpha T}{1-\mu} \\[3mm] \tau_{xy} = \dfrac{E}{2(1+\mu)}\gamma_{xy} \end{cases} \tag{4-1-18}$$

几何方程不变,由此可得

$$\varepsilon_x = \frac{\partial u}{\partial x}, \varepsilon_y = \frac{\partial v}{\partial y}, \gamma_{xy} = \frac{\partial v}{\partial x} + \frac{\partial u}{\partial y} \tag{4-1-19}$$

因为几何方程是应变与位移之间的数学关系,不论几种载荷引起的应变和位移,几何关系都不会有所改变。需注意,这里的应变和位移是由温差和热应力共同作用而引起的。将式(4-1-19)代入式(4-1-17),得出用位移分量和温差 T 表示应力分量的公式如下:

$$\begin{cases} \sigma_x = \dfrac{E}{1-\mu^2}\left(\dfrac{\partial u}{\partial x} + \mu\dfrac{\partial v}{\partial y}\right) - \dfrac{E\alpha T}{1-\mu} \\[3mm] \sigma_y = \dfrac{E}{1-\mu^2}\left(\dfrac{\partial v}{\partial y} + \mu\dfrac{\partial u}{\partial x}\right) - \dfrac{E\alpha T}{1-\mu} \\[3mm] \tau_{xy} = \dfrac{E}{2(1+\mu)}\left(\dfrac{\partial v}{\partial x} + \dfrac{\partial u}{\partial y}\right) \end{cases} \tag{4-1-20}$$

一般都按位移求解热应力问题。为了得出按位移求解所需用的微分方程,将式(4-1-20)代入平衡微分方程,此处 $f_x = 0, f_y = 0$,简化后可得

$$\begin{cases} \dfrac{\partial^2 u}{\partial x^2} + \dfrac{1-\mu}{2}\dfrac{\partial^2 u}{\partial y^2} + \dfrac{1+\mu}{2}\dfrac{\partial^2 v}{\partial x \partial y} - (1+\mu)\alpha\dfrac{\partial T}{\partial x} = 0 \\[3mm] \dfrac{\partial^2 v}{\partial y^2} + \dfrac{1-\mu}{2}\dfrac{\partial^2 v}{\partial x^2} + \dfrac{1+\mu}{2}\dfrac{\partial^2 u}{\partial x \partial y} - (1+\mu)\alpha\dfrac{\partial T}{\partial y} = 0 \end{cases} \tag{4-1-21}$$

为了得出按位移求解时的应力边界条件,将式(4-1-20)代入应力边界条件,此时面力 $\bar{f}_x = 0, \bar{f}_y = 0$,简化后得到

$$
\begin{cases}
l\left(\dfrac{\partial u}{\partial x} + \mu\dfrac{\partial v}{\partial y}\right)_s + m\dfrac{1-\mu}{2}\left(\dfrac{\partial u}{\partial y} + \dfrac{\partial v}{\partial x}\right)_s = l(1+\mu)\alpha(T)_s \\[3mm]
m\left(\dfrac{\partial v}{\partial y} + \mu\dfrac{\partial u}{\partial x}\right)_s + l\dfrac{1-\mu}{2}\left(\dfrac{\partial v}{\partial x} + \dfrac{\partial u}{\partial y}\right)_s = m(1+\mu)\alpha(T)_s
\end{cases}
\tag{4-1-22}
$$

$(T)_s$ 为应力边界上的温差,位移边界条件不变。

将式(4-1-21)及式(4-1-22)分别与式(3-3-1)及式(3-3-2)进行对比,可见

$$
-\frac{E\alpha}{1-\mu}\frac{\partial T}{\partial x} \text{及} -\frac{E\alpha}{1-\mu}\frac{\partial T}{\partial y}
$$

代替了体力分量 f_x、f_y,而

$$
l\frac{E\alpha(T)_s}{1-\mu} \text{及} m\frac{E\alpha(T)_s}{1-\mu}
\tag{4-1-23}
$$

代替了面力分量 $\bar{f}_x$、$\bar{f}_y$,因此可知,一定的位移边界条件下,弹性体中由于温差 T 引起的位移,等于温度不变而受有下列假想外部作用时的位移:

①体力分量是

$$
f_x = -\frac{E\alpha}{1-\mu}\frac{\partial T}{\partial x}, f_y = -\frac{E\alpha}{1-\mu}\frac{\partial T}{\partial y}
\tag{4-1-24}
$$

②法向面力是

$$
\sigma_n = \frac{E\alpha(T)_s}{1-\mu}
\tag{4-1-25}
$$

其分量如式(4-1-23)所示。按照应力边界条件式(3-3-2)及位移边界条件 $u_s = u$, $v_s = v$ 求出微分方程(3-3-1)的解答 u 及 v 以后,就可以求得应力分量。应力分量包含两部分,一部分是和通常根据位移分量求得的一样,另一部分是与各点的温差 T 成正比的各向相同的正应力 $-\dfrac{E\alpha T}{1-\mu}$。

总之,在热应力的平面应力问题中,热应力就等于假想体力式(4-1-24)和假想面力式(4-1-25)所引起的应力,叠加各向相同的正应力 $-\dfrac{E\alpha T}{1-\mu}$。这样,热应力平面问题就被变换为通常已知体力和面力作用的平面问题。

上述变换对于热应力的模型实验有很大的帮助。用模型实验量测温度应力时,控制温度就存在很大困难,要使模型和原型在热学方面和力学方面都能满足模型相似律,就更加困难。而通过上述变换,就可以用施加载荷来代替控温,把一个热学和力学的混合模型变换成为单纯的力学模型,减少实验工作中的困难。

现在,假定在图2-1-2所示的无限长柱形体及坐标系中,没有体力和面力作用,但有温差 T 的作用,而这个温差也只是 x 和 y 的函数,不随 z 而变化。这里仍然是平面应变的问题,因而有

$$\varepsilon_z = 0, \tau_{yz} = 0, \tau_{zx} = 0$$

从而由式(4-1-15)得出与式(4-1-17)相似的物理方程

$$\begin{cases} \varepsilon_x = \dfrac{1-\mu^2}{E}\left(\sigma_x - \dfrac{\mu}{1-\mu}\sigma_y\right) + (1+\mu)\alpha T \\[3mm] \varepsilon_y = \dfrac{1-\mu^2}{E}\left(\sigma_y - \dfrac{\mu}{1-\mu}\sigma_x\right) + (1+\mu)\alpha T \\[3mm] \gamma_{xy} = \dfrac{2(1+\mu)}{E}\tau_{xy} \end{cases} \qquad (4-1-26)$$

将物理方程(4-1-26)与式(4-1-17)对比,可知,除了 E 变换为 $\dfrac{E}{1-\mu^2}$,μ 变换为 $\dfrac{\mu}{1-\mu}$,还有 α 变换为 $(1+\mu)\alpha$。可见,针对热应力的平面应力问题而推导出来的方程和结论,进行常数变换后,就适用于热应力平面应变问题。因为推导过程中所用到的方程,除了物理方程外,其他方程都不含 E、μ、α 等物理常数。

必须指出,在热应力的平面应变问题中,除应力分量 σ_x、σ_y、τ_{xy} 外,还有一个应力分量 σ_z。在式(4-1-15)的第三式中,令 $\varepsilon_z = 0$,就可得到该应力分量

$$\sigma_z = \mu(\sigma_x + \sigma_y) - E\alpha T \qquad (4-1-27)$$

在平面应力的情况下,按位移求解热应力问题时,须使位移分量 u 和 v 满足微分方程(4-1-21),并在边界上满足位移边界条件和应力边界条件。实际求解分以下两步进行:

①求出微分方程(4-1-21)的任意一组特解,它只须满足式(4-1-21),而不一定要满足边界条件。

②不计温差 T,求出式(4-1-21)的一组补充解,使它和特解叠加以后,能满足边界条件。

为了求得一组位移特解,引用函数 $\psi(x,y)$,将位移特解取为

$$u' = \frac{\partial \psi}{\partial x}, \quad v' = \frac{\partial \psi}{\partial y} \qquad (4-1-28)$$

函数 ψ 称为位移势函数。以 u' 和 v' 分别作为 u 和 v 代入式(4-1-21),简化得

$$\begin{cases} \dfrac{\partial}{\partial x}\nabla^2\psi = (1+\mu)\alpha\dfrac{\partial T}{\partial x} \\[3mm] \dfrac{\partial}{\partial y}\nabla^2\psi = (1+\mu)\alpha\dfrac{\partial T}{\partial y} \end{cases}$$

注意 μ 和 α 都是常量,可见如果取函数 ψ 满足微分方程,则

$$\nabla^2\psi = (1+\mu)\alpha T \qquad (4-1-29)$$

即可满足,因而也可满足微分方程(4-1-21)。所以,式(4-1-29)可作为一组特解。将表达式(3-3-2)及其变化得到的 $\alpha T = \dfrac{1}{1+\mu}\nabla^2\psi$ 代入式(4-1-20),相应于位移特解的应力分量是

$$\begin{cases} \sigma'_x = -\dfrac{E}{1+\mu}\dfrac{\partial^2\psi}{\partial y^2} \\[3mm] \sigma'_y = -\dfrac{E}{1+\mu}\dfrac{\partial^2\psi}{\partial x^2} \\[3mm] \tau'_{xy} = \dfrac{E}{1+\mu}\dfrac{\partial^2\psi}{\partial x\partial y} \end{cases} \tag{4-1-30}$$

位移的补充解 u'' 和 v'' 须满足式(4-1-21),即

$$\frac{\partial^2 u''}{\partial x^2} + \frac{1-\mu}{2}\frac{\partial^2 u''}{\partial y^2} + \frac{1+\mu}{2}\frac{\partial^2 v''}{\partial x\partial y} = 0$$

$$\frac{\partial^2 v''}{\partial y^2} + \frac{1-\mu}{2}\frac{\partial^2 v''}{\partial x^2} + \frac{1+\mu}{2}\frac{\partial^2 u''}{\partial x\partial y} = 0$$

相应于位移补充解的应力分量可由式(4-1-20)求得,此时温差项已计入位移特解之中,这时不再考虑温差 $T=0$,则

$$\sigma''_x = \frac{E}{1-\mu^2}\left(\frac{\partial u''}{\partial x} + \mu\frac{\partial v''}{\partial y}\right)$$

$$\sigma''_y = \frac{E}{1-\mu^2}\left(\frac{\partial v''}{\partial y} + \mu\frac{\partial u''}{\partial x}\right)$$

$$\tau''_{xy} = \frac{E}{2(1+\mu)}\left(\frac{\partial v''}{\partial x} + \frac{\partial u''}{\partial y}\right)$$

这样,总位移分量是

$$u = u' + u'',\ v = v' + v''$$

它们须满足位移边界条件;总应力分量是

$$\sigma_x = \sigma'_x + \sigma''_x,\ \sigma_y = \sigma'_y + \sigma''_y,\ \tau_{xy} = \tau'_{xy} + \tau''_{xy}$$

它们须满足应力边界条件。

在应力边界问题中(没有位移边界条件),为了避免寻求位移补充解的困难,可以把相应于位移补充解的应力分批直接用应力函数来表示,即

$$\sigma''_x = \frac{\partial^2\varphi}{\partial y^2},\ \sigma''_y = \frac{\partial^2\varphi}{\partial x^2},\ \tau''_{xy} = \frac{\partial^2\varphi}{\partial x\partial y} \tag{4-1-31}$$

其中,应力函数 φ 可以按照应力边界条件的要求选取。

在平面应变的情况下,须按照前面内容所述,将以上各方程中的 E 变换为 $\dfrac{E}{1-\mu^2}$,μ 变换为 $\dfrac{\mu}{1-\mu}$,α 变换为 $(1+\mu)\alpha$。如此,位移势函数 ψ 所应满足的方程就变为

$$\nabla^2\psi = \frac{1+\mu}{1-\mu}\alpha T$$

但相应于位移特解的应力分量仍然如式(4-1-30)所示。应力分量 σ_z 仍可由式(4-1-27)求得。

例 4-1-1 设图 4-1-4(a)所示的矩形薄板中发生如下温差:

$$T = T_0 \left(1 - \frac{y^2}{b^2}\right)$$

其中，T_0 是常量。位移势函数 ψ 所应满足的微分方程(4-1-29)变成

$$\nabla^2 \psi = (1+\mu)\alpha T_0 \left(1 - \frac{y^2}{b^2}\right) \qquad (4-1-32)$$

显然，取

$$\psi = Ay^2 + By^4 \qquad (4-1-33)$$

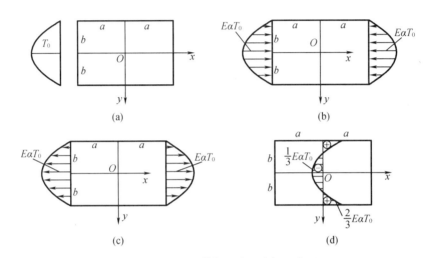

图 4-1-4　矩形薄板温度场求解示意图

可满足式(4-1-32)。为求出常数 A 及 B，将式(4-1-33)代入式(4-1-32)，得

$$2A + 12By^2 = (1+\mu)\alpha T_0 \left(1 - \frac{y^2}{b^2}\right)$$

比较两边系数，可知常数 A 及 B 分别为

$$A = \frac{(1+\mu)\alpha T_0}{2}$$

$$B = -\frac{(1+\mu)\alpha T_0}{12b^2}$$

再代回式(4-1-33)，得位移势函数

$$\psi = (1+\mu)\alpha T_0 \left(\frac{y^2}{2} - \frac{y^4}{12b^2}\right)$$

于是，由式(4-1-30)得出相应于位移特解的应力分量，即

$$\sigma_x' = -E\alpha T_0 \left(1 - \frac{y^2}{b^2}\right), \quad \sigma_y' = 0, \quad \tau_{xy}' = 0 \qquad (4-1-34)$$

相应的面力如图 4-1-4(b)所示。

为了满足边界条件，可以在薄板上施以与上述面力大小相同但方向相反的面力，如图 4-1-4(c)所示，把由此而引起的应力作为补充解 σ_x''、σ_y''、τ_{xy}''。在 a 和 b 同等大小的情况下，

这个应力的精确函数解很难求得,只能用数值解法求出近似解。

在 a 远大于 b 的情况下,矩形薄板的左右两边成为次要的小边界,就可以按照圣维南原理,把两边的面力化为静力等效的均布拉力。这样就可以采用满足相容方程的应力函数,即

$$\varphi = cy^2$$

可以得出相应于位移补充解的应力分量:

$$\sigma_x'' = \frac{\partial^2 \varphi}{\partial y^2} = 2c, \quad \sigma_y'' = \frac{\partial^2 \varphi}{\partial x^2} = 0, \quad \tau_{xy}'' = \frac{\partial^2 \varphi}{\partial x \partial y} = 0$$

把这些应力分量和式(4-1-34)所示应力分量叠加,得到总应力分量

$$\begin{cases} \sigma_x = \sigma_x' + \sigma_x'' = 2c - E\alpha T_0 \left(1 - \dfrac{y^2}{b^2}\right) \\ \sigma_y = \sigma_y' + \sigma_y'' = 0 \\ \tau_{xy} = \tau_{xy}' + \tau_{xy}'' = 0 \end{cases} \quad (4\text{-}1\text{-}35)$$

边界条件要求

$$(\sigma_x)_{x=\pm a} = 0, \quad (\tau_{xy})_{x=\pm a} = 0$$
$$(\sigma_y)_{y=\pm b} = 0, \quad (\tau_{yx})_{y=\pm b} = 0$$

后三个条件已经满足,而第一个条件不能满足。此时可应用圣维南原理,把第一个条件进行静力等效变换,即在 $x=\pm a$ 的边界上,σ_x 的主矢及主矩等于零

$$\int_{-b}^{b} (\sigma_x)_{x=\pm a} \mathrm{d}y = 0, \quad \int_{-b}^{b} (\sigma_x)_{x=\pm a} y \mathrm{d}y = 0$$

将式(4-1-35)代入,求得 $2c = \dfrac{2}{3} E\alpha T_0$。所以由式(4-1-35)得最后的热应力为

$$\sigma_x = E\alpha T_0 \left(\frac{y^2}{b^2} - \frac{1}{3}\right), \sigma_y = 0, \tau_{xy} = 0 \quad (4\text{-}1\text{-}36)$$

应力分布如图4-1-4(d)所示。最大及最小的应力为

$$(\sigma_x)_{y=\pm b} = \frac{2}{3} E\alpha T_0, \quad (\sigma_x)_{y=0} = -\frac{1}{3} E\alpha T_0 \quad (4\text{-}1\text{-}37)$$

在 x 为常量的所有截面上,包括两端截面 $x=\pm a$ 在内,都有如图4-1-4(d)所示的正应力。因此,两端的边界条件是不能精确满足的。但根据圣维南原理,每一端上自成平衡的面力都会影响端部附近的应力。在离两端较远处,不论两端是否有等效于零的面力,式(4-1-36)所示应力都是可以接受的。

例4-1-2 已知矩形薄板中发生温差(假定长边 a 远大于短边 b)

$$T = T_0 \cos \frac{\pi y}{2b}$$

试求热应力分布。

解 已知

$$\nabla^2 \psi = (1+\mu) \alpha T = (1+\mu) \alpha T_0 \cos \frac{\pi y}{2b}$$

取

$$\psi = A\cos\frac{\pi y}{2b}$$

可解得

$$A = -\frac{4b^2(1+\mu)\alpha T_0}{\pi^2}$$

所以

$$\psi = -\frac{4b^2}{\pi^2}(1+\mu)\alpha T_0\cos\frac{\pi y}{2b}$$

由此得

$$\sigma'_x = -\frac{E}{1+\mu}\frac{\partial^2\psi}{\partial y^2} = -\alpha E T_0\cos\frac{\pi y}{2b}$$

$$\sigma'_y = -\frac{E}{1+\mu}\frac{\partial^2\psi}{\partial x^2} = 0$$

$$\tau'_{xy} = \frac{E}{1+\mu}\frac{\partial^2\psi}{\partial x\partial y} = 0$$

取

$$\varphi = cy^2$$

则

$$\sigma''_x = \frac{\partial^2\varphi}{\partial y^2} = 2c$$

$$\sigma''_y = \frac{\partial^2\varphi}{\partial x^2} = 0$$

$$\tau''_{xy} = -\frac{\partial^2\varphi}{\partial x\partial y} = 0$$

所以

$$\sigma_x = \sigma'_x + \sigma''_x = -\alpha T_0 E\cos\frac{\pi y}{2b} + 2c$$

$$\sigma_y = \sigma'_y + \sigma''_y = 0$$

$$\tau_{xy} = \tau'_{xy} + \tau''_{xy} = 0$$

边界条件

$$(\sigma_y)_{y=\pm b} = 0, \quad (\tau_{xy})_{y=\pm b} = 0, \quad (\tau_{xy})_{x=\pm a} = 0$$

显然满足。

由圣维南原理可得

$$\int_{-b}^{b}(\sigma_x)_{x=\pm a}\mathrm{d}y = 0$$

即

$$\int_{-b}^{b}\left(-\alpha T_0 E\cos\frac{\pi y}{2b} + 2c\right)\mathrm{d}y = 4b\left(-\frac{\alpha T_0 E}{\pi} + c\right) = 0$$

得

$$c = \frac{\alpha T_0 E}{\pi}$$

而边界条件

$$\int_{-b}^{b} (\sigma_x)_{x=\pm a} y \, \mathrm{d}y = 0$$

恒成立。

故得到解答为

$$\sigma_x = \alpha T_0 E \left(\frac{2}{\pi} - \cos\frac{\pi y}{2b} \right)$$

$$\sigma_y = 0$$

$$\tau_{xy} = 0$$

4.1.5 极坐标求解轴对称温度场问题

核工程中经常使用的圆筒容器等属于轴对称结构,若其温度场也是轴对称的,则可简化为轴对称温度场平面热应力问题。显然,该问题适合采用极坐标求解。下面对平面问题进行简单介绍。

1. 极坐标轴对称平面问题普遍解答

不计体力,平面应力问题极坐标平衡微分方程为

$$\frac{\partial \sigma_r}{\partial r} + \frac{1}{r}\frac{\partial \tau_{r\theta}}{\partial \theta} + \frac{\sigma_r - \sigma_\theta}{r} = 0$$

$$\frac{1}{r}\frac{\partial \sigma_\theta}{\partial \theta} + \frac{\partial \tau_{r\theta}}{\partial r} + \frac{2\tau_{r\theta}}{r} = 0$$

轴对称问题中进一步简化,第二式自然满足,第一式成为

$$\frac{\partial \sigma_r}{\partial r} + \frac{\sigma_r - \sigma_\theta}{r} = 0$$

几何方程简化为

$$\varepsilon_r = \frac{\mathrm{d}u_r}{\mathrm{d}r}, \quad \varepsilon_\theta = \frac{u_r}{r}$$

物理方程简化为

$$\varepsilon_r = \frac{1}{E}(\sigma_r - \mu\sigma_\theta) + \alpha T$$

$$\varepsilon_\theta = \frac{1}{E}(\sigma_\theta - \mu\sigma_r) + \alpha T$$

将应力用应变表示

$$\sigma_r = \frac{E}{1-\mu^2}(\varepsilon_r + \mu\varepsilon_\theta) - \frac{E\alpha T}{1-\mu}$$

$$\sigma_\theta = \frac{E}{1-\mu^2}(\varepsilon_\theta + \mu\varepsilon_r) - \frac{E\alpha T}{1-\mu}$$

将几何方程代入上式,然后再将其代入平衡微分方程,得到按位移求解轴对称热应力的基本方程:

$$\frac{\mathrm{d}^2 u_r}{\mathrm{d}r^2} + \frac{1}{r}\frac{\mathrm{d}u_r}{\mathrm{d}r} - \frac{u_r}{r^2} = (1+\mu)\alpha\frac{\mathrm{d}T}{\mathrm{d}r}$$

或写成

$$\frac{\mathrm{d}}{\mathrm{d}r}\left[\frac{1}{r}\frac{\mathrm{d}}{\mathrm{d}r}(ru_r)\right] = (1+\mu)\alpha\frac{\mathrm{d}T}{\mathrm{d}r}$$

两次积分,可得到轴对称问题位移分量:

$$u_r = \frac{(1+\mu)\alpha}{r}\int_a^r Tr\mathrm{d}r + Ar + \frac{B}{r}$$

式中,A、B 为任意常数,积分下限取 a。则可得到轴对称温度场平面应力问题的应力分量:

$$\sigma_r = -\frac{E\alpha}{r^2}\int_a^r Tr\mathrm{d}r + \frac{E}{1-\mu^2}\left[(1+\mu)A - (1-\mu)\frac{B}{r^2}\right]$$

$$\sigma_\theta = \frac{E\alpha}{r^2}\int_a^r Tr\mathrm{d}r + \frac{E}{1-\mu^2}\left[(1+\mu)A + (1-\mu)\frac{B}{r^2}\right] - E\alpha T$$

$$\tau_{r\theta} = 0$$

其中,常数 A、B 由边界条件确定。

平面应变情况下,只需在以上各式中将 E 换成 $\frac{E}{1-\mu^2}$,μ 换成 $\frac{\mu}{1-\mu}$,α 换成 $\alpha(1+\mu)$ 即可。

平面应力情况下,温差及热应力引起的应变分量为

$$\begin{cases} \varepsilon_r = \frac{1}{E}(\sigma_r - \mu\sigma_\theta) + \alpha T \\[2mm] \varepsilon_\theta = \frac{1}{E}(\sigma_\theta - \mu\sigma_r) + \alpha T \\[2mm] \gamma_{r\theta} = \frac{2(1+\mu)}{E}\tau_{r\theta} \end{cases}$$

同理,用位移势函数把径向和环向位移特解表示为

$$u_r' = \frac{1}{r}\frac{\partial\psi}{\partial\sigma}, \quad v_\theta' = \frac{1}{r}\frac{\partial\psi}{\partial\theta}$$

则微分方程为

$$\nabla^2\psi = (1+\mu)\alpha T$$

位移特解的应力分量为

$$\begin{cases} \sigma_r' = -\frac{E}{1+\mu}\left(\frac{1}{r}\frac{\partial\psi}{\partial r} + \frac{1}{r^2}\frac{\partial^2\psi}{\partial\theta^2}\right) \\[2mm] \sigma_\theta' = -\frac{E}{1+\mu}\frac{\partial^2\theta}{\partial r^2} \\[2mm] \tau_{r\theta}' = \frac{E}{1+\mu}\frac{\partial}{\partial r}\left(\frac{1}{r}\frac{\partial\psi}{\partial\theta}\right) \end{cases}$$

在轴对称温度场情况下,微分方程为

$$\left(\frac{d^2}{dr^2}+\frac{1}{r}\frac{d}{dr}\right)\psi=(1+\mu)\alpha T$$

$$\frac{1}{r}\frac{d}{dr}\left(r\frac{d\psi}{dr}\right)=(1+\mu)\alpha T$$

变换积分得

$$\psi(r)=(1+\mu)\alpha\int\frac{1}{r}\int Trdr^2+(1+\mu)\alpha A\ln r+B$$

相应与位移特解的应力分量为

$$\sigma'_r=-\frac{E\alpha}{r^2}\left(\int_r^r Trdr+A\right)$$

$$\sigma'_\theta=\frac{E\alpha}{r^2}\left(\int_r^r Trdr+A-Tr^2\right)$$

$$\tau'_{r\theta}=0$$

平面应变情况下,常数做相应代换即可。此时,z 向应力为

$$\sigma_z=\mu(\sigma_\theta+\sigma_r)-E\alpha T$$

如果边界条件不能满足,则上述应力分量还应叠加相应于位移补充解的应力分量。

2. 极坐标轴对称平面问题求解

设圆环内半径为 a,外半径为 b,轴对称的温场 $T=T(r)$,边界条件为 $r=a$ 及 $r=b$ 时,$\sigma_r=0$。取 $r=a$,则相应于位移特解的应力分量为

$$\sigma'_r=-\frac{E\alpha}{r^2}\left(\int_a^r Trdr+A\right)$$

$$\sigma'_\theta=\frac{E\alpha}{r^2}\left(\int_a^r Trdr+A-Tr^2\right)$$

$$\tau'_{r\theta}=0$$

边界条件显然无法满足,因为无法选取常数 A 在内外半径处同时满足。可以选取应力函数 $\varphi=cr^2/2$,自然满足相容方程,求出应力补充解 $\sigma''_r=\sigma''_\theta=C$,$\tau''_{r\theta}=0$,则得到总应力分量为

$$\sigma_r=-\frac{E\alpha}{r^2}\left(\int_a^r Trdr+A\right)+C$$

$$\sigma_\theta=\frac{E\alpha}{r^2}\left(\int_a^r Trdr+A-Tr^2\right)+C$$

$$\tau_{r\theta}=0$$

边界条件代入第一式,由于 $\int_a^a Trdr=0$,可得到

$$-\frac{E\alpha}{a^2}A+C=0,\quad-\frac{E\alpha}{b^2}\left(\int_a^b Trdr+A\right)+C=0$$

求解 A、C,然后再代回上式,得到

$$\sigma_r=\frac{E\alpha}{r^2}\left(\frac{r^2-a^2}{b^2-a^2}\int_a^b Trdr-\int_a^r Trdr\right)$$

$$\sigma_\theta = \frac{E\alpha}{r^2}\left(\frac{r^2+a^2}{b^2-a^2}\int_a^b Tr\mathrm{d}r + \int_a^r Tr\mathrm{d}r - Tr^2\right)$$

$$\tau_{r\theta} = 0$$

上述推导是针对圆环的平面应力问题而言,而对于圆筒的平面应变问题,将 E 换成 $\dfrac{E}{1-\mu^2}$, μ 换成 $\dfrac{\mu}{1-\mu}$, α 换成 $\alpha(1+\mu)$ 即得其解答。常数代换后,得到

$$\begin{cases} \sigma_r = \dfrac{E\alpha}{(1-\mu)r^2}\left(\dfrac{r^2-a^2}{b^2-a^2}\int_a^b Tr\mathrm{d}r - \int_a^r Tr\mathrm{d}r\right) \\[4mm] \sigma_\theta = \dfrac{E\alpha}{(1-\mu)r^2}\left(\dfrac{r^2+a^2}{b^2-a^2}\int_a^b Tr\mathrm{d}r + \int_a^r Tr\mathrm{d}r - Tr^2\right) \\[4mm] \tau_{r\theta} = 0 \end{cases} \qquad (4-1-38)$$

代入平面应变轴向应力式 $\sigma_z = \mu(\sigma_\theta+\sigma_r)-E\alpha T$ 得到

$$\sigma_z = \frac{E\alpha}{1-\mu}\left(\frac{2\mu}{b^2-a^2}\int_a^b Tr\mathrm{d}r - T\right) \qquad (1-1-39)$$

σ_z 是维持平面应变的应力,只有在无限长或两端固定的圆筒才能发生。

对于端部自由的有限长圆筒,两端有 $\sigma_z=0$,显然式(4-1-39)无法满足。此时,可以将 σ_z 叠加常量 K,使 σ_z 在两端的合力为零,从而得到解答,即

$$\int_a^b\left[\frac{E\alpha}{1-\mu}\left(\frac{2\mu}{b^2-a^2}\int_a^b Tr\mathrm{d}r - T\right) + K\right]2\pi r\mathrm{d}r = 0$$

$\displaystyle\int_a^b Tr\mathrm{d}r$ 是常量,积分得到

$$K = \frac{2E\alpha}{b^2-a^2}\int_a^b Tr\mathrm{d}r$$

则得到轴向应力表达式为

$$\sigma_z = \frac{E\alpha}{1-\mu}\left(\frac{2}{b^2-a^2}\int_a^b Tr\mathrm{d}r - T\right) \qquad (4-1-40)$$

在圆筒的两端,除非温场 T 为常量,否则该应力仍不为零,但其合力为零。由圣维南原理可知,离两端较远处的解答可以认为是精确的。下面用一个特例进行具体解答说明。

设厚壁圆筒如图 4-1-5 所示,内半径为 a,外半径为 b,筒内无热源,假设从某均匀温度场开始升温,内表面增温 T_a,外表面增温 T_b,首先求温度场。由热传导微分方程

$$\frac{\partial T}{\partial t}-\alpha\left(\frac{\partial^2 T}{\partial x^2}+\frac{\partial^2 T}{\partial y^2}+\frac{\partial^2 T}{\partial z^2}\right)=\frac{W}{c\rho}$$

由于无热源,热流稳定后的热传导方程为

$$\nabla^2 T = 0$$

对于轴对称温度场有

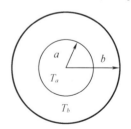

图 4-1-5　厚壁圆筒截面

$$\left(\frac{\mathrm{d}^2}{\mathrm{d}r^2}+\frac{1}{r}\frac{\mathrm{d}}{\mathrm{d}r}\right)T=0$$

或

$$\frac{1}{r}\frac{\mathrm{d}}{\mathrm{d}r}\left(r\frac{\mathrm{d}T}{\mathrm{d}r}\right)=0$$

两次积分得

$$T=A\ln r+B$$

边界条件:

$$(T)_{r=a}=T_a,(T)_{r=b}=T_b$$

由边界条件求出 A、B,得温度场:

$$T=T_a\frac{\ln\dfrac{b}{r}}{\ln\dfrac{b}{a}}+T_b\frac{\ln\dfrac{a}{r}}{\ln\dfrac{a}{b}}$$

对于端部自由的有限长圆筒,将上式温度场 T 代入式(4−1−38)则有平面应变圆筒径向应力 σ_r、环向应力 σ_θ 及轴向应力 σ_z 公式:

$$\begin{cases}\sigma_r=\dfrac{E\alpha}{(1-\mu)r^2}\left(\dfrac{r^2-a^2}{b^2-a^2}\displaystyle\int_a^b Tr\mathrm{d}r-\int_a^r Tr\mathrm{d}r\right)\\[3mm]\sigma_\theta=\dfrac{E\alpha}{(1-\mu)r^2}\left(\dfrac{r^2+a^2}{b^2-a^2}\displaystyle\int_a^b Tr\mathrm{d}r+\int_a^r Tr\mathrm{d}r-Tr^2\right)\\[3mm]\sigma_z=\dfrac{E\alpha}{(1-\mu)}\left(\dfrac{2}{b^2-a^2}\displaystyle\int_a^b Tr\mathrm{d}r-T\right)\end{cases}\qquad(4-1-41)$$

积分后得到

$$\sigma_r=-\frac{E\alpha(T_a-T_b)}{2(1-\mu)}\left(\frac{\ln\dfrac{b}{r}}{\ln\dfrac{b}{a}}-\frac{\dfrac{b^2}{r^2}-1}{\dfrac{b^2}{a^2}-1}\right)$$

$$\sigma_\theta=-\frac{E\alpha(T_a-T_b)}{2(1-\mu)}\left(\frac{\ln\dfrac{b}{r}-1}{\ln\dfrac{b}{a}}+\frac{\dfrac{b^2}{r^2}+1}{\dfrac{b^2}{a^2}-1}\right)$$

$$\sigma_z=-\frac{E\alpha(T_a-T_b)}{2(1-\mu)}\left(\frac{2\ln\dfrac{b}{r}-1}{\ln\dfrac{b}{a}}+\frac{2}{\dfrac{b^2}{a^2}-1}\right)$$

对于核工程而言,一般热源都在容器内部,故而是内壁温度大于外壁温度,则容器三向应力沿壁厚变化趋势如图4−1−6。

由物理方程易得到环向应变 ε_θ、轴向应变 ε_z 和径向位移 u_r 分别为

$$\varepsilon_\theta = \frac{(1+\mu)\alpha}{(1-\mu)r^2}\left[\frac{(1-3\mu)r^2+(1+\mu)a^2}{(1+\mu)(b^2-a^2)}\int_a^b Trdr + \int_a^r Trdr\right]$$

$$\varepsilon_z = \frac{2\alpha}{(b^2-a^2)}\int_a^b Trdr$$

$$u_r = r\varepsilon_\theta$$

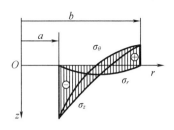

图 4-1-6 容器三向应力沿壁厚变化趋势

对于无限长或两端完全约束的圆筒,将温度场 T 代入式(4-1-38)的 σ_r、σ_θ 及式(4-1-39)的 σ_z,积分后可知,σ_r、σ_θ 完全相同,σ_z 成为

$$\sigma_z = -\frac{E\alpha(T_a-T_b)}{2(1-\mu)}\left(\frac{2\ln\dfrac{b}{r}-1}{\ln\dfrac{b}{a}}+\frac{2}{\dfrac{b^2}{a^2}-1}\right)-E\alpha T$$

环向应变 ε_θ、轴向应变 ε_z 和径向位移 u_r 分别为

$$\varepsilon_\theta = \frac{(1+\mu)\alpha}{(1-\mu)r^2}\left[\frac{(1-2\mu)r^2+a^2}{(b^2-a^2)}\int_a^b Trdr + \int_a^r Trdr\right]$$

$$\varepsilon_z = 0$$

$$u_r = r\varepsilon_\theta$$

由上述分析可知,在圆筒容器平面应变状况下,有如下几点结论。

①圆筒容器平面应变状况下的端部约束条件对径向应力 σ_r 和环向应力 σ_θ 的数值没有影响,即 σ_r 和 σ_θ 都与端部约束条件无关。

②端部约束条件对轴向应力 σ_z、轴向应变 ε_z、环向应变 ε_θ 以及径向位移 u_r 有影响。端部位移完全约束对轴向应力 σ_z 和径向位移 u_r 的影响相当大。

③对于核工程常用圆筒容器,轴向约束应尽量放开。实际情况基本介于完全约束和完全自由之间。

④核工程圆筒容器一般约束方式是一端固定一端自由的薄壁容器,即容器壁厚方向不存在温度梯度,由式(4-1-41)可知,在距离封头和底部固定端较远处的直筒段,其径向应力 σ_r 为零,但环向应力 σ_θ 和轴向应力 σ_z 一般不为零。这也是采用极坐标对核工程圆筒容器进行热应力分析时,可以把有限元模型径向约束完全放开的原因。

同理,受内压的厚壁圆筒也存在不同端部约束条件的相关影响。

4.1.6 热应力分析工程实例

1. 临界装置热应力分析

某临界试验装置(图4-1-7)为坐落在地坑内的高架夹套容器,容器支架主要由碳钢管、槽钢和碳素钢顶板组成,外容器充满水,内容器内约500 mm高的铀溶液。

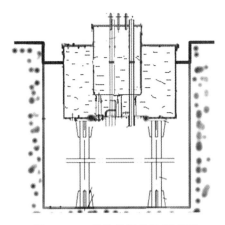

图 4-1-7 连接装置结构示意图

表 4-1-1 结构热分析参数

类别	数值
铀溶液对流传热系数/$(\text{W} \cdot \text{m}^{-2} \cdot \text{℃}^{-1})$	400
空气对流传热系数/$(\text{W} \cdot \text{m}^{-2} \cdot \text{℃}^{-1})$	12
不锈钢传热系数/$(\text{W} \cdot \text{m}^{-2} \cdot \text{℃}^{-1})$	15.3
碳钢传热系数/$(\text{W} \cdot \text{m}^{-2} \cdot \text{℃}^{-1})$	53
不锈钢热膨胀系数/℃^{-1}	16.8×10^{-6}
碳钢热膨胀系数/℃^{-1}	11.3×10^{-6}

考虑到整体装置中只有内容器内的溶液温度较高,而装置其余部分均为常温,所以,只截取内容器高温区部分以及与其连接的部分结构进行热分析,在边界条件保守约束的前提下,其结果是可以接受的。

将内容器与支腿盖板的连接面视为约束面,这些平面均限制 z 向位移,由于水平方向的热膨胀具有较大的自由度,所以计算模型保守地约束了部分水平位移,如图 4-1-8 所示。

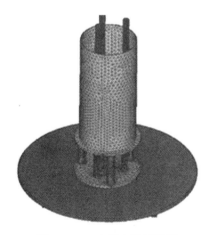

图 4-1-8 容器有限元模型

采用间接法,先进行温度场分析,然后把温度载荷施加到结构上进行结构分析,结构温度场中最高温度为 58.8 ℃,分布于内容器底板及导管在溶液内的连接处。温度场如图 4-1-9(a)所示。

将温度场载荷施加到结构上,得到最大热应力强度为 86.7 MPa,位于内容器底板与导管的连接处,容器最大应力与结构特点是吻合的,热应力分布如图 4-1-9(b)所示。可见,结构温差仅仅为 60 ℃,但由于结构自身的自我约束,热应力也达到了 86 MPa。

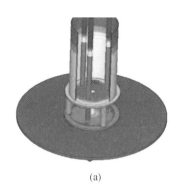
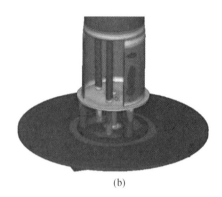

(a)   (b)

图 4-1-9　容器有限元计算结果

2. 安注箱热应力分析

早期核电站发生管道破裂等事故时,堆内冷却水快速流失,需要对堆芯注入溶液,以冷却堆芯排出余热。事故时,安注箱将被堆芯冲出的高达 350 ℃的温水淹没。所以,安注箱的热应力分析的热源是来自容器外面的。

分析目的是判定安注箱是否具有承受热载荷的能力。

安注箱结构设计为圆柱筒体支撑的圆形封头容器,主体结构(图 4-1-10)由筒体底座、容器和人孔等构成。

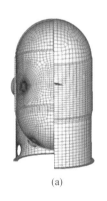
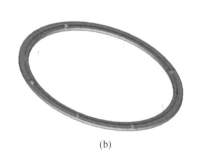

(a)   (b)

图 4-1-10　热分析实体模型

当外部水淹时,堆内水将安注箱淹没后,其温度仍高达 150 ℃,所以,安注箱外表面和支座温度约为 150 ℃,而容器内部液体温度为 50 ℃。计算得到结构最高温度为 151 ℃,位于支座与容器相连接部分。最高温度梯度也位于这一区域,温度场和温度梯度如图 4-1-11 所示。

(a)   (b)

图 4-1-11   温度场和温度梯度

将温度场载荷施加到结构上,得到主容器最大热应力强度为 351 MPa,位于人孔内壁堆焊层末端。支撑座最大热应力强度是 91 MPa,位于支座最上端焊接处。热应力云图如图 4-1-12 所示。

图 4-1-12   热应力云图

筒状容器是核工程中经常遇到的,在柱坐标下,其三方向的热应力各有特点。轴向虽可自由膨胀,但受封头作用,其热应力不为零。容器径向必然向外扩张,由前节分析可知,对于薄壁容器,在壁厚方向温度恒定,其厚度方向几乎不存在温差,即 $T(r) = 0$ 时,由式(4-1-41)可知,径向热应力为零,环向热应力不为零,也就是说,径向热应变 ε_r 及径向热位移几乎不受限制。

另外,在有限元分析时,有限元模型的约束是理想化的,如果把容器底面全部约束,将大大超出结构实际约束状况,即使在温度不高的情况下,也将产生上千兆帕的热应力,这显然是个假象,因为实际工程不可能达到完全约束。只要存在微小的膨胀空间,应力就将大大下降。所以,为了消除计算中的虚假应力,可以采用措施,将环形底面的固定约束合理释放。显然,只需释放径向约束,就将起到非常明显的作用。

习　题

1.已知半径为 b 的均质圆盘,置于等温刚性套箍内,圆盘和套箍由相同的材料制成,设圆盘按如下规律加热

$$T = (T_1 - T_0)\left(1 - \frac{r^2}{b^2}\right)$$

套箍温度则保持为常温 T_0,而由此温度所引起的应变可以忽略,试求距圆盘中心为 r 处的压应力值。

4.2　地　震　应　力

4.2.1　地震基本概念

工程抗震中经常用到地震震级和地震烈度等级两个概念,其含义有很大不同。

地震震级指地震的强弱,以地震活动释放的能量多少来确定。我国目前使用国际上通用的里氏震级标准,共九个等级,在实际测量中,震级则是根据地震仪对地震波所做的记录计算出来的。震级每差一个等级,地震中所释放的能量大约相差三十二倍。

地震烈度是指地面运动的强度,表示地面的破坏程度。影响烈度的因素有震级、震源远近、地面状况和地层构造等。一次地震只有一个震级,而不同的地方会表现出不同的破坏程度,即会产生很多个烈度等级。一般所说的抗震等级,是指地震烈度等级。

核工程抗震分析所涉及的一些基本概念如下。

1. 频率

频率是指结构每秒钟振动的次数,频率为结构的固有属性,其具体数值与结构质量分布和阻尼有关。弹簧振子和单摆属于典型的单自由度振动系统,只有一个振动频率,而实际核工程设备一般都是复杂的多自由度系统,不同的部位具有不同的振动频率。

2. 振型(模态)

振型是指结构某频率下各质点相对位移(振型向量)的图形示意,是实际结构在某频率下振动形态在形状上的直观反映。结构实际地震反映是其各阶振型的叠加,但高阶振型对振动效果贡献较小,一般可以忽略。结构自振频率随着振型阶数的增加而增大,频率越高,加速度越小,地震力也越小。模态频率与结构刚度成正比,与结构质量成反比。

3. 振型参与系数

振型参与系数是指每个质点质量 m 与其在某一振型中相应坐标 x 乘积之和与该振型的主质量(模态质量 M')之比($\sum mx$)$/M'$ 。

4. 振型有效质量

基于刚性假定,只对串联刚性模型有效,不适用于一般结构。某振型在某方向的有效质量,等于各质点质量 m 与其在该振型中相应坐标 x 乘积之和的平方 $(\sum mx)^2$。振型在三个方向的有效质量一般并不相等,不同质点对某方向有效质量的贡献显然不同。所有振型平动方向的有效质量之和等于各质点的质量之和,转动方向的有效质量之和等于各个质点的转动惯量之和。

5. 有效质量系数

有效质量系数是指有限数量振型的有效质量之和与总质量之比。为判断参与振型数是否足够,E. L. Wilson 教授提出了这一概念,有效质量系数只适用于频率较大的刚性模型。

6. 振型参与质量系数

某振型的主质量 M'(模态质量)乘以该振型的振型参与系数 $(\sum mx)/M'$ 的平方,即该振型的振型参与质量 $M'((\sum mx)/M)^2$。有限个振型的振型参与质量之和与总质量之比即为振型参与质量系数。有效质量系数只适用于刚性结构,对于很多需要考虑弹性变形的结构,需要一种更普遍的方法,既适用于高频刚性结构,也适用于中低频弹性结构。因此,振型参与质量系数即为从结构变形能的角度提出的通用方法,以计算地震各方向的有效质量系数。

工程上通过控制有效振型参与质量系数的大小来决定所取振型数是否足够。所有振型的振型参与质量之和等于各质点的质量之和。如果计算只取有限个振型,那么这些振型的振型参与质量之和与总质量之比即为振型参与质量系数。可见,有效质量系数与振型参与质量系数概念不同,但都可以用来确定振型叠加法所需的振型数。

在早期地震计算中,只有有效质量系数(effective mass ratio)的概念,而后来则出现了振型质量参与系数(modal participating massratio),可见,振型参与质量系数是有效质量系数的进一步发展,有效质量系数只有 x、y、z 三方向的数值,而振型参与质量系数则分别有 x、y、z、r_x、r_y、r_z 六个方向的数值。

7. 地震反应谱

谱表示同一阻尼比下的一组单自由度体系的最大响应随其自振频率而变化的关系,如图 4-2-1 所示,按响应不同分为加速度反应谱、位移反应谱和速度反应谱,核工程抗震计算一般使用加速度反应谱,由于反应堆厂房各层楼房高度不一,其地震谱也不一样,故称楼层反应谱。

地震波含有从低频到高频非常广泛的频率范围,地震发生时,地震波将激起设备不同部位的不同振动形态,而地震作用下的实际响应,是所有这些震动形态综合作用的结果。

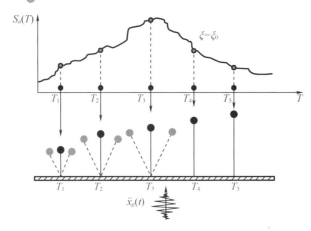

图 4-2-1　最大响应随频率的变化

4.2.2　地震应力求解方法

在地震时能够保持结构完整甚至保持正常功能,是核设备必须具备的抗震要求。通过抗震分析计算得到设备地震应力,继而进行地震应力评价,是核设备应力分析的一项重要内容。根据设备动力特性和具体分析情况,核设备地震应力分析通常有三种方法,即等效静力法、时程法和反应谱法。

等效静力法即把地震加速度视为惯性力进行静力计算,从而得到保守的地震应力的一种方法,它适用于设备刚度达到其刚性截断频率的设备。刚性截断频率即设备对应的地震谱加速度开始稳定而不再增大时的频率,等效静力法即取刚性截断频率对应的等效加速度。地面核设备刚性截断频率一般取 33 Hz,但这只是一个基于经验的保守值,设备刚性截断频率并非都是 33 Hz, 也可能小于 33 Hz。保守起见,实际计算时,等效加速度通常取刚性截断频率的 1.5 倍甚至更高。该方法简单方便,但往往过于保守。

时程法是使用随时间变化的加速度曲线而进行准确的抗震分析的一种方法,通常用于反应谱法计算结果通不过,而需要精确计算的设备,或者当需要得到随时间变化的参数曲线时,也需要使用时程法。由于该方法耗费时间较多,而且容易出现过程性错误,所以并不常用。

核设备抗震分析经常使用的是反应谱法,如前所述,该方法首先需要对设备进行模态分析,得到设备的动力特性数据,并需要使用厂址勘察计算得到的楼层谱,楼层谱反映场地特性,二者结合计算得到地震应力,即为反应谱法。

实际上,即使设备频率未达到刚性频率,也可用等效静力法进行抗震计算,只不过需要取反应谱的峰值加速度即可,同样需要考虑保守的安全系数,作为等效静力计算的加速度。

反应谱法是三种方法中最常用的一种,下面对其进行详细介绍。

任何复杂的多自由度振动系统,都是一些独立的单自由度简谐振子的叠加,这些简谐振子即称为模态。这些单自由度振子按照不同的频率做简谐运动,混合在一起将非常复杂。所以,需要把本来耦合的系统分解成多个独立的简单振动,称为解耦。

反应谱法实际上是振型叠加法,是应用较广泛的一种方法。其基本思想是,以系统无阻尼的振型(模态)为空间基底,将坐标变换为模态频率下的广义坐标,将问题转换到数学空间,使原动力方程解耦,求解 n 个相互独立的方程,获得模态位移,通过模态叠加,再将坐标还原到物理空间,求得系统的响应。

实际应用中,振型叠加法采取把少数振型叠加而把高阶振型截断的形式,一般有两种不同的方法:模态位移法(又称振型叠加法,或模态叠加法)和模态加速度法(又称修正的振型叠加法)。

1. 模态位移法

(1)通过坐标变换使原动力方程解耦

原动力系统振动方程为

$$M\ddot{u}(t)+C\dot{u}(t)+Ku(t)=F(t) \tag{4-2-1}$$

取物理向量

$$u(t)=\sum_{i=1}^{n}\xi_i(t)\boldsymbol{\Phi}_i=\boldsymbol{\Phi}\boldsymbol{\xi}(t)$$

$\boldsymbol{\xi}(t)$ 是广义位移向量,也称模态位移向量,即

$$\boldsymbol{\xi}(t)=\begin{bmatrix}\xi_1(t) & \xi_2(t) & \cdots & \xi_n(t)\end{bmatrix}^{\mathrm{T}}$$

$\boldsymbol{\Phi}$ 为振型向量(也称主模态)矩阵。

设结构振型矩阵为

$$\boldsymbol{\Phi}=\begin{bmatrix}\boldsymbol{\Phi}_1 & \boldsymbol{\Phi}_2 & \cdots & \boldsymbol{\Phi}_n\end{bmatrix}$$

且满足

$$\boldsymbol{\Phi}^{\mathrm{T}}\boldsymbol{M}\boldsymbol{\Phi}=\boldsymbol{I}$$

$$\boldsymbol{\Phi}^{\mathrm{T}}\boldsymbol{K}\boldsymbol{\Phi}=\begin{bmatrix}\ddots & & \\ & \omega_i^2 & \\ & & \ddots\end{bmatrix}$$

$$\boldsymbol{\Phi}^{\mathrm{T}}\boldsymbol{C}\boldsymbol{\Phi}=\begin{bmatrix}\ddots & & \\ & 2\zeta_i\omega_i & \\ & & \ddots\end{bmatrix}$$

M 前乘振型矩阵的转置,后乘振型矩阵,得到的对角质量矩阵 I 称为模态质量,模态质量反映了体系中有多少质量对本阶模态振型有较大的贡献,其中每一阶都是不同的。为简化计算,把每个自由度的主振型第一个元素变为1,即归一化,归一化振型反映体系各处的相对变形。

$$\begin{cases}u(t)=\boldsymbol{\Phi}\boldsymbol{\xi}(t) \\ \dot{u}(t)=\boldsymbol{\Phi}\dot{\boldsymbol{\xi}}(t) \\ \ddot{u}(t)=\boldsymbol{\Phi}\ddot{\boldsymbol{\xi}}(t)\end{cases}$$

将上式代入振动方程(4-2-1),两边同乘 $\boldsymbol{\Phi}^{\mathrm{T}}$ 得

$$\ddot{\boldsymbol{\xi}}(t)+\begin{bmatrix}\ddots & & \\ & 2\zeta_i\omega_i & \\ & & \ddots\end{bmatrix}\dot{\boldsymbol{\xi}}(t)+\begin{bmatrix}\ddots & & \\ & \omega_i^2 & \\ & & \ddots\end{bmatrix}\boldsymbol{\xi}(t)=\boldsymbol{r}(t) \tag{4-2-2}$$

则有

$$\boldsymbol{r}(t) = \boldsymbol{\Phi}^{\mathrm{T}}\boldsymbol{p}(t) = \begin{bmatrix} r_1(t) & r_2(t) & \cdots & r_n(t) \end{bmatrix}^{\mathrm{T}}$$

相应的初始条件:

$$\boldsymbol{\xi}(0) = \boldsymbol{\Phi}^{\mathrm{T}}\boldsymbol{M}\boldsymbol{u}_0$$

$$\dot{\boldsymbol{\xi}}(0) = \boldsymbol{\Phi}^{\mathrm{T}}\boldsymbol{M}\dot{\boldsymbol{u}}_0$$

将式(4-2-2)写成 n 个互相独立的方程,即

$$\ddot{\xi}_i(t) + 2\zeta_i\omega_i\dot{\xi}_i(t) + \omega_i^2\xi_i(t) = r_i(t) \quad i = 1, 2, \cdots, n \qquad (4-2-3)$$

ζ_i、ω_i、$r_i(t)$ 分别为第 i 阶模态阻尼比(实验得出)、第 i 阶固有频率和第 i 阶模态力,则有 $\omega_i^2 = \lambda_i$。

(2)通过积分求解 n 个单自由度振动微分方程(4-2-3),解出 $\xi_i(t)$

初始条件为零时的解:

$$\xi(0) = 0, \dot{\xi}(0) = 0$$

使用杜哈梅积分,得零初始条件的"稳态解"。

$$\xi_i(t) = \frac{1}{\overline{\omega}_i}\int_0^t r_i(\tau)\exp\left[-\zeta_i\overline{\omega}_i(t-\tau)\right]\sin\overline{\omega}_i(t-\tau)\mathrm{d}\tau$$

$$\overline{\omega}_i = \sqrt{1-\zeta_i^2}\,\omega_i \quad i = 1, 2\cdots, n$$

一般情况下,需要通过数值方法求解上述积分,也可采用逐步积分法直接求数值解。初始激励不为零,但外激振力为零,即由初始条件引起的自由振动解(即瞬态解)为

$$\eta_i(t) = \exp(-\zeta_i\omega_i t)\left[\frac{\dot{\xi}(0) + \xi_i(0)\zeta_i\omega_i}{\overline{\omega}_i}\sin\overline{\omega}_i t + \dot{\xi}(0)\cos\overline{\omega}_i t\right] \quad i = 1, 2\cdots, n$$

一般情况下初始条件不为零,且有外激振力时,其动力响应为上述两种情况的综合,即全解=稳态解+瞬态解。

$$\xi_i(t) = \frac{1}{\overline{\omega}_i}\int_0^t r_i(\tau)\exp\left[-\zeta_i\overline{\omega}_i(t-\tau)\right]\sin\overline{\omega}_i(t-\tau)\mathrm{d}\tau + \eta_i(t) \quad i = 1, 2, \cdots, n$$

(3)还原求得系统的物理坐标表示位移响应

当求得了 n 个模态位移 $\xi_i(t)(i = 1, 2, \cdots, n)$ 后,通过坐标变换,即对每一阶振动的响应进行叠加,就可求得系统的物理位移响应:

$$\boldsymbol{u}(t) = \boldsymbol{\Phi}\boldsymbol{\xi}(t) = \sum_{i=1}^n \xi_i(t)\boldsymbol{\Phi}_i$$

振型叠加法的显著特点是,必须先求解系统的特征问题,从而得到各阶固有频率及其相应的主振型。全部求出所有频率是不可能的,也是不必要的,前面介绍的方法一般仅求出若干低阶特征对。

因此,在实用中,振型叠加法往往是以截断的形式使用,仅取若干低价模态叠加,例如取前 p 阶,即以截断形式的振型叠加法求得的近似位移响应。

$$\boldsymbol{u}_d(t) = \sum_{i=1}^p \xi_i(t)\boldsymbol{\Phi}_i$$

选取截断阶数需要注意的是,如果参与叠加的模态阶数太少,就会产生较大的截断误差,误差的大小将取决于被舍弃的高阶模态对振动的贡献。

一般情况下,高阶模态的振动是否可以忽略,取决于载荷的频谱特性及载荷的空间分布。当载荷具有较宽的频谱时,系统高阶模态产生的振动并不比低阶模态的振动小很多,如果将高阶模态振动截断,则将导致过大的误差甚至错误的结果。因此,这种类型的载荷不适合振型叠加法求解,用直接积分法比较合适。另外,尽管载荷的激励频率较低,但载荷的空间分布却产生了较大的高阶模态力,这种情况下,完全忽略高价模态的振动也会引起较大误差,而模态加速度方法可以较好地解决这个问题。

2. 模态加速度法

(1)基本思想:把位移响应分解为准静态位移和动态位移之和。

$$u(t) = u^*(t) + \widetilde{u}(t)$$

其中,准静态位移 $u^*(t)$ 设为

$$u^*(t) = K^{-1}p(t)\widetilde{u}(t)$$

动态位移 $\widetilde{u}(t)$ 求解如下:

将 $u(t) = u^*(t) + \widetilde{u}(t)$ 代入振动方程(4-2-1):

$$M\ddot{u}(t) + C\dot{u}(t) + Ku(t) = p(t)$$

并将 $u^*(t) = K^{-1}p(t)$ 代入,得到动态位移为

$$\widetilde{u}(t) = u(t) - u^*(t) = -K^{-1}M\ddot{u}(t) - K^{-1}C\dot{u}(t)$$

将变换关系:

$$\begin{cases} u(t) = \boldsymbol{\Phi}\boldsymbol{\xi}(t) \\ \ddot{u}(t) = \boldsymbol{\Phi}\ddot{\boldsymbol{\xi}}(t) \\ \dot{u}(t) = \boldsymbol{\Phi}\dot{\boldsymbol{\xi}}(t) \end{cases}$$

代入得

$$\widetilde{u}(t) = -K^{-1}M\boldsymbol{\Phi}\ddot{\boldsymbol{\xi}}(t) - K^{-1}C\boldsymbol{\Phi}\dot{\boldsymbol{\xi}}(t)$$

考虑到

$$\begin{cases} K^{-1}M\boldsymbol{\Phi}_i = \dfrac{1}{\omega_i^2}\boldsymbol{\Phi}_i \\ K^{-1}C\boldsymbol{\Phi}_i = \dfrac{2\zeta_i}{\omega_i}\boldsymbol{\Phi}_i \end{cases} \quad i = 1, 2, \cdots, n$$

得动态位移:

$$\widetilde{u}(t) = -\sum_{i=1}^{n}\left(\dfrac{\ddot{\xi}(t)}{\omega_i^2} + \dfrac{2\zeta_i}{\omega_i}\dot{\xi}(t)\right)\boldsymbol{\Phi}_i$$

（2）实用中仅采用截断形式的近似值：

$$u_a(t) = u^*(t) - \sum_{i=1}^{p} \frac{1}{\omega_i^2} \ddot{\xi}_i(t) \boldsymbol{\Phi}_i$$

当采用全部振型叠加求解时，模态加速法与模态位移法将给出等价的理论结果。而采用截断形式时，二者结果是不同的。

3. 差异分析

为了说明问题的实质，略去阻尼的影响。设截断阶数为 p，则两种方法近似解如下。

模态位移法：

$$u_d(t) = \sum_{i=1}^{p} \xi_i(t) \boldsymbol{\Phi}_i$$

模态加速度法：

$$u_a(t) = u^*(t) - \sum_{i=1}^{p} \frac{1}{\omega_i^2} \ddot{\xi}_i(t) \boldsymbol{\Phi}_i$$

上述两种方法的关系证明如下：

将 $u^*(t)$ 按振型展开，即

$$u^*(t) = \sum_{i=1}^{n} \xi_i^*(t) \boldsymbol{\Phi}_i = K^{-1} p(t)$$

$\xi_i^*(t)$ 模态"准静态位移"

$$u^*(t) = \sum_{i=1}^{n} \xi_i^*(t) \boldsymbol{\Phi}_i = K^{-1} p(t)$$

等式两边同时乘以 $\boldsymbol{\Phi}_i^{\mathrm{T}} M$ 可得

$$\boldsymbol{\Phi}_i^{\mathrm{T}} M \sum_{i=1}^{n} \xi_i^*(t) \boldsymbol{\Phi}_i = \boldsymbol{\Phi}_i^{\mathrm{T}} M K^{-1} p(t)$$

$$\boldsymbol{\Phi}_i^{\mathrm{T}} M \boldsymbol{\Phi}_i = 1$$

$$\boldsymbol{\Phi}_i^{\mathrm{T}} M \boldsymbol{\Phi}_j = 0$$

$$K^{-1} = \frac{1}{\omega_i^2} \boldsymbol{\Phi}_i \boldsymbol{\Phi}_i^{\mathrm{T}}$$

此即正交条件

$$\xi_i^*(t) = \frac{1}{\omega_i^2} \boldsymbol{\Phi}_i^{\mathrm{T}} M \boldsymbol{\Phi}_i \boldsymbol{\Phi}_i^{\mathrm{T}} p(t) = \frac{1}{\omega_i^2} \boldsymbol{\Phi}_i^{\mathrm{T}} p(t) = \frac{1}{\omega_i^2} r_i(t)$$

$r_i(t)$ 为第 i 阶模态力。

$$\xi_i^*(t) = \frac{1}{\omega_i^2} r_i(t) \quad i = 1, 2, \cdots, n$$

$$u(t) = \sum_{i=1}^{n} \xi_i(t) \boldsymbol{\Phi}_i$$

$$u^*(t) = \sum_{i=1}^{n} \xi_i^*(t) \boldsymbol{\Phi}_i$$

代入模态加速度法解，并略去阻尼项，得

$$\sum_{i=1}^{n} \xi_i(t) \boldsymbol{\Phi}_i = \sum_{i=1}^{n} \xi_i^*(t) \boldsymbol{\Phi}_i - \sum_{i=1}^{n} \left(\frac{1}{\omega_i^2} \ddot{\xi}_i(t) \right) \boldsymbol{\Phi}_i$$

则对应于各阶模态有如下关系式：

$$\xi_i(t) = \xi_i^*(t) - \frac{1}{\omega_i^2} \ddot{\xi}_i(t) \quad i = 1, 2, \cdots, n$$

将 $\dfrac{1}{\omega_i^2} \ddot{\xi}_i(t) = \xi_i^*(t) - \xi_i(t)$ $\boldsymbol{u}^*(t) = \sum\limits_{i=1}^{n} \xi_i^*(t) \boldsymbol{\Phi}_i$ 代入

$$\boldsymbol{u}_a(t) = \boldsymbol{u}^*(t) - \sum_{i=1}^{p} \frac{1}{\omega_i^2} \ddot{\xi}_i(t) \boldsymbol{\Phi}_i$$

可得

$$\boldsymbol{u}_a(t) = \sum_{i=1}^{p} \xi_i(t) \boldsymbol{\Phi}_i + \sum_{i=p+1}^{n} \xi_i^*(t) \boldsymbol{\Phi}_i$$

即

$$\boldsymbol{u}_a(t) = \boldsymbol{u}_d(t) + \sum_{i=p+1}^{n} \xi_i^*(t) \boldsymbol{\Phi}_i$$

由以上分析，可得结论如下：

①模态加速度法得到的结果，是模态位移的截断形式下的结果附加以高阶模态的准静态位移；

②当有截断时，高阶模态对响应的贡献可用准静态位移近似补偿；

③模态加速度法要比模态位移法具有更高的精度；

④特别是当载荷的空间分布可能产生较大的高阶模态力时，高阶准静态位移不可忽略。

模态位移法的解会产生较大的误差，而模态加速度法中，由于通过准静态位移 $\boldsymbol{u}^*(t)$ 进行了补偿修正，所以大大降低了求解误差。

4.2.3 核工程地震分析实例

约旦次临界装置是我国为约旦科技大学设计建造的临界实验装置，属于核能领域的涉外合作项目。其结构由支架、容器和堆内结构组成，如图 4-2-2 所示。容器支架由钢管和垫板组成，容器内充满水。

装置抗震设计地震烈度抗震设防等级为 8 级。

由于装置安装于旧厂房内，没有相应的反应谱。

实际计算按国家核安全局《含有有限量放射性物质核设施的抗震设计》的有关规定，得到地面设计加速度，并根据美国核管会（NRC）关于"核电厂地面设计加速度谱"的相关做法，得到次临界装置抗震分析的地面设计加速度反应谱。

结构主体薄壳结构采用壳单元，杆件采用梁单元模拟。根据基于 Housner 模型的刚性壁理论，堆芯容器内的水可只考虑冲击压力，而不考虑对流压力，冲击效应采用附加质量法。有限元模型如图 4-2-3 所示。

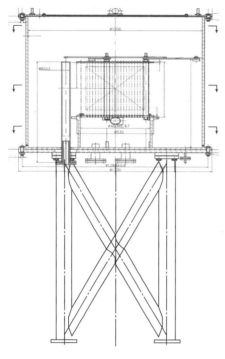

图 4-2-2　约旦次临界装置

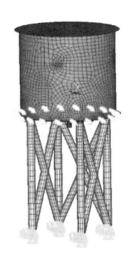

图 4-2-3　约旦次临界装置有限元模型

由于结构振型参与质量不足,故进行了相应修正。初步计算,结构地震应力很大,需要对相邻支腿进行交叉加固。由此进行结构优化。优化后前 4 阶模态频率见表 4-2-1,对应模态振型如图 4-2-4 所示。

表 4-2-1　优化后前 4 阶模态频率

阶数	频率/Hz	振型描述
1	16.2	整体左右平摆
2	18.8	整体前后平摆
3	34.2	测量管弯曲
4	34.8	测量管弯曲加堆芯扭动

由图 4-2-4 可知,结构优化后,装置前 4 阶振型与实际结构是相符合的。据此进行的谱分析结果,能够满足抗震评价的要求。

4.2.4　隔震减震基本原理

对于一些新型核反应堆,由于其设备的高温特性,加上服役环境比较特殊,抗震能力较差,当提高刚度等抗震措施无法满足设计要求时,常采用隔减震技术,使结构远离地震卓越周期,并增大结构的阻尼。以减少或消除地震波向结构的传播,从而达到保护设备免受地震破坏的目的。

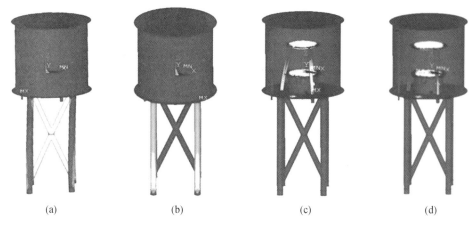

(a)   (b)   (c)   (d)

图 4-2-4　约旦次临界装置结构振型

减震基本原理:在消能减震结构体系中,消能(阻尼)装置或元件在主体结构进入非弹性状态前率先进入耗能工作状态,充分发挥耗能作用,消耗掉输入结构体系的大量地震能量,大大减少结构本身消耗的能量,这意味着结构响应将大大降低,从而有效保护主体结构,使其不再受到损伤或破坏。

结构耗能减震技术是在结构物某些部位(如支撑、连接缝或连接件)设置耗能装置(阻尼或元件),通过该装置产生摩擦、弯曲(剪切、扭转)、弹塑性(黏弹性)滞回变形来耗散或吸收地震输入到结构的能量,以减小结构的地震反应,从而避免结构破坏,达到减震的目的。

耗能元件大体上可分为三类:①速度相关型,如线性黏滞或黏弹性阻尼器;②位移相关型,如金属屈服型或摩擦型阻尼器;③调谐吸震型,如调谐质量阻尼器或调谐液体阻尼器。

调谐减震控制体系是由结构和附加在主结构上的子结构组成的。附加的子结构具有质量、刚度和阻尼,因而可以调整子结构的自振频率,使其尽量接近主结构的基本频率或激振频率。这样,当主结构受激励而振动时,子结构就会在主结构上产生一个方向相反的惯性力,使主结构的振动反应衰减并受到控制。由于这种减震控制不是通过提供外部能量,只是通过调整结构的频率特性来实现的,故称为"被动调谐减震控制"。目前常用的被动调谐减震控制装置有调谐质量阻尼器和调谐液体阻尼器。

隔震原理:当机器振动超过允许范围时,将极大地影响其正常运行和使用寿命,同时也是一种振动污染,危害着周围设备的正常工作和人体健康,因此,有效隔离振动是非常必要的。隔震是一个很广泛的课题,工程中的隔振通常分为两种情况:一是为了降低振源对周围设备的影响,用隔振器将其与设备基础隔开,以减小传递给基础的力,这种隔振方式通常称为积极(主动)隔振;二是消极(被动)隔振,即阻止振动的输入,例如结构抗震问题中的隔震设计,或在振动的结构或地基上安装精密仪器的隔振问题。

4.3 其 他 应 力

4.3.1 内压应力

反应堆工程中,经常需要使用压力容器包括压力管道系统,以包容高压介质,压力对容器产生的应力对结构应力的贡献是不容忽视的。加上压力产生的应力将遍布容器的各个部分,一旦压力超出可接受范围,则意味着容器所有部分都将破坏,其后果无疑是非常严重的。所以,有必要对压力产生的应力进行详细了解。

压力容器在柱坐标下,压力产生的应力中,由大到小的三种应力依次是:环向应力、轴向应力和径向应力。材料力学课程中对这三种应力给出了明确的公式,即环向应力为 $\frac{PD}{2t}$, 轴向应力为环向应力的一半,即 $\frac{PD}{4t}$,径向应力等于容器内压 P,一般较小,可以忽略。

4.3.2 接管应力

大型容器一般都连接管道系统,在容器应力分析中,不可能也没必要将管道系统和容器一起计算,而是把管道系统截断,把管道对容器的接管载荷(三个力和三个力矩)施加在容器管嘴,接管载荷对接管嘴产生的作用,分别是拉压、弯曲和扭转,使用材料力学公式,很容易求出对容器管嘴处的应力。工程计算中,一般是设备先按管道材料的极限载荷进行计算,待管道设计计算完成后,再进行必要的计算修正。大型设备和管道往往需要进行迭代,才能确定。

参 考 文 献

[1] 李维特,黄保海,毕仲波.热应力理论分析及应用[M].北京:中国电力出版社,2004.

[2] 徐芝纶. 弹性力学(上册)[M].5 版.北京:高等教育出版社,2016.

[3] 戴守通,刘振华,朱庆福,等.铀溶液临界装置热应力分析[J].原子能科学技术,2009, 43:260-264.

[4] 倪振华.振动力学[M].西安:西安交通大学出版社,1989.

[5] 姚伟达,姚彦贵.核电厂设施抗震分析及应用[M].上海:上海科学技术出版社,2021.

[6] 戴守通,韩治,汪军,等.约旦次临界装置抗震分析[J].原子能科学技术,2012,46: 845-848.

[7] 王洪纲.热弹性力学概论[M].北京:清华大学出版社,1989.

[8]　刘延柱,陈立群,陈文良.振动力学[M].3 版.北京:高等教育出版社,2019.

[9]　李云飞,邱明.振动力学[M].北京:电子科技大学出版社,2019.

[10]　赵子龙.振动力学[M].北京:国防工业出版,2014.

第 2 篇　塑 性 力 学

第5章 简单应力状态下的弹塑性力学问题

5.1 塑性力学基本特性

塑性是指材料在外载荷作用下,承受的应力超出弹性极限,材料产生屈服流动,发生不可恢复的永久变形的现象。塑性力学主要研究材料在特定状况下的塑性屈服流动准则和应力应变关系,从材料实际变形过程来看,弹性力学与塑性力学分别占据实验拉伸曲线的第一阶段和第二阶段。

在弹性力学中,应力应变具有单一的对应关系。然而,材料在一定的外界环境和加载条件下,其变形往往会表现出非弹性性质,应力应变之间不再具有单一的线性关系。非弹性变形主要包括塑性变形和黏性变形两种。塑性变形是指除去外力后仍不会恢复,且不随时间而增减的永久变形。黏性变形也不可恢复,但随时间而改变,例如蠕变、松弛等现象就是黏性效应的反映。

另外,也常用塑性和脆性这对概念来区分物体在经受变形直至破坏时所产生的变形的大小。如果材料经受很小的变形就破坏,说明材料塑性变形能力较差,称之为脆性,通常可近似地用弹性理论来进行脆性分析直至破坏。如果材料经受较大的变形才破坏,表明材料的塑性变形能力较强,认为材料具有较好的韧性或延性,此时,物体从开始出现塑性变形到最终破坏的过程中仍具有承载能力。因此,为了充分利用材料的潜力,就应该采用塑性力学的方法进行分析。

脆性和塑性之间并没有严格的界限,材料变形行为属于塑性还是脆性,除了与材料本身的特性有关外,还与其所处的承载状况有关,即便是韧性很好的金属材料,如果处于三向受拉的承载状况下,也会表现出脆断现象,而哪怕是如岩石一样的脆性材料,如果处于三向受压状态,也会表现出塑性屈服流动的性状。另外,即使是脆性材料,在某种状况下,其微小的塑性变形也会对材料特性起到相当大的影响,比如脆性材料裂纹尖端的细微的塑性变形,就会对裂纹的扩展起到重大的影响。

研究塑性力学的目的有如下几个方面:①研究在何种条件下允许结构某些部位的应力超过弹性极限,从而充分挖掘材料强度潜力。②研究物体产生的塑性变形对后续承载能力和(或)抵抗变形能力的影响。例如当物体经历了塑性变形而获得有利的残余应力分布后,其承载能力将有较大的提高。③研究如何利用材料的塑性性质达到加工成形的目的。例如,在加工过程中如何使材料变形更加均匀,从而防止材料破坏,以及得到同样的变形,如何使施加的力或消耗的能量最小等。

塑性力学是连续介质力学的一个分支,研究塑性力学仍采用连续介质力学中的假设和

基本方法,其中包括:

①几何方程:描述物体变形和运动(即应变和位移)之间的数学关系;

②守恒定律:包括质量守恒、动量守恒和能量守恒等;

③物理方程:描述材料物理状态和力学性质之间的本质关联的方程,即本构方程。

前两类方程与材料性质无关,因而其应用范围更广。第三类方程则因连续介质力学各个分支(如弹性力学、黏弹性力学、塑性力学、流体力学等)的不同而不同,这类方程的建立也是塑性力学研究的重点之一。当然,塑性力学的研究方法也必然有不同的特点。

早期塑性本构方程的建立是以材料宏观实验为基础的。随着研究的深化,有从不可逆过程热力学观点和更系统的研究方法进行深入探讨的,也有从塑性变形的微观机理出发,使用宏观微观相结合的方法来研究塑性变形的规律的,这些重要研究方向的研究成果和理论都有待进一步发展完善。

本书将从简单应力状态入手,着重介绍有关的物理概念,突出塑性力学特点和研究方法,为后继课程学习打下必要基础。

5.2　简单拉伸应力、应变曲线

研究塑性变形规律的最简单实验是金属材料的单向拉压实验,这类实验通常在室温下进行。试件如图 5-2-1 所示,试件的长度和截面积将初始值为 l_0 和 A_0,在拉伸载荷 P 的作用下,分别变为 l 和 A,试件中部的应力和变形是均匀的,故可定义名义应力 $\sigma = P/A_0$ 和名义应变 $\varepsilon = (l-l_0)/l_0$。

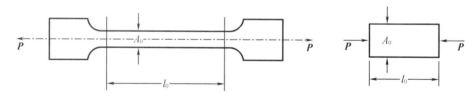

图 5-2-1　金属材料单向拉压试样

材料拉伸实验的典型曲线如图 5-2-2 所示。Oa 段称为弹性变形阶段,其应力和应变是严格成比例的,a 点称为比例极限,如果卸去载荷直至应力为零,则应变也沿该斜线下降为零,即变形完全恢复。a 点以后,曲线开始稍向下弯曲,弹性阶段的末端 b 点称为弹性极限,这一段的应变已不能完全恢复,称为滞弹性阶段。

弹性极限 b 点过后,开始发生塑性变形,直到材料某点发生明显屈服,但仍然比较轻微,bc 段称为微塑性变形阶段,c 点称为上屈服点 R_{eH}。此后,有一个短暂的动荡屈服阶段 ce 段,e 点称为下屈服点 R_{eL},下屈服点一般是稳定的,所以工程上取下屈服点 R_{eL} 作为材料的屈服点,记为 σ_s,称为屈服应力或屈服强度,表示金属材料抵抗微量塑性变形的能力。

对一般材料而言,其比例极限、弹性极限和屈服应力三者相差不大,在工程上通常不加以区分。在弹性极限后,如果卸去载荷,即使应力完全去除,应变也不会降为零,这部分残留的应变即塑性应变 ε_p,可见,σ_s 是能否产生塑性变形的分界应力。

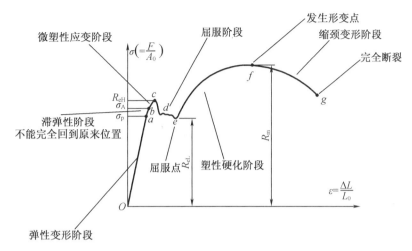

图 5-2-2　金属材料单向拉伸变形

材料屈服以后,晶粒重新排列,抵抗变形的能力重新提高。由图 5-2-2 可见,e 点以后,材料重新具备了抵抗外载荷的能力,即需要继续施加更大的载荷,才能发生更多的塑性变形,而且这一段的塑性变形是均匀的,直到在 f 点开始产生局部变形集中,即颈缩变形现象,试样直径开始明显变细,此后便快速断裂。f 点的应力称为抗拉强度或强度极限,记为 R_m 或 σ_u,该应力是由均匀塑性变形向局部集中塑性变形过度的临界值,即静拉伸的最大应力值,表征材料抵抗均匀塑性变形的能力。对于均匀塑性变形不存在或很小的脆性材料,则反映了材料的断裂抗力。

对于没有明显屈服流动的金属,则以产生 0.2% 残余变形所对应的应力值为其屈服极限,也称条件屈服极限 $\sigma_{0.2}$,如图 5-2-3 所示。

在屈服阶段,尽管应力不变,但应变的增长仍然相当可观。设 ε_s 为弹性应变,则屈服阶段末端的应变可增大至 ε_s 的十多倍,可见,塑性变形比弹性变形高一个量级以上。

如果产生了一定的塑性变形之后再逐渐减小载荷,如图 5-2-4 中的 MN 线,则应力应变规律基本上是一直线,其斜率与初始加载的斜率相当。这表明,材料内部的晶格结构在塑性变形以后并没有发生本质变化。如果从卸载后的点 N 重新加载,则应力应变将按同一比例线性变化,当达到 M 点附近才急剧弯曲,开始产生塑性变形。随后的曲线将沿 OAM 的延长线延伸。可见,后继加载的屈服应力等于把初始屈服应力 σ_s 提高到点 M 所对应的屈服应力 σ_M,该数值的具体大小与卸载点 M 的位置,即与塑性应变 ε_p 的大小直接相关,可见,材料性能经过塑性变形后得到了加强。

经过一定的塑性变形使材料弹性极限提高的现象,称为加工硬化,应变硬化或应变强化,具体提高程度与塑性变形历史有关,即取决于之前塑性变形的程度。建筑工程中,经常把钢筋拉伸至产生塑性变形,再浇筑混凝土,以提高钢筋强度。而金属冷成型或切屑加工以后要进行热处理,也是要改善加工硬化对材料的不利影响。

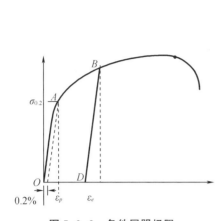

图 5-2-3　条件屈服极限

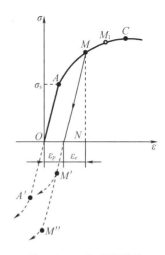

图 5-2-4　包兴格效应

如果材料从 M 点卸载至应力为零,然后再反向加载,对单晶体来说,其压缩屈服应力也有相应提高(图 5-2-4 中的 M'' 点)。然而,对多晶体材料来说,其压缩屈服应力(M' 点)一般低于初始单向加载时的屈服应力(A' 点),即图 5-2-4 中 M' 点应力的绝对值要小于 A' 点。这种由于拉伸时强化导致压缩时弱化的现象,称为包兴格效应。

由图 5-2-4 可知,在加载和卸载过程中,应力和应变服从不同的规律,加载时有 $\sigma d\sigma \geq 0, d\sigma = E d\varepsilon$,卸载时有 $\sigma d\sigma < 0 d\sigma = E d\varepsilon$。

简单拉伸试验与简单压缩试验测得的应力、应变曲线是有差异的,对一般金属材料而言,常用拉伸试验测得的应力数值作为工程计算的许用应力值。

由图 5-2-5 可知,应变<10%时,二者基本一致,当应变≥10%时,差异较大,拉伸试验得到的应力值比压缩实验的数值小,所以,用简单拉伸试验测许用应力是偏于安全的。

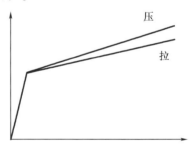

图 5-2-5　简单拉压实验区别

由上述实验可知,塑性变形具有以下几个基本特性。

①由于塑性应变不可恢复,所以外力所做的塑性功是不可逆的,或称耗散性。在一个加载卸载的循环中外力做正功,这部分能量被材料的塑性变形消耗掉了。

②在材料弹塑性变形过程中,应力、应变不再具有单一的线性关系。由于加载路径的不同,同一个应力可对应于不同的应变,反之亦然,应力、应变关系依赖于加载路径,即与加载历史有关。

③产生塑性变形时,结构将同时存在产生弹性变形的弹性区和产生塑性变形的塑性区,两个区域分界面随着载荷的变化而变化。

应力、应变的线性关系是有一定前提的,对于确定的塑性变形,应力不能随意取值。例如,对于图 5-2-4 中 M 点的应力应变曲线,加载时将沿 AMM_1 方向延伸,仅当卸载时才以线性规律沿 MN 下降。为了区分加卸载时的不同规律,必须给出相应的加卸载准则。

影响金属材料塑性性能的因素,除了加载外,主要还有以下几种因素。

①温度。当温度上升时,材料的屈服应力将会降低而塑性变形的能力则有所提高,因为温度的升高,意味着材料吸收更多的能量,晶粒之间的相对运动变得更加容易,屈服流动性更强。宏观上表现为材料韧性升高,强度降低,而蠕变、松弛等长时黏性效应,显然也和高温具有非常密切的关系。

②静水压力。金属材料实验结果表明,当静水压力不太大时,材料体积的变化服从弹性规律而不产生永久塑性变形。故当材料有较大的塑性变形时(弹性变形相对很小),可近似认为体积是不可压的。此外,静水压力对屈服应力的影响也不大。静水压力增大时,塑性强化效应的增加并不明显,即静水压力对屈服极限的影响可以忽略,甚至可以说,静水压力不影响屈服。

③应变速率。如果实验时将加载速度提高几个数量级,则屈服应力也会相应地提高,但材料的塑性变形能力会有所下降。对于受高速撞击载荷或爆炸载荷作用的结构,就需要考虑应变率效应对材料性质的影响,但是,在一般加载速度下,均不必考虑这一因素。

需要指出的是,材料宏观变形特性表现为弹性还是塑性,不是绝对的,还和受载环境有关。例如,在三向受压的情况下,即使是脆性材料如岩石,也会表现出屈服流动特性,而在三向受拉情况下,即使是塑性材料如金属,也会表现出易断的脆性特性。

5.3 单向加载应力、应变简化模型

材料的简单拉压实验曲线直接用于工程计算是非常不方便的。工程上常常根据不同的问题,对不同材料进行不同简化,从而可得到既能反映该材料基本力学性质,又便于数学计算和工程应用的简化模型。这些模型必须同时具备理论正确和便于工程应用两个条件,常用模型有以下几种。

5.3.1 理想弹塑性模型

对于软钢或强化率较低的材料,在应变不太大或强化效应可忽略时,可简化为图 5-3-1 所示的情形。假定拉压屈服应力的绝对值相同,则当应力从零单调变化(不卸载)时,应力、应变关系可写为

$$\varepsilon = \begin{cases} \sigma/E, & \text{当}|\sigma|<\sigma_s\text{时} \\ \sigma/E+\lambda\,\mathrm{sgn}\,\sigma, & \text{当}|\sigma|=\sigma_s\text{时} \end{cases} \quad (5-3-1)$$

其中,λ 是非负参数,符号函数

$$\mathrm{sgn}\,\sigma = \begin{cases} 1, & \text{当}\sigma>0\text{时} \\ 0, & \text{当}\sigma=0\text{时} \\ -1, & \text{当}\sigma<0\text{时} \end{cases}$$

类似地,式(5-3-1)也可用应变表示为

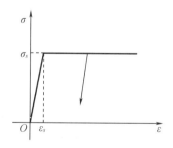

图 5-3-1 理想弹塑性模型

$$\sigma = \begin{cases} E\varepsilon, & \text{当} |\varepsilon| \leqslant \varepsilon_s \text{ 时} \\ \sigma_s \operatorname{sgn} \varepsilon, & \text{当} |\varepsilon| > \varepsilon_s \text{ 时} \end{cases}$$

其中，$\varepsilon_s = \sigma_s / E$。

核工程设备通常都承受较高的温度和压力，需要材料具有较大的延塑性，而不快速断裂。所以，核设备普遍使用塑性较好的材料，这些材料适用于理想塑性模型。

5.3.2 线性强化弹塑性模型

当材料的强化率较高且在一定范围内变化不大时，可用两条直线来表示拉伸或压缩实验曲线(图5-3-2)。如假定拉压屈服应力的绝对值和强化模量都相同，则当不发生卸载时，应力应变关系可写成

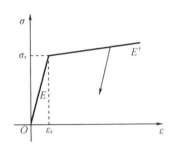

$$\varepsilon = \begin{cases} \sigma/E, & \text{当} |\sigma| \leqslant \sigma_s \text{ 时} \\ \sigma/E + (|\sigma| - \sigma_s)\left(\dfrac{1}{E'} - \dfrac{1}{E}\right) \operatorname{sgn} \varepsilon, & \text{当} |\sigma| > \sigma_s \text{ 时} \end{cases}$$

(5-3-2)

图 5-3-2　线性强化弹塑性模型

类似地，式(5-3-2)也可由应变表示为

$$\sigma = \begin{cases} E\varepsilon, & \text{当} |\varepsilon| \leqslant \varepsilon_s \text{ 时} \\ [\sigma_s + E'(|\varepsilon| - \varepsilon_s)] \operatorname{sgn} \varepsilon, & \text{当} |\varepsilon| > \varepsilon_s \text{ 时} \end{cases}$$

5.3.3 一般加载规律(图5-3-3)

对于一般单向拉伸曲线，在不卸载时可将应力、应变关系写为

$$\sigma = \varphi(\varepsilon) = E\varepsilon[1 - \omega(\varepsilon)]$$

(5-3-3)

其中

$$\omega(\varepsilon) = \begin{cases} 0, & \text{当} |\varepsilon| \leqslant \varepsilon_s \text{ 时} \\ [E\varepsilon - \varphi(\varepsilon)]/(E\varepsilon), & \text{当} |\varepsilon| > \varepsilon_s \text{ 时} \end{cases}$$

$$\omega(\varepsilon) = (1 - E'/E)[1 - \varepsilon_s/|\varepsilon|]$$

(5-3-4)

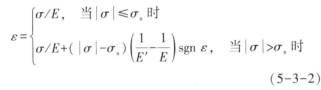

$\omega(\varepsilon) = \dfrac{\overrightarrow{AC}}{\overrightarrow{AB}}$，用于迭代求解很方便。

5.3.4 幂次强化模型(图5-3-4)

加载规律可写为

$$\sigma = A|\varepsilon|^n \operatorname{sgn} \varepsilon$$

(5-3-5)

该模型只有两个参数 A 和 $n(A>0, 0 \leqslant n \leqslant 1)$，因而也不可能准确表示材料的所有特征。但由于解析式比较简单，而且 n 可以在[0,1]内变化(n 取 0 和 1 分别代表理想刚塑性和理想弹性模型)，所以也经常被采用。模型在 $\varepsilon = 0$ 处的斜率为无穷大，近似性较差，但是数学上容易处理。

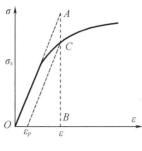

图 5-3-3 一般加载规律

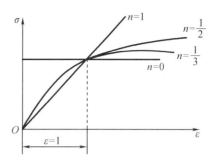

图 5-3-4 幂次强化模型

5.3.5 Ramberg-Osgood 模型

该模型也称三参数模型,如图 5-3-5 所示,其加载规律可写为

$$\frac{\varepsilon}{\varepsilon_0} = \frac{\sigma}{\sigma_0} + \frac{3}{7}\left(\frac{\sigma}{\sigma_0}\right)^n \qquad (5-3-6)$$

如取 $\sigma = \sigma_0$,则有

$$\varepsilon = \frac{10}{7}\varepsilon_0 = \frac{10}{7}\frac{\sigma_0}{E}$$

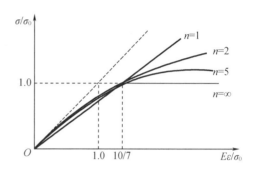

图 5-3-5 Ramberg-Osgood 模型

这对应于割线斜率为 $0.7E$ 的应力和应变。上式中有三个参数可用来刻画实际材料的拉伸特性,在数学表达式上也较为简单。

5.3.6 理想刚塑性模型

如果总应变较大,则由于弹性应变远小于塑性应变而可被忽略,这样的本构模型称为刚塑性模型。采用这种模型可以使许多问题得到很大的简化,特别适用于塑性极限载荷的分析求解。

5.4 反向加载应力、应变简化模型

对于外载荷改变方向,而使结构产生反向屈服的情形,经常采用的简化模型有以下两种。

5.4.1 等向强化模型

该模型认为拉伸屈服应力和压缩屈服应力的大小始终相等,材料在一个方向屈服强度提高的同时,其他方向的屈服强度也得到同等提高,这样的材料称为等向强化材料。其表达式为

$$|\sigma| = \psi(\xi) \qquad (5-4-1)$$

其中 ξ 是表达塑性变形历史的参数,如可取 $\xi = \int |d\varepsilon_p|$ 为塑性。

应变增量为绝对值累积,或取 $\xi = W_p = \int \sigma d\varepsilon_p$ 为塑性功,不论拉还是压,该模型都使屈服应力的绝对数值提高。对应于图 5-2-4 中的 NM 和 NM''。

等向强化模型假设在塑性变形过程中加载面均匀扩大,即加载面决定于强化模量 q,如果初始屈服面是 $f^* \sigma_{ij} = 0$,则等向强化的加载面可表示为 $f(\sigma_{ij}) = f^*(\sigma_{ij}) - C(q) = 0$。其中 C 是强化参量 q 的函数,通常 q 可取为塑性功或等效塑性应变。

等向强化模型假定材料在塑性变形后保持各向同性,忽略了塑性变形导致的各向异性的影响,也不考虑包兴格效应。因此,只有在变形不大,应力矢量的方向或各应力分量的比值变化不大,等向强化模型才与实际情况较为接近。但在实际工程中,由于这种模型的数学处理较为方便,所以应用较为广泛。

5.4.2 随动强化模型

如果材料在一个方向屈服强度提高,同时其他方向的屈服强度相应降低,比如,拉伸屈服强度提高多少,压缩屈服强度相应减少相同数值,这一现象称为随动强化。

随动强化模型假设在塑性变形过程中,加载面的大小和形状不变,在应力空间中做整体平移,令 α_{ij} 代表加载面移动矢量的分量,则加载面可表达为 $f(\sigma_{ij}) = f^*(\sigma_{ij} - \alpha_{ij}) = 0$,其中 $\alpha_{ij} = A\varepsilon$,$A$ 为常数。

随动强化模型中,弹性卸载范围是初始屈服应力的两倍,根据这种模式,材料总的弹性区间保持不变,但由于拉伸时强化,而使压缩屈服应力减小,即考虑了包兴格效应,认为拉伸屈服应力和压缩屈服应力的代数值之差(弹性响应范围)始终不变。对应于图 5-2-4 中的 NM 和 NM',其表达式可写为

$$|\sigma - \psi(\varepsilon_p)| = \sigma_s \qquad (5-4-2)$$

其中,$\psi(\varepsilon_p)$ 是塑性应变 ε_p 的单调递增函数。上式在线性强化情形下也可写为

$$|\sigma - h\varepsilon_p| = \sigma_s \qquad (5-4-3)$$

式中,$h = \dfrac{d\psi}{d\varepsilon_p}$ 是一个常数,称为强化指数。

随动强化可应用于循环加载和可能反向屈服的问题中。

为了简化计算,常将强化模型做一些简化。例如,在等向强化模型中,$C(q)$ 可进一步假设是塑性功的线性函数或幂函数,所得到的模型分别称为线性强化模型和幂强化模型。

金属材料一般采用等向强化或随动强化,实际上,对于大多数材料,其强化规律介于等向强化和随动强化之间。

5.4.3 典型的非线性材料强化模型

1. 双线性随动强化(BKIN)

使用两条直线来表示应力、应变曲线,故有弹性斜率和塑性斜率两个斜率,使用随动强化的 Von mises 屈服准则,包含了包兴格效应,适用于遵守 Von Mises 屈服准则,初始各向同

性材料的小应变问题，包括大多数金属。

2. 双线性等向强化（BISO）

使用双线性来表示应力应变曲线，使用等向强化的 Von Mises 屈服准则，一般用于初始各向同性材料的大应变问题。

3. 多线性随动强化（MKIN）

使用多线性来表示应力、应变曲线，模拟随动强化效应，使用 Von Mises 屈服准则，如果使用双线性选项（BKIN）不足以表示应力、应变曲线的小应变分析，这一模型很有用。

4. 多线性等向强化（MISO）

使用多线性来表示使用 Von Mises 屈服准则的等向强化的应力、应变曲线，它适用于比例加载的情况和大应变分析。

5.5　轴向拉伸时的塑性失稳

由单向拉伸曲线可知，在应力达到最高点 C 以前材料是稳定的，要增加应变就必须增加应力。C 点以后，应变增加时应力反而下降，材料变得不稳定即拉伸失稳。实际上，在拉伸时试件的横截面积一般都会减小，尤其在颈缩后，试件局部区域的截面积明显减小，仍然用名义应力、应变描述拉伸特性是不合适的。

为此，以拉伸过程的真实截面积来定义真实应力，则对数应变

$$\tilde{\varepsilon} = \int_{l_0}^{l} \frac{\mathrm{d}l'}{l'} = \ln\left(\frac{l}{l_0}\right) = \ln(1 + \varepsilon)$$

由于材料不可压，可知 $A_0 l_0 = A l$，当名义应力达到最高点 C 时，出现颈缩，则有

$$\frac{\mathrm{d}\sigma}{\mathrm{d}\varepsilon} = 0$$

则由

$$\tilde{\sigma} = \frac{P}{A_0} \cdot \frac{A_0}{A} = \frac{P}{A_0} \cdot \frac{l}{l_0} = \sigma \mathrm{e}^{\tilde{\varepsilon}}$$

可知在颈缩时真实应力满足条件

$$\frac{\mathrm{d}\tilde{\sigma}}{\mathrm{d}\tilde{\varepsilon}} = \left(\frac{\mathrm{d}\sigma}{\mathrm{d}\varepsilon} \cdot \frac{\mathrm{d}\varepsilon}{\mathrm{d}\tilde{\varepsilon}}\right)\mathrm{e}^{\tilde{\varepsilon}} + \sigma \mathrm{e}^{\tilde{\varepsilon}} = \sigma \mathrm{e}^{\tilde{\varepsilon}} = \tilde{\sigma} \quad (5-5-1)$$

图 5-5-1 给出了拉伸时的真实 $\tilde{\sigma}$-$\tilde{\varepsilon}$ 曲线，如果某点的斜率正好等于该点的纵坐标值，则该点即对应材料拉伸失稳点 C'。

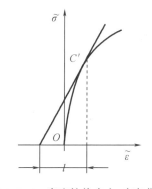

图 5-5-1　真实拉伸应力、应变曲线

上述失稳为结构尺度的宏观行为，除此之外，还有另一类型的失稳，即材料本身的失稳。例如，在低碳钢拉伸实验中，应力由上屈服点突然下

降到下屈服点,即为材料失稳,它与材料变形的内部微观机制有关。此外,随着材料的变形,出现微裂纹、孔洞等也将造成材料弱化而导致失稳,通常称之为应变弱化。当然,在许多问题中,以上两种现象往往是耦合的。

在应变较小的情况下,工程应变与真实应变相差不大,故而使用工程应力、应变曲线代替真实应力、应变曲线也是可以接受的。但在塑性变形较大时,工程应力、应变曲线已不能真正代表加载和变形状态,颈缩阶段应力下降也与实际不符,而真实应力、应变则更适用于大变形,工程上把10%规定为大变形和小变形的分界值。

此外,工程应变与真实应变还有以下区别。

5.5.1 真实应变为可加应变,工程应变为不可加应变。

假设某物体原长 l_0,经历 l_1,l_2 变为 l_3,总相对应变为

$$\varepsilon = \frac{l_3 - l_0}{l_0}$$

各阶段的相应应变为

$$\varepsilon_1 = \frac{l_1 - l_0}{l_0}, \varepsilon_2 = \frac{l_2 - l_1}{l_1}, \varepsilon_3 = \frac{l_3 - l_2}{l_2}$$

显然,$\varepsilon \neq \varepsilon_1 + \varepsilon_2 + \varepsilon_3$。

5.5.2 真实应变为可比应变,工程应变为不可比应变

当杆长由 l_0 变为 $2l_0$,或者 l_0 变为 $0.5l_0$,则

$$\varepsilon_{拉} = \frac{2l_0 - l_0}{l_0} = 100\%$$

$$\varepsilon_{压} = \frac{0.5l_0 - l_0}{l_0} = -50\%$$

可见,工程应变没有可比性,而真实应变为

$$\varepsilon_{拉} = \ln \frac{2l_0}{l_0} = 69\%$$

$$\varepsilon_{压} = \ln \frac{0.5l_0}{l_0} = -69\%$$

可见,真实应变具有可比性。

实际工程应用中,应变一般都不大,故而工程应力、应变应用较多。而要得到真实应变,也是先通过试验做出工程应力、应变,扣除弹性变形后,转化为真实应变。

5.6 理想塑性材料的弹塑性问题

5.6.1 等截面直杆的弹塑性问题

如图 5-6-1 所示的等截面直杆,杆截面积为 A,材料为理想弹塑性。在 $x=a(a<b)$ 处作用集中力 P,试求弹性极限载荷 P_e 和塑性极限载荷 P_s。若加载至 $P_e < P^* < P_s$ 时卸载,试求残余应力和残余应变。

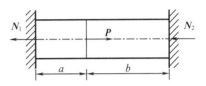

图 5-6-1 等截面直杆弹塑性梁

解 由平衡方程可得

$$N_1 + N_2 = P$$

由协调方程可知

$$\varepsilon_1 a + \varepsilon_2 b = 0$$

1. 弹性阶段

$$\varepsilon_1 = \sigma_1 / E$$

$$\varepsilon_2 = \sigma_2 / E$$

代入协调方程得

$$\sigma_1 a + \sigma_2 b = 0 \Rightarrow \sigma_1 = -\frac{b}{a}\sigma_2$$

联立平衡方程可得

$$\sigma_1 = \frac{Pb}{(a+b)A}$$

$$\sigma_2 = -\frac{Pa}{(a+b)A}$$

当 $\sigma_1 = \sigma_s$ 时, 梁左边首先屈服,故有

$$P_e = \left(1 + \frac{a}{b}\right)\sigma_s A$$

2. 弹塑性阶段

由 $\sigma_1 = \sigma_s$,并利用平衡方程得:

$$\sigma_s - \sigma_2 = P/A \Rightarrow \sigma_2 = \sigma_s - P/A$$

3. 卸载

加载至 $P_e < P^* < P_s$ 时卸载,卸载符合弹性规律,故对 a 段有 $\dfrac{\Delta\sigma_1}{\sigma_s} = \dfrac{\Delta P}{P_e} = \dfrac{P^*}{\dfrac{a+b}{b}\sigma_s A}$

$$\Delta\sigma_1 = \frac{P^* b}{(a+b)A}$$

由 $\dfrac{\Delta\sigma_1}{\Delta\sigma_2}=\dfrac{\sigma_1}{\sigma_2}=\dfrac{b}{a}$ 得

$$\Delta\sigma_2=-\frac{P^*a}{(a+b)A}$$

从而可得残余应力为

$$\sigma_1^0=\sigma_1^*-\Delta\sigma_1=\sigma_s-\frac{P^*b}{(a+b)A}=\left(1-\frac{P^*}{P_e}\right)\sigma_s<0$$

$$\sigma_2^0=\sigma_2^*-\Delta\sigma_2=\sigma_s-\frac{P^*}{A}+\frac{P^*a}{(a+b)A}=\left(1-\frac{P^*}{P_e}\right)\sigma_s<0$$

由卸载弹性关系得

$$\varepsilon_2^0=\varepsilon_2^*-\Delta\varepsilon_2=\frac{\sigma_2^0}{E}<0$$

由几何关系得

$$\varepsilon_1^0=\varepsilon_1^*-\Delta\varepsilon_1=-\frac{b}{a}\frac{\sigma_2^0}{E}>0$$

可见,在距离载荷位置较近的左端,卸载以前是塑性状态,对应拉应力拉应变,卸载以后,由于右端的弹性恢复,左端受压,故其残余应力是压应力,但直到卸载结束,左端的拉应变量都未被完全压缩至初始位置,所以,左端残余应变是拉应变。而右端的压缩应力、应变并未完全恢复,故而其残余状态为压应力、压应变。

当再次承受同方向的载荷时,左端的残余压应力将抵消掉一部分外载荷,使梁表现为弹性极限提高,承载能力加强。可见结构在承载过程中内部材料性能的变化,将使材料抵抗外载荷的能力进一步提高。

5.6.2　三杆桁架的弹塑性问题

理想塑性材料构成的三杆桁架如图 5-6-2 所示,杆截面积均为 A,中间杆长 l,中间杆与两侧杆的夹角 θ 均为 $45°$,在三杆交点处作用垂直向下的力 $\boldsymbol{P}$。令杆 1、2、3 的名义应力分别为 σ_1、σ_2 和 σ_3,名义应变依次为为 ε_1、ε_2 和 ε_3。

显然,该结构为一次超静定结构。

则由平衡关系方程得

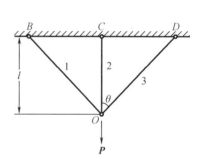

图 5-6-2　三杆桁架

$$N_1=N_3$$

$$N_1\cos\theta+N_2+N_3\cos\theta=P$$

消元后,可得

$$2\sigma_1\cos\theta+\sigma_2=P/A \tag{5-6-1}$$

由几何关系可得

$$\delta=\varepsilon_2 l=\varepsilon_1 l_1/\cos\theta=\varepsilon_1 l/\cos^2\theta$$

可知协调条件为

$$\varepsilon_1 = \varepsilon_2 \cos^2\theta \qquad (5\text{-}6\text{-}2)$$

显然,还必须使用本构关系,才能得到问题的解答。

1. 弹性阶段

材料起初处于弹性阶段,由物理方程可知

$$\sigma_1 = E\varepsilon_1 \qquad (5\text{-}6\text{-}3)$$

$$\sigma_2 = E\varepsilon_2 \qquad (5\text{-}6\text{-}4)$$

联立式(5-6-1)至式(5-6-4)四个关系式,得到

$$\sigma_2 = \frac{P}{A(1+2\cos^3\theta)} \qquad (5\text{-}6\text{-}5)$$

$$\sigma_1 = \sigma_2 \cos^2\theta \qquad (5\text{-}6\text{-}6)$$

可见,杆2处于外载荷作用线上,其承受应力较大。当 $\sigma_2 = \sigma_s$ 时,桁架开始出现塑性屈服,相应载荷称为桁架的弹性极限载荷(P_e),有

$$P_e = \sigma_s A(1+2\cos^3\theta)$$

对应 O 点位移为

$$\delta_e = \varepsilon_2 l = \frac{\sigma_s l}{E}$$

2. 弹塑性阶段

当 P 由零逐渐增大到 P_e 时,杆2的应力逐渐增大而达到屈服状态,如果此时 P 值继续增加,则弹性本构表达式(5-6-4)不再适用,相应的本构方程应改写为

$$\sigma_2 = \sigma_s, \quad \sigma_1 = \left(\frac{P}{A} - \sigma_s\right) / (2\cos\theta) \qquad (5\text{-}6\text{-}7)$$

这时,杆2虽然已经屈服而失去了进一步承载的能力,但由于受到杆1和杆3的弹性制约,其塑性变形显然不能任意增长,该状态为约束塑性变形阶段。直到当 P 值逐渐增大到 $\sigma_1 = \sigma_3 = \sigma_s$ 时,三根杆将全部进入屈服阶段,变形不再受任何约束,结构完全丧失进一步的承载能力。由杆1弹性式(5-6-7)可知,此时外载荷为

$$P_s = \sigma_s A(1+2\cos\theta) \qquad (5\text{-}6\text{-}8)$$

P_s 称为桁架的塑性极限载荷。

与此相应的竖直位移为

$$\delta_s = \frac{\varepsilon_1 l_1}{\cos\theta} = \frac{\sigma_s l}{E\cos^2\theta} = \frac{\delta_e}{\cos^2\theta} \qquad (5\text{-}6\text{-}9)$$

弹塑性极限载荷及变形的比值为

$$\frac{P_s}{P_e} = \frac{1+2\cos\theta}{1+2\cos^3\theta} \qquad (5\text{-}6\text{-}10)$$

$$\frac{\delta_s}{\delta_e} = \frac{1}{\cos^2\theta} \qquad (5\text{-}6\text{-}11)$$

当 θ 为 30°时

$$\frac{\delta_s}{\delta_e}=1.33, \frac{P_s}{P_e}=1.19$$

当 θ 为 45°时

$$\frac{\delta_s}{\delta_e}=2, \frac{P_s}{P_e}=1.41$$

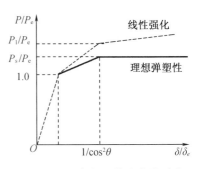

图 5-6-3 三杆桁架挠度曲线对比

图 5-6-3 即为式(5-6-10)对应于桁架的载荷挠度曲线,显然可见,考虑结构塑性行为时,结构的变形虽然比弹性变形大一些,但在数值上仍属同一量级,但是,桁架相应的承载能力却得到了相当可观的提高。

3. 卸载

当 P 值加载到处于 $P_e<P<P_s$ 范围内的某一数值 P^* 时,开始卸载,由于卸载服从弹性规律,杆内应力服从弹性应力表达式(5-6-5)和式(5-6-6),假如卸掉的载荷为 ΔP,则可以得到

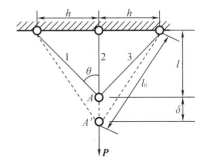

图 5-6-4 桁架变形示意图

$$\Delta\sigma_2=\frac{\Delta P}{P_e}\sigma_s, \quad \Delta\sigma_1=\frac{\Delta P}{P_e}\sigma_s\cos^2\theta \quad (5-6-12)$$

$$\Delta\varepsilon_2=\Delta\sigma_2/E, \quad \Delta\varepsilon_1=\Delta\sigma_1/E \quad (5-6-13)$$

卸载时载荷-位移曲线与初始弹性加载时的曲线有相同的斜率。

假如将 P^* 全部卸掉,则可由弹塑性阶段的应力表达式(5-6-7)减去 $\Delta P=P^*$ 时的应力值,得到最终的残余应力和残余应变值为

$$\sigma_1^0=\sigma_1^*-\Delta\sigma_1=\left(\frac{P^*}{A}-\sigma_s\right)(2\cos\theta)-\frac{P^*}{P_e}\sigma_s\cos^2\theta=\left(\frac{P^*}{P_e}-1\right)\sigma_s/(2\cos\theta)>0$$

$$\sigma_2^0=\sigma_2^*-\Delta\sigma_2=\left(1-\frac{P^*}{P_e}\right)\sigma_s<0 \qquad (5-6-14)$$

$$\varepsilon_1^0=\varepsilon_1^*-\Delta\varepsilon_1=\sigma_1^0>0$$

$$\varepsilon_2^0=\varepsilon_2^*-\Delta\varepsilon_2=\varepsilon_1^0/\cos^2\theta>0$$

对于杆 1,由于始终处于弹性状态,则其残余应变可由残余应力结合胡克定律直接得到,而杆 2 的残余应变,也可由几何关系式(5-6-2)直接得到。

可见,对于超静定结构,卸去外载荷后,残余应变不等于塑性应变,它含有弹性应变的成分。

显然,残余应力与零外载相平衡。由于三杆桁架是一次超静定结构,故残余应力表达式只含有一个与塑性变形历史有关的参数。相应的残余应变可分为弹性应变和塑性应变两部分之和:

$$\varepsilon_i^r=\sigma_i^r/E+\varepsilon_i^P \quad (i=1,2,3)$$

可见,在超静定结构中,残余应变一般并不仅仅包含塑性应变。实际上,杆 1 和杆 3 始

终处于弹性范围,而从未经受塑性变形,假如卸载后三根杆在结合点断开的话,则杆 1 和杆 3 中的弹性应变也将等于零,而杆 2 将有塑性应变保留下来。这也从另一个角度说明,在原有的残余状态约束下,因为内应力的存在,才使相应杆件如杆 2 内存在一定的残余应变。

从 P^* 卸载至零的过程为弹性变形过程,假如从零再重复加载到 $P^*(P^* > P_e)$,该过程仍为弹性过程。这相当于残余应力状态下的桁架的弹性承载范围扩大了,这种弹性范围扩大即承载能力提高的有利的残余应力状态称为安定状态。

对于随动强化模型,弹性范围为 $2\sigma_s$,即须有杆 2 卸掉的应力不超过 $2\sigma_s$,则卸载过程中不发生反向屈服的载荷必须满足

$$P \leqslant 2P_e$$

若 $P \geqslant 2P_e$,则卸载后,由于杆 1 和杆 3 的回弹能力过强,杆 2 又将被压缩进入塑性状态。如此重复下去,杆 2 很快就会破坏。可见,$2P_e$ 是此时的最大安定载荷。

对于等向强化模型,由图 5-2-4 可知,其弹性范围 MM'' 显然要比随动强化的弹性范围 MM' 大得多。一般工程应用中,对于安定性评价都采用随动强化的弹性范围 $2\sigma_s$。不区分随动强化还是等向强化,对于工程计算来说,这显然是保守的。

4. 弹塑性极限曲线

考虑前述三杆桁架受垂直载荷 P,如果桁架中的三根杆件都处于弹性阶段,作用于结构上的载荷先是超出了弹性极限曲线,然后又完全卸载到零,则结构中将存在与零外载相平衡的残余应力。

在存在残余应力的情况下,如果重新对结构施加载荷 P 而未能再次屈服,那么结构中的应力值应该是上次残余应力与本次弹性应力之和。在加载方向一侧屈服载荷有所提高,而与加载方向相反的一侧屈服载荷有所降低,可用来对应变硬化和包氏效应等现象进行形象的解释。

如果桁架中有两根杆达到屈服,结构变为一个能产生塑性流动的机构而丧失了进一步承载能力,相应的载荷就是塑性极限载荷。这个极限载荷在载荷面上的轨迹将形成一条曲线,称为极限载荷曲线,在多维载荷空间中则称为极限载荷曲面。

与弹性极限曲线不同,极限载荷曲线是结构的固有属性,它不依赖于加载历史。极限载荷曲线(面)具有以下几点性质:

①极限载荷曲线(面)是唯一的,它与加载路径无关。

②极限载荷曲线(面)是外凸的。

③在极限载荷曲线(面)上,与外载荷相对应的位移增量的方向指向该曲线(面)的外法向。

5.6.3 线性强化三杆桁架的弹塑性问题

当前节的三杆桁架为线性强化材料时,弹塑性求解也仅仅是杆件屈服后的本构关系不同。此时拉伸曲线为

$$\sigma = \begin{cases} E\varepsilon, & \text{当 } 0 \leqslant \sigma \leqslant \sigma_s \text{ 时} \\ \sigma_s + E'(\varepsilon - \varepsilon_s), & \text{当 } \sigma > \sigma_s \text{ 时} \end{cases} \tag{5-6-15}$$

其中，$\varepsilon_s = \sigma_s / E$

当 $P < P_e$ 时，杆的应力仍由弹性表达式表示为

$$\sigma_1 = \sigma_3 = E\varepsilon_1 = E\varepsilon_3$$

当 $P > P_e$ 时，则有

$$\sigma_2 = \sigma_s + E'(\varepsilon_2 - \varepsilon_s)$$

将上式与平衡方程式(5-6-1)和协调方程(5-6-2)联立，可得

$$\begin{cases} \sigma_1 = \sigma_3 = \dfrac{\sigma_s}{2}\left[a\left(\dfrac{P}{P_e} - 1\right) + 1\right] \\ \sigma_2 = \sigma_s\left[a\left(\dfrac{E'}{E}\right)\left(\dfrac{P}{P_e} - 1\right) + 1\right] \end{cases} \tag{5-6-16}$$

其中

$$a = \frac{1 + \sqrt{2}}{1 + \sqrt{2}\,(E/E')}$$

再由式(5-6-11)，可知向下的垂直位移为

$$\frac{\delta_s}{\delta_e} = \left(\frac{E}{\delta_s}\right)\varepsilon_2 = 2\left(\frac{E}{\delta_s}\right)\varepsilon_1 = 2\left(\frac{\sigma_1}{\sigma_s}\right) = a\left(\frac{P}{P_e} - 1\right) + 1$$

这在图 5-6-3 中对应于斜率为 $1/a$ 的虚线。因为 $0 \leq E'/E < 1$，故斜率 $1/a$ 的值在 $\dfrac{1}{1 + \sqrt{2}}$

和 1 之间，则 $P_1 = P_s\left[1 + \left(\dfrac{1}{1 + \sqrt{2}}\right)\left(\dfrac{E'}{E}\right)\right]$。

如取中等强化材料 $E'/E = 1/10$，$\theta = 45°$，则 $P_1 = 1.041P_s$，与理想弹塑性材料相比，考虑强化得到的相应载荷值并没有明显提高。

由此可见，采用理想弹塑性模型可以得到较好的近似结果，但计算过程却有相当大的简化。当 P 小于 P_1 时，结构变形仍属于弹性变形量级，而当 P 超过 P_1 后继续增加时，由于强化效应，结构并不立即进入塑性流动，但此时的变形将会有较快增长。

5.7　厚壁圆筒的弹塑性分析

压力容器是核工程的常见设备，核压力容器一般为薄壁容器，通常按薄壁进行弹性分析，忽略壁厚将带来一定误差，显然，按厚壁容器进行分析将更加精确。而进行弹塑性分析，则筒的承压能力将得到更好的利用，对核工程而言，常用材料基本都是理想塑性材料，本节给出理想塑性材料厚壁容器的弹塑性分析过程，这对反应堆压力容器或承压管道，具有非常实用的工程意义。

圆筒具有轴对称特性，取柱坐标 r、θ、z，并假定：

①筒只受内压 p 的作用。认为筒很长，整个截面上任何一点的轴向应变都相同，即 $\varepsilon_z = \varepsilon_0$，筒的两端按圣维南原理要求，有

$$F = \int \sigma_z \mathrm{d}A \quad (F \text{ 为轴向力}, A \text{ 为圆筒截面积})$$

②材料是理想弹塑性的。轴对称情况下主方向不变,使用 Tresca 屈服条件(最大剪应力理论)较为方便。

③小变形假定。不考虑筒的内外半径 a、b 的变化。

5.7.1　弹性解

由轴对称问题三大方程可得,平衡方程为

$$\frac{\mathrm{d}\sigma_r}{\mathrm{d}r} + \frac{\sigma_r - \sigma_\theta}{r} = 0$$

几何关系为

$$\varepsilon_r = \frac{\mathrm{d}u}{\mathrm{d}r}, \varepsilon_\theta = \frac{u}{r}$$

或协调方程

$$\frac{\mathrm{d}\varepsilon_\theta}{\mathrm{d}r} + \frac{\varepsilon_\theta - \varepsilon_r}{r} = 0$$

则应力应变关系为

$$\begin{cases} \varepsilon_r = \dfrac{1}{E}[\sigma_r - \mu(\sigma_\theta + \sigma_z)] \\[2mm] \varepsilon_\theta = \dfrac{1}{E}[\sigma_\theta - \mu(\sigma_z + \sigma_r)] \\[2mm] \varepsilon_z = \dfrac{1}{E}[\sigma_z - \mu(\sigma_r + \sigma_\theta)] = \varepsilon_0 \end{cases}$$

边界条件

$$\begin{cases} r = a, \sigma_r = -p \\ r = b, \sigma_r = 0 \end{cases}$$

两端圣维南边界条件

$$2\pi \int_a^b \sigma_z r \mathrm{d}r = F$$

解为

$$\begin{cases} \sigma_r = \bar{p}\left(1 - \dfrac{b^2}{r^2}\right) < 0 \\[3mm] \sigma_\theta = \bar{p}\left(1 + \dfrac{b^2}{r^2}\right) > 0 \\[3mm] \sigma_z = 2\mu\bar{p} + E\varepsilon_0 = \dfrac{F}{\pi(b^2 - a^2)} \\[3mm] u_r = \dfrac{1+\mu}{E}\bar{p}\left[(1-2\mu)r + \dfrac{b^2}{r}\right] - \mu\varepsilon_0 r \end{cases}$$

其中

$$\bar{p} = \frac{pa^2}{b^2 - a^2}$$

$$\varepsilon_0 = \frac{F - 2\mu p \pi a^2}{E\pi(b^2 - a^2)}$$

设 σ_z 为中间主应力,则进入屈服时,Tresca 屈服条件为 $\sigma_\theta - \sigma_r = \sigma_s$,代入平衡方程后可直接积分。

为了保证 $\sigma_\theta \geqslant \sigma_z \geqslant \sigma_r$ 条件成立,只需 $\sigma_{\theta min} \geqslant \sigma_z \geqslant \sigma_{r max}$ 即可。$\sigma_{\theta min} = 2\bar{p}$,$\sigma_{r max} = 0$,$\sigma_z = \dfrac{F}{\pi(b^2 - a^2)}$,此条件成为

$$2\bar{p} \geqslant \frac{F}{\pi(b^2 - a^2)} \geqslant 0$$

即

$$2p\pi a^2 \geqslant F \geqslant 0$$

两端自由时,$F = 0$;两端封闭时,$F = \pi a^2 p$;均符合上述条件,能够保证 σ_z 为中间主应力。则由 Tresca 屈服条件得

$$\sigma_\theta - \sigma_r = 2\bar{p}\frac{b^2}{r^2} = \sigma_s$$

在 $r = a$ 处首先达到屈服,给出 $\bar{p} = \dfrac{a^2}{2b^2}\sigma_s$,因此

$$p_e = \frac{\sigma_s}{2}\left(1 - \frac{a^2}{b^2}\right)$$

从该式看出,若按弹性设计,对于给定的 a 值,可以增加 b 值,即增加壁厚,使 p_e 值增大,但最大不可能超过 $\dfrac{\sigma_s}{2}$ 值。要进一步提高 p_e 值,只能采用 σ_s 较高的材料。但如果允许部分材料发生塑性变形,在筒内产生有利的残余状态,便可以提高材料的弹性范围。

5.7.2 弹塑性解

当 $p > p_e$ 时,塑性区逐渐从 $r = a$ 处向外扩张,使 $a \leqslant r \leqslant c$ 成为塑性区,而 $c \leqslant r \leqslant b$ 仍为弹性区。现分别对这两个区域列出方程:

①塑性区 $a \leqslant r \leqslant c$:平衡方程为

$$\frac{d\sigma_r}{dr} + \frac{\sigma_r - \sigma_\theta}{r} = 0$$

此时应力分布与弹性解不同,因此,需要验证 σ_z 是否仍为中间主应力。先假设 σ_z 仍为中间主应力,在求出应力后再检验该假设在什么条件下成立。现将屈服条件 $\sigma_\theta - \sigma_r = \sigma_s$ 代入上述平衡方程得

$$\frac{d\sigma_r}{dr} = \frac{\sigma_s}{r}$$

积分并利用应力边界条件

$$\sigma_{r|r=a} = -p$$

可得

$$\begin{cases} \sigma_r = -p + \sigma_s \ln\dfrac{r}{a} \\[4mm] \sigma_\theta = -p + \sigma_s\left(1 + \ln\dfrac{r}{a}\right) \end{cases}$$

由于在求 σ_r、σ_θ 时,只利用了屈服条件和平衡方程,而不需要几何关系,因此对 σ_r、σ_θ 应力而言问题是静定的。

②弹性区 $c \leqslant r \leqslant b$:应力通解为

$$\begin{cases} \sigma_r = A - \dfrac{B}{r^2} \\[4mm] \sigma_\theta = A + \dfrac{B}{r^2} \end{cases}$$

应力边界条件为

$$\sigma_{r|r=b} = A - \dfrac{B}{b^2} = 0$$

在弹塑性交界 $r = c$ 处要求应力分量 σ_r 连续

$$\sigma_{r|r=c} = A - \dfrac{B}{c^2} = -p + \sigma_s \ln\dfrac{c}{a}$$

在 $r = c$ 处应力刚达到屈服

$$\sigma_\theta - \sigma_{r|r=c} = \dfrac{2B}{c^2} = \sigma_s$$

解得

$$B = \dfrac{c^2 \sigma_s}{2}, A = \dfrac{c^2 \sigma_s}{2b^2}$$

由此求得应力分布为

$$\begin{cases} \sigma_r = \dfrac{c^2 \sigma_s}{2b^2}\left(1 - \dfrac{b^2}{r^2}\right) \\[4mm] \sigma_\theta = \dfrac{c^2 \sigma_s}{2b^2}\left(1 + \dfrac{b^2}{r^2}\right) \end{cases}$$

c-p 关系可由应力分量 σ_r 连续条件求出

$$\dfrac{p}{\sigma_s} = \ln\dfrac{c}{a} + \dfrac{1}{2}\left(1 - \dfrac{c^2}{b^2}\right)$$

当 $c = b$ 时,塑性区扩张到整个壁厚,外载 p 不能继续增加。在上式中令 $c = b$,得到塑性极限压力 p_s 为

$$p_s = \sigma_s \ln\dfrac{b}{a}$$

由上式可知,只要 b 增加, p_s 便可增加。

为验证塑性区内 σ_z 是否为中间主应力,需要用到塑性应力-应变关系,即与屈服条件相关联的流动法则。由于使用的屈服条件是 $\sigma_\theta - \sigma_r = \sigma_s$,按流动法则将有 $\mathrm{d}\varepsilon_z^p = 0$。若在进入屈服后,应力点都处在屈服面 $\sigma_\theta - \sigma_r = \sigma_s$ 上,积分 $\mathrm{d}\varepsilon_z^p$ 得 $\varepsilon_z^p = 0$。因此

$$\varepsilon_z = \varepsilon_0 = \varepsilon_z^e + \varepsilon_z^p = \varepsilon_z^e = \frac{1}{E}\left[\sigma_z - \mu(\sigma_r + \sigma_\theta)\right]$$

由此可得

$$\sigma_z = \mu(\sigma_r + \sigma_\theta) + E\varepsilon_0$$

上式在弹塑性区均是成立的。

为确定 ε_0 可利用端部条件

$$F = 2\pi\int_a^b \sigma_z r\mathrm{d}r$$

$$= 2\pi\left\{\int_a^c\left[-2\mu p + \mu\sigma_s\left(1 + 2\ln\frac{r}{a}\right)\right]r\mathrm{d}r + \int_c^b \mu\sigma_s\frac{c^2}{b^2}r\mathrm{d}r + \int_a^b E\varepsilon_0 r\mathrm{d}r\right\}$$

$$= 2\pi a^2\mu p + E\varepsilon_0\pi(b^2 - a^2)$$

即

$$E\varepsilon_0 = \frac{1}{\pi(b^2 - a^2)}(T - 2\pi\mu a^2 p)$$

对于给定的 F 值可以求出 ε_0,从而求得 σ_z 的值,并检验它是否为中间主应力。

只考虑 $0 \leqslant T \leqslant 2\pi a^2 p$ 情形,取 $\mu = \dfrac{1}{2}$。易知在塑性区内 σ_z 确实是中间主应力。这时 σ_z 的表达式为

$$\sigma_z = \frac{1}{2}(\sigma_r + \sigma_\theta) + E\varepsilon_0 = \frac{1}{2}(\sigma_r + \sigma_\theta) + \frac{F - \pi a^2 p}{\pi(b^2 - a^2)}$$

①若 $\sigma_\theta \geqslant \sigma_z$,即

$$\sigma_\theta - \sigma_z = \frac{1}{2}(\sigma_\theta - \sigma_r) - E\varepsilon_0 = \frac{\sigma_s}{2} - E\varepsilon_0 \geqslant 0$$

亦即

$$\frac{F - \pi a^2 p}{\pi(b^2 - a^2)} \leqslant \frac{\sigma_s}{2}$$

如左端取最大值(即 $F = 2\pi a^2 p$)时上式成立,则上式在其他情况也一定成立。所以只需

$$\frac{a^2 p}{b^2 - a^2} \leqslant \frac{\sigma_s}{2}$$

②若 $\sigma_z \geqslant \sigma_r$,即

$$\sigma_z - \sigma_r = \frac{1}{2}(\sigma_\theta - \sigma_r) + E\varepsilon_0 = \frac{\sigma_s}{2} + E\varepsilon_0 \geqslant 0$$

亦即

$$\frac{F-\pi a^2 p}{\pi(b^2-a^2)} \geqslant -\frac{\sigma_\text{s}}{2}$$

如左端取最小值(即 $F=0$)时上式成立,则上式在其他情况也一定成立。此时同样得出 $\frac{a^2 p}{b^2-a^2} \leqslant \frac{\sigma_\text{s}}{2}$,与情况①相同。由此可得

$$p \leqslant \frac{b^2-a^2}{2a^2}\sigma_\text{s} = \frac{\sigma_\text{s}}{2}\left(\frac{b^2}{a^2}-1\right)$$

注意到不等式

$$\ln(1+x) < x, \text{当 } x > 0 \text{ 时}$$

则有

$$p \leqslant p_\text{s} = \sigma_\text{s}\ln\frac{b}{a} = \frac{\sigma_\text{s}}{2}\ln\left(\frac{b^2}{a^2}\right) = \frac{\sigma_\text{s}}{2}\ln\left[1+\left(\frac{b^2}{a^2}-1\right)\right] < \frac{\sigma_\text{s}}{2}\left(\frac{b^2}{a^2}-1\right)$$

由此证明,所得条件成立,σ_z 确实是中间主应力。

5.7.3 位移计算

求位移时用体积变化的弹性公式进行计算比较方便,即

$$\frac{\mathrm{d}u}{\mathrm{d}r}+\frac{u}{r}+\varepsilon_0 = \frac{1-2\mu}{E}(\sigma_r+\sigma_\theta+\sigma_z) = \frac{1-2\mu}{E}\left[(1+\mu)(\sigma_r+\sigma_\theta)+E\varepsilon_0\right]$$

也可写成

$$\frac{1}{r}\frac{\mathrm{d}}{\mathrm{d}r}(ur) = \frac{(1-2\mu)(1+\mu)}{E}(\sigma_r+\sigma_\theta)-2\mu\varepsilon_0$$

在 $a \leqslant r \leqslant c$ 的塑性区内,将塑性区 σ_r,σ_θ 公式及 $c-p$ 关系式代入得

$$\frac{1}{r}\frac{\mathrm{d}}{\mathrm{d}r}(ur) = \frac{(1-2\mu)}{E}\sigma_\text{s}\left(2\ln\frac{r}{c}+\frac{c^2}{b^2}\right)-2\mu\varepsilon_0$$

积分得

$$u = \frac{(1-2\mu)(1+\mu)}{E}\sigma_\text{s}\left(r\ln\frac{r}{c}+\frac{r}{2}\frac{c^2}{b^2}-\frac{r}{2}\right)-\mu\varepsilon_0 r+\frac{C_1}{r}$$

在 $c \leqslant r \leqslant b$ 的弹性区

$$u = \varepsilon_\theta r = \frac{r}{E}\left[\sigma_\theta-\mu(\sigma_r+\sigma_z)\right]$$

$$= \frac{r}{E}\left[\sigma_\theta-\mu\sigma_r-r^2(\sigma_r+\sigma_\theta)-\mu E\varepsilon_0\right]$$

$$= \frac{(1-2\mu)(1+\mu)}{E}\sigma_\text{s}\frac{c^2}{2b^2}\left[r+\frac{b^2}{(1-2\mu)r}\right]-\varepsilon_0\mu r$$

在 $r=c$ 处,弹性区和塑性区的位移 u 应连续,可求得

$$C_1 = \frac{(1-\mu^2)\sigma_\text{s}c^2}{E}$$

当 $\mu=\dfrac{1}{2}$ 时,有

$$\frac{\mathrm{d}u}{\mathrm{d}r}+\frac{u}{r}+\varepsilon_0=0$$

该式在弹性区和塑性区都一样,将 $\mu=\dfrac{1}{2}$ 代入弹性区位移公式得

$$u=\frac{3}{4}\frac{\sigma_s}{E}\frac{c^2}{r}-\frac{1}{2}\varepsilon_0 r$$

取 $\varepsilon_0=0,c=b=2a,\sigma_s=E\times10^{-3}$ 的情况,求得

$$\left.\frac{u}{a}\right|_{r=a}=3\times10^{-3}$$

这说明刚到达极限载荷时,筒的变形仍处于很小的量级。

5.7.4　卸载和残余应力

设加载到 $p=p^*\,(p_c<p^*<p_s)$（对应的 $F=F^*$）后卸载,卸载时按弹性的应力公式

$$\begin{cases}\Delta\sigma_r=\dfrac{p^*a^2}{b^2-a^2}\left(1-\dfrac{b^2}{r^2}\right)\\[3mm]\Delta\sigma_\theta=\dfrac{p^*a^2}{b^2-a^2}\left(1+\dfrac{b^2}{r^2}\right)\\[3mm]\Delta\sigma_z=2\mu\dfrac{p^*a^2}{b^2-a^2}+E\varepsilon_0^*=\dfrac{F^*}{\pi(b^2-a^2)}\end{cases}$$

如此,残余应力为

$$\begin{cases}\sigma_r^0=\begin{cases}-p^*+\sigma_s\ln\dfrac{r}{a}-\dfrac{p^*a^2}{b^2-a^2}\left(1-\dfrac{b^2}{r^2}\right),&a\leqslant r\leqslant c\\[3mm]\left(\dfrac{c^2\sigma_s}{2b^2}-\dfrac{p^*a^2}{b^2-a^2}\right)\left(1-\dfrac{b^2}{r^2}\right),&a\leqslant r\leqslant b\end{cases}\\[8mm]\sigma_\theta^0=\begin{cases}-p^*+\sigma_s\left(1+\ln\dfrac{r}{a}\right)-\dfrac{p^*a^2}{b^2-a^2}\left(1+\dfrac{b^2}{r^2}\right),&a\leqslant r\leqslant c\\[3mm]\left(\dfrac{c^2\sigma_s}{2b^2}-\dfrac{p^*a^2}{b^2-a^2}\right)\left(1+\dfrac{b^2}{r^2}\right),&c\leqslant r\leqslant b\end{cases}\\[8mm]\left(\dfrac{p^*}{\sigma_s}\right)=\ln\dfrac{c}{a}+\dfrac{1}{2}\left(1-\dfrac{c^2}{b^2}\right)\end{cases}$$

为了检查是否会出现反向屈服,要求

$$|\sigma_\theta^0-\sigma_r^0|\leqslant\sigma_s$$

而

$$\sigma_\theta^0 - \sigma_r^0 = \begin{cases} \sigma_s - \dfrac{2p^*a^2b^2}{(b^2-a^2)r^2}, & a \le r \le c \\[3mm] \left(c^2\sigma_s - \dfrac{2p^*a^2b^2}{b^2-a^2}\right)\dfrac{1}{r^2}, & a \le r \le b \end{cases}$$

r 愈小, $|\sigma_\theta^0 - \sigma_r^0|$ 愈大,所以当 $r=a$ 时, $\sigma_\theta^0 - \sigma_r^0 = -\sigma_s$,得

$$p^* = \sigma_s\left(1 - \frac{a^2}{b^2}\right) = 2p_e$$

即当 $p^* \le 2p_e$ 时,不发生反向屈服。

如此,可在第一次加载到 $p = p^* \le 2p_e$。只要后面的压力变化不超过 p^*,整个筒都处于弹性状态,不产生新的塑性变形,这就是"安定状态"。因此,对于反复加载的情况,内压 p 不应超过 $2p_e$,另外, p 又不能大于 p_s。令两者相等,得

$$2p_e = \sigma_s\left(1 - \frac{a^2}{b^2}\right) = p_s = \sigma_s\ln\frac{b}{a}$$

可得 $\dfrac{b}{a} = 2.22$。若 $\dfrac{b}{a} > 2.22$,则 $p_s > 2p_e$,则保持安定。此时若第一次加载使 $p^* > 2p_e$,然后完全卸载,当卸载至 $p^* - 2p_e$ 时,内壁将开始反向屈服,即发生反向塑性变形。在第二次加载到 $2p_e$ 以后,又重新开始正方向塑性变形。如此反复发生正反双向的塑性变形,筒体将很快破坏。由此可知,若筒体反复加载卸载,仅靠增加壁厚对保持安定避免破坏是不起作用的。

5.7.5 几何变形对承载能力的影响

当圆筒很大时,在塑性区不断扩大的过程中,筒的内径变化较大,需要引起注意。若以 a'、b' 表示变形后筒体的内外半径,则变形后筒的极限压力 p_s' 为

$$p_s' = \sigma_s\ln\frac{b'}{a'}$$

设 $\mu = \dfrac{1}{2}$, $\varepsilon_0 = 0$,由于变形不引起体积的改变,可得

$$b'^2 - a'^2 = b^2 - a^2$$

代入极限压力式则得

$$\begin{aligned} p_s' &= \frac{\sigma_s}{2}\ln\left(\frac{b'}{a'}\right)^2 \\[2mm] &= \frac{\sigma_s}{2}\ln\left(1 + \frac{b'^2 - a'^2}{a'^2}\right) \\[2mm] &= \frac{\sigma_s}{2}\ln\left(1 + \frac{b^2 - a^2}{a'^2}\right) < \frac{\sigma_s}{2}\ln\left(1 + \frac{b^2 - a^2}{a^2}\right) \\[2mm] &= p_s \end{aligned}$$

可见, a 增大时 p_s' 减小,表明极限压力不是一个稳定的量,而是将随着内半径的增大而

减小。

5.8 加载路径的影响

应力应变对加载路径的依赖性是塑性力学的特点之一,以理想弹塑性三杆桁架为例,承受垂直载荷 P 和水平载荷 Q,计算两种加载路径下 O 点的最终水平位移和最终垂宜位移 $(\tilde{\delta}_x, \tilde{\delta}_y)$。

①路径一,先将垂直载荷 P 由0线性增加到 P_s,然后在保持垂直位移不变的情况下,把水平载荷 Q 增加到 Q_e,可知

当 $Q=0$,$P=P_s$ 时,

$$\sigma_1 = \sigma_2 = \sigma_3 = \sigma_s, \quad \delta_y = 2\delta_e = 2\left(\frac{\sigma_s l}{E}\right)$$

保持 $\delta_y = 2\delta_e$ 不变,施加水平方向的载荷 Q,使点 O 有一个水平方向的位移增量 $\Delta\delta_x = \delta_x > 0$,由几何关系式(5-4-2)可知

$$\Delta\varepsilon_1 = \frac{\Delta\delta_x}{2l} > 0, \quad \Delta\varepsilon_2 = \frac{\Delta\delta_y}{l} = 0, \quad \Delta\varepsilon_3 = -\frac{\Delta\delta_x}{2l} < 0$$

杆3以弹性规律卸载:

$$\Delta\sigma_3 = E\Delta\varepsilon_3 = -E\left(\frac{\Delta\delta_x}{2l}\right) \tag{5-8-1}$$

于是,可求得载荷增量为

$$\Delta P = \left(\frac{\sqrt{2}A}{2}\right)\Delta\sigma_3, \quad Q = \Delta Q = -\left(\frac{\sqrt{2}A}{2}\right)\Delta\sigma_3 = -\Delta P$$

即 Q 与 P 之间的变化规律是线性的。当杆3卸载到 $\sigma_3 = -\sigma_s$ 时,由 $\Delta\sigma_3 = -2\sigma_s$ 得

$$Q = \Delta Q = \sqrt{2}A\sigma_s, \quad \Delta P = -\sqrt{2}A\sigma_s, \quad P = P_s + \Delta P = A\sigma_s$$

此时三杆同时屈服,结构再次进入塑性流动状态。各杆应力为

$$(\sigma_1, \sigma_2, \sigma_3) = (\sigma_s, \sigma_s, -\sigma_s)$$

水平位移 δ_x 可由式(5-8-1)中取 $\Delta\sigma_3 = -2\sigma_s$ 求得,垂直位移 δ_y 始终保持不变,因此有

$$(\bar{\delta}_x, \bar{\delta}_y) = (4\delta_e, 2\delta_e)$$

②路径二,Q 和 P 由0开始分别单调加载到 $\sqrt{2}A\sigma_s$ 和 $A\sigma_s$,对应于图5-8-1中的路径②。

由于加载时始终有关系式 $Q = \sqrt{2}P$,故经代入可得初始弹性阶段的解为

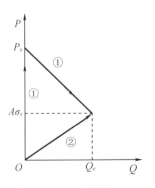

图 5-8-1 加载路径二

$$\begin{cases} \sigma_1 = \left(\dfrac{1}{2+\sqrt{2}} + 1 \right) \dfrac{P}{A} > 0 \\[3mm] \sigma_2 = \left(\dfrac{2}{2+\sqrt{2}} \right) \dfrac{P}{A} > 0 \\[3mm] \sigma_3 = \left(\dfrac{1}{2+\sqrt{2}} - 1 \right) \dfrac{P}{A} < 0 \end{cases}$$

上式表明,随着 $P(Q=\sqrt{2}P)$ 的增长,杆 1 最先达到屈服。

当 $\sigma_1 = \sigma_s$ 时,

$$P = \overline{P}_e = \left(\frac{2+\sqrt{2}}{3+\sqrt{2}} \right) A \sigma_s$$

而各杆的应力为

$$\sigma_1^e = \sigma_s, \sigma_2^e = \left(\frac{2}{3+\sqrt{2}} \right) \sigma_s, \sigma_3^e = -\left(\frac{1+\sqrt{2}}{3+\sqrt{2}} \right) \sigma_s \qquad (5-8-2)$$

再由各杆的应变值 $\varepsilon_i^e = \sigma_i^e/(i=1,2,3)$ 和几何关系式(5-4-2),可求得此时 O 点的位移值为

$$\delta_x^e = 2 \left(\frac{2+\sqrt{2}}{3+\sqrt{2}} \right) \delta_e, \delta_y^e = 2 \left(\frac{2}{3+\sqrt{2}} \right) \delta_e \qquad (5-8-3)$$

如继续加载,则第 1 杆进入屈服阶段 $\sigma_1 = \sigma_s$,$\Delta\sigma_1 = 0$。故由 $\Delta Q = \sqrt{2}\Delta P$ 和式(5-4-1)的增量形式可知

$$\Delta\sigma_2 = \frac{(1+\sqrt{2})\Delta P}{A} > 0, \quad \Delta\sigma_3 = -\frac{2\Delta P}{A} < 0 \qquad (5-8-4)$$

这说明杆 2 继续受拉,杆 3 继续受压。各杆应力可由式(5-8-2)和式(5-8-4)计算得到

$$\sigma_1 = \sigma_s, \quad \sigma_2 = \sigma_2^e + \Delta\sigma_2, \quad \sigma_3 = \sigma_3^e + \Delta\sigma_3$$

当 $\Delta P = \left(\dfrac{1}{3+\sqrt{2}} \right) A \sigma_s$ 三杆同时进入塑性状态,即

$$(\sigma_1, \sigma_2, \sigma_3) = (\sigma_s, \sigma_s, -\sigma_s)$$

再利用

$$\Delta\varepsilon_2 = \Delta\sigma_2/E = (1+\sqrt{2}) \left(\frac{\Delta P}{AE} \right), \quad \Delta\varepsilon_3 = \Delta\sigma_3/E = -\frac{2\Delta P}{AE}$$

和式(5-4-2)的增量形式

$$\Delta\delta_x = (\Delta\varepsilon_2 - 2\Delta\varepsilon_3)l, \Delta\delta_y = \Delta\varepsilon_2 l$$

便可求出对应于 $\Delta P = \left(\dfrac{1}{3+\sqrt{2}} \right) A\sigma_s$ 时的位移增量:

$$\Delta\delta_x = \left(\frac{5+\sqrt{2}}{3+\sqrt{2}} \right) \delta_e, \Delta\delta_y = \left(\frac{1+\sqrt{2}}{3+\sqrt{2}} \right) \delta_e$$

最终位移则是上式和式(5-4-1)的叠加：

$$\overline{\delta}_x = 3\delta_e, \quad \overline{\delta}_y = \delta_e$$

由此可知，虽然两种加载路径得到的最终应力值相同，但各杆的应变和 O 点最终位移值并不相同。对于更复杂的超静定结构和更复杂的加载路径，结构中的应力值也往往不同。这就说明，加载路径对结构变形和应力具有很大的影响。

新近研究表明，基于 Mises 屈服条件和等向线性硬化假设，不同应力路径对塑性应变的影响并不相同，但无论终点应力处于何处，先加载的应力产生的塑性变形总是更大。而基于经典弹塑性理论分析了应变路径的影响发现，应变路径对应力结果的影响是，后加载的应变在最终的应力状态中产生的影响更大。

习　　题

1. 在拉伸试验中，伸长率为 k，截面收缩率为 $\varphi = (A_0 - A)/A_0$，其中 A_0 和 l_0 为试件的初始横截面积和初始长度，试证当材料体积不变时有如下关系：

$$(1+\varepsilon)(1-\varphi) = 1$$

2. 为了使幂强化应力-应变曲线在 $\varepsilon \le \varepsilon_s$ 时能满足胡克定律，建议采用以下应力-应变关系：

$$\sigma = \begin{cases} E\varepsilon & (0 \le \varepsilon \le \varepsilon_s) \\ B(\varepsilon - \varepsilon_0)^m & (\varepsilon \le \varepsilon_s) \end{cases}$$

(1) 为保证 σ 及 $\dfrac{\mathrm{d}\sigma}{\mathrm{d}\varepsilon}$ 在 $\varepsilon = \varepsilon_s$ 处连续，试确定 B、ε_0 值。

(2) 如将该曲线表示成 $\sigma = E\varepsilon[1-\omega(\varepsilon)]$ 形式，试给出 $\omega(\varepsilon)$ 的表达式。

3. 已知简单拉伸时的应力-应变曲线如图 1 所示，并表示如下：

$$\sigma = f_1(\varepsilon) = \begin{cases} E\varepsilon & (0 \le \varepsilon \le \varepsilon_s) \\ \sigma_s & (\varepsilon_s \le \varepsilon \le \varepsilon_t) \\ \sigma_s + E'(\varepsilon - \varepsilon_t) & (\varepsilon_t \le \varepsilon) \end{cases}$$

问当采用刚塑性模型时，应力-应变曲线应如何表示？

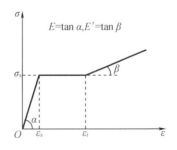

图 1　习题 3 图

4.等截面直杆如图2所示,截面积为A_0,且$b>a$。在$x=a$处作用一个逐渐增加的力P。该杆材料为线性强化弹塑性,拉伸和压缩时性能相同。求左端反力F_{N_1}和力P的关系。

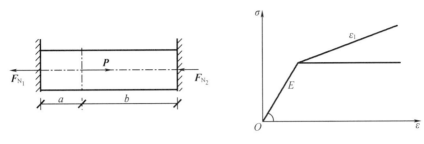

图2　习题4图

参 考 文 献

［1］　王仁,黄文彬,黄筑平.塑性力学引论[M].北京:北京大学出版社,1992.

［2］　杨桂通.弹塑性力学引论[M].2版.北京:清华大学出版社,2013.

［3］　徐秉业,刘信声,沈新普.应用弹塑性力学[M].2版.北京:清华大学出版社,2017.

［4］　余同希,薛璞.工程塑性力学[M].2版.北京:高等教育出版社,2010.

［5］　高岳,邵飞,范鹏贤,等.经典塑性力学中加载路径影响的“首因效应”和“近因效应”(英文)[J].中南大学学报,2020,27(9):2592-2605.

［6］　钟春生,韩静涛.金属塑性变形力计算基础[M].北京:冶金工业出版社,1994.

［7］　程良彦.塑性力学[M].长春:吉林大学出版社,2018.

［8］　武亮.弹塑性力学基础及解析计算[M].北京:科学出版社,2020.

［9］　刘士光,张涛.弹塑性力学基础理论[M].武汉:华中科技大学出版社,2008.

［10］　毕继红,王晖.工程弹塑性力学[M].天津:天津大学出版社,2003.

［11］　陈红苏.金属的弹性各向异性[M].北京:冶金工业出版社,1996.

第6章 梁的弹塑性求解

6.1 纯弯曲梁的弹塑性问题

关于梁的求解,材料力学中引入了两个基本假定:

①平截面假定:梁的横截面在变形后仍保持平面。

②正应力线性分布假定:梁截面上正应力对变形的影响起主要作用,其他应力分量的影响可以忽略,故应力、应变关系可简化为正应力 σ 和正应变 ε 之间的线性关系。

弹性力学已经证明,在纯弯曲时,这两个假定在圣维南原理条件下是精确成立的。所以,二者并不等同于通常意义的假定。

矩形截面理想弹塑性梁如图 6-1-1 所示,x 轴为梁的中线,坐标 y、z 如图所示。由平截面假定可知,截面上的正应变 ε 为

$$\varepsilon = Ky + \varepsilon_0$$

其中,K 为曲率,K 和 ε_0 都只是 x 的函数。对于小变形情形,有

$$K = -\frac{\partial^2 w}{\partial x^2} \tag{6-1-1}$$

挠度 w 以图示 y 向为正。

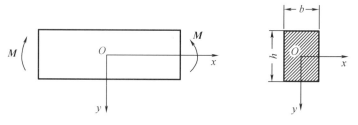

图 6-1-1 矩形截面理想弹塑性梁

由于正应变和正应力均与坐标 z 无关,则轴力 N 和弯矩 M 为

$$N = b \int_{-h/2}^{h/2} \sigma(x, y) \, \mathrm{d}y \tag{6-1-2}$$

$$M = b \int_{-h/2}^{h/2} y \sigma(x, y) \, \mathrm{d}y \tag{6-1-3}$$

其中,b 和 h 分别为矩形截面的宽度和高度。当梁为纯弯曲时,其任一截面都没有轴力,只有弯矩,且弯矩 M 与 x 无关。

下面进行纯弯曲梁的弹塑性分析。

6.1.1 弹性阶段

将

$$\sigma = E\varepsilon = E(Ky + \varepsilon_0) \tag{6-1-4}$$

代入式(6-1-2)、式(6-1-3),由 $N=0$ 得 $\varepsilon_0=0$,因此有

$$M = 2bEK\int_0^{h/2} y^2 \mathrm{d}y = EIK \tag{6-1-5}$$

其中, $I = \dfrac{bh^3}{12}$ 为截面的惯性矩。可见弯矩 M 和曲率 K 之间为线性关系。再代回式(6-1-4),得

$$\sigma = \frac{My}{I} = \frac{M}{I/y} = \frac{M}{W} \tag{6-1-6}$$

$W = \dfrac{bh^2}{6}$ 为梁的抗弯截面模量。可见,应力分布与 y 成正比。在 y 最大处(梁的顶层和底层),应力也最大,则梁屈服时的弯矩为

$$M = M_e = W\sigma_s \tag{6-1-7}$$

M_e 称为弹性极限弯距。相应的曲率可由最外层应力 σ_s 求得

$$K_e = \frac{2\sigma_s}{Eh} = \frac{2\varepsilon_s}{h} \tag{6-1-8}$$

于是,式(6-1-5)可写为无量纲形式:

$$M/M_e = K/K_e \tag{6-1-9}$$

6.1.2 弹塑性阶段

当 $M > M_e$ 时,随着 M 的增长,塑性区将由梁的外层逐渐向内扩展(图6-1-2)。设弹塑性交界层的 y 值为 $\xi h/2$, $0 \leqslant \xi \leqslant 1$。则有

$$\sigma = \begin{cases} EKy, & \text{当} |y| \leqslant \xi h/2 \text{ 时} \\ \sigma_s, & \text{当} \xi h/2 \leqslant y \leqslant h/2 \text{ 时} \\ -\sigma_s, & \text{当} -\xi h/2 \geqslant y \geqslant -h/2 \text{ 时} \end{cases} \tag{6-1-10}$$

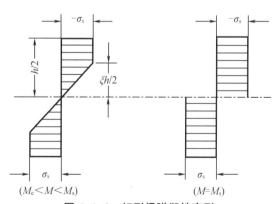

图6-1-2 矩形梁弹塑性变形

截面上的弯矩可写为

$$M(\xi) = 2b\left[\int_0^{\xi h/2} y\left(\frac{y}{\xi h/2}\right)\sigma_s \mathrm{d}y + \int_{\xi h/2}^{h/2} y\sigma_s \mathrm{d}y\right]$$

或

$$|M(\xi)| = \frac{M_e}{2}(3-\xi^2)\quad(0\leqslant\xi\leqslant1) \tag{6-1-11}$$

随着 M 的增大，ξ 逐渐减小而趋于 0，此时 M 即塑性极限弯矩：

$$M = M_s = 1.5M_e \tag{6-1-12}$$

此时弹性区消失，梁表失了进一步承受弯矩的能力，而在 $y=\pm0$ 层，纤维两侧的正应力从 $+\sigma_s$ 跳到 $-\sigma_s$，发生强烈间断，这种由于弹性区趋于零而出现应力间断的现象，在塑性力学中很常见。

对于矩形截面梁有 $M_s/M_e = 1.5$，对于不同形状的截面，M_s/M_e 值也不同，如图 6-1-3 所示。工字梁为 1.15~1.17，薄圆管约为 1.27，圆形截面约为 1.7。M_s/M_e 数值越大，说明该材料可供挖掘的强度潜力也越大。

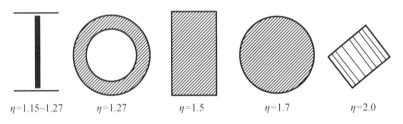

$$\eta=1.15\sim1.27\qquad\eta=1.27\qquad\eta=1.5\qquad\eta=1.7\qquad\eta=2.0$$

图 6-1-3　梁的不同形状截面

核工程常使用筒状容器，其纵向截面仍为矩形，所以，核工程结构应力分析与评价时，将塑性极限载荷与弹性极限载荷的比值取为 1.5。而对于管道应力分析，则是以管道环形横截面为对象，将管道截面视为质点，而不考虑其截面内的应力变化。

对应于 $y=\xi h/2$ 的应力为 σ_s，故 ξ 与曲率 K 存在关系

$$K = K_e/\xi$$

以上推导是在 $M>0$ 的情形下求得的，故上式应为

$$K = \frac{(\mathrm{sgn}\,M)K_e}{\xi} \tag{6-1-13}$$

假定 ξ 始终非负，则式(6-1-11)也可写成

$$\left|\frac{M}{M_e}\right| = \frac{1}{2}\left[3-(K_e/K)^2\right] \tag{6-1-14}$$

或

$$\frac{K}{K_e} = (\mathrm{sgn}\,M)\frac{1}{\sqrt{3-2|M|/M_e}} \tag{6-1-15}$$

以上关系如图 6-1-4 所示，梁截面外层纤维已进入塑性屈服，但其中间部分仍处于弹性状态，平截面特性限制了外层纤维的塑性变形，即梁处于约束塑性变形状态，梁的曲率完

全由中间弹性部分控制。

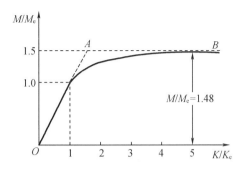

图 6-1-4　梁的抗弯能力变形量级

当曲率 K 为 $5K_e$ 时,弯矩 M 即已提高到 $1.48M_e$,可见,由于利用了材料的塑性变形,当变形仍处于弹性变形量级时,梁的抗弯能力即已明显提高了接近 50%。

式(6-1-14)或式(6-1-15)的非线性关系给实际计算带来诸多不便,为方便工程应用,M-K 关系常用图 6-1-4 中的折线 OAB 来近似,分析可知,这种近似带来的结果将是不保守的。

6.1.3　卸载阶段

当弯矩超过弹性极限弯矩,即 $M^* > M_e$ 时开始卸载,卸载时 $M \sim K$ 关系服从弹性定律。由式(6-1-9)知,弯矩的改变量 ΔM 和曲率的改变量 ΔK 存在关系:

$$\Delta M / M_e = \Delta K / K_e$$

应力的改变量为

$$\Delta \sigma = (\Delta K) E y = \left(\frac{\Delta M}{I}\right) y \qquad (6\text{-}1\text{-}16)$$

若弯矩 M^* 完全卸载到零,残余曲率为 M^* 对应的曲率减去卸掉的弹性曲率,则由 $\Delta M = -M^*$ 和式(6-1-15)可得其表达式为

$$\frac{K_0}{K_e} = \frac{1}{\sqrt{3 - 2M^*/M_e}} - \frac{M^*}{M_e} \qquad (6\text{-}1\text{-}17)$$

由于在 M^* 作用下的曲率 K^* 满足式(6-1-15),故卸载后的残余曲率 K_0 与未卸载时的曲率 K^* 之比为

$$K_0 / K^* = 1 - \left|\frac{M^*}{M_e}\right| \sqrt{3 - 2M^*/M_e}$$

或利用式(6-1-15)写成

$$K_0 / K^* = 1 - \frac{3}{2} \left|\frac{K_e}{K^*}\right| + \frac{1}{2} \left|\frac{K_e}{K^*}\right|^3$$

上式适用于 $M_s > |M^*| \geqslant M_e$ 或 $|K^*| \geqslant K_e = \dfrac{2\sigma_s}{Eh}$ 的情形,$|K^*| \leqslant K_e$ 时,显然有 $K_0 = 0$

将式(6-1-10)和式(6-1-16)叠加,即可得到残余应力分布,在 $y>0$ 的区域,其表达式可写为

$$\sigma_0 = \begin{cases} EK^*y - \dfrac{M^*}{I}y = \dfrac{1}{I\xi}(M_e - \xi M^*)y & 0 \leqslant y \leqslant \xi h/2 \\[3mm] \sigma_s - \dfrac{M^*}{I}y & \xi h/2 \leqslant y \leqslant h/2 \end{cases} \quad (6\text{-}1\text{-}18)$$

其中,$K^* = K_e/\xi$ 与 M^* 之间由式(6-1-14)或式(6-1-15)给出。

由式(6-1-18)可知

$$M_e - \xi M^* = M_e\left(1 - \frac{3}{2}\xi + \xi^3\right) \geqslant 0$$

故在内部弹性区$\left(\text{即}\ |y| \leqslant \dfrac{h}{2}\xi\right)$的残余应力 σ_0 仍保留原来的符号。

卸载时,应力变化最大的部位在梁的最外层:

$$|y| = h/2$$

由

$$\left.\frac{M^*}{I}y\right|_{\frac{h}{2}} = \frac{M^*}{M_e}\sigma_s$$

和

$$M_e < M^* \leqslant 1.5M_e$$

可知

$$\left.\sigma_0\right|_{\frac{h}{2}} = \sigma_s\left(1 - \frac{M^*}{M_e}\right) < 0$$

可见,最外层的正应力改变了符号,但尚未达到反向屈服(图6-1-5)。

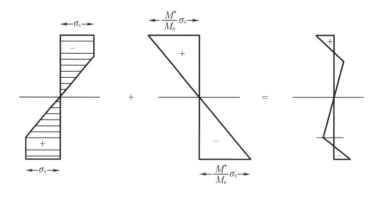

图6-1-5　正反向加载变形

当再次施加的同向弯矩不超过 M^* 时,梁将呈弹性响应,说明上述残余应力的存在,提高了梁的弹性抗弯能力。

如卸载到零以后再施加反向弯矩,则开始时的响应仍是弹性的,当弯矩改变量 ΔM

满足：

$$\sigma_s + \left(\frac{\Delta M}{M_e}\right)\sigma_s = -\sigma_s$$

或

$$\Delta M = -2M_e \qquad (6\text{-}1\text{-}19)$$

时，外层纤维开始反向屈服，可见，当弯矩的变化范围不大于 $2M_e$，即反向弯矩绝对值不大于初始弯矩时，结构将处于安定。

6.2　受横向载荷梁的弹塑性问题

矩形截面理想弹塑性悬臂梁如图 6-2-1 所示，在悬臂端受横向载荷 P。根据假定，当梁长 L 远大于梁高 h 时，可忽略剪应力对变形的影响。

由平衡关系很容易得到梁的弯矩表达式为

$$M(x) = -P(L-x) \qquad (6\text{-}2\text{-}1)$$

可见，在梁的根部 $x=0$ 处弯矩最大，在图示坐标系下，有

$$M = -PL$$

当根部弯矩 M 增至 $-M_e$，$x=0$ 截面的最外层纤维开始屈服，有

$$P_e = \frac{M_e}{L} = \frac{bh^2}{6L}\sigma$$

称 P_e 为弹性极限载荷。

当 $P > P_e$ 时，弯矩分布仍满足式 $\Delta M = -2M_e$，设进入塑性状态的截面位于 $x = \xi$ 处，则有

$$M = -(L-\xi)P = -M_e$$

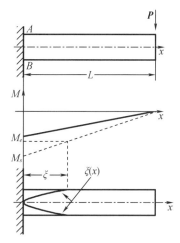

图 6-2-1　矩形截面理想弹塑性悬臂梁

位于 $0 \le x < \xi$ 的各截面上均有部分区域进入屈服状态，由式（6-1-11），可得梁的弹塑性交界位置 $\xi(x)$ 表达式为

$$|M| = \frac{P_e L}{2}\left[3 - \xi^2(x)\right] = (L-x)P$$

或者

$$\xi(x) = \left[3 - 2\frac{P}{P_e}(1 - x/L)\right]^{\frac{1}{2}} \quad (0 \le x \le \xi) \qquad (6\text{-}2\text{-}2)$$

在 $x=0$ 处有

$$\xi(0) = (3 - 2P/P_e)^{\frac{1}{2}}$$

当 $\xi(0) = 0$ 时，塑性区扩展至根部中心，即 $M(0) = -M_s$ 时，有

$$P = \frac{3}{2}P_e = P_s \qquad (6\text{-}2\text{-}3)$$

此时,梁的根部截面完全进入塑性状态,丧失了承受更多载荷的能力,称 P_s 为梁的塑性极限载荷,相应的 ξ 值可由

$$M_e = (L-\xi)P_s$$

由此得到 $\xi = L/3$。

当梁截面的弯矩达到了塑性极限弯矩时,则相应的曲率可任意增长,形态上类似一个可随意转动的铰,称为塑性铰。它与通常意义的铰存在的区别如下。

①塑性铰承受大小为 M_s 的弯矩,通常的铰不能承受弯矩。

②通常的铰两侧的梁段可在两个方向任意转动,而塑性铰只能与弯矩同方向转动,而不能做反方向相对转动,否则将导致卸载,弯矩以弹性规律减小。

梁的挠度 $w = w(x)$ 可如下计算。

当 $P \leqslant P_e$ 时,梁处于弹性状态,由

$$\frac{K(x)}{K_e} = \frac{M(x)}{M_e} = -\left(1 - \frac{x}{L}\right)\left(\frac{P}{P_e}\right)$$

或

$$\frac{\mathrm{d}^2 w}{\mathrm{d}x^2} = \left(1 - \frac{x}{L}\right)\left(\frac{P}{P_e}\right)K_e$$

结合端部条件

$$w(0) = \frac{\mathrm{d}w(0)}{\mathrm{d}x} = 0$$

可得

$$w(x) = \left(\frac{x^2}{2} - \frac{x^3}{6L}\right)\left(\frac{P}{P_e}\right)K_e$$

特别地,当 $P = P_e$ 时,$x = L$ 处的挠度为

$$w(L) = \delta_e = \frac{L^3}{3}K_e \qquad (6\text{-}2\text{-}4)$$

当 $P_e < P \leqslant P_s$ 时,梁的弹塑性段 $(0 \leqslant x \leqslant \xi)$ 的 $K(x)/K_e$ 由式(6-1-14)给出,而弹性段 $(\xi \leqslant x \leqslant L)$ 的 $K(x)/K_e$ 由式(6-1-9)给出。特别地,当 $P = P_s = \frac{3}{2}P_e$ 时,$\xi = L/3$,式(6-2-2)变为

$$\xi(x) = \left(\frac{3x}{L}\right)^{\frac{1}{2}}$$

弹塑性区间 $0 \leqslant x \leqslant L/3$ 中的曲率可由式(6-1-12)给出

$$-\frac{\mathrm{d}^2 w_1}{\mathrm{d}x^2} = K = -K_e/\xi = -\left(\frac{L}{3x}\right)^{\frac{1}{2}}K_e$$

利用以上的端条件,可得

$$w_1(x) = \frac{4}{3\sqrt{3}}(Lx^3)^{\frac{1}{2}}K_e \left(0 \leqslant x \leqslant \frac{L}{3}\right) \tag{6-2-5}$$

在弹性区间 $\frac{L}{3} \leqslant x \leqslant L$ 中的曲率为

$$-\frac{\mathrm{d}^2 w_2}{\mathrm{d}x^2} = K = \frac{3}{2}\left(1 - \frac{x}{L}\right)K_e$$

利用 $x = L/3$ 处的连续性条件可得

$$w_2(x) = \frac{1}{4}\left[-\left(\frac{x}{L}\right)^3 + 3\left(\frac{x}{L}\right)^2 + \left(\frac{x}{L}\right) - \frac{1}{27}\right]L^2 K_e$$

其中，$\frac{L}{3} \leqslant x \leqslant L$。

自由端的挠度为

$$w_2(L) = \delta_s = \frac{20}{27}L^2 K_e = \frac{20}{9}\delta_e$$

由此可知，挠度与弹性变形是同一量级的。当载荷 P 先加载到 P_s，然后再完全卸载到零时的自由端挠度

$$\delta_s^0 = \frac{13}{54}L^2 K_e$$

6.3 强化材料矩形截面梁的弯曲

对于普通强化材料有

$$\sigma = E\varepsilon\left[1 - \omega(\varepsilon)\right]$$

并假定压缩和拉伸具有相同的规律，即满足等向强化：

$$\omega(-\varepsilon) = \omega(\varepsilon)$$

则在纯弯曲条件下，$\varepsilon_0 = 0$。单调加载时，弯矩表达式可写为

$$M = 2bE\left[\int_0^{h/2} y\varepsilon \mathrm{d}y - \int_0^{h/2} y\varepsilon\omega(\varepsilon)\mathrm{d}y\right] \tag{6-3-1}$$

仅当 $\frac{\xi h}{2} \leqslant y \leqslant \frac{h}{2}$ 时，上式中的 ω 才不为零，所以，替换 $\varepsilon = Ky$ 后，上式可写为

$$M = EIK - \frac{2bE}{K^2}\int_{\xi hK/2}^{hK/2} \varepsilon^2 \omega(\varepsilon)\mathrm{d}\varepsilon$$

已知 $K > 0$。

对于给定的材料，$\omega(\varepsilon)$ 已知，由此可知 $M \sim K$ 的关系为 $K > 0$，则由式（6-1-9）和式（6-1-12）得

$$\xi = K_e / |K|$$

可直接求得 M 值。

对于线性强化材料,可求得

$$M = EIK - M_e \left(1 - E' - E\right) \left(\frac{1}{\xi} - \frac{3}{2} + \frac{\xi^2}{2}\right) \quad (M \geqslant M_e)$$

如已知 $M > 0$,则需用迭代法求出 K 值和应力分布。可利用 $\varepsilon = Ky$ 将式(6-3-1)改写成

$$K = \frac{M}{EI} + \frac{2b}{I} \int_0^{h/2} y \left[Ky\omega(Ky) \right] \mathrm{d}y \tag{6-3-2}$$

上式中,右端第一项为纯弹性部分,第二项是由梁的塑性变形而对曲率的修正。注意到 $0 < \dfrac{\mathrm{d}\sigma}{\mathrm{d}\varepsilon} \leqslant E$,有

$$0 \leqslant \frac{\mathrm{d}\left[\varepsilon\omega(\varepsilon)\right]}{\mathrm{d}\varepsilon} < 1$$

再令

$$\max \frac{\mathrm{d}\left[\varepsilon\omega(\varepsilon)\right]}{\mathrm{d}\varepsilon} = \beta_0 < 1$$

则对任意的两个曲率 K_1 和 K_2,由中值定理可得

$$\left| K_2 y\omega(K_2 y) - K_1 y\omega(K_1 y) \right| \leqslant \beta_0 \left| (K_2 - K_1)y \right|$$

现定义算子 T:

$$TK = \frac{2b}{I} \int_0^{h/2} y \left[Ky\omega(Ky) \right] \mathrm{d}y$$

而将式(6-3-2)写成

$$K = \frac{M}{EI} + TK \tag{6-3-3}$$

采用迭代法时可先令 $K^{(0)} = \dfrac{M}{EI}$,则第一次迭代为

$$K^{(1)} = \frac{M}{EI} + TK^{(0)}, \cdots$$

第 n 次迭代为

$$K^{(n)} = \frac{M}{EI} + TK^{(n-1)}$$

由于

$$\left| TK^{(m)} - TK^{(m-1)} \right| \leqslant \beta_0 \left| K^{(m)} - K^{(m-1)} \right|$$

以上迭代是能够收敛的。

6.4　梁和刚架的塑性极限分析

一次超静定梁结构如图 6-4-1 所示,设其 $M\text{-}K$ 曲线可由图 6-4-2 中的理想弹塑性模型表示,则其表达式为

$$K = \begin{cases} M/EI, & \text{当} |M| < M_s \text{时} \\ (\text{sgn } M) K_1 \left(\dfrac{M_s}{EI} \right) (K_1 \geqslant 1), & \text{当} |M| = M_s \text{时} \end{cases}$$

设载荷 P 从零开始增长,如果梁内某截面的弯矩达到极限弯矩 M_s 时,AB 段和 BC 段弯矩是线性分布的。则

$$M_A = -3PL/8, M_B = 5PL/16, M_C = 0$$

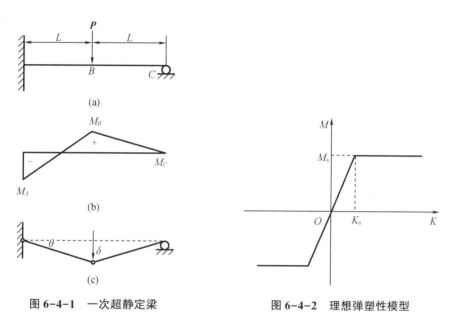

图 6-4-1 一次超静定梁   图 6-4-2 理想弹塑性模型

最大弯矩位于根部截面 A 处,当 M_A 达到 M_s 时,对应梁的弹性极限载荷 P_e 为

$$P_e = \frac{8M_s}{3L}$$

当 $P > P_e$ 时,A 点达到塑性屈服,不能再承受更大弯矩,梁的根部截面 A 形成一个塑性铰,曲率可以任意增大。不过,由于梁的其余部位仍处于弹性阶段,梁曲率的大小由弹性段的变形决定。此外,当 A 点成为塑性铰而使其弯矩恒定在 M_s 时,梁即成为静定结构,由平衡条件可得 C 点反力和 B 点弯矩为

$$R_C = \frac{P}{2} - \frac{M_s}{2L}$$

$$M_B = R_C L = \frac{PL}{2} - \frac{M_s}{2}$$

当 B 点弯矩为 $M_s \left(P = P_s = \dfrac{3M_s}{L} \right)$ 时,A 点和 B 点都变成了塑性铰,梁即成为一个机构,不能承受更多载荷。因此,P_s 即为梁的塑性极限载荷。

可知,塑性极限载荷 $P_s = 3M_s/L$ 并不依赖于弹性模量,在一般情形下,弹塑性结构与钢塑性结构的极限载荷是相同的,其大小仅仅与结构和载荷形式有关,而与结构的残余应力

状态和加载历史无关。因此，如果仅仅为了得到极限载荷，就无需通过逐步追踪结构弹塑性变形过程得到极限载荷，而可以采用刚塑性模型，用更为简便的方法得到极限载荷。通常有两种方法，即以位移作为基本未知量的机动法和以应力作为基本未知量的静力法。

静力法是通过与外载荷相平衡且在结构内处处不违反屈服条件的广义应力场来寻求所对应外载荷的最大值。

对于图 6-4-1 的梁，与力 P 相平衡的弯矩分布可由 M_A、M_B 和 M_C 确定，因为梁段的弯矩是线性分布的，最大弯矩只能出现在 A 点或 B 点。C 点的支座反力为 R_C，则有

$$M_B = R_C L, \quad M_A = 2R_C L - PL$$

梁处处不违反屈服条件，则有

$$|M_B| \leq M_s, \quad |M_A| \leq M_s$$

即

$$-2M_s \leq 2R_C L \leq 2M_s$$
$$-M_s + PL \leq 2R_C L \leq M_s + PL$$

仅当 $|PL| \leq 3M_s$ 时，这两个不等式才同时成立，对应的最大外载荷，即塑性极限载荷 P_s 为

$$P_s = 3M_s/L$$

机动法是当变形可能使结构成为一个塑性流动机构时，通过外载荷所做的功与内部耗散功相等而得到结构极限载荷。

对于图 6-4-1 所示的梁，由最大弯矩的位置可知，可能的破损机构只有一种，即根部 A 和中点 B 都成为塑性铰。设 B 点的竖直挠度为 δ，则 P 做的功为 $P\delta$。A 点处梁的转角 $\theta = \delta/L$，B 点两侧都发生屈服，其相对转角为 $2\theta = 2\delta/L$。因此塑性铰所作的耗散功为

$$3M_s\theta = 3M_s\delta/L$$

由外力功和耗散功相等，可得

$$P\delta = 3M_s\delta/L$$

即

$$P = 3M_s/L$$

同样可得到 P_s 值。

对于较为复杂的结构，通常有多种可能的破损机构。每种机构都可以通过外载荷功与塑性铰耗散功相等而求得一个载荷值，真实的极限载荷是所有这些极限载荷中的最小值。实际上，在载荷增加的过程中，一旦结构变成了机构，则对应更大载荷的机构显然已不可能出现。

平面刚架如图 6-4-3 所示，设各截面的塑性极限弯矩为 M_s。在水平力 $3P$ 和竖直力 $2P$ 的作用下，求结构能承受的最大载荷 P。

①静力法。显然，该结构为二次超静定。由于节点之间的弯矩是线性变化的，故弯矩极值都在节点处，即节

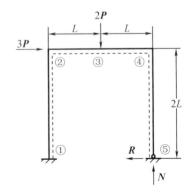

图 6-4-3　平面刚架

点①②③④处可能出现塑性铰,故有 $m=4$。取节点⑤处的支座反力为 R 和 N,并规定弯矩符号以钢架内侧受拉为正,则相应的平衡方程为

$$M_4=-2RL$$
$$M_3=-2RL+NL$$
$$M_2=-2RL+2NL-2PL$$
$$M_1=2NL-2PL-3P\times2L$$

消去 R 和 N,得到两个独立的平衡方程

$$-M_2+2M_3-M_4=2PL$$
$$-M_1+M_2-M_4=6PL$$

当利用虚功原理时,上述两式恰好和结构的两种破损机构对应。令

$$m_j=M_j/M_s(j=1,2,3,4)$$
$$f=\frac{PL}{M_s}$$

上式也可以写为

$$m_1=m_2-m_4-6f,2m_3=m_2+m_4+2f \tag{6-4-1}$$

如果 m_j 还满足

$$-1\leq m_j\leq1,\quad j=1,2,3,4 \tag{6-4-2}$$

则 $\{m_j,f\}(j=1,2,3,4)$ 就构成一个静力许可场,利用式(6-4-1),条件式(6-4-2)可等价地写为

$$-1\leq m_2-m_4-6f\leq1,\ -1\leq m_2\leq1$$
$$-2\leq m_2+m_4+2f\leq2,\ -1\leq m_4\leq1$$

或

$$\begin{cases}-1+m_4+6f\leq m_2\leq1+m_4+6f,\ -1\leq m_2\leq1\\-2-m_4-2f\leq m_2\leq2-m_4-2f,\ -1\leq m_4\leq1\end{cases} \tag{6-4-3}$$

由于式(6-4-3)中的各式要同时成立,所以可消去 m_2 而得到关于 m_4 和 f 的联立不等式:

$$-2-6f\leq m_4\leq2-6f,\ -3-2f\leq m_4\leq3-2f$$
$$-\frac{3}{2}-4f\leq m_4\leq\frac{3}{2}-4f,\ -1\leq m_4\leq1 \tag{6-4-4}$$

类似地,在以上各式中消去 m_4,有

$$|6f|\leq3,\ |2f|\leq4,\ |4f|\leq\frac{5}{2}$$
$$|4f|\leq5,\ |2f|\leq\frac{7}{2},\ |2f|\leq\frac{9}{2} \tag{6-4-5}$$

仅当

$$|f|\leq\frac{1}{2} \tag{6-4-6}$$

式(6-4-5)中的各式才可能都成立。因此式(6-4-6)是存在静力许可场的条件。而

$f=1/2$(负号对应于反向加载)对应于最大载荷值

$$P_s = \frac{1}{2}\frac{M_s}{L} \qquad (6-4-7)$$

以 $f=1/2$ 代入式(6-4-4)、式(6-4-3)和式(6-4-1),可得

$$m_1 = -1, m_2 = 1, m_3 = 1/2, m_4 = -1$$

由此求得的 $|m_j, f|$ 不仅满足式(6-4-1)和式(6-4-2),而且使所讨论的二次超静定结构中有三个节点①②④成为塑性铰,结构变成机构。说明式(6-4-7)的 P_s 确实是一个极限载荷。

上述方法是静力法的一种,称为不等式法。该方法比较烦琐,通常将问题归为线性问题,采用计算机程序求解。

②机动法。对于 n 次超静定结构,当出现 $(n+1)$ 个塑性铰时,结构就会变成机构,因为可能出现塑性铰的节点数为 m,所以可能的破损机构的总数将不少于 C_m^{n+1}。

独立的平衡方程数为 $m-n$,这些方程可通过虚功原理与结构的 $m-n$ 个破损机构相对应,这些破损机构称为基本机构,其他的破损机构可通过基本机构组合得到。可以认为每种破损机构都是一个机动场,若外载荷在广义位移上所做的总功为正值,则称该机动场为运动许可场。对于每一个运动许可场,当令外载荷做的功与塑性铰的耗散功相等时,便得到一个载荷值。机动法就是要在一切可能的运动许可场中,寻找最小的外载荷。

对于图6-4-4的刚架,可能的破损机构为4个,基本机构为2个。将图中两种基本破损机构(a)和(b)叠加,则得到机构(c)和机构(d)。

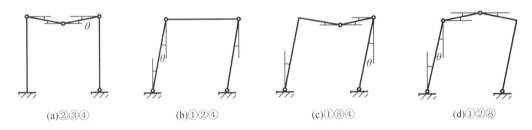

(a)②③④   (b)①②④   (c)①⑧④   (d)①②⑧

图6-4-4　平面刚架的破损机构

由机动法求解,根据各破损机构的塑性铰和载荷情况,可以求得每个破损机构对应的载荷值。

对机构(a),由 $2P \times L\theta = 4M_s\theta$ 得

$$P = \frac{2M_s}{L}$$

对机构(b),由 $3P \times 2L\theta = 3M_s\theta$ 得

$$P = \frac{M_s}{2L}$$

对机构(c),由 $3P \times 2L\theta + 2P \times L\theta = 5M_s\theta$ 得

$$P = \frac{5M_s}{8L}$$

对机构(d),由 $3P \times 2L\theta - 2P \times L\theta = 5M_s\theta$ 得

$$P = \frac{5M_s}{4L}$$

四种机构中,最小的载荷值出现在机构(b),因此 $P = \dfrac{M_s}{2L}$ 为结构的塑性极限载荷。与静力法结果一致。

实际结构中,结构的超静定次数和可能的塑性铰个数往往较大,可能发生的塑性流动机构的数目也很大,这使得塑性极限载荷的计算变得十分复杂。较简便的方法是,先选取其中的某几个塑性流动机构,分别计算出所对应的"上限载荷",进而考虑数值最小的"上限载荷"对应的塑性流动机构,将其铰点上的弯矩值取为极限弯矩,其正号与成铰时相对转角的方向一致,然后再根据平衡条件求出其他各节点处的弯矩值。

如果所有截面上的弯矩绝对值都没有超过极限弯矩,那么就找到了一个静力许可场,因为它同时对应于某个运动许可场,所以,所求得的载荷值就是真实的极限载荷。否则,上述载荷只能是真实极限载荷的上限,需要对其他的塑性流动机构重新计算。

6.5　极限载荷的上下限定理

设法直接求出结构的塑性极限载荷,而不是追踪结构的加载过程而逐步进行弹塑性计算,该方法常称为极限分析。常用的极限分析方法就是静力法和机动法,是以上、下限定理为理论依据的。

结构受有各个集中外载荷的作用,假定这些载荷以同一比例因子 P 增长,即可以一个共同因子 P 来描述,寻找结构所能承受外载荷的最大乘子 S,即可以此确定极限载荷或其近似范围。

假设一个机动场(运动可能场)是一组满足运动约束条件的位移场 ω^* 和截面转角 θ_i^*,并且外力 P 在 ω^* 上做正功。即

$$\int P(x)\omega^*(x)\mathrm{d}x > 0$$

定义机动乘子

$$S^* = \sum M_i^* \theta_i^* \Big/ \int P(x)\omega^*(x)\mathrm{d}x$$

其中,$M_i^* = M_s \mathrm{sgn}\ \theta_i^*$。

假设一个静力场(静力许可场)是一组满足平衡方程和不违背屈服条件的弯矩分布 M_i^0,与它平衡的外力为 $S^0 P$,S^0 称为静力乘子。

上下限定理可理解为:对应于极限状态的真实载荷乘子 S,介于静力载荷乘子的极大值 S^0 和机动载荷乘子的极小值 S^* 之间,即

$$S^0 \leqslant S \leqslant S^* \tag{6-5-1}$$

则 SP 即为真实的极限载荷。

由此可知,通过静力许可场可得到极限载荷的下限,通过运动可能场可得到极限载荷的上限。如果能同时找到一个既是运动可能场,又是静力许可场的体系,那么相应的载荷就必然是结构的极限载荷。即使不能精确求出极限载荷,也可分别由运动可能场和静力许可场求得极限载荷的上限与下限,并由上、下限之差来近似估计极限载荷的精确度。

6.6　安定状态和安定定理

由前节可知,外载荷的变化范围不能超出极限载荷曲线或曲面的变化范围。假设结构受周期性或以某种规律变化的载荷作用,即变值加载,显然,如果载荷始终在弹性极限曲线(面)内变化时,结构则将处于弹性状态而不破坏。但是,如果载荷变化范围超出弹性极限曲线(面),结构也不一定破坏。

假如经过有限次塑性变形而使结构达到一定的残余应力状态,并在此基础上继续施加原来的外载荷,由于结构弹性极限的提高,变形仍将维持在弹性范围内,结构因而处于安全状态,该状态则称为安定状态(shake-down state)。

反之,在循坏载荷的作用下,结构也可能会产生如下两种形式的破坏。一是在外载的重复作用下,结构某些部位交替产生方向相反的塑性变化,从而导致结构的塑性循环(或称低周疲劳)破坏;二是在外载作用下,结构中的某些部位总是产生同方向的塑性变形,经过多次重复后,由于塑性变形的累积而导致结构塑性破坏。处于以上两种状态下的结构则处于不安定状态。

安定定理可以理解为,如果结构存在某一安定状态,则对于不满足该安定状态的任一残余应力状态,都可以通过有限次的塑性变形,使结构逐步达到安定状态。

应用安定定理需做全面弹性分析,该过程比较麻烦,而且要考虑允许的塑性变形而避免损伤累积。实际上,安定载荷为极限载荷的 0.8~0.9 倍,所以,通常采用安全系数而不再进行安定状态分析。

在核工程中,经常使用一些高温容器等设备,由于温度变化而引起的循环热应力也可能会造成结构的不安定,所以,对热应力的安定性分析评价是核工程力学分析的基本内容之一。

由式(6-2-3)可知,矩形截面梁保持安定的条件是载荷不超过 $3P_e$ 或 $2P_s$。实际上,在核工程热应力分析评价时,结构保持安定的条件是应力不超过 2 倍塑性极限和 3 倍弹性极限,就是按矩形截面弹塑性极限之比而确定的。

6.7　多种载荷同时作用

本节讨论广义内力(或广义应力)弹性极限曲线和塑性极限曲线。理想弹塑性材料构成的矩形截面梁,受弯矩 M 和轴力 N 作用。在未失稳前,认为平截面界定和正应力线性分布假定仍然成立。随着载荷的增加,相应的正应力分布如图6-7-1所示。

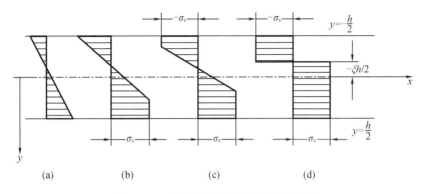

图6-7-1 理想弹塑性梁截面正应力分布

梁截面中应变为零的纤维层称为中性层,则中性层的 y 坐标为

$$y = -\varepsilon_0/K = -\frac{1}{2}\xi h$$

当梁处于弹性阶段时,应力分布由式(6-1-4)给出:

$$\sigma = EK\left(y + \frac{1}{2}\xi h\right)$$

故由式(6-1-2)、式(6-1-3)得

$$N = E\varepsilon_0 A, \quad M = EIK$$

其中,A 为梁的横截面积;I 为截面惯性矩。在纯拉伸情况下,最大轴向力为 $N_s = A\sigma_s$。因此,上式的无量纲形式可写为

$$n = \frac{N}{N_s} = \frac{\varepsilon_0}{\varepsilon_s}$$

$$m = \frac{M}{M_s} = \frac{2K}{3K_e}$$

其中,$\varepsilon_s = \sigma_s/E$,$K_e$ 由式(6-1-8)给出。

若 K 和 ε_0 都不为零,且 $\xi > 0$,则截面上最大正应力将出现在 $y = h/2$ 处,其值为 $\frac{1}{2}EKh(1+\xi)$。因此,当该处达到屈服时有

$$\sigma_s = \frac{1}{2}EKh(1+\xi)$$

由此求得

$$K = \frac{2\sigma_s}{Kh(1+\xi)} = \frac{K_e}{1+\xi}$$

和

$$\varepsilon_0 = \frac{1}{2}\xi h K = \left(\frac{\sigma_s}{E}\right)\left(\frac{\xi}{1+\xi}\right) = \varepsilon_0\left(\frac{\xi}{1+\xi}\right)$$

因此截面上开始出现屈服状态的条件可由 m、n 无量纲式写为

$$n=\frac{\xi}{1+\xi},m=\frac{2}{3}\left(\frac{1}{1+\xi}\right)$$

消去 ξ 后有

$$2n+3m=2$$

这就是在 $N>0,M>0$ 的条件下的弹性极限曲线。

关于梁的塑性极限载荷,假定梁的整个截面都进入屈服时,中性层(实为应力间断线)的位置为

$$\bar{y}=-\frac{1}{2}\xi h$$

则可计算出式(6-1-2)和式(6-1-3)中

$$N=\xi bh\sigma_s$$

和

$$M=(1-\xi^2)\frac{bh^2}{4}\sigma_s$$

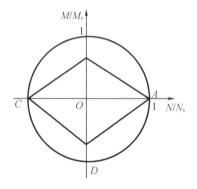

图 6-7-2 拉伸弯曲共同作用的交互曲线

其无量纲形式为

$$n=\xi,m=1-\xi^2$$

因此有

$$m=1-n^2$$

上式即为弯曲和拉伸共同作用下的交互曲线(图6-7-2)。它是用一种广义应力表示的屈服条件。在对梁、板、壳等结构进行塑性极限分析时,经常会用到这类屈服条件。

习　　题

1. 一厚壁圆筒,内半径为 a,外半径为 b ,仅承受均匀内压 q 作用(视为平面应变问题)。圆筒材料为理想弹塑性,屈服极限为 σ_s。试用 Tresca 屈服条件,分析计算该圆筒开始进入塑性状态时所能承受的内压力 q 的值。

2. 空心圆截面梁承受纯弯曲作用,梁内径为 d,外径为 D,时,求 M_s/M_e 与 d/D 的关系。

3. 半径为 R 的实心圆截面梁受弯距 M 的作用,材料是理想塑性的,求弯矩 m 与曲率 K 之间的关系。

4. 矩形截面梁是玩具 M 的作用材料,线性弹塑性强化材料,证明当曲率 $K \gg K_e$ 时,弯矩 M 与曲率 K 可用下式表示:

$$\frac{M}{M_e}=1.5\left(1-\frac{E'}{E}\right)+\frac{E'}{E}\frac{K}{K_e}$$

5. 如图1所示,悬臂矩形梁长 l,宽 b,高 h,受均部载荷 q 的作用,理想弹塑性材料,求自

由端的挠度 δ 与转角 θ 与 q 的关系。

6. 利用上限及下限定理,求图 2 所示梁在均布载荷作用下的极限载荷及塑性铰的位置。

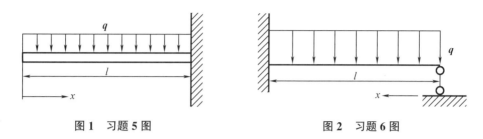

图 1　习题 5 图　　　　　　　图 2　习题 6 图

7. (1)半径为 a 的圆环在直径两端受拉力 p 的作用,求极限载荷 P_s。

(2)长轴为 $2a$,短轴为 $2b$ 的椭圆环,沿长轴两端受拉力 p 的作用,求极限载荷 P_s。

8. 求图 3 所示钢架的极限载荷。

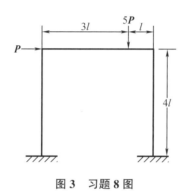

图 3　习题 8 图

参 考 文 献

［1］　王仁,黄文彬,黄筑平. 塑性力学引论[M]. 北京:北京大学出版社,1992.

［2］　轩福贞,宫建国. 基于损伤模式的压力容器设计原理[M]. 北京:科学出版社,2020.

［3］　杨桂通. 弹塑性力学引论[M]. 2 版. 北京:清华大学出版社,2013.

［4］　徐秉业,刘信声,沈新普. 应用弹塑性力学[M]. 2 版. 北京:清华大学出版社,2017.

［5］　陈惠发,萨里普 A F. 弹性与塑性力学[M]. 余天庆,王勋文,刘再华,编译. 北京:中国
　　　建筑工业出版社,2004.

［6］　余同希,薛璞. 工程塑性力学[M]. 2 版. 北京:高等教育出版社,2010.

［7］　钟春生,韩静涛. 金属塑性变形力计算基础[M]. 北京:冶金工业出版社,1994.

［8］　程良彦. 塑性力[M]. 长春:吉林大学出版社,2018.

［9］　武亮. 弹塑性力学基础及解析计算[M]. 北京:科学出版社,2020.

［10］　刘士光,张涛. 弹塑性力学基础理论[M]. 武汉:华中科技大学出版社,2008.

［11］　毕继红,王晖. 工程弹塑性力学[M]. 天津:天津大学出版社,2003.

第7章 屈服条件和加载条件

在简单应力状态弹塑性分析中,对塑性力学基本概念和研究方法进行了初步介绍,显然,还需要进一步探讨一般应力状态下的弹塑性问题。有关应力分析和应变分析的内容,由于并不涉及材料本性,所以,不仅在弹性力学中适用,而且在塑性力学中也同样适用。本章讨论塑性力学中基础性的问题,并将简单应力状态下的概念推广到一般应力状态,主要包括屈服条件和加载条件等重点内容。

7.1 应力张量及其不变量

在外力作用下处于平衡状态的物体,通过物体内任意点的六面体上引进应力向量 $\boldsymbol{\sigma}_i(i=1,2,3)$,它是作用于六面体单位面积上的力。$\sigma_i(i=1,2,3)$ 的值不仅与该点的位置有关,还与面的方向有关,设面的单位法向量为 $\boldsymbol{n}_i(i=1,2,3)$,则由柯西定理有

$$\boldsymbol{\sigma}_1 = \sigma_{11}\boldsymbol{n}_1 + \sigma_{12}\boldsymbol{n}_2 + \sigma_{13}\boldsymbol{n}_3 = \sum_{j=1}^{3} \sigma_{1j}\boldsymbol{n}_j$$

$$\boldsymbol{\sigma}_2 = \sigma_{21}\boldsymbol{n}_1 + \sigma_{22}\boldsymbol{n}_2 + \sigma_{23}\boldsymbol{n}_3 = \sum_{j=1}^{3} \sigma_{2j}\boldsymbol{n}_j$$

$$\boldsymbol{\sigma}_3 = \sigma_{31}\boldsymbol{n}_1 + \sigma_{32}\boldsymbol{n}_2 + \sigma_{33}\boldsymbol{n}_3 = \sum_{j=1}^{3} \sigma_{3j}\boldsymbol{n}_j \qquad (7\text{-}1\text{-}1)$$

上式包含一个二阶张量

$$\begin{pmatrix} \sigma_{11} & \sigma_{12} & \sigma_{13} \\ \sigma_{21} & \sigma_{22} & \sigma_{23} \\ \sigma_{31} & \sigma_{32} & \sigma_{33} \end{pmatrix}$$

称为柯西应力张量,记为 σ_{ij},表示物体中一点的应力,采用 Einstein 求和约定,上式可写为

$$\boldsymbol{\sigma}_i = \sigma_{ij}\boldsymbol{n}_j \quad (i,j=1,2,3) \qquad (7\text{-}1\text{-}2)$$

式中,指标 i,j 出现的次数,代表不同的含义。只出现两次的指标称为哑标,表示从 1 到 3 求和,相当于求和符号 $\sum_{j=1}^{3}$,只出现一次的指标称为自由指标,可在 1 到 3 中任意取值。在一个表达式中,出现三次的指标是不允许的。

设物体内某点具有如下性质的单位向量 $\boldsymbol{n}_i(i=1,2,3)$,所截取的面元以 $\boldsymbol{n}_i$ 为法向量,如果面元上只有正应力,而没有剪应力,则称单位向量 $\boldsymbol{n}_i$ 为主方向,相应的正应力则称为主应力。

应力张量 $\sigma_{ij}(i,j=1,2,3)$ 为二阶对称张量,当 $\boldsymbol{n}_i(i=1,2,3)$ 是 σ_{ij} 的主方向时,$\sigma_{ij}\boldsymbol{n}_j$ 就与 $\boldsymbol{n}_i$ 成比例,即有

$$\begin{cases} \sigma_{11}\boldsymbol{n}_1+\sigma_{12}\boldsymbol{n}_2+\sigma_{13}\boldsymbol{n}_3=\lambda\boldsymbol{n}_1 \\ \sigma_{21}\boldsymbol{n}_1+\sigma_{22}\boldsymbol{n}_2+\sigma_{23}\boldsymbol{n}_3=\lambda\boldsymbol{n}_2 \\ \sigma_{31}\boldsymbol{n}_1+\sigma_{32}\boldsymbol{n}_2+\sigma_{33}\boldsymbol{n}_3=\lambda\boldsymbol{n}_3 \end{cases} \tag{7-1-3}$$

或写为

$$(\boldsymbol{\sigma}_{ij}-\lambda\delta_{ij})\boldsymbol{n}_j=0 \tag{7-1-4}$$

其中记号

$$\delta_{ij}=\begin{cases} 1, & \text{当 } i=j \text{ 时} \\ 0, & \text{当 } i\neq j \text{ 时} \end{cases}$$

称为 Kronecker 符号。

显然,式(7-1-4)存在非零解的条件是其系数行列式为零:

$$|(\boldsymbol{\sigma}_{ij}-\boldsymbol{\sigma}\delta_{ij})|=0$$

由此便可得到 σ 的三次多项式:

$$\sigma^3-I_1\sigma^2-I_2\sigma-I_3=0 \tag{7-1-6}$$

其中

$$\begin{cases} I_1=\sigma_{kk} \\ I_2=-\dfrac{1}{2}(\sigma_{ii}\sigma_{kk}-\sigma_{ik}\sigma_{ik}) \\ I_3=\det(\sigma_{ij}) \end{cases} \tag{7-1-7}$$

I_1、I_2 和 I_3 称为第一、第二和第三不变量,进行坐标变换时,无论 σ_{ij} 的分量如何改变,I_1、I_2 和 I_3 的值始终保持不变。

显然,式(7-1-6)有三个实根 σ_1、σ_2、σ_3,称为 σ_{ij} 的主值,称主应力。

显然,式(7-1-7)也可用主值表示为:

$$\begin{cases} I_1=\sigma_1+\sigma_2+\sigma_3 \\ I_2=-(\sigma_1\sigma_2+\sigma_2\sigma_3+\sigma_3\sigma_1) \\ I_3=\sigma_1\sigma_2\sigma_3 \end{cases} \tag{7-1-8}$$

当三个主值互不相等时,三个主方向相互垂直,即具有正交性。主应力的正交性已经在弹性力学空间问题中得到证明。

7.2 屈服条件和屈服曲面

随着外载荷的增加,当应力状态达到弹性界限时,继续加载可能使微元产生永久性塑性变形。对于单向拉压应力状态,初始弹性状态的界限是拉压屈服极限,对于复杂应力状态,初始弹性状态界限称初始屈服条件,而把达到屈服卸载之后再加载的后续弹性界限称为后继屈服条件或加载条件。

屈服条件一般与应力、应变、时间、温度等有关,所以,屈服函数是应力、应变、时间、温度等因素的函数。时间包括长时效应和短时效应,例如高温反应堆结构蠕变行为,即与温度和时间密切相关,高速撞击行为则是瞬时高应变率行为。这些都是近年来开展的新型高温反应堆所面对的问题,一般的核电厂设备工程分析中,均不需考虑时间和温度的影响。如果考虑屈服前应力和应变的对应关系,则屈服函数可进一步简化为只与应力有关。

屈服条件可以用式 $f(\sigma_{ij}) = 0$ 表达,该式在应力空间中是一个曲面,称为屈服曲面。当应力 σ_{ij} 位于曲面内时,$f(\sigma_{ij}) < 0$,材料处于弹性状态;当应力 σ_{ij} 位于曲面上时,$f(\sigma_{ij}) = 0$,材料开始屈服进入塑性状态。实际上,屈服面并不具有明显界限,所以,有学者提出了"内变量"的概念来表达塑性变形。

一般形式的屈服面,通常建立在以下假定前提下:

①忽略时间(应变率)、温度等因素,如高温蠕变等。但对于空间堆、快堆等高温反应堆,时间温度因素则不可忽略。

②连续性假设,假设材料的塑性变形可无限制维持下去。

③只考虑稳定材料,即符合 Duker 公设等条件的材料。

④变形规律由均匀应力应变实验结果得到,与应力梯度无关。

⑤初始各向同性假定。即当材料在未经受过塑性变形之前,屈服条件与方向无关,即与坐标轴的取向无关。

因此,屈服条件可表示成三个主应力的函数

$$f(\sigma_1, \sigma_2, \sigma_3) = 0 \qquad (7-2-1)$$

或三个应力不变量的函数

$$f(I_1, I_2, I_3) = 0 \qquad (7-2-2)$$

⑥静水压力不影响材料的塑性性质。对各向同性金属材料,静水压力不太大时,不影响屈服,但对各向异性材料,该假设不成立。

由于静水压力(平均正应力 $\sigma_m = (\sigma_1+\sigma_2+\sigma_3)/3 = I_1/3$)不产生塑性变形,则可把它从应力张量 σ_{ij} 中扣除,剩下的一部分称为偏应力张量 S_{ij},即 $S_{ij} = \sigma_{ij} - \sigma\delta_{ij}$。偏应力张量也是二阶对称张量,显然其第一不变量 J_1 为零,第二不变量 J_2 具有重要的意义,因而被广泛应用,其不同的表达形式有

$$J_2 = S_{ij}S_{ij}/2$$

$$J_2 = \left[(\sigma_x-\sigma_y)^2 + (\sigma_y-\sigma_z)^2 + (\sigma_z-\sigma_x)^2 + 6(\tau_{xy}^2 + \tau_{xz}^2 + \tau_{zy}^2) \right]/6$$

$$J_2 = \left[(\sigma_1-\sigma_2)^2 + (\sigma_2-\sigma_3)^2 + (\sigma_3-\sigma_1)^2 \right]/6 = \frac{1}{3}\bar{\sigma}^2$$

屈服条件与偏应力张量 S_{ij} 有关,则式(7-2-2)可继续简化为

$$f(J_2, J_3) = 0 \qquad (7-2-3)$$

J_2、J_3 是偏应力张量 S_{ij} 的第二第三不变量。由式(7-2-2)和式(7-2-3)可知,屈服条件可以表示为三个或两个变量的函数,这就使得用几何方法将其形象的表示出来成为可能。在以 $(\sigma_1, \sigma_2, \sigma_3)$ 为坐标轴的主应力空间,以三个相互垂直的单位向量 i_1、i_2、i_3 作为主应力空间的基向量,如图 7-2-1 所示,则任一应力状态都可用空间

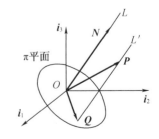

图 7-2-1 主应力空间的基向量

向量 $\overrightarrow{OP}$ 表示为

$$\overrightarrow{OP}=\sigma_1 \boldsymbol{i}_1+\sigma_2 \boldsymbol{i}_2+\sigma_3 \boldsymbol{i}_3$$

上式还可分解为应力偏量部分和静水压力部分

$$(\sigma_m \boldsymbol{i}_1+\sigma_m \boldsymbol{i}_2+\sigma_m \boldsymbol{i}_3)=\overrightarrow{OQ}+\overrightarrow{ON}$$

其中 $\overrightarrow{OQ}$ 为偏应力向量,其分量为

$$s_N=\sigma_N-\sigma_m(N=1,2,3)$$

$\overrightarrow{ON}$ 与向量 $\left(\dfrac{1}{\sqrt{3}},\dfrac{1}{\sqrt{3}},\dfrac{1}{\sqrt{3}}\right)$ 平行,过原点 O 以 $\overrightarrow{ON}$ 为法向量的平面可写为

$$\sigma_1+\sigma_2+\sigma_3=0 \tag{7-2-4}$$

习惯上称之为 π 平面。由于偏应力张量的三个分量之和为零:

$$s_1+s_2+s_3=0$$

可知偏应力向量 $\overrightarrow{OQ}$ 总在 π 平面内。

将基向量 $(\boldsymbol{i}_1,\boldsymbol{i}_2,\boldsymbol{i}_3)$ 在 π 平面上的投影记为 $(\boldsymbol{i}_1',\boldsymbol{i}_2',\boldsymbol{i}_3')$,并在 π 平面上建立直角坐标系 Oxy,使 y 轴与 $\boldsymbol{i}_2'$ 相重合(图 7-2-2(a))。这时,π 平面上任一点的位置可用坐标 (x,y) 来表示。

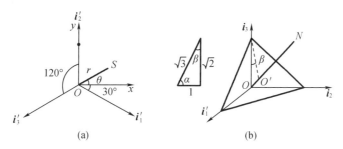

图 7-2-2 基向量在 π 平面的投影

从等倾线看原点,在 π 平面上出现了正的主轴,彼此夹角120°,它们是主应力空间三个主轴在 π 平面上的投影。主应力空间坐标系 $Oi_1 i_2 i_3$ 在 π 平面上的投影坐标系为 $Oi_1' i_2' i_3'$。$\boldsymbol{i}_n$ 与 $\boldsymbol{i}_n'$ 的夹角 β 余弦:

$$\cos\beta=\sqrt{\frac{2}{3}}$$

坐标系变换 $\boldsymbol{i}_n'=\boldsymbol{i}_n\cos\beta=\sqrt{\dfrac{2}{3}}\boldsymbol{i}_n$。

记 σ_1'、σ_2'、σ_3' 为 σ_1、σ_2、σ_3 在 π 平面上投影。在主应力空间截取一偏平面 S 平行于 π 平面,则其法向方向余弦:

$$\cos\alpha_n=\frac{1}{\sqrt{3}}$$

主应力在偏平面上的投影分别为

$$\sigma'_n = \sigma_n \sin \alpha_n = \sqrt{\frac{2}{3}} \sigma_n$$

在 π 平面上取直角坐标系(x,y),则由图 7-2-2 左可知,平面上一点坐标 $S(x,y)$ 坐标值为

$$
\begin{cases}
x = \sigma'_1 \cos 30° - \sigma'_3 \cos 30° = \sqrt{\frac{2}{3}} \sigma_1 \frac{\sqrt{3}}{2} - \sqrt{\frac{2}{3}} \sigma_3 \frac{\sqrt{3}}{2} = \frac{1}{\sqrt{2}}(\sigma_1 - \sigma_3) \\
y = \sigma'_2 - \sigma'_1 \sin 30° - \sigma'_3 \sin 30° = \frac{1}{\sqrt{6}}(2\sigma_2 - \sigma_1 - \sigma_3)
\end{cases}
\tag{7-2-5}
$$

在 π 平面上取极坐标系(r,θ),则平面上一点坐标 $S(r_\sigma, \theta_\sigma)$:

$$
\begin{cases}
r_\theta = \sqrt{x^2 + y^2} = \sqrt{\frac{1}{2}(\sigma_1 - \sigma_3)^2 + \frac{1}{6}(2\sigma_2 - \sigma_1 - \sigma_3)^2} = \sqrt{2J_2} \\
\theta_\sigma = \arctan\left(\frac{y}{x}\right) = \arctan\left(\frac{1}{\sqrt{3}} \mu_\sigma\right)
\end{cases}
\tag{7-2-6}
$$

可见,r_σ、θ_σ 表述了一点应力状态偏张量的主要特征,以 L 为 z 轴的柱坐标系中一点的$(r_\sigma, \theta_\sigma, z_\sigma)$ 坐标的物理意义为:

r_σ 正比于等效应力,θ_σ 标志着中间应力的影响,z_σ 代表静水压力的大小。$\mu_\sigma = \dfrac{2\sigma_2 - \sigma_1 - \sigma_3}{\sigma_1 - \sigma_3}$ 称为罗地(Lode)参数,表示主应力之间的相对比值。如规定 $\sigma_1 \geqslant \sigma_2 \geqslant \sigma_3$,则 μ_σ 的变化范围为 $-1 \leqslant \mu_\sigma \leqslant 1$ 或 $-30° \leqslant \mu_\sigma \leqslant 30°$。

纯拉伸对应于 $\mu_\sigma = -1$,纯剪切对应于 $\mu_\sigma = 0$,纯压缩对应于 $\mu_\sigma = 1$。将 $s_2 = -(s_1 + s_3)$ 代入,有

$$s_1 - s_3 = \sqrt{2} x = \sqrt{2} r_\sigma \cos \theta_\sigma$$

$$s_1 + s_3 = -\sqrt{\frac{2}{3}} y = -\sqrt{\frac{2}{3}} r_\sigma \sin \theta_\sigma$$

得

$$
\begin{cases}
s_1 = \frac{1}{\sqrt{2}} x - \frac{1}{\sqrt{6}} y = \sqrt{\frac{2}{3}} r_\sigma \sin\left(\theta_\sigma + \frac{2\pi}{3}\right) \\
s_2 = \sqrt{\frac{2}{3}} y = \sqrt{\frac{2}{3}} r_\sigma \sin \theta_\sigma \\
s_3 = -\frac{1}{\sqrt{2}} x - \frac{1}{\sqrt{6}} y = \sqrt{\frac{2}{3}} r_\sigma \sin\left(\theta_\sigma - \frac{2\pi}{3}\right)
\end{cases}
\tag{7-2-7}
$$

现讨论屈服面的一般形式。屈服面与 π 平面的交线称之为屈服线。由于屈服不受静水压力影响,屈服曲线也可用 $f(J_2, J_3) = 0$ 表示。

在主应力空间中,$f(J_2, J_3) = 0$ 表示母线垂直于 π 平面(或平行于 $\overrightarrow{ON}$ 方向)的一个柱面(图 7-2-3)。

由初始各项同性假定,如果(s_1, s_2, s_3) 是屈服曲线上的一点,则(s_1, s_3, s_2) 也一定是屈服

曲线上的一点。说明,在 π 平面上屈服曲线关于 i_1' 轴(图 7-2-4 中 BB' 线)是对称的。同理,屈服曲线关于 i_2' 轴和 i_3' 轴也是对称的。

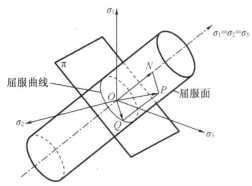

图 7-2-3 等倾线与 π 平面

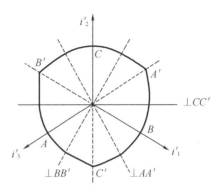

图 7-2-4 屈服曲线在 π 平面的投影

对许多金属材料而言,拉伸和压缩时的屈服曲线近似相等,如果 (s_1, s_2, s_3) 是屈服曲线上的一点,则 $(-s_1, -s_2, -s_3)$ 也一定是屈服曲线上的一点。所以,在 π 平面上屈服曲线关于 $\perp AA'$、$\perp BB'$、$\perp CC'$ 也是对称的。

可见,在上述两种前提下,π 平面上的屈服线有 6 条对称轴,只需要在 30° 范围内进行实验,就可以确定整个屈服曲线的形状。

7.3 几种常用的屈服条件

7.3.1 Tresca 屈服条件

1864 年 Tresca 根据金属挤压试验的结果和 Coulomb 对土力学的研究,提出以下假设:当最大剪应力达到某一极限值 k 时,材料开始屈服。如规定 $\sigma_1 \geq \sigma_2 \geq \sigma_3$,则此条件表示为

$$\tau_{max} = \frac{\sigma_1 - \sigma_3}{2} = k \tag{7-3-1}$$

此即材料力学中的第三强度理论,也称最大剪应力理论。由式(7-2-5)可知,上式在 π 平面上相当于角 θ_σ 从 -30° 到 30° 的范围内与 y 轴相平行的直线段:

$$x = \frac{\sqrt{2}}{2}(\sigma_1 - \sigma_3) = \sqrt{2k} = C \tag{7-3-2}$$

根据对称性将其拓展得到正六边形(图 7-3-1(a))。如不规定 $\sigma_1 \geq \sigma_2 \geq \sigma_3$,则式(7-3-1)应写为

$$\begin{cases} \sigma_1 - \sigma_2 = \pm 2k & (\sigma_3 \text{ 为中间主应力}) \\ \sigma_2 - \sigma_3 = \pm 2k & (\sigma_1 \text{ 为中间主应力}) \\ \sigma_3 - \sigma_1 = \pm 2k & (\sigma_2 \text{ 为中间主应力}) \end{cases} \tag{7-3-3}$$

金属简单拉伸试验时,表面能观察到的滑移线与轴线成45°角,以及静水压力不影响屈服的事实与 Tresca 屈服条件相符,因此受到广泛支持。式(7-3-3)中只要有一个等式成立(对应于六边形一个边)或两个等式同时成立(对应六边形一个顶点),材料就屈服。三个等式不能同时成立,否则三式相加等于零,与 $k \neq 0$ 矛盾。

当 $\sigma_1 > \sigma_2 > \sigma_3$ 时,$x = \dfrac{1}{\sqrt{2}}(\sigma_1 - \sigma_3) = \sqrt{2}\,k = const$。在 $30° > \theta_\sigma > -30°$ 范围内表示一条平行于 y 轴(即 σ_2' 轴)的直线。将其对称拓开,就可得到平面上一个正六边形,如图 7-3-1(a)所示。

在主应力空间等式给出一个正六边形柱面,母线平行于 L,这就是 Tresca 条件对应的屈服曲面,如图 7-3-1(b)所示。

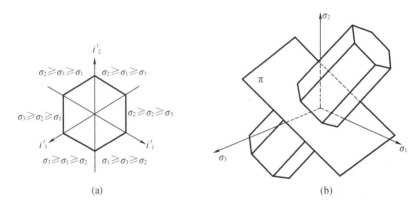

图 7-3-1　Tresca 条件的屈服曲面

对于平面应力状态,当 $\sigma_3 = 0$ 时,式(7-3-3)就成为

$$\sigma_1 - \sigma_2 = \pm 2k,\ \sigma_2 = \pm 2k,\ \sigma_1 = \pm 2k \tag{7-3-4}$$

在 σ_1-σ_2 应力平面上,相当于由六条直线所构成的六边形(图 7-3-2),屈服轨迹呈斜六边形,相当于正六边形柱面被 $\sigma_3 = 0$ 平面斜截所得图形。

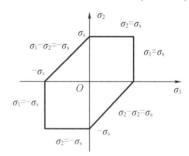

式中 k 值一般由实验确定。如采用简单拉伸实验,则由

$$\sigma_1 = \sigma_s,\ \sigma_2 = \sigma_3 = 0$$

可得

$$k = \frac{\sigma_s}{2} \tag{7-3-5}$$

图 7-3-2　Tresca 条件的斜六边形

如采用纯剪切实验,则由

$$\sigma_1 = \sigma_3 = \tau_s,\ \sigma_2 = 0$$

可得

$$k = \tau_s \tag{7-3-6}$$

这说明,如果 Tresca 屈服条件正确,则拉伸屈服应力 σ_s 和剪切屈服应力 τ_s 存在关系

$$\sigma_s = 2\tau_s \tag{7-3-7}$$

对于多数材料来说,上式只是近似成立。

在主方向和大小顺序已知的情况下,用 Tresca 屈服条件求解问题比较方便。因为在一定范围内应力分量之间满足线性关系。但在主应力未知的情况下,Tresca 屈服条件可以写成

$$\left[(\sigma_1-\sigma_2)^2-(2k)^2\right]\left[(\sigma_2-\sigma_3)^2-(2k)^2\right]\left[(\sigma_3-\sigma_1)^2-(2k)^2\right]=0$$

也可展开用应力偏张量的不变量形式表示:

$$4(J_2')^3-27(J_3')^2-36k^2(J_2')^2+96k^4(J_2')-64k^6=0$$

即使主应力未知,J_2'、J_3' 也可根据应力分量求出,故上式原则上适用于主应力未知的情况。可惜过于复杂,往往很不方便应用,其实用价值因而大打折扣。

金属简单拉伸时,可观察到的表面滑移线与轴线成 45° 角,以及静水压力不影响屈服的事实与 Tresca 假设相符,在主应力方向已知时表达式简单线性,因此 Tresca 屈服条件得到广泛应用。而当主应力方向未知时,可通过试探确定应力点落在六角柱屈服面的某个侧面或棱边上,一旦确定,Tresca 屈服条件表达式就是线性的了。

但是,Tresca 屈服条件也存在不足之处,即在主应力方向未知时表达式过于复杂,不便应用。而且也未体现中间应力对材料屈服的影响,显得不尽合理,并产生一定的误差,另外,屈服线上的角点也给数学处理带来困难。

7.3.2 Mises 屈服条件

1913 年,Von Mises 建议用偏应力张量的第二不变量 $J_2=C$ 来拟合实验点(C 是材料常数,由试验确定)。Mises 屈服条件认为当 J_2 达到某值时,材料开始屈服。显然,Mises 屈服条件具有如下形式:

$$f(J_2,J_3)=J_2-k^2=0 \tag{7-3-8}$$

其中 k 为材料常数,与 Tresca 屈服条件的 k 值并不等同。可见屈服条件并不依赖于 J_3。

由式(7-2-6),上式也可写为

$$r_\sigma=\sqrt{2J_2}=\sqrt{2}k=C \tag{7-3-9}$$

因此,在 π 平面上 Mises 屈服条件可用一个圆来表示。在主应力空间中,Mises 屈服曲面则是一个以 $\sigma_1=\sigma_2=\sigma_3(ON)$ 为轴线的圆柱面,如图 7-3-3 所示。

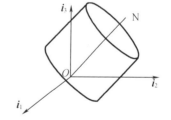

图 7-3-3 Mises 条件的圆柱面

对于 $\sigma_3=0$ 的平面应力状态,Mises 屈服条件可表示为

$$\sigma_1^2+\sigma_2^2-\sigma_1\sigma_2=3k^2$$

即

$$\left(\frac{\sigma_1-\sigma_2}{2\sigma_s}\right)^2+3\left(\frac{\sigma_1+\sigma_2}{2\sigma_s}\right)^2=1 \tag{7-3-10}$$

在应力平面上是一个椭圆(图 7-3-4)。

在实验力学中,为了使用方便起见,定义等效应力 $\bar{\sigma}$:

$$\bar{\sigma}=\sqrt{\frac{1}{2}\left[\left(\sigma_1-\sigma_2\right)^2+\left(\sigma_2-\sigma_3\right)^2+\left(\sigma_3-\sigma_1\right)^2\right]}$$

因而 Mises 屈服条件可用等效应力更方便的表示:

$$J_2=\frac{1}{6}\left[\left(\sigma_1-\sigma_2\right)^2+\left(\sigma_2-\sigma_3\right)^2+\left(\sigma_3-\sigma_1\right)^2\right]=C$$

$$\bar{\sigma}=\sqrt{3J_2}=\sqrt{3C}$$

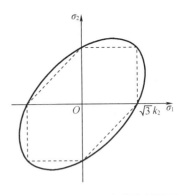

图 7-3-4 Mises 条件的椭圆面

由单向拉伸屈服或剪切屈服时的 C 值可知,采用 Mises 屈服条件就意味着材料应满足:$\sigma_s=\sqrt{3}\tau_s$。

Mises 屈服条件的物理意义是,材料处于塑性状态时,其等效应力是一不变的定值,该定值只取决于材料在塑性变形时的性质,而与应力状态无关。

对 Mises 屈服条件的一个解释是:当材料微元的八面体剪应力达到某一数值,或单位体积的剪切应变能达到某一数值时,材料开始产生塑性变形。将应力 σ_{ij} 和应变 ε_{ij} 分解为偏量部分与球量部分之和:

$$\sigma_{ij}=s_{ij}+\sigma_m\delta_{ij},\varepsilon_{ij}=e_{ij}+\varepsilon_m\delta_{ij}$$

则材料的应变比能可写为

$$\frac{1}{2}\sigma_{ij}\varepsilon_{ij}=\frac{3}{2}\sigma_m\varepsilon_m+\frac{1}{2}s_{ij}e_{ij}$$

上式右端第一项为体积应变比能,由于静水压力不影响材料塑性性质,所以,这一项对材料的屈服并无贡献。右端第二项就是剪切应变比能。对于线性弹性材料可由

$$e_{ij}=\frac{1}{2G}s_{ij}$$

求得

$$\frac{1}{2}s_{ij}e_{ij}=\frac{1}{2G}J_2$$

其中,$G=\dfrac{E}{2(1+\mu)}$ 为材料剪切模量;E 和 μ 分别为杨氏模量和泊松比。因此剪切应变能(除差一个材料常数因子外)是可以用 J_2 表示的。

式中的常数 k 可由实验确定。对于简单拉伸实验,由

$$J_2=\frac{\sigma_s^2}{3}=k^2$$

可得

$$k=\frac{1}{\sqrt{3}}\sigma_s \qquad\qquad (7-3-11)$$

对于纯剪切实验,由 $J_2=\tau_s^2=k^2$ 可得

$$k=\tau_s \qquad\qquad (7-3-12)$$

说明,如果 Mises 屈服条件正确的话,应有

$$\sigma_s = \sqrt{3}\,\tau_s \qquad\qquad (7-3-13)$$

对于多数材料,上式符合的较好。可见,Mises 屈服条件比 Tresca 屈服条件具有更好的精确度。

以下将 Tresca 屈服条件和 Mises 屈服条件做简单比较。

如假定拉伸时两个屈服面在重合,则在 π 平面上,Tresca 六边形内接于 Mises 圆(图7-3-5)。令 Tresca 和 Mises 屈服准则的 k 值分别为 k_2 和 k_1,由式(7-3-5)和式(7-3-11)可知 $k_2 = \dfrac{2}{\sqrt{3}}k_1$,在纯剪切时两者误差最大。

如假定两个屈服面在纯剪切时重合,则 Tresca 六边形外切于 Mises 圆。由式(7-3-6)和式(7-3-12)可知 $k_2 = k_1$,则简单拉伸时二者误差最大。容易得到,最大的相对误差为

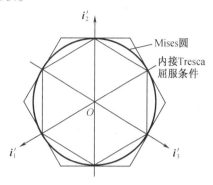

图7-3-5　Tresca 六边形与 Mises 圆的关系

$$\frac{2}{\sqrt{3}} - 1 \approx 15.5\%$$

实验表明, Mises 屈服条件比 Tresca 屈服条件更接近于实验结果。多数金属材料屈服状态接近 Mises 屈服条件,在应用上,当主应力已知时,用 Tresca 屈服条件更方便;而当主应力方向未知时,用 Mises 屈服条件更方便。两条件相对误差不大,Tresca 屈服条件更为保守,所以,实际问题中应根据问题具体情况选择使用。

7.3.3　八面体剪应力屈服条件

在三维直角坐标系下,其法线与3个主轴夹角都相等的八个面构成了八面体(图7-3-6),该法线的方向余弦为 $\sqrt{3}/3$,与坐标轴约成55°夹角。八面体八个面上的剪应力即为八面体剪应力,显然其在八个面上都相等。

可知八面体正应力 σ_8 为静水压力,即三向正应力的平均值。

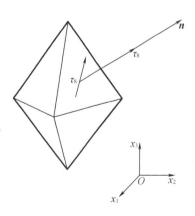

图7-3-6　八面体剪应力

$$\sigma_8 = \sigma_i n_i^2 = \frac{1}{3}(\sigma_1 + \sigma_2 + \sigma_3) = \frac{1}{3}(\sigma_x + \sigma_y + \sigma_z) = \frac{1}{3}J_1$$

八面体剪应力 τ_8 与应力强度理论关系密切,其表达式为

$$\tau_8 = \frac{1}{3}\sqrt{(\sigma_1 - \sigma_2)^2 + (\sigma_2 - \sigma_3)^2 + (\sigma_3 - \sigma_1)^2}$$

$$= \frac{1}{3}\sqrt{2(\sigma_1 + \sigma_2 + \sigma_3)^2 - 6(\sigma_1\sigma_2 + \sigma_2\sigma_3 + \sigma_3\sigma_1)}$$

$$= \frac{1}{3}\sqrt{2J_1^2 - 6J_2} = \sqrt{2J_2/3}$$

对于各向同性材料，σ_8 只改变体积，τ_8 只改变形状。

八面体剪应力和最大剪应力是决定金属屈服准则的两个最重要的剪应力。前者比后者略小，比值为 0.82～0.94。工程中使用最大剪应力更保守。

7.3.4 双剪应力屈服条件

1961 年，我国学者余茂鋐用双剪应力的概念，对国外学者提出的最大偏应力屈服条件的概念进行了说明，所提出的屈服条件因此称为双剪应力屈服条件，简介如下。

材料力学第一强度理论认为，当绝对值最大的主应力达到某一数值时，材料开始破坏。对脆性材料来说，第一强度理论是适用的。但对大多数金属来说，静水压力对屈服条件并没有显著影响，故采用最大偏应力（绝对值）作为材料塑性变形的准则。假定拉伸和压缩的屈服极限相同时，最大偏应力屈服条件可写为

$$\max(|s_1|,|s_2|,|s_3|)=k_3 \qquad (7-3-14)$$

常数 k_3 可由简单拉伸实验确定，$k_3=\dfrac{2}{3}\sigma_s$，上式可等价表示为

$$\begin{cases} 3s_1=2\sigma_1-(\sigma_2+\sigma_3)=\pm2\sigma_s \\ 3s_2=2\sigma_2-(\sigma_1+\sigma_3)=\pm2\sigma_s \\ 3s_3=2\sigma_3-(\sigma_1+\sigma_2)=\pm2\sigma_s \end{cases}$$

在 π 平面上，它是一个外切于 Mises 圆的正六边形，与内接的 Tresca 正六边形相比，其方位转过了 30°（图 7-3-5）。如果通过实验得到 $\theta_\sigma=-30°$ 和 $\theta_\sigma=30°$ 的 γ_σ 值，在屈服面外凸的前提下，则不难看出，Tresca 屈服条件和最大偏应力屈服条件分别对应于屈服面的下界和上界。

以上屈服条件也可用双剪应力屈服条件来解释：当两个主剪应力的绝对值之和达到某一极限值时，材料开始屈服。对此可设 $\sigma_1\geqslant\sigma_2\geqslant\sigma_3$，则主剪应力的绝对值可定义为

$$|\tau_{12}|=\frac{\sigma_1-\sigma_2}{2},\ |\tau_{13}|=\frac{\sigma_1-\sigma_3}{2},\ |\tau_{23}|=\frac{\sigma_2-\sigma_3}{2} \qquad (7-3-15)$$

以上三个主剪应力绝对值中，$|\tau_{13}|$ 最大。用双剪应力屈服条件来解释，则认为当两个较大的主剪应力的绝对值之和达到某一数值时，材料将开始屈服。得到如下表达式：

$$\begin{cases} |\tau_{13}|+|\tau_{12}|=\sigma_1-\dfrac{1}{2}(\sigma_2+\sigma_3)=\sigma_s,\ (|\tau_{12}|\ |\tau_{23}|) \\ |\tau_{13}|+|\tau_{23}|=\dfrac{1}{2}(\sigma_1+\sigma_2)-\sigma_3=\sigma_s,\ (|\tau_{12}|\ |\tau_{23}|) \end{cases} \qquad (7-3-16)$$

上式与式(7-3-14)是等价的，因为如果规定 $s_1\geqslant s_2\geqslant s_3$，则式(7-3-14)可表示为

$$\max(|s_1|,|s_2|,|s_3|)=\begin{cases} s_1=\dfrac{2}{3}\sigma_s, & \text{当 } s_2\leqslant0 \text{ 时} \\ -s_3=\dfrac{2}{3}\sigma_s, & \text{当 } s_2\geqslant0 \text{ 时} \end{cases}$$

或

$$s_1 = \frac{2\sigma_1 - (\sigma_2 + \sigma_3)}{3} = \frac{2}{3}\sigma_s, \ (2\sigma_1 - (\sigma_2 + \sigma_3) \leqslant 0)$$

$$-s_3 = \frac{-2\sigma_1 + (\sigma_2 + \sigma_3)}{3} = \frac{2}{3}\sigma_s, \ (2\sigma_1 - (\sigma_2 + \sigma_3) \geqslant 0)$$

可见,上式与式(7-3-16)等价。

最大偏应力屈服条件在某些情况下也能与试验结果符合较好。而且在主应力空间中,相应的屈服面是平面,在实际计算时较为方便,因此该屈服条件也开始受到关注。如果不知道主应力的方向,最大偏应力屈服条件应改写为

$$f_0 = \frac{\sqrt{3J_2}}{\sigma_s} \max \left\{ \left| \sin\left(\theta_\sigma - \frac{2\pi}{3}\right) \right|, \ \left| \sin\left(\theta_\sigma + \frac{2\pi}{3}\right) \right| \right\} - 1 = 0$$

其中

$$\theta_\sigma = \frac{1}{3}\arcsin\left[\frac{-3\sqrt{3}J_3}{2(J_2)^{3/2}} \right] \left(|\theta_\sigma| \leqslant \frac{\pi}{6} \right)$$

7.4　加　载　条　件

简单拉压时,经过塑性变形以后,屈服应力提高了,称之为应变硬化。而在复杂应力状态下,发生塑性变形后,屈服应力也发生变化,不但塑性变形方向的屈服应力提高,而且其他方向的屈服应力也发生变化。实验证明,拉伸塑性变形不仅使压缩屈服应力降低(包兴格效应),而且还影响其他方向的屈服应力,如剪切屈服应力。

屈服条件是指材料首次屈服时的弹性极限(图7-4-1点A'),对理想弹塑性材料,初始屈服曲面是初始弹性状态的边界,材料一直保持弹性应力应变关系,初始屈服面固定不变,应力状态点不可能落在屈服面外。对强化材料,屈服极限随加载进程而不断提高,即材料发生塑性变形后,其后继弹性范围的边界是变化的(图7-4-1中的 B 点、C 点),这种变化的屈服条件称为加载条件,或后继屈服条件,在应力空间中对应的面称为加载面。后继屈服条件不仅与瞬时应力状态有关,还与材料塑性变形历史有关。

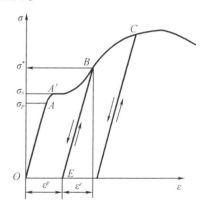

图 7-4-1　加载条件

由于初次屈服前尚未经受任何塑性变形,但当经历了一定的塑性变形后,材料内部的微观结构就会产生相应变化。由于塑性屈服的界限实际上并不明显,所以,使用屈服线或屈服面表述屈服界限,无疑将产生一定的误差。因此,有学者提出使用"内变量"的概念来表述屈服。即用一组参量 $\xi_\beta (\beta = 1, 2, \cdots, n)$ 来表达塑性变形历史。ξ_β 可以是标量,也可以是张量。除非特别说明,以后均把内变量写为标量 $\xi_\beta (\beta = 1, 2, \cdots, n)$。因此,经受过塑性变形后的弹性界限,就与 ξ_β 有关,我们称这种非首次发生的后继屈服界限为加载条件,其表达

式为

$$f(\sigma_{ij}, \xi_\beta) = 0 \qquad (7\text{-}4\text{-}1)$$

在应力空间中,这是一个以 ξ_β 为参数的曲面,即加载曲面或后继屈服面。取 $\xi_\beta = 0(\beta = 1, 2, \cdots, n)$ 时,上式就化为屈服面,加载曲面的大小、形状和位置都可能随着 ξ_β 的变化而改变。

应力位于加载面以内时,应力的变化将不引起内变量 ξ_β 的变化,材料不产生新的塑性变形,应力应变呈现弹性响应。应力位于加载面上并继续加载时,应力的变化则将引起内变量 ξ_β 的改变,致使材料产生新的塑性变形。此时的加载面将变为

$$f(\sigma_{ij} + \mathrm{d}\sigma_{ij}, \xi_\beta + \mathrm{d}\xi_\beta) = 0 \qquad (7\text{-}4\text{-}2)$$

可见,在材料的弹塑性加载过程中,加载面应满足

$$\frac{\partial f}{\partial \sigma_{ij}} \dot{\sigma}_{ij} + \frac{\partial f}{\partial \xi_\beta} \dot{\xi}_\beta = 0 \qquad (7\text{-}4\text{-}3)$$

这就是通常所说的一致性条件。

加载曲面的演化规律,可以和残余应力下的三杆桁架的弹性极限曲线进行比拟。在塑性变形过程中,不同方向经历的滑移不同并且相互制约,在一个加载方向上屈服应力的提高(即应变强化)往往伴随着在相反加载方向上屈服应力的降低(包兴格效应)。对于复杂的加载历史,实际材料加载曲面的演化规律往往十分复杂,在应用中需提出一些简化模型,下面介绍最简单的两种。

7.4.1 等向强化模型

认为加载面为屈服面在应力空间中的等比例扩大,忽略了塑性变形所引起的材料各向异性的影响,因此在加载过程中,仅当应力分量之间的比值变化不大时,这种模型才与实际符合得较好。等向强化模型的表达式可写为

$$f^*(\sigma_{ij}) - \psi(\xi) = 0 \qquad (7\text{-}4\text{-}4)$$

上式中,内变量 ξ 是一个标量,在工程上,ξ 的增量常取为等效塑性应变增量:

$$\mathrm{d}\xi = \sqrt{\frac{2}{3}} (\mathrm{d}\varepsilon_{kl}^p \mathrm{d}\varepsilon_{kl}^p)^{\frac{1}{2}} = \overline{\mathrm{d}\varepsilon^p}$$

或塑性功增量:

$$\mathrm{d}\xi = \sigma_{kl} \mathrm{d}\varepsilon_{kl}^p = \mathrm{d}W^p$$

ε_{ij}^p 和 $\mathrm{d}\varepsilon_{ij}^p$ 分别称为塑性应变和塑性应变增量,其确切的定义将在后续章节讨论。

特别地,对于 Mises 屈服条件,其相应的等向强化模型为

$$\begin{cases} \overline{\sigma} = \sqrt{\dfrac{2}{3} s_{ij} s_{ij}} = \psi(\xi) \\ \psi(0) = \sigma_s \end{cases} \qquad (7\text{-}4\text{-}5)$$

函数 ψ 的形式可由简单拉伸实验确定。因为在简单拉伸时,有

$$\overline{\mathrm{d}\varepsilon^p} = \mathrm{d}\varepsilon^p$$

和

$$dW^p = \sigma d\varepsilon^p$$

所以当取 $\xi = \varepsilon^p$，或 $\xi = \int \sigma d\varepsilon^p$ 时，即可较容易的由实验来确定函数 ψ。

对于 Tresca 屈服条件，其相应的等向强化模型为

$$\tau_{max} = \psi(\xi) \tag{7-4-6}$$

其中，ψ 的形式可由简单拉伸实验确定。在不卸载的情况下，$\psi(\xi)$ 也可用函数 $\psi_\tau(\varepsilon_c)$ 代替。这里 ψ_τ 是一个单调递增函数，ε_c 是某一特征应变，通常取为绝对值最大的主应变的两倍 $2|\varepsilon|_{max}$。只有当应力点始终不在加载面的交点上时，ε_c 才可取为绝对值最大的工程剪应变 γ_{max}。

7.4.2 随动强化模型

由于没有考虑包兴格效应，对于应力反复变化的问题，等向强化模型的分析结果往往存在较大的误差，因此，需要采用另一种简化模型，即随动强化模型。该模型认为，随着塑性变形的进程，屈服曲面在应力空间中做刚性移动，即形成加载曲面，而屈服曲面的大小和形状都不变。其表达式可写为

$$f^*(\sigma_{ij} - a_{ij}) - \psi_0 = 0 \tag{7-4-7}$$

式中，内变量 a_{ij} 是一个表征加载曲面中心移动的对称的二阶张量，称为移动张量或背应力（the shift tensor 或 the back stress）。关于 a_{ij} 的演化规律，通常有以下几种：

（1）线性随动强化模型

$$\dot{a}_{ij} = c\dot{\varepsilon}^p_{ij}(c > 0) \tag{7-4-8}$$

式中，c 是一个材料常数，故（7-4-7）式可写为

$$f^*(\sigma_{ij} - c\dot{\varepsilon}^p_{ij}) - \psi_0 = 0$$

特别地，对于 Mises 屈服条件，其相应的表达式为

$$\bar{\sigma}(\sigma_{ij} - c\dot{\varepsilon}^p_{ij}) = \sqrt{\frac{3}{2}(s_{ij} - c\dot{\varepsilon}^p_{ij})(s_{ij} - c\dot{\varepsilon}^p_{ij})} = \sigma_s \tag{7-4-9}$$

在简单拉伸时，s_{ij} 和 ε^p_{ij} 有如下的非零分量：

$$s_{11} = \frac{3}{2}\sigma, s_{22} = s_{33} = -\frac{1}{3}\sigma$$

$$s^p_{11} = \varepsilon^p, s^p_{22} = s^p_{33} = -\frac{1}{2}\varepsilon^p$$

这里以假定塑性变形不引起体积的改变，因此在简单拉伸时（7-4-9）式可简化为

$$\sigma = \sigma_s + \frac{3}{2}c\varepsilon^p$$

再由线性强化材料的简单拉伸实验曲线：

$$\sigma = \sigma_s + h\varepsilon^p$$

便得到 c 和材料常数 h 之间的关系：

$$c = \frac{2}{3}h$$

式(7-4-7)称为完全随动强化模型。但在 $\sigma_s = 0$ 的平面应力状态下,它并不表示 Mises 椭圆屈服曲线在 (σ_1, σ_2) 平面上的刚性平移。而那些在低维度应力空间中屈服曲线做平移的模型,称为简单随动强化模型。

（2）Ziegler 模型

$$\dot{a}_{ij} = \dot{\eta}(\sigma_{ij} - a_{ij}) \quad (\dot{\eta} > 0) \tag{7-4-10}$$

其中,$\dot{\eta}$ 可利用一致性条件确定。在弹塑性加载过程中,由式(7-4-7)可得

$$\frac{\partial f^*}{\partial \sigma_{ij}}(\dot{\sigma}_{ij} - \dot{a}_{ij}) = 0$$

故有

$$\dot{\eta} = \left(\frac{\partial f^*}{\partial \sigma_{ij}}\dot{\sigma}_{ij}\right) / \left[\frac{\partial f^*}{\partial \sigma_{kl}}(\sigma_{kl} - a_{kl})\right]$$

（3）非线性随动强化模型

线性随动强化模型有时误差较大,因此,Armstrong 等于 1996 年提出了非线性演化规律如下:

$$\dot{\sigma}_{ij} = c\dot{\varepsilon}_{ij}^p - \gamma(\dot{\varepsilon}_{kl}^p\dot{\varepsilon}_{kl}^p)^{\frac{1}{2}}a_{ij} \tag{7-4-11}$$

右端的第二项称之为阻尼项,c 和 γ 为材料常数。但以上的非线性关系增加了计算的复杂性,使用时很不方便。

借助于 π 平面,可以方便地对以上两种模型进行形象比较(图 7-4-2)。采用 Mises 屈服条件,屈服曲线是一个半径 r_σ 为 $\sqrt{\dfrac{2}{3}}\sigma_s$ 的圆,如应力状态达到了 A 点,则等向强化模型将是一个半径为 $\overline{OA}$ 的圆。而对于随动强化模型,屈服线的圆心将由 O 点移到图中的 O' 点,圆半径不变。

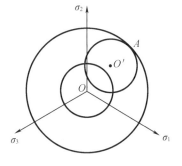

图 7-4-2　随动强化模型

将以上结果加以推广,也很容易给出上述两种模型的组合(参考式(7-4-3)和式(7-4-6)):

$$f^*(\sigma_{ij} - a_{ij}) - \psi(\xi) = 0 \tag{7-4-12}$$

Ivey 曾对铝合金薄圆管进行了拉扭实验,结果发现,随着剪应力的增加,整个加载面都向剪应力增加的方向移动(图 7-4-3),说明更接近于随动强化模型。

需要指出的是,以上关于屈服条件和加载条件的讨论,都是在应力空间中进行的。当应力可通过应变来表示时,屈服条件和加载条件同样也可在应变空间中进行讨论。对于理想塑性或应变软化材料来说,还可能更方便些。

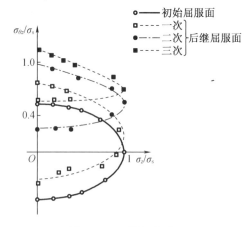

图 7-4-3　拉扭实验

习 题

1. 设 S_1、S_2、S_3 为应力偏量,试证明用应力偏量表示 Mises 屈服条件时,其形式为

$$\sqrt{\frac{3}{2}(S_1^2+S_2^2+S_3^2)}=\sigma_s$$

2. 试用应力张量不变量 J_1 和 J_2 表示 Mises 屈服条件。

3. 试用 Lode 应力参数 μ_σ 表达 Mises 屈服条件。

4. 物体中某点的应力状态为 $\begin{bmatrix} -100 & 0 & 0 \\ 0 & -200 & 0 \\ 0 & 0 & -300 \end{bmatrix}$ MN/m²,该物体在单向拉伸时 $\sigma_s =$

190 MN/m²,试用 Mises 和 Tresca 屈服条件分别判断该点是处于弹性状态还是塑性状态,如主应力方向均做相反的改变(即同值异号),则对被研究点所处状态的判断有无变化?

5. 已知薄壁圆球,其半径为 r_0,厚度为 l_0,受内压 P 的作用,如采用 Tresca 屈服条件,试求内壁开始屈服时的内压 P 值。

6. 薄壁管受拉扭联合作用,只有正应力 σ 和切应力 τ,试用 σ、τ 表示 Mises 和 Tresca 与双剪应力三种屈服条件。

7. 在平面应力问题中,取 $\sigma_z=\tau_{xz}=\tau_{yz}=0$,试将 Mises 和 Tresca 与双剪应力屈服条件用 σ_x、σ_y、τ_{xy} 三个应力分量表示。引进 $\xi=\dfrac{\sigma_x-\sigma_y}{2\sigma_s}$,$\eta=\dfrac{\sigma_x+\sigma_y}{2\sigma_s}$。

8. 矩形单位宽度截面梁不计自重,在均布荷载 q 作用下由材料力学得到的应力分量为 $\sigma_x=\dfrac{My}{I}$,$\tau_{xy}=\dfrac{QS}{I}$,试检查表达式是否满足平衡方程和边界条件,并求出 σ_y 的表达式。其中,坐标原点位于中心点。

9. 一薄壁圆筒,承受轴向拉力及扭矩的作用,筒壁上一点处的轴向拉应力为 $\sigma_z=\dfrac{\sigma_s}{2}$,环向剪应力为 $\tau_{z\theta}$,其余应力分量为零。若使用 Mises 屈服条件,试求:

(1)材料屈服时的扭转剪应力 $\tau_{z\theta}$ 应为多大?

(2)材料屈服时塑性应变增量之比,即 $\mathrm{d}\varepsilon_\theta^\gamma$ $\mathrm{d}\varepsilon_\gamma^\gamma$ $\mathrm{d}\varepsilon_z^\gamma$ $\mathrm{d}\gamma_{\theta\gamma}^\gamma$ $\mathrm{d}\gamma_{\gamma z}^\gamma$ $\mathrm{d}\gamma_{z\theta}^\gamma$。已知 Mises 屈服条件。

参 考 文 献

[1] 陈惠发,萨里普 A F.弹性与塑性力学[M].余天庆,王勋文,刘再华,编译.北京:中国建筑工业出版社,2004.

［2］ 余同希,薛璞.工程塑性力学［M］.2 版.北京:高等教育出版社,2010.

［3］ 王仁,黄文彬,黄筑平.塑性力学引论［M］.北京:北京大学出版社,1992.

［4］ 钟春生,韩静涛.金属塑性变形力计算基础［M］.北京:冶金工业出版社,1994.

［5］ 程良彦.塑性力［M］.长春:吉林大学出版社,2018.

［6］ 武亮.弹塑性力学基础及解析计算［M］.北京:科学出版社,2020.

［7］ 刘士光,张涛.弹塑性力学基础理论［M］.武汉:华中科技大学出版社,2008.

［8］ 毕继红,王晖.工程弹塑性力学［M］.天津:天津大学出版社,2003.

［9］ 陈红苏.金属的弹性各向异性［M］.北京:冶金工业出版社,1996.

第8章 塑性本构关系

塑性力学与弹性力学的最大区别在于本构关系即应力、应变关系的不同。塑性变形不但与物质微观结构和应力大小有关,还与加载历史有关,"本构"一词即说明它是反映材料本性规律的。因而,本构关系是塑性力学的研究重点之一。

本章介绍的塑性本构关系分两部分,一是基于小变形假设和率无关假设展开,率无关假设认为材料力学性能与加载速率或变形速率无关,忽略黏性效应对变形规律的影响,包括通常情况下大多数材料,本章前六节都属于此类。任何与时间呈单调递增关系的参数,都可等效视为变形过程的时间参数,由此得到的本构关系将得到相当的简化,从而方便数学解答及工程应用。二是针对率相关材料,即力学性能与变形速率有关,如高温蠕变、高速撞击等,考虑黏性效应或流变应力的影响,本章第七节高温蠕变即属此类。

8.1 塑性应力、应变率

应力与应变、加载历史等多种因素有关,如前所说,由于屈服界限并不是那么清晰,有学者倾向于不使用屈服的概念,进而提出内变量的概念表述屈服。如用一组内变量 $\xi_\beta(\beta=1,2,\cdots,n)$ 来描述变形历史,则应力可表示为

$$\sigma_{ij}=\sigma_{ij}(\varepsilon_{kl},\xi_\beta) \tag{8-1-1}$$

当 ξ_β 固定时,应力 σ_{ij} 和应变 ε_{ij} 之间具有一一对应的弹性关系,这时应变可用应力表示:

$$\varepsilon_{ij}=\varepsilon_{ij}(\sigma_{kl},\xi_\beta) \tag{8-1-2}$$

当在直角坐标系中讨论时,应力应变的增量或变化率可写为

$$\begin{cases} \dot{\sigma}_{ij}=\dot{\sigma}_{ij}^e+\dot{\sigma}_{ij}^p=L_{ijkl}\dot{\varepsilon}_{kl}+\dot{\sigma}_{ij}^p \\ \dot{\varepsilon}_{ij}=\dot{\varepsilon}_{ij}^e+\dot{\varepsilon}_{ij}^p=M_{ijkl}\dot{\sigma}_{kl}+\dot{\varepsilon}_{ij}^p \end{cases} \tag{8-1-3}$$

其中

$$\dot{\sigma}_{ij}^e=L_{ijkl}\dot{\varepsilon}_{kl} \text{ 和} \dot{\sigma}_{ij}^p=\frac{\partial\sigma_{ij}}{\partial\xi_\beta}\dot{\xi}_\beta$$

分别称为弹性应力率和塑性应力率;

$$\dot{\varepsilon}_{ij}^e=M_{ijkl}\dot{\sigma}_{kl} \text{ 和} \dot{\varepsilon}_{ij}^p=\frac{\partial\varepsilon_{ij}}{\partial\xi_\beta}\dot{\xi}_\beta$$

分别称为弹性应变率和塑性应变率。

$$L_{ijkl}=\frac{\partial\sigma_{ij}}{\partial\varepsilon_{kl}} \text{ 和} M_{ijkl}=\frac{\partial\varepsilon_{ij}}{\partial\sigma_{kl}}$$

为四阶正定弹性张量,且满足对称性条件:

$$\begin{cases} L_{ijkl} = L_{jikl} = L_{ijlk} = L_{klij} \\ M_{ijkl} = M_{jikl} = M_{ijlk} = M_{klij} \end{cases} \tag{8-1-4}$$

也满足互逆关系:

$$M_{ijkl}L_{klpq} = L_{ijkl}M_{klpq} = \frac{1}{2}(\delta_{ip}\delta_{jq} + \delta_{iq}\delta_{jp}) \tag{8-1-5}$$

一般情况下,L_{ijkl} 和 M_{ijkl} 不仅与应变和应力有关,而且还都与内变量有关。也就是说,弹性性质是依赖于塑性变形的,或者说,弹性变形与塑性变形是耦合的。为简化问题,不考虑弹塑性变形之间的耦合关系时,式(8-1-1)和式(8-1-2)可分别写成

$$\sigma_{ij} = \sigma_{ij}^e + \sigma_{ij}^p, \varepsilon_{ij} = \varepsilon_{ij}^e + \varepsilon_{ij}^p \tag{8-1-6}$$

可见,弹性应力 $\sigma_{ij}^e = L_{ijkl}\varepsilon_{kl}$ 和弹性应变 $\varepsilon_{ij}^e = M_{ijkl}\sigma_{kl}$ 中的四阶弹性张量仅依赖于材料常数,而塑性应力 σ_{ij}^p 和塑性应变 ε_{ij}^p 仅仅是内变量的函数,只有当内变量改变时,塑性应力应变才可能改变。

当 $\xi_\beta = 0$ 时,式(8-1-3)即为应力率与应变率之间的弹性关系。对于式(8-1-7)所表示的弹性张量,式(8-1-3)的 $\dot{\varepsilon}_{ij}$ 分量形式为

$$\begin{cases} \dot{\varepsilon}_{11} = \frac{1}{E}\left[\dot{\sigma}_{11} - \mu(\dot{\sigma}_{22} + \dot{\sigma}_{33})\right], \dot{\varepsilon}_{23} = \left(\frac{1+\mu}{E}\right)\dot{\sigma}_{23} \\ \dot{\varepsilon}_{22} = \frac{1}{E}\left[\dot{\sigma}_{22} - \mu(\dot{\sigma}_{33} + \dot{\sigma}_{11})\right], \dot{\varepsilon}_{31} = \left(\frac{1+\mu}{E}\right)\dot{\sigma}_{31} \\ \dot{\varepsilon}_{33} = \frac{1}{E}\left[\dot{\sigma}_{33} - \mu(\dot{\sigma}_{11} + \dot{\sigma}_{22})\right], \dot{\varepsilon}_{12} = \left(\frac{1+\mu}{E}\right)\dot{\sigma}_{12} \end{cases} \tag{8-1-7}$$

上述六个式子也可写为偏应力率 $\dot{s}_{ij}$ 和偏应变率 $\dot{e}_{ij}$ 之间的关系:

$$\dot{e}_{ij} = \left(\frac{1+\mu}{E}\right)\dot{s}_{ij} = \frac{1}{2\mu}\dot{s}_{ij} \tag{8-1-8}$$

以及

$$\dot{\varepsilon}_{kk} = \left(\frac{1+\mu}{E}\right)\dot{\sigma}_{kk} = \frac{1}{2\mu}\dot{\sigma}_{kk} \tag{8-1-9}$$

因为 $\dot{s}_{kk} = 0$,所以式(8-1-8)中只有五个方程是独立的。

可见,当弹性张量已知时,弹塑性本构关系的建立就归结为如何正确的给出塑性应力率及其表达式的问题。

8.2　塑性材料性能的假设

8.2.1　稳定材料假设

如果应力的单调变化能够引起同方向应变的单调变化,反之亦然,则称该材料是稳定的。

对于简单拉伸,稳定材料应力、应变曲线的斜率是非负的,如图 8-2-1(a)中的曲线 1-2-3,图 8-2-1(b)所示材料则为不稳定材料,而图 8-2-1(c)所示材料实际上是不存在的。

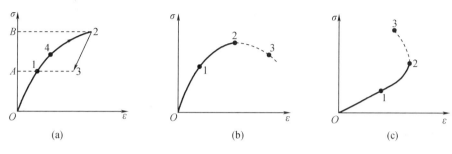

图 8-2-1　不同材料的应力、应变曲线

当 σ_{ij} 在应力空间中沿直线路径由状态 1 单调地变化到状态 2 时,或当 ε_{ij} 在应变空间中沿直线路径由状态 1 单调地变化到状态 2 时,必然有

$$\mathrm{d}\sigma_{ij}\mathrm{d}\varepsilon_{ij} \geq 0 \tag{8-2-1}$$

式(8-2-1)即为稳定材料的数学表达式,在实际应用中,判别材料稳定性更加方便。

8.2.2　Drucker 公设

Drucker 公设可叙述如下:某应力循环中,加载面内的初始应力由 σ_{ij}^0 增加到 σ_{ij} 时,刚好到达加载面上,然后继续加载到 $\sigma_{ij}+\mathrm{d}\sigma_{ij}$,该阶段将产生塑性应变 $\mathrm{d}\varepsilon_{ij}^p$,最后再将应力卸载回到 σ_{ij}^0。若在整个应力循环中,附加应力 $\sigma_{ij}-\sigma_{ij}^0$ 所做的塑性功不小于零,则这种材料就是稳定的。多数塑性应力应变关系都是建立在 Drucker 公设稳定材料塑性功不可逆的基础上。

应力循环过程中外载荷所做的功是

$$\oint_{\sigma_{ij}^0}\sigma_{ij}\mathrm{d}\varepsilon_{ij} \geq 0$$

符号 $\oint_{\sigma_{ij}^0}$ 表示积分路径从 σ_{ij}^0 开始又回到 σ_{ij}^0,不论材料是否稳定,上述功都不可能为负,否则就表明,通过一个向材料做功的应力循环,结果是材料的能量不仅没有增加,反而被吸收,这个结论与事实严重不符。所以,附加应力所做的塑性功必须不小于零,这也是判别材料稳定性的必备前提,即

$$w = \oint_{\sigma_{ij}^0}(\sigma_{ij} - \sigma_{ij}^0)\mathrm{d}\varepsilon_{ij} \geq 0$$

由于弹性应变 ε_{ij}^e 在应力循环中是可逆的,则有

$$\oint_{\sigma_{ij}^0}(\sigma_{ij} - \sigma_{ij}^0)\mathrm{d}\varepsilon_{ij}^e = 0$$

可得

$$w = w^p = \oint_{\sigma_{ij}^0}(\sigma_{ij} - \sigma_{ij}^0)\mathrm{d}\varepsilon_{ij}^p \geq 0$$

但在应力循环过程中,只有应力达到 $\sigma_{ij}+\mathrm{d}\sigma_{ij}$ 时才产生塑性应变,在循环的其余部分都不产生塑性应变。上述积分为

$$w^p = (\sigma_{ij}+\mathrm{d}\sigma_{ij}-\sigma_{ij}^0)\,\mathrm{d}\varepsilon_{ij}^p \geqslant 0 \qquad (8-2-3)$$

一维情况下,可以用图形来表示式(8-2-3)的意义,则

$$w^p = (\sigma+\mathrm{d}\sigma-\sigma^0)\,\mathrm{d}\varepsilon^p \geqslant 0 \qquad (8-2-4)$$

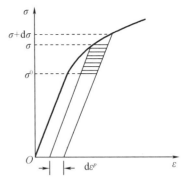

图 8-2-2 一维稳定材料应力、应变曲线

这就是图 8-2-2 的阴影面积,对于稳定材料,该面积一定不小于零。但对于不稳定材料,式(8-2-4)就不一定成立,因为当 σ^0 接近于 σ 时,阴影面积就成为负值。

8.2.3 伊留辛公设

Drucker 公设是在应力空间中进行讨论的,同样也可在应变空间中建立相应的公设。特别当材料存在应变软化现象时,在应变空间中进行讨论将更加方便。伊留辛公设可表述为:当材料的物质微元在应变空间的任意应变闭循环中的功非负时,有

$$\oint \sigma_{ij}\mathrm{d}\varepsilon_{ij} \geqslant 0$$

则称该材料满足伊留辛公设。

应变闭循环一般并不对应于应力闭循环,因此,一般而言,应变循环并不构成热力学循环,但当它始终在加载面之内时,上式取等号。以上假定是在大量宏观实验基础上总结而来的,对许多材料都适用。基于这些假设,材料本构关系的形式可能大为简化。

无论是从应力空间的 Drucker 公设出发,还是从应变空间的伊留辛公设出发,都可以导出加载面的外凸性和正交流动法则,而稳定材料假设又将保证全量理论解的唯一性,以上假设的重要性可见一斑。但以上三个假设是互不等价的,不过,当材料既满足稳定材料假设,又满足 Drucker 公设时,则一定满足伊留辛公设。

8.3 加载面的外凸性和正交流动法则

由 Drucker 公设可知,在应力空间中构造一个应力循环,从加载面 $\varPhi=0$ 内的任一点 A^0 出发,沿某一路径达到加载面上任一点 A,应力相应从 σ_{ij}^0 变为 σ_{ij},材料未产生塑性变形。此后,设一微小应力增量 $\mathrm{d}\sigma_{ij}$ 使材料产生微小的塑性应变增量 $\mathrm{d}\varepsilon_{ij}^p$,最后再卸载到初始值 σ_{ij}^0,构成封闭循环,则附加应力 $\sigma_{ij}-\sigma_{ij}^0$ 所做的塑性功不为零,即

$$\oint_{\varepsilon_{ij}^0} (\sigma_{ij}-\sigma_{ij}^0)\mathrm{d}\varepsilon_{ij}^p \geqslant 0$$

据此不等式可得到以下两点重要推论:

8.3.1 加载面是外凸的

三维空间中,图形外凸的充要条件是:对于该图形的任一边界点,总存在一个通过此点的二维超平面,使该图形完全位于超平面的一侧。以一维空间为例进行简单讨论,可知

$$w^p = (\sigma_{ij} + d\sigma_{ij} - \sigma_{ij}^0) d\varepsilon_{ij}^p \geq 0$$

可以导出两个重要的不等式。

①当 $\sigma_{ij}^0 \neq \sigma_{ij}$,并且 $d\sigma_{ij}$ 是无穷小量可以忽略,可得

$$(\sigma_{ij} - \sigma_{ij}^0) d\varepsilon_{ij}^p \geq 0 \tag{8-3-1}$$

②当 $\sigma_{ij}^0 = \sigma_{ij}$,并且 $d\sigma_{ij}$ 是无穷小量,有

$$d\sigma_{ij} d\varepsilon_{ij}^p \geq 0 \tag{8-3-2}$$

下面通过几何图像说明式(8-3-1)与式(8-3-2)的意义。将应力空间和塑性应变空间的坐标重叠,并将 $d\varepsilon_{ij}^p$ 的原点放在屈服面上的某应力点处,如图8-3-1所示。矢量 $\overrightarrow{OA^0}$ 表示 σ_{ij}^0,矢量 $\overrightarrow{OA}$ 表示 σ_{ij}。$d\sigma$ 表示 $d\sigma_{ij}$,$d\varepsilon^p$ 表示 $d\varepsilon_{ij}^p$。式(8-3-1)可表示为

$$\overrightarrow{A^0 A} \cdot \overrightarrow{d\varepsilon_p} \geq 0 \tag{8-3-3}$$

说明两个矢量的夹角为锐角,设在 A 点做一超平面 T 垂直于 $d\varepsilon_p$,则式(8-3-1)要求 A^0 必须位于该平面的一侧,只有加载面是外凸时才有可能,否则,A^0 就可能跑到平面的另一侧。

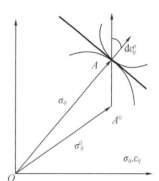

图8-3-1 加载面外凸性示意图

8.3.2 加载面是光滑的

如果加载面在某应力点处是光滑的,则相应的塑性应变增量(率)必指向该点的外法向。

在一维空间中,设加载面在 A 点平滑连续,法向量为 $\boldsymbol{n}$,做一个切平面与 $\boldsymbol{n}$ 垂直,如果 $d\varepsilon_p$ 与 n 不重合,总可以找到点 A^0 使式(8-3-3)不成立,即夹角大于90°,如图8-3-2所示。所以,$d\varepsilon_{ij}^p$ 必须与加载面外法线重合,可以将 $d\varepsilon_{ij}^p$ 表示为

$$d\varepsilon_{ij}^p = d\lambda \frac{\partial \Phi}{\partial \sigma_{ij}}$$

或

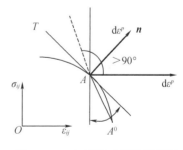

图8-3-2 加载面光滑性示意图

$$\varepsilon_{ij}^p = \lambda \frac{\partial \Phi}{\partial \sigma_{ij}}$$

上述两式即为正交流动法则,其中 $d\lambda \geq 0$,$\lambda \geq 0$ 为比例系数。上式表明塑性应变增量各分量之间的比例,可由 σ_{ij} 在加载面 Φ 上的位置决定,而与应力增量 $d\sigma_{ij}$ 无关。

由于 $\mathrm{d}\varepsilon_p$ 与 n 重合,则式(8-3-2)可表示成

$$\mathrm{d}\boldsymbol{\sigma} \cdot \boldsymbol{n} \geqslant 0$$

该式意义在于,只有当应力增量指向加载面的外部时,才能产生塑性变形,这就是加载准则,也是式(8-3-2)的几何意义。

8.4 加载和卸载准则

产生新的塑性变形时,内变量会相应改变,对于率无关材料,$\dot{\xi}_\beta$ 和 $\dot{\varepsilon}_{ij}$ 之间具有齐次关系。对于应变状态已在加载面上,而且应变增量指向加载面之外的情形,才可能产生新的塑性变形。

如果材料处于弹性状态,即应变在加载曲面之内:$g<0$;或材料处于中性变载或卸载状态,即应变虽然已在加载曲面 $g=0$ 之上,但应变增量指向 $g=0$ 的切向或内部,则内变量不会有变化的,即 $\dot{\xi}_\beta=0$。这时并不产生新的塑性变形。则塑性力学中率无关材料的加载和卸载准则为

$$\dot{\xi}_\beta = \begin{cases} 0, & \text{当 } g<0 \text{ 时(弹性状态)} \\ 0, & \text{当 } g=0, \hat{g}<0 \text{ 时(卸载)} \\ 0, & \text{当 } g=0, \hat{g}=0 \text{ 时(中性变载)} \\ \omega Z_\beta \hat{g}, & \text{当 } g=0, \hat{g}>0 \text{ 时(弹塑性加载)} \end{cases} \tag{8-4-1}$$

加卸载是由 $\hat{g}$ 的符号来确定的。

在传统塑性力学中,常用应力表示加卸载准则,即

$$\hat{f} = \frac{\partial f}{\partial \sigma_{ij}} \sigma_{ij} \tag{8-4-2}$$

以上式的正负作为加载和卸载准则的判据。$\hat{f}>0$ 时加载,$\hat{f}=0$ 时中性变载面,而 $\hat{f}<0$ 时卸载。

对于理想塑性材料,加载面和屈服面重合,若以 $f=0$ 表示屈服面,则加载准则可以表示为

弹性状态:

$$f(\sigma_{ij}) < 0$$

加载需同时满足

$$f(\sigma_{ij}) = 0$$

$$\mathrm{d}f = f(\sigma_{ij} + \mathrm{d}\sigma_{ij}) - f(\sigma_{ij}) = \frac{\partial f}{\partial \sigma_{ij}} \cdot \mathrm{d}\sigma_{ij} = 0$$

卸载:

$$f(\sigma_{ij}) = 0, \quad \mathrm{d}f = \frac{\partial f}{\partial \sigma_{ij}} \cdot \mathrm{d}\sigma_{ij} < 0$$

在应力空间中,可表示为

加载:

$$f=0, \quad d\boldsymbol{\sigma} \cdot \boldsymbol{n} = 0$$

卸载:

$$f=0, \quad d\boldsymbol{\sigma} \cdot \boldsymbol{n} < 0$$

由于屈服面不能扩大,$d\boldsymbol{\sigma}$ 不能指向屈服面外。

对于 Tresca 屈服准则,由几个光滑屈服面组成非光滑屈服面。光滑面交点处的加载准则可如下给出。应力点位于 $f_l = 0$ 面及 $f_m = 0$ 的交点,满足 $f_l = f_m = 0$。有

$df_l = 0$ 或 $df_m = 0$,则为加载;

$df_l < 0$ 及 $df_m < 0$,则为卸载。

$\boldsymbol{n}_l$ 表示 $f_l = 0$ 的法线方向,$\boldsymbol{n}_m$ 表示 $f_m = 0$ 的法线方向,则

$d\boldsymbol{\sigma} \cdot \boldsymbol{n}_l = 0$ 或 $d\boldsymbol{\sigma} \cdot \boldsymbol{n}_m = 0$ 为加载;

$d\boldsymbol{\sigma} \cdot \boldsymbol{n}_l < 0$ 及 $d\boldsymbol{\sigma} \cdot \boldsymbol{n}_m < 0$ 为卸载。

只要应力增量保持在屈服面上,即为加载,否则为卸载。

对于强化材料,加载面允许扩张,$d\boldsymbol{\sigma}$ 可以指向加载面以外,中性变载相当于应力点沿加载面切向变化,加载面并未扩大。可知

$$d\boldsymbol{\sigma} \cdot \boldsymbol{n} > 0, \quad d\boldsymbol{\sigma} \cdot \boldsymbol{n} = 0, \quad d\boldsymbol{\sigma} \cdot \boldsymbol{n} < 0$$

分别对应加载、中性变载和卸载,其数学表达式为

$$\varphi = 0, \quad d\varphi = \frac{\partial \varphi}{\partial \sigma_{ij}} d\sigma_{ij} > 0$$

$$\varphi = 0, \quad d\varphi = 0$$

$$\varphi = 0, \quad d\varphi < 0$$

分别对应加载、中性变载和卸载。

为了说明用应力表示加卸载原则的局限性。下面讨论 $\hat{g}$ 和 $\hat{f}$ 之间的关系。将塑性应变率写为

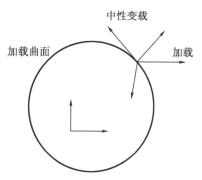

图 8-4-1 应力空间的加卸载准则

$$\dot{\varepsilon}_{ij}^p = \frac{\partial \varepsilon_{ij}}{\partial \xi_\beta} \dot{\xi}_\beta = \omega \left(\frac{\partial \varepsilon_{ij}}{\partial \xi_\beta} Z_\beta \right) \langle \hat{g} \rangle = \dot{\varepsilon}_{ij} \langle \hat{g} \rangle \tag{8-4-3}$$

其中

$$\dot{\varepsilon}_{ij} = \omega \frac{\partial \varepsilon_{ij}}{\partial \xi_\beta} Z_\beta$$

由式(8-1-3)和式(8-4-3)可知,在弹塑性加载时($\hat{g} > 0$)有

$$\hat{g} = \frac{\partial g}{\partial \varepsilon_{ij}} \dot{\varepsilon}_{ij}$$

$$= \frac{\partial g}{\partial \varepsilon_{ij}} (M_{ijkl} \dot{\sigma}_{kl} + \dot{\varepsilon}_{ij}^p)$$

$$= \frac{\partial f}{\partial \sigma_{kl}} \dot{\sigma}_{kl} + \frac{\partial g}{\partial \varepsilon_{ij}} \dot{\varepsilon}_{ij}^{p}$$

$$= \hat{f} + \frac{\partial g}{\partial \varepsilon_{ij}} \dot{\varepsilon}_{ij} \langle \hat{g} \rangle$$

故得：

$$\hat{f} = \varphi \hat{g} \quad (\hat{g} > 0)$$

其中

$$\varphi = 1 - \frac{\partial g}{\partial \varepsilon_{ij}} \dot{\varepsilon}_{ij}$$

φ 是一个表征材料硬化(强化)特性的参数,称为硬化指数。$\varphi > 0$ 时材料处于硬化阶段,$\varphi < 0$ 时材料处于软化阶段,$\varphi = 0$ 时材料处于理想塑性阶段。

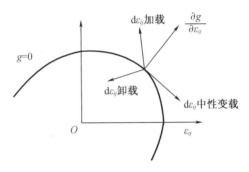

图 8-4-2 应变空间加卸载准则

因为在弹塑性加载过程中始终有 $g = 0$,$\hat{g} > 0$,所以在应变空间中加载面 $g = 0$ 在应变状态附近将局部外移。

与此同时,应力空间的加载面 $f = 0$ 在应力状态附近的移动方向则由 φ 的符号确定:$\varphi > 0$ 对应于加载面 $f = 0$ 局部的向外移动,$\varphi < 0$ 对应于加载面 $f = 0$ 局部的向内移动,而 $\varphi = 0$ 对应于加载面 $f = 0$ 局部驻留不动。

由以上讨论可知,当材料处于硬化(强化)阶段,即 $\varphi > 0$ 时,采用符号 $\hat{g}$ 还是符号 $\hat{f}$ 作为加卸载原则的判据是完全等价的。而当材料处于软化阶段或理想塑性阶段时,只有用 $\hat{g}$ 的符号作为加卸载的判据才是合理的。

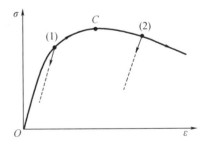

图 8-4-3 简单拉伸曲线

这一点也可通过图 8-4-3 所示的简单拉伸曲线来加以说明。对于图中的(1)点,加载时,应变增量和应力增量都大于零,卸载时应变增量和应力增量都小于零。但是对于(2)点,无论是加载还是卸载,应力增量总是小于零的,这时就不能再使用应力增量符号作为加卸载的原则了。

8.5 常用的增量本构关系

由于加载卸载的规律不一样,很难建立应力、应变之间的全量本构关系,而只能建立二者的增量本构关系。这种关系又和屈服条件相联系,所以称之为与屈服条件相关的流动法则。在本章的前几节中,对屈服面或加载面的形式并未做出具体规定。本节将具体给出几种常见的增量本构关系表达式。

8.5.1 理想塑性材料的增量本构关系

1. 与 Mises 屈服条件相关的流动法则

根据上一章内容,Mises 屈服条件写为

$$f = J_2 - \frac{\sigma_s^2}{3} = 0$$

故有

$$\frac{\partial f}{\partial \sigma_{ij}} = \frac{\partial J_2}{\partial \sigma_{ij}} = s_{ij}$$

如将弹性张量取为式(8-1-7)所示的各向同性张量时,则 $\dot{\varepsilon}_{ij}$ 可具体写为

$$\dot{\varepsilon}_{ij} = \left(\frac{1+\mu}{E}\right)\dot{\sigma}_{ij} - \left(\frac{\mu}{E}\right)\dot{\sigma}_{kk}\delta_{ij} + a\dot{\lambda}s_{ij} \tag{8-5-1}$$

或

$$\begin{cases} \dot{e}_{ij} = \dfrac{1}{2\mu}\dot{s}_{ij} + a\dot{\lambda}s_{ij} \\[2mm] \dot{\varepsilon}_{kk} = \left(\dfrac{1-2\mu}{E}\right)\dot{\sigma}_{kk} \end{cases} \tag{8-5-2}$$

其中 $\dfrac{1}{2\mu} = \dfrac{1+\mu}{E}$, $\dot{\lambda} \geq 0$ 的含义与上节相同,上式称为 Prandtl-Reuss 关系。当弹性应变很小而可被略去时,材料常被简化为刚塑性模型,相当于上式中的杨氏模量 E 趋于无穷大,式(8-5-1)化为

$$\dot{\varepsilon}_{ij} = a\dot{\lambda}s_{ij} \tag{8-5-3}$$

称之为 Levy-Mises 关系,它是最早提出来的塑性本构关系。

关于式(8-5-1),可做如下两点说明。

①塑性应变率 $\dot{\varepsilon}_{ij}^p$ 的方向可由 s_{ij} 确定,由于 $\dot{\lambda}$ 不确定,故其大小无法确定。说明材料屈服后,塑性应变可以任意增长,这和简单应力状态时的理想塑性体一样。只有当微元体受到周围介质的约束时,才可通过变形协调条件来确定 $\dot{\lambda}$ 的值。不过,不论约束是否存在,塑性应变增量各分量之间的比例是确定的。反之,如给定 $\dot{\varepsilon}_{ij}^p$,则由

$$J_2 = \frac{1}{2} s_{ij} s_{ij} = (\dot{\varepsilon}^p_{ij} \dot{\varepsilon}^p_{ij}) / (2\dot{\lambda}^2) = \frac{\sigma_s^2}{3}$$

可知

$$\dot{\lambda} = \left(\frac{3}{2} \dot{\varepsilon}^p_{ij} \dot{\varepsilon}^p_{ij}\right)^{\frac{1}{2}} / \sigma_s$$

故有

$$s_{ij} = \sqrt{\frac{2}{3}} \sigma_s \dot{\varepsilon}^p_{ij} / \sqrt{\dot{\varepsilon}^p_{kl} \dot{\varepsilon}^p_{kl}} \tag{8-5-4}$$

故 s_{ij} 是 $\dot{\varepsilon}^p_{ij}$ 的零齐次式,当 $\dot{\varepsilon}^p_{ij}$ 各分量按比例增长时,s_{ij} 保持不变。

②通过塑性应变率的主值来定义相应的 Lode 函数:

$$\mu_{\dot{\varepsilon}^p} = \frac{2\dot{\varepsilon}^p_2 - \dot{\varepsilon}^p_1 - \dot{\varepsilon}^p_3}{\dot{\varepsilon}^p_1 - \dot{\varepsilon}^p_3} \tag{8-5-5}$$

由于 $\dot{\varepsilon}^p_{ij}$ 的分量与 s_{ij} 的分量之间成比例关系,故应有

$$\mu_{\dot{\varepsilon}^p} = \mu_\sigma$$

这一点已被 Ohashi 的实验所证实。

②与 Tresca 屈服条件相关的流动法则

主应力空间中,屈服面由六个平面组成

$$\begin{cases} f_1 = \sigma_2 - \sigma_3 - \sigma_s = 0 \\ f_2 = -\sigma_3 + \sigma_1 - \sigma_s = 0 \\ f_3 = \sigma_1 - \sigma_2 - \sigma_s = 0 \\ f_4 = -\sigma_2 + \sigma_3 - \sigma_s = 0 \\ f_5 = \sigma_3 - \sigma_1 - \sigma_s = 0 \\ f_6 = -\sigma_1 + \sigma_2 - \sigma_s = 0 \end{cases}$$

当应力点位于 $f_1 = 0$ 面上时,有

$$\begin{cases} \mathrm{d}\varepsilon^p_1 = \mathrm{d}\lambda_1 \dfrac{\partial f_1}{\partial \sigma_1} = 0 \\[2mm] \mathrm{d}\varepsilon^p_2 = \mathrm{d}\lambda_1 \dfrac{\partial f_1}{\partial \sigma_2} = \mathrm{d}\lambda_1 \\[2mm] \mathrm{d}\varepsilon^p_3 = \mathrm{d}\lambda_1 \dfrac{\partial f_1}{\partial \sigma_3} = -\mathrm{d}\lambda_1 \end{cases}$$

当应力点处于 $f_2 = 0$ 面上时,有

$$\begin{cases} \mathrm{d}\varepsilon^p_1 = \mathrm{d}\lambda_2 \dfrac{\partial f_2}{\partial \sigma_1} = \mathrm{d}\lambda_2 \\[2mm] \mathrm{d}\varepsilon^p_2 = \mathrm{d}\lambda_2 \dfrac{\partial f_2}{\partial \sigma_2} = 0 \\[2mm] \mathrm{d}\varepsilon^p_3 = \mathrm{d}\lambda_2 \dfrac{\partial f_2}{\partial \sigma_3} = -\mathrm{d}\lambda_2 \end{cases}$$

当应力点处在 $f_1=0$ 及 $f_2=0$ 交点上时,以上两式叠加:

$$\begin{cases} \mathrm{d}\varepsilon_1^p : \mathrm{d}\varepsilon_2^p : \mathrm{d}\varepsilon_3^p = \mathrm{d}\lambda_2 : \mathrm{d}\lambda_1 : -(\mathrm{d}\lambda_1 + \mathrm{d}\lambda_2) = 1-\mu : \mu : -1 \\ 0 \leqslant \mu = \dfrac{\mathrm{d}\lambda_1}{\mathrm{d}\lambda_2 + \mathrm{d}\lambda_3} \leqslant 1 \end{cases}$$

交点处的塑性应变增量方向介于 $f_1=0$ 面的法线 n_1 及 $f_2=0$ 面的法线 n_2 之间变化如图 8-5-1(a)所示,实际上,也可以把交点看作曲率变化很大的曲面,塑性应变增量方向从 n_1 快速变化到 n_2,如图 8-5-1(b)所示。交点处的应变方向,将根据周围单元的约束来确定。

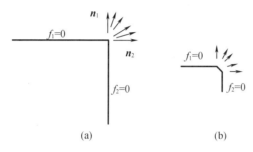

图 8-5-1 交点塑性应变增量方向

8.5.2 线性强化材料的增量本构关系

在加载面上 $\varphi=0$,塑性应变增量有关系 $\mathrm{d}\varepsilon_{ij}^p = \mathrm{d}\lambda \dfrac{\partial\varphi}{\partial\sigma_{ij}}$,对于强化材料,当加载、卸载和变载时,$\mathrm{d}\varphi$ 分别取正值、负值和零值。取 h 为强化模量,设

$$\mathrm{d}\lambda = h\mathrm{d}\varphi$$

则有

$$\mathrm{d}\varepsilon_{ij}^p = h\mathrm{d}\varphi \frac{\partial\varphi}{\partial\sigma_{ij}} = h \frac{\partial\varphi}{\partial\sigma_{ij}} \frac{\partial\varphi}{\partial\sigma_{kl}} \mathrm{d}\sigma_{kl} \qquad (8-5-6)$$

以 Mises 等向强化模型为例,推导 h 的表达式。设加载面由拉伸试验得出,则

$$\varphi = \overline{\sigma} - \psi\left(\int \overline{\mathrm{d}\varepsilon^p}\right) = 0$$

应力点保留在扩大的加载面上时,则有

$$D\varphi = \mathrm{d}\overline{\sigma} - \mathrm{d}\left[\psi\left(\int \overline{\mathrm{d}\varepsilon^p}\right)\right] = \mathrm{d}\overline{\sigma} - \psi'\overline{\mathrm{d}\varepsilon^p} = 0$$

将

$$\frac{\partial\varphi}{\partial\sigma_{ij}} = \frac{\partial\overline{\sigma}}{\partial\sigma_{ij}}$$

代入式(8-5-6)得

$$\mathrm{d}\varepsilon_{ij}^p = h \frac{\partial\overline{\sigma}}{\partial\sigma_{ij}} \mathrm{d}\overline{\sigma} = h \frac{\partial\overline{\sigma}}{\partial\sigma_{ij}} \psi'\overline{\mathrm{d}\varepsilon^p} \qquad (8-5-7)$$

按拉伸时屈服条件重合,有 $\overline{\sigma}^2 = 3J_2$,可得

$$s_{ij} = \frac{\partial J_2}{\partial \sigma_{ij}} = \frac{2}{3} \overline{\sigma} \frac{\partial \overline{\sigma}}{\partial \sigma_{ij}}$$

故有

$$\frac{\partial \overline{\sigma}}{\partial \sigma_{ij}} = \frac{3}{2} \frac{s_{ij}}{\overline{\sigma}} \tag{8-5-8}$$

代入式(8-5-7)有

$$d\varepsilon_{ij}^p = \frac{3}{2} h \psi' \frac{\overline{d\varepsilon^p}}{\overline{\sigma}} s_{ij}$$

对该式自乘求和:

左式:

$$d\varepsilon_{ij}^p d\varepsilon_{ij}^p = \frac{3}{2} (\overline{d\varepsilon^p})^2$$

右式:

$$\left(\frac{3}{2} h \psi' \frac{\overline{d\varepsilon^p}}{\overline{\sigma}} \right)^2 s_{ij} s_{ij} = \left(\frac{3}{2} h \psi' \frac{\overline{d\varepsilon^p}}{\overline{\sigma}} \right)^2 \frac{2}{3} \overline{\sigma}^2 = \frac{3}{2} (h \psi' \overline{d\varepsilon^p})^2$$

于是得到

$$h = \frac{1}{\psi'}$$

在简单拉伸时,$\overline{\sigma} = \sigma, \xi = \varepsilon^p$,而式(8-5-7)化为 $\sigma = \psi(\varepsilon^p)$。因此 $\psi' = d\sigma/d\varepsilon^p$ 的值可通过简单拉伸时的实验曲线来确定。

8.6   简单加载的全量理论

在塑性力学中,应力不仅与应变有关,还与变形历史有关,尤其因为弹塑性加载卸载规律不同,所以,上述本构关系都是增量型的,称为增量理论或流动理论。增量理论显然不便应用,因此需要研究应力应变单一对应关系问题,即所谓全量理论。如果承载过程中始终没有卸载,则应力和应变就存在一一对应关系,相当于线弹性力学问题,就不必像增量理论那样进行逐步求解,而是通过对增量形式的应力应变关系进行积分,得到应力应变的全量关系。以下讨论 Mises 等向强化或随动强化材料在简单加载条件下的本构关系。

8.6.1   简单加载和单一曲线假定

简单加载是指应力各分量单调增长,且各分量的比例也保持不变的加载过程,此时应力主方向也是不变的,可写为

$$\sigma_{ij} = t\sigma_{ij}^0, \quad s_{ij} = ts_{ij}^0 \quad (t > 0, dt > 0) \tag{8-6-1}$$

其中,σ_{ij}^0 和 s_{ij}^0 分别为固定不变的应力张量和偏应力张量;t 为单调递增的参数。

简单加载路径在 π 平面上可表示为 θ_σ 为常数的射线。假定材料的初始屈服面为 Mises 圆,则加载路径将始终沿半径 r_σ 的方向(图 8-6-1)。$\mathrm{d}\varepsilon_{ij}^p$ 方向和 r_σ 方向相同,不一定是同心圆,但从加载点附近的对称性来看,可以认为 $\mathrm{d}\varepsilon_{ij}^p$ 沿着 r_σ 的方向。由于 r_σ 方向可由 $\dfrac{\partial J_2}{\partial \sigma_{ij}} = s_{ij}$ 表示,则有

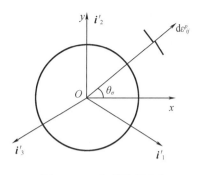

$$\mathrm{d}\varepsilon_{ij}^p = \mathrm{d}\lambda s_{ij}$$

图 8-6-1　加载路径方向

加入弹性应变增量后,得

$$\begin{cases} \mathrm{d}e_{ij} = \dfrac{1}{2\mu}\mathrm{d}s_{ij} + \mathrm{d}\lambda s_{ij} \\[3mm] \mathrm{d}\varepsilon_{kk} = \left(\dfrac{1-2\mu}{E}\right)\mathrm{d}\sigma_{kk} \end{cases} \qquad (8-6-2)$$

对于理想弹塑性材料,$\mathrm{d}\lambda$ 取决于约束状况,因而是不确定的。

而对等向强化材料,由 $\mathrm{d}\lambda = h\mathrm{d}\varphi$ 可知

$$\mathrm{d}\lambda = \frac{3}{2h}\frac{\mathrm{d}\bar{\sigma}}{\bar{\sigma}}$$

因此当式(8-6-1)成立时

$$\mathrm{d}\lambda = \frac{3}{2h}\frac{\mathrm{d}t}{t}$$

将式(8-6-1)代入式(8-6-2)后积分

$$e_{ij} = Hs_{ij}, \qquad \varepsilon_{kk} = \left(\frac{1-2\mu}{E}\right)\sigma_{kk} \qquad (8-6-3)$$

其中

$$H = \frac{1}{2\mu} + \frac{1}{t}\int_0^t t\,\mathrm{d}\lambda$$

再由 $e_{ij}e_{ij} = H^2 s_{ij}s_{ij}$ 可得

$$H = \sqrt{\frac{e_{ij}e_{ij}}{s_{kl}s_{kl}}} = \frac{3\bar{\varepsilon}}{2\bar{\sigma}} \qquad (8-6-4)$$

这里用到了定义式 $\bar{\varepsilon} = \sqrt{\dfrac{2}{3}e_{ij}e_{ij}}$,$\bar{\sigma} = \sqrt{\dfrac{2}{3}s_{ij}s_{ij}}$。因此式(8-6-3)中的 e_{ij} 可写为

$$e_{ij} = \left(\frac{3}{2}\frac{\bar{\varepsilon}}{\bar{\sigma}}\right)s_{ij}$$

或

$$s_{ij} = \left(\frac{2}{3}\frac{\bar{\sigma}}{\bar{\varepsilon}}\right)e_{ij} \qquad (8-6-5)$$

如果 $\bar{\varepsilon}$ 是 $\bar{\sigma}$ 的单值函数,则 $\bar{\varepsilon} = \bar{\varepsilon}(\bar{\sigma})$,或反之 $\bar{\sigma}$ 是 $\bar{\varepsilon}$ 的单值函数:$\bar{\sigma} = \bar{\sigma}(\bar{\varepsilon})$,则式 (8-6-5)表明 e_{ij} 可以唯一地由 s_{ij} 表示,或 s_{ij} 可以唯一地由 e_{ij} 表示。再补充式(8-6-3)中的第二式,便得到全量理论的应力应变关系:

$$e_{ij} = \frac{3}{2} \frac{\bar{\varepsilon}(\bar{\sigma})}{\bar{\sigma}} s_{ij}, \quad \varepsilon_{kk} = \left(\frac{1-2\mu}{E}\right)\sigma_{kk} \tag{8-6-6}$$

或

$$\begin{cases} s_{ij} = \dfrac{2}{3} \dfrac{\sigma(\bar{\varepsilon})}{\bar{\varepsilon}} e_{ij} = 2\mu\left[1 - \bar{\omega}(\bar{\varepsilon})\right]e_{ij} \\[3mm] \sigma_{kk} = \dfrac{E}{1-2\mu}\varepsilon_{kk} \end{cases} \tag{8-6-7}$$

实验证明,当材料几乎为不可压时,由不同的应力组合所得到的 $\bar{\sigma}$-$\bar{\varepsilon}$ 曲线与简单拉伸的 σ-ε 曲线十分相近,在工程计算中看做是相同的,故而称之为单一曲线假定。这时,式 (8-6-7)中的

$$\bar{\sigma}(\bar{\varepsilon}) = 3\mu\bar{\varepsilon}\left[1 - \bar{\omega}(\bar{\varepsilon})\right]$$

或 $\bar{\omega}(\bar{\varepsilon})$ 可由简单拉伸实验来确定。特别情况下当 $\bar{\omega}(\bar{\varepsilon}) = 0$ 时,上式就化为弹性力学中的广义胡克定律。

8.6.2 简单加载定理

上述全量关系是在简单加载条件下得到的,由于微元都处于简单加载状态,故可用全量理论来求解实际的弹塑性力学边值问题,从而使问题大为简化。伊留辛提出了保证物体内部处于简单加载状态的一组充分条件为:

①小变形;

②不可压材料,即 $\mu = 0.5$;

③外载荷(体力和面力)按比例单调增长,如有位移边界条件则必须为零位移;

④材料的 $\bar{\sigma}$-$\bar{\varepsilon}$ 曲线具有 $\bar{\sigma} = A\varepsilon^n$ 的形式。

此即简单加载定理。

该定理的证明比较简单。如果在某时刻作用于该物体的体力为 f_i^0,在应力边界 S_T 上的面力为 $\bar{f}_i^0$,相应的位移场、应变场和应力场分别为 u_{ij}^0、ε_{ij}^0 和 σ_{ij}^0,则当载荷按比例增长,即

$$f_i = tf_i^0, \quad \bar{f}_i = t\bar{f}_i^0 \quad (t \geq 1, dt > 0)$$

时,相应的位移场、应变场和应力场分别以如下的规律增长:

$$u_i = \sqrt[m]{t}\, u_i^0, \quad \varepsilon_{ij} = \sqrt[m]{t}\, \varepsilon_{ij}^0, \quad \sigma_{ij} = t\sigma_{ij}^0$$

也就是说,如果 u_{ij}^0、ε_{ij}^0 和 σ_{ij}^0 满足下列方程:

a.平衡方程

$$\sigma_{ij,j}^0 + f_i^0 = 0$$

b. 几何关系

$$\varepsilon_{ij}^0 = \frac{1}{2}(u_{i,j}^0 + u_{j,i}^0)$$

c. 本构关系

$$s_{ij}^0 = \left(\frac{2}{3}\frac{\overline{\sigma^0}}{\overline{\varepsilon^0}}\right)\varepsilon_{ij}^0 = \frac{2}{3}B_0(\overline{\varepsilon^0})^{m-1}\varepsilon_{ij}^0 \left(\mu = \frac{1}{2}\right)$$

d. 边界条件

在应力边界 S_T 上：$\sigma_{ij}^0 n_j = T_i^0$，在位移边界 S_u 上：$u_i^0 = 0$。

n_i 为边界 S_T 上的单位外法向量。容易验证 u_i, ε_{ij} 和 σ_{ij} 满足与 $f_i, \overline{f_i}$ 相对应的全部的方程和边界条件。

在简单加载条件不成立的情况下，全量本构关系式(8-6-6)和式(8-6-7)一般不能使用。但由于用全量理论求解要比用增量理论方便得多，因此，对于很多不是简单加载情况时，也经常采用全量理论求解，其结果与实验符合的也相当好，说明全量理论的适用范围要比简单加载宽得多。对于全量理论偏离简单加载多大范围内仍然适用，已经进行了很多研究。由于强化规律非常复杂，实际求解中，多采用等向强化的增量理论或全量理论，相比而言，增量理论适用范围要更大一些。

8.7 高温蠕变

许多新型反应堆的设计运行温度都很高，例如快中子反应堆、熔盐堆、高温气冷堆和空间核反应堆等，其设备温度高达 600 ℃ 甚至更高，远超出核电站设备温度。金属设备和结构材料长期在高温高载荷下服役，就会缓慢积累塑性变形并永久保留下来，这种现象就是高温蠕变。这些缓慢累积的变形将对结构和功能产生很大危害，需要在设计中充分重视，对其行为本质、危害模式、计算评估方法等进行深入研究。

本章开始已经说明，高温蠕变的塑性本构关系属于率相关范围，即力学性能与变形速率有关，属于黏性效应。

8.7.1 金属高温蠕变基本概念

大多数金属的变形在低温下通常可以忽略不计，核电设备温度一般在 350 ℃ 以下，其蠕变效应也可忽略不计。但长期在高温下工作的金属材料必须考虑蠕变问题。狭义的蠕变，是指在温度不变、载荷不变的情况下，结构变形随着时间的增加而缓慢增大的现象。广义的蠕变可以定义为物体受恒定外力作用时，其应力和变形随时间变化的现象，这种现象的特征是变形、应力与外载荷之间不再保持线性关系，而且，即使在应力小于屈服极限时，这种变形仍然是不可逆的。

早在 18 世纪，人们就注意到了蠕变现象，并相继进行了实验或理论分析，而金属蠕变理论的建立至今已有上百年的历史。传统蠕变研究大致从两方面入手,一是从微观角度研究蠕变机理、微观冶金因素对蠕变特性的影响,致力于提高金属蠕变抗力,乃至耐蠕变材料的制造。二是唯象研究,以宏观实验为基础,在实验数据支撑下进行分析研究,建立描述蠕变规律的理论,研究构件在蠕变情况下应力应变计算方法及寿命评估方法。就学科属性而言,蠕变力学属于固体力学的一个分支,也属于连续介质力学,与物性无关的基本方程在蠕变力学中仍然适用。

1. 蠕变曲线

蠕变计算是以单向应力状态下的蠕变试验为基础的,对普通金属而言,当温度 $T \geqslant (0.3 \sim 0.5)T_m$($T_m$ 为熔点,单位 K)时,在恒载荷的持续作用下,金属材料发生随时间缓慢累积的塑性变形称为蠕变。

蠕变产生的应变与时间的关系曲线称为蠕变曲线。金属材料的典型蠕变曲线如图 8-7-1 所示。

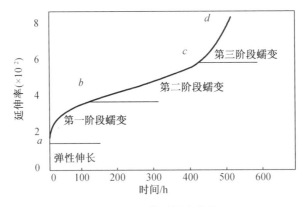

图 8-7-1 典型蠕变曲线

$0a$ 线段是施加外载荷后试样的瞬时应变 ε_0,包含弹性应变甚至塑性应变,但不属于蠕变。曲线 $abcd$ 表示应变随时间增长而逐渐产生的蠕变,蠕变曲线上任一点的斜率表示该点的蠕变速率,用 $\dot{\varepsilon}$ 表示。根据蠕变速率的变化情况可以将蠕变过程分为如下三个阶段。

ab 段为蠕变第一阶段,材料发生硬化现象,其蠕变速率随时间而逐渐减小,故又称为减速蠕变阶段。bc 段为蠕变第二阶段,又称恒速蠕变或稳态蠕变阶段,即其蠕变速率保持恒定,这个阶段时间比较长,也是研究最早的一段。cd 段为蠕变第三阶段,其蠕变速率随时间延长急剧增大直至断裂,称为加速蠕变阶段。

蠕变曲线各阶段持续时间的长短随材料和试验条件而变化。如图 8-7-2 所示。有些材料在高应力下,第二阶段几乎消失,而在低应力下,第三阶段几乎不会出现。

也有些材料的蠕变曲线并不像图 8-7-1 所示那样有明显的三个阶段,尤其是第三阶段,往往是以非常快的速度达到断裂,所以,工程设计对蠕变曲线一般只使用到第二阶段,即恒速蠕变阶段。

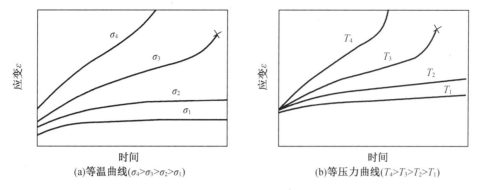

图 8-7-2 蠕变持续时间长短示意曲线

必须说明的是,高温下的蠕变数据具有较强的分散性,除了试样不同外,对应力及环境因素如温度都具有很强的敏感性,所以,通常的实验中难以实现蠕变试验要求测量或控制的微小变化。所以,实际蠕变实验也很容易受到环境的影响,比如汽车驶过引起的振动,就可能使实验数据紊乱而导致实验失败。

在总变形恒定的情况下,蠕变应变不断增加,则弹性变形将不断减少,根据胡克定律,应力也将不断减小,最终趋于一个恒定值而不再减小,这就是所谓的松弛。松弛过程中的蠕变变形与前文的蠕变变形具有相同的性质,因此,也可以认为松弛是蠕变现象的另一种表现形式。

2. 蠕变极限和持久强度

蠕变现象有几个重要的概念,蠕变极限是高温长时载荷作用下材料对变形的抗力指标,是高温强度设计的重要依据,蠕变极限它有两种表示方法。

一种是在给定温度下,规定时间内产生一定蠕变量时的应力值,以 $\sigma_{\varepsilon/t}^{T}$ 表示,单位为 MPa。

另一种是在一定温度下,产生规定的稳态蠕变速率的应力值,以 $\sigma_{\dot{\varepsilon}}^{T}$ 表示,单位为 MPa。蠕变极限适用于失效方式为过量变形的高温结构部件。

持久强度是材料对断裂的抵抗能力。它是在一定温度下,规定时间内,材料断裂的最大应力值,以 σ_{t}^{T} 表示。

对于锅炉、管道等构件,其主要破坏方式是断裂而不是变形,这类构件就要采用持久强度指标。

持久塑性是材料承受蠕变变形能力的大小,用蠕变断裂时的相对伸长率和相对断面收缩率表示。

3. 蠕变断裂

对于不含裂纹的构件或试样,其稳态蠕变速率与蠕变断裂时间(或加速蠕变阶段开始时间)t_f 之间存在以下经验关系:

$$\dot{\varepsilon}_s^{\beta} t_f = C_f$$

式中,β 和 C_f 为材料常数。

实际意义是,在稳态蠕变阶段得到后,再通过较高应力和较高温度的短期蠕变试验获

得 C_f，则长期蠕变断裂寿命即可预测为

$$t_f = C_f / \dot{\varepsilon}_s^{\beta}$$

对于含有裂纹或类似裂纹缺陷的构件，其蠕变断裂是在裂纹或缺陷尖端再萌生蠕变裂纹，即裂纹开裂、主裂纹扩展和断裂的过程。

4. 蠕变机理

晶间断裂是蠕变断裂的普遍形式，高温低应力下情况更是如此。晶间断裂有两种模型：一种是晶界滑动和应力集中模型，另一种是空位聚集模型。关于蠕变机理的研究属于微观材料领域的话题，本书只简单介绍如下。

蠕变的机理主要是蠕变位错与周边扩散两种，位错运动在低应力时停止或变得缓慢，但金属原子因扩散运动能连续移动而发生蠕变，这时扩散是主要的。而在高应力下则发生位错蠕变，并且与应力有很强的非线性关系。工程实践中起主要作用的是位错蠕变机理。

用位错理论解释蠕变现象，材料因外载作用产生应力，发生位错运动，使晶体加工硬化。在高温时，由于热运动和原子扩散运动加剧，位错逐渐变得容易，并出现恢复现象，当加工硬化与恢复现象逐渐达到平衡，就是蠕变第二阶段。至于蠕变第三阶段出现蠕变速度迅速上升，以致产生断裂，一般认为有两个原因，一是晶粒由于蠕变而变形，滑移通常要经过晶界进入下一晶粒，结果变形集中，从而产生应力集中，特别是晶界交叉部分，以晶粒集中形成微小裂纹；二是点阵缺陷在晶界析出一致，在晶体处产生空穴，结果加快蠕变进度。

8.7.2 经典蠕变理论及本构关系

蠕变理论分为一维蠕变理论和多维蠕变理论，每种蠕变理论都各有优劣。多维理论相当复杂，且远没有形成统一认识。本书只对一维蠕变理论作较为详细的介绍。一维蠕变理论主要有陈化理论、时间硬化理论、应变硬化理论、恒速理论等，应用较多的则是时间硬化理论和应变硬化理论，简单介绍如下。

1. 陈化理论

陈化理论由 Soderberg 提出，基本观点为，当温度一定时，蠕变变形、应力和时间存在一定关系

$$\varepsilon_c = f(\sigma, t)$$

该观点认为蠕变过程中，有时效、扩散、回复等因素影响蠕变的进行，其中最主要的是金属在高温负荷下所保持的时间。

陈化理论公式为

$$\varepsilon_c = \sigma^n \Omega(t)$$

或

$$\varepsilon_c = A\sigma^n t^m$$

其中 A、m、n 为材料常数、由蠕变试验数据确定。

陈化理论对松弛的考虑为：因 $\varepsilon_e + \varepsilon_c = $ 常数 $= \varepsilon(0)$，故有

$$\frac{\sigma}{E} + \sigma^n \Omega(t) = \frac{\sigma(0)}{E}$$

整理得松弛应力

$$\sigma = \sigma(0) - E + \sigma^n \Omega(t)$$

或

$$\sigma = \sigma(0) - EA\sigma^n t^m$$

陈化理论常以全量形式表示,只在公式中包含时间变量。按照该理论,当载荷突变时,变形也会突变,这不符合事实,但对于缓慢变化的载荷,理论与实验结果符合较好。

2. 时间硬化理论

该理论的基本思想认为,在蠕变过程中蠕变率降低,表明材料硬化的主要因素是时间,而与蠕变变形无关。因此该理论描述为:当温度一定时,应力、蠕变率与时间之间存在一定关系

$$\Phi(\dot{\varepsilon}_c, \sigma, t) = 0$$

理论公式如下:

$$\dot{\varepsilon}_c = \sigma^n B(t)$$

或

$$\dot{\varepsilon}_c = Am\sigma^n t^{m-1}$$

其中 $\int_0^t B(t)\,\mathrm{d}t = \Omega(t)$ 或 $B(t) = \dfrac{\mathrm{d}}{\mathrm{d}t}\Omega(t)$

时间硬化理论对蠕变的考虑为: σ 为常数,理论公式积分所得的蠕变表达式与陈化理论相同,该理论可以描述蠕变第一、第二阶段。

时间硬化理论对松弛的考虑为: ε 为常数,则

$$\dot{\varepsilon} = \dot{\varepsilon}_e + \dot{\varepsilon}_c = \frac{\dot{\sigma}}{E} + \dot{\varepsilon}_c = 0$$

利用初始条件 $t = 0, \sigma = \sigma(0)$,积分时间硬化理论公式可得

$$\sigma = \sigma(0) \left[1 + (n-1)E\sigma^{n-1}(0)\Omega(t) \right]^{-1(n-1)}$$

及

$$\sigma = \sigma(0) \left[1 + (n-1)AE\sigma^{n-1}(0)t^m \right]^{-1(n-1)}$$

3. 应变硬化理论

该理论认为蠕变过程中既有类似常温下金属加工硬化的现象,也有蠕变硬化现象,实验发现瞬时塑性变形并不引起蠕变硬化,影响蠕变硬化的仅是蠕变变形。其基本思想是:蠕变过程中起强化作用的主要因素是蠕变变形,而与时间无关。理论描述为:当温度不变时,应力、蠕变量、蠕变率之间存在一定关系

$$\Phi(\sigma, \varepsilon_c, \dot{\varepsilon}_c) = 0$$

理论公式如下:

$$\dot{\varepsilon}_c \varepsilon_c^\alpha = \beta\sigma^m$$

$$\dot{\varepsilon}_c \varepsilon_c^d = ae^{\sigma/b} \qquad (\,|\,\dot{\varepsilon}_c \varepsilon_c^d\,| > a)$$

$$\dot{\varepsilon}_c \varepsilon_c^d = a(e^{\sigma/b} - 1) \qquad (\,|\,\dot{\varepsilon}_c \varepsilon_c^d\,| \leqslant a)$$

式中,α、β、a、b、d 及 m 等都是由实验确定的常数,各常数存在如下关系:

$$m \geqslant 1+\alpha$$

$$\frac{a}{b} \geqslant \ln(1+d)$$

应变硬化对蠕变的考虑为:σ 为常数,且 $t=0$ 时 $\varepsilon_c=0$,积分理论公式得到蠕变方程:

$$\varepsilon_c = \left[\beta(1+\alpha) \right]^{1/(1+\alpha)} \sigma^{m/(1+\alpha)} t^{1/(1+\alpha)}$$

及

$$\varepsilon_c = \left[a(d+1) \right]^{1/(d+1)} \sigma^{a/d+1/b} t^{1/(d+1)}$$

该蠕变表达式显然也与陈化理论公式等价(对同一实验资料)。

应变硬化对松弛的考虑为:$\varepsilon(0) = \varepsilon_e + \varepsilon_c$,即 $\varepsilon_e = \dfrac{\sigma(0)}{E} - \dfrac{\sigma}{E}$,代入理论公式并利用初始条件,$t=0$ 时 $\sigma = \sigma(0)$,积分可得

$$t = \frac{1}{\beta E^{(1+\alpha)}} \int_0^{\sigma(0)} \left[\sigma(0) - \sigma \right]^{\alpha} \frac{\mathrm{d}\sigma}{\sigma^m}$$

及

$$t = \frac{1}{a E^{(d+1)}} \int_0^{\sigma(0)} \left[\sigma(0) - \sigma \right]^d e^{-\sigma/b} \mathrm{d}\sigma$$

从理论公式分析,蠕变情况下应力为常数,所以蠕变率随蠕变量增大而减小,因此能描写材料强化过程,但蠕变率无法成为常数,所以,应变硬化理论主要描写蠕变第一阶段的硬化过程。

4. 恒速理论

在工程上有很多零部件长期在高温下工作,以第二阶段为主要部分,第一阶段蠕变及瞬时变形可以忽略,为适应实际工程需要,部分学者提出下列近似公式:

$$\dot{\varepsilon} = Q(\sigma)$$

当应力为常数时,$\dot{\varepsilon} =$ 常数 $= (\dot{\varepsilon})_{\min}$,它能描述蠕变第二阶段,故被称为恒速理论。该理论忽略了第一阶段蠕变及瞬时变形,故不能描述松弛情况。

恒速理论经验公式繁多,常用的是幂函数形式

$$\dot{\varepsilon} = B\sigma^n$$

Norton 考虑到瞬时弹性变形即 $\dot{\varepsilon} = \dot{\varepsilon}_e + \dot{\varepsilon}_c$,提出如下公式

$$\dot{\varepsilon} = \frac{\dot{\sigma}}{E} + B\sigma^n$$

此公式为最简单的一维本构关系,可以求解松弛情况。

恒速理论对蠕变的考虑为:$\varepsilon_c = B\sigma^n t$,对松弛的考虑为:$\varepsilon$ 为常数,因此 $\dfrac{\dot{\sigma}}{E} + B\sigma^n = 0$,利用初始条件,$t=0$ 时 $\sigma = \sigma(0)$,积分可得

$$\sigma^{1-n} = \sigma(0)^{1-n} - (1-n)EBt$$

介绍上述蠕变理论时,也给出了相关本构关系,蠕变本构模型种类繁杂,根据相互耦合

作用的分析方式的不同,可以分为统一型本构和分离型本构。

统一型本构理论是近年来发展起来的一种摒弃屈服面的内变量本构理论,它一般不以屈服面和耗散势作为理论前提,而是引入内部状态变量,内变量能够随加载历史变化,并表征材料内部结构和宏观力学性能之间的关系。统一型本构认为材料在变形过程中,各种非弹性变形始终耦合在一起,尤其是高温情况下的塑性变形、蠕变、松弛等现象均不存在明显界限。统一型本构用一套变形方程,将经典强度理论中的各种非弹性变形,如瞬态蠕变、稳态蠕变、应力松弛、包兴格效应、率效应等统一表示于一个模型中。

统一型本构理论属于宏观模型的范畴,但和经典宏观黏塑性理论相比,减少了唯象描述,增加了微观机制的影响,将材料的宏观变形与代表材料微观结构变化的内变量相结合,能够很好地反映材料的各种变形之间的联系,并记录应力历史,可以更本质地描述材料实际变形过程。统一型本构模型使得高温复杂加载条件下的结构分析成为可能,已经在实际应用中显示出独特的优越性。

分离型本构则认为,材料变形过程中,各种非弹性变形虽然相互耦合,但其关联性有限,可以通过合理的系数将各种非弹性变形相加得到总变形。由于材料物理机制复杂,研究不同变形时往往都是单独处理,因此大多数单一变形机制的本构模型,包括蠕变,基本都是分离型本构的一部分。在研究复合作用时,根据已有的各部分研究结果,乘以系数再简单相加,经济便捷而有效。上述蠕变本构都属于分离型本构。

统一型本构更接近实际情况,但其公式及参数极其复杂,且参数敏感性较强,操作困难,有些参数无法实测,不论研究工作还是实际工程应用,都有不便之处。相对而言,分离型本构要简单许多,参数的影响相对独立,很多情况下误差也在合理范围内,在实用性上强出很多。

8.7.3 高温蠕变求解实例

本节给出简单工程结构的高温蠕变求解实例。Bailey 采用 Norton 蠕变公式 $\dot{\varepsilon}_c = B\sigma^n$ 计算稳态蠕变,对工程常用的薄壁及厚壁筒,最先进行了蠕变分析与研究。

两端封闭的厚壁圆筒,内外半径分别为 r_1 与 r_2,承受内压 p_1 及外压 p_2 作用,采取柱坐标,以筒体的中轴为 z 轴。不计弹性应变,三维应力蠕变公式为

$$\overline{\dot{\varepsilon}} = B\overline{\sigma}^n = f(\overline{\sigma})$$

显然,该问题为平面应变问题,则轴向应变 $\varepsilon_z = 0$。筒体的应力分量为 σ_r、σ_θ、σ_z,应变分量为 ε_r、ε_θ。

以 r 表示截面上任一点到中心轴的距离,u 表示径向位移,则

$$\varepsilon_\theta = \frac{u}{r}, \varepsilon_r = \frac{\partial u}{\partial r}$$

或

$$\dot{\varepsilon}_\theta = \frac{\dot{u}}{r}, \quad \dot{\varepsilon}_r = \frac{\partial \dot{u}}{\partial r}$$

蠕变时体积仍满足不可压缩条件,即 $\varepsilon_r + \varepsilon_\theta + \varepsilon_z = 0$,或

$$\dot{\varepsilon}_r + \dot{\varepsilon}_\theta + \dot{\varepsilon}_z = 0$$

因 $\dot{\varepsilon}_z = 0$，所以 $\dot{\varepsilon}_r = -\dot{\varepsilon}_\theta$，即

$$\frac{\partial \dot{u}}{\partial r} = -\frac{\dot{u}}{r}$$

积分上式可得

$$\dot{u} = \frac{c}{r}$$

代入式 $\dot{\varepsilon}_\theta = \frac{\dot{u}}{r}, \dot{\varepsilon}_r = \frac{\partial \dot{u}}{\partial r}$ 可得

$$\dot{\varepsilon}_\theta = \frac{c}{r^2}, \dot{\varepsilon}_r = -\frac{c}{r^2}$$

$$\bar{\dot{\varepsilon}} = \frac{2}{3}\sqrt{(\dot{\varepsilon}_\theta)^2 - \dot{\varepsilon}_\theta \dot{\varepsilon}_r + (\dot{\varepsilon}_r)^2} \frac{2}{\sqrt{3}} \frac{|c|}{r^2}$$

平衡方程为

$$\frac{\partial \sigma_r}{\partial r} + \frac{\sigma_r - \sigma_\theta}{r} = 0$$

应力应变关系采用 Mises 增量理论，因不计弹性应变 $\varepsilon_{ij}^e = 0$，故 $e_{ij} = \varepsilon_{ij}$，令 σ_m 表示平均应力，则可写成

$$\begin{cases} \sigma_\theta - \sigma_m = \dfrac{2\bar{\sigma}}{3\bar{\dot{\varepsilon}}} \dot{\varepsilon}_\theta \\[2mm] \sigma_r - \sigma_m = \dfrac{2\bar{\sigma}}{3\bar{\dot{\varepsilon}}} \dot{\varepsilon}_r \\[2mm] \sigma_z - \sigma_m = \dfrac{2\bar{\sigma}}{3\bar{\dot{\varepsilon}}} \dot{\varepsilon}_z \end{cases} \tag{8-7-1}$$

或

$$\begin{cases} \dot{\varepsilon}_\theta = \dfrac{3f(\bar{\sigma})}{2\bar{\sigma}} S_\theta \\[2mm] \dot{\varepsilon}_r = \dfrac{3f(\bar{\sigma})}{2\bar{\sigma}} S_r \\[2mm] \dot{\varepsilon}_z = \dfrac{3f(\bar{\sigma})}{2\bar{\sigma}} S_z \end{cases}$$

式(8-7-1)两两相减，并考虑 $\varepsilon_z = 0$，可得

$$\begin{cases} \sigma_\theta - \sigma_r = \dfrac{2\bar{\sigma}}{3\bar{\dot{\varepsilon}}} (\dot{\varepsilon}_\theta - \dot{\varepsilon}_r) \\[2mm] \sigma_z - \sigma_r = \dfrac{2\bar{\sigma}}{3\bar{\dot{\varepsilon}}} (-\dot{\varepsilon}_r) \end{cases} \tag{8-7-2}$$

将上式第一式及 $\overline{\dot{\varepsilon}} = B\,\overline{\sigma}^n$ 代入平衡方程 $\dfrac{\partial \sigma_r}{\partial r} + \dfrac{\sigma_r - \sigma_\theta}{r} = 0$，积分得

$$\sigma_r = C_1 - \left(\frac{2}{\sqrt{3}}\right)^{\frac{n+1}{n}} \frac{n}{2} \frac{C^{\frac{1}{n}}}{B^{\frac{1}{n}} r^{\frac{2}{n}}}$$

式中，C_1、C 为积分常数，可由边界条件确定：

当

$$r = r_1,\ \sigma_r = -p_1$$
$$r = r_2,\ \sigma_r = -p_2$$

得

$$\sigma_r = -p_1 - \frac{n}{2} \left(\frac{2}{\sqrt{3}}\right)^{\frac{n+1}{n}} \frac{C^{\frac{1}{n}}}{B^{\frac{1}{n}}} \left(\frac{1}{r_1^{\frac{2}{n}}} - \frac{1}{r^{\frac{2}{n}}}\right) \tag{8-7-3}$$

$$p_1 - p_2 = \frac{n}{2} \left(\frac{2}{\sqrt{3}}\right)^{\frac{n+1}{n}} \frac{C^{\frac{1}{n}}}{B^{\frac{1}{n}}} \frac{r_2^{\frac{2}{n}} - r_1^{\frac{2}{n}}}{r_1^{\frac{2}{n}} r_2^{\frac{2}{n}}}$$

由上式可确定 C

$$C = \frac{3^{\frac{n+1}{2}}}{2n^n} (p_1 - p_2)^n \frac{r_1^2 r_2^2}{\left(r_2^{\frac{2}{n}} - r_1^{\frac{2}{n}}\right)^n} B$$

将 C 代入式（8-7-2）求得 σ_r，并由式（8-7-1）得应力解，令 $\dfrac{2}{n} = m$，应力解表达式为

$$\begin{cases} \sigma_r = \dfrac{p_1 r_1^{\,m} - p_2 r_2^{\,m}}{r_2^{\,m} - r_1^{\,m}} - \dfrac{(p_1 - p_2) r_1^{\,m} r_2^{\,m}}{(r_2^{\,m} - r_1^{\,m}) r^m} \\[3mm] \sigma_\theta = \dfrac{p_1 r_1^{\,m} - p_2 r_2^{\,m}}{r_2^{\,m} - r_1^{\,m}} + \dfrac{2-n}{n} \dfrac{(p_1 - p_2) r_1^{\,m} r_2^{\,m}}{(r_2^{\,m} - r_1^{\,m}) r^m} \\[3mm] \sigma_z = \dfrac{p_1 r_1^{\,m} - p_2 r_2^{\,m}}{r_2^{\,m} - r_1^{\,m}} - \dfrac{n-1}{n} \dfrac{(p_1 - p_2) r_1^{\,m} r_2^{\,m}}{(r_2^{\,m} - r_1^{\,m}) r^m} \end{cases} \tag{8-7-4}$$

将 C 值代入 $\dot{u} = \dfrac{c}{r}$，即得位移率

$$\dot{u} = \frac{3^{\frac{n+1}{2}}}{2n^n} (p_1 - p_2)^n \frac{r_1^2 r_2^2}{\left(r_2^{\,m} - r_1^{\,m}\right)^n r} B$$

$$总位移 = \mu(0) + \dot{u} t$$

若厚壁筒仅承受内压，即 $p_1 = p$，$p_2 = 0$，则得到

$$\begin{cases} \sigma_r = -p \dfrac{(r_2/r)^{\frac{2}{n}}-1}{(r_2/r_1)^{\frac{2}{n}}-1} \\[4mm] \sigma_\theta = p \dfrac{\left[(2-n)/n\right](r_2/r)^{\frac{2}{n}}+1}{(r_2/r_1)^{\frac{2}{n}}-1} \\[4mm] \sigma_z = p \dfrac{\left[(1-n)/n\right](r_2/r)^{\frac{2}{n}}+1}{(r_2/r_1)^{\frac{2}{n}}-1} \\[4mm] \overline{\sigma} = \dfrac{\sqrt{3}}{2} p \dfrac{\left(\dfrac{2}{n}\right)(r_2/r)^{\frac{2}{n}}}{(r_2/r_1)^{\frac{2}{n}}-1} \\[4mm] \dot{\overline{\varepsilon}}_\theta = \left(\dfrac{3}{4}\right)^{\frac{1+n}{2}} B \left[\dfrac{p}{(r_2/r_1)^{\frac{2}{n}}-1}\dfrac{2}{n}\right]^n \left(\dfrac{r_2}{r}\right)^2 \end{cases} \tag{8-7-5}$$

式(8-7-5)最早由 Bailey 得到,故称为 Bailey 解。对于 $r_1/r_2=0.5$,$n=3$,仅受内压时,应力解如图 8-7-3 所示,比较稳态解与弹性解可知,σ_r/p 比较相近,σ_z 有差别,而 σ_θ 则有巨大差别。

下面验证原假设 $\varepsilon_z=0$ 是否正确。

因筒底上压力所产生的轴向力为

$$N_z = \pi(p_1 r_1^2 - p_2 r_2^2)$$

由平衡关系亦可得到

$$N_z = 2\pi \int_{r_1}^{r_2} \sigma_z r \mathrm{d}r \tag{8-7-6}$$

如把式(8-7-4)的 σ_z 值代入式(8-7-6),则结果与式(8-7-5)相符,说明用假设 $\varepsilon_z=0$ 所得到的应力解是正确的。

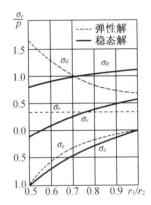

图 8-7-3 Bailey 应力解

8.7.4 高温非弹性蠕变疲劳损伤评价方法

长期处于高温下运行的反应堆设备,同时发生高温蠕变和疲劳,并且相互作用导致失效,蠕变疲劳是反应堆高温结构的主要失效形式之一,近年来工程评价技术的发展,已经能够对高温蠕变和疲劳相互作用进行评价。常用的高温蠕变疲劳损伤评价规范包括美国的 ASME、法国的 RCC-M 和英国的 R5 提供了方法。ASME 保守性过高,在实际工程中评价也往往难以通过,法国的 RCC-M 基本沿袭了 ASME 的路线,适当降低了保守程度,而英国的 R5 近年来则对高温蠕变疲劳研究较为深入,使用的技术路线不同,而且保守性相对较低,本章只对 ASME 和 R5 的蠕变疲劳评价方法进行介绍。

针对蠕变疲劳评价,ASME 和 R5 都给出了弹性评价方法和非弹性评价方法,但弹性方法过程非常烦琐,可行性较差,而且结果也都很保守,往往无法满足工程评价要求,而需要进行更精确的非弹性分析评价,所以,本章只对非弹性方进行介绍。

1. ASME-Ⅲ-5

ASME-Ⅲ-5是美国机械工程师协会发布的适用于高温反应堆的设计规范,该规范进行蠕变疲劳损伤评价时,把裂纹萌生作为蠕变疲劳损伤评价的临界值,即结构失效点;实际上,结构裂纹萌生以后,还要经历相当长的裂纹扩展阶段,也就是说,在裂纹萌生以后,结构还有相当长的寿命。

ASME采用时间分数法计算疲劳损伤 D_f:

$$D_f = \sum_{j=1}^{p} \left(\frac{n}{N_d} \right)_j$$

其中,p 为循环类型数, n 为第 j 类循环类型的循环次数,均由具体工程项目的设计及运行要求等因素决定;N_d 为第 j 类循环的设计许用循环次数,由对应循环中的最大等效应变范围,从对应金属温度下的疲劳设计曲线确定。考虑多轴效应,等效应变范围定义为

$$\Delta\varepsilon_{eq,i} = \frac{\sqrt{2}}{2(1+v^*)} \left[(\Delta\varepsilon_{xi}-\Delta\varepsilon_{yi})^2 + (\Delta\varepsilon_{yi}-\Delta\varepsilon_{zi})^2 + (\Delta\varepsilon_{zi}-\Delta\varepsilon_{xi})^2 + \frac{3}{2}(\Delta\gamma_{xyi}^2 + \Delta\gamma_{yzi}^2 + \Delta\gamma_{zxi}^2) \right]^{1/2}$$

其中,$\Delta\varepsilon_{xi}$ 等为第 j 类循环中每个时间点 i 的应变分量减去循环极值状态点 o 的应变分量,即 $\Delta\varepsilon_{xi}=\varepsilon_{xi}-\varepsilon_{xo}$,对于非弹性分析,$v^*$ 取0.5,对于弹性分析,v^* 取0.3,出于保守考虑,第 j 类循环的等效应变范围 $\Delta\varepsilon_{max}$ 取 i 个应变范围中的最大值,由疲劳设计曲线(图8-7-4)确定许用循环次数 N_d 后,即可得到疲劳损伤,依次计算所有循环类型,叠加得到总疲劳损伤。

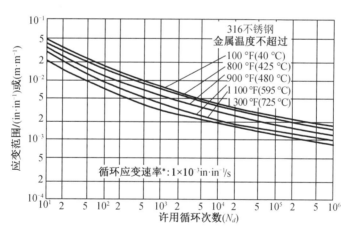

图 8-7-4 疲劳设计曲线

ASME也采用时间分数法计算蠕变损伤 D_c:

$$D_c = \sum_{k=1}^{q} \left(\frac{\Delta t}{T_d} \right)_k$$

其中,q 为循环类型数;Δt 为第 k 类循环的持续时间;T_d 为第 k 类循环的许用持续时间,根据第 k 类循环的最高温度和等效应力 $\overline{\sigma}$ 除以安全系数 K'(对于奥氏体不锈钢,非弹性分析 K' 取0.67,弹性分析 K' 取0.9)得到的应力值,使用预计最短断裂应力-时间曲线(图8-7-5)

确定许用时间, 即可得到蠕变损伤,依次计算所有循环类型,叠加得到总损伤。

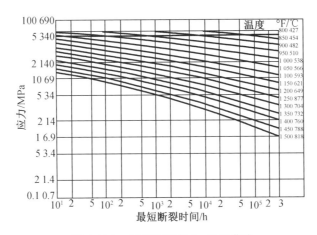

图 8-7-5　最短断裂应力–时间曲线

多轴等效应力定义为

$$\sigma_e = \overline{\sigma} \exp\left[C\left(\frac{\sigma_1 + \sigma_2 + \sigma_3}{(\sigma_1^2 + \sigma_2^2 + \sigma_3^2)^{1/2}} - 1 \right) \right]$$

其中,等效应力 $\overline{\sigma}$ 取值为

$$\overline{\sigma} = \left[\frac{1}{2} (\sigma_1 - \sigma_2)^2 + (\sigma_1 - \sigma_3)^2 + (\sigma_2 - \sigma_3)^2 \right]^{1/2}$$

其中,σ_1、σ_2、σ_3 为主应力,常数 C 的数值取决于材料类型,ASME 规范对于 316 型不锈钢,C 取 0.24,对于其他材料则应有不同的取值。

疲劳和蠕变总损伤 D 通过双线性累计损伤法计算得到,ASME 规范认为可接受的设计应满足:

$$\sum_{j=1}^{p} \left(\frac{n}{N_d} \right)_j + \sum_{k=1}^{q} \left(\frac{\Delta t}{T_d} \right)_k \leqslant D$$

式中,总损伤 D 应不超过图 8-7-6 中的蠕变疲劳损伤包络线。

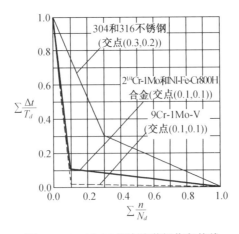

图 8-7-6　ASME 蠕变疲劳损伤包络线

2. R5

R5 将蠕变疲劳评价分为两部分,第一部分是无缺陷部件由于蠕变疲劳损伤导致裂纹萌生,第二部分是裂纹由于蠕变疲劳机制增长到临界尺寸,其中 2/3 卷对蠕变疲劳损伤的评估,是把裂纹萌生视为总损伤临界值,如果此时评价通不过,则有必要使用 4/5 卷进行裂纹扩展评价。实际上,裂纹萌生不代表结构不安全,在某些情况下,裂纹可能在剩余寿期内亚临界扩展,或停止扩展而进入休眠,考虑裂纹扩展过程的评价可以合理延长安全寿命。

R5 也采用时间分数法计算疲劳损伤 D_f:

$$D_f = \sum_j \frac{n_j}{N_{0j}}$$

其中,n_j 是循环类型 j 的循环次数;N_{0j} 是该循环类型的许用次数。R5 认为疲劳损伤分为尺寸缺陷 $a_i = 0.02$ mm 形成和缺陷生长到指定深度 a_0 两个阶段,确定许用循环次数 N_{0j} 的过程如下:

①获取疲劳相关的数据,包括实验室试样失效次数 N_l、失效尺寸 a_l,待评价结构裂纹萌生尺寸 a_0;

②将失效次数 N_l 划分为成核次数 N_i 和缺陷生长次数 N_g,使用下式计算 N_i 和 N_g:

$$\ln N_i = \ln N_l - 8.06 N_l^{-0.28}$$

$$N_g = N_l - N_i$$

③计算待评价结构缺陷生长次数 $N_g' = M N_g$,对 M 有

$$M = \begin{cases} \dfrac{a_{\min} \ln\left(\dfrac{a_0}{a_{\min}}\right) + (a_{\min} - a_i)}{a_{\min} \ln\left(\dfrac{a_l}{a_{\min}}\right) + (a_{\min} - a_i)} & a_0 > a_{\min} \\[4ex] \dfrac{a_0 - a_i}{a_{\min} \ln\left(\dfrac{a_l}{a_{\min}}\right) + (a_{\min} - a_i)} & a_0 \leqslant a_{\min} \end{cases}$$

式中,$a_{\min}$ 取为 0.2 mm。

对于拉伸保载蠕变应变大于压缩保载的情况,$N_0 = N_i + N_g'$,对于压缩保载蠕变应变大于拉伸保载的情况,需去除成核阶段,即 $N_0 = N_g'$。R5 中还讨论了大剪切应变、循环顺序效应、材料效应等对疲劳损伤的影响,并给出了解决方案。

计算蠕变损伤时,R5 也可以采用时间分数法,但主要使用延性耗竭法。延性耗竭法基于延性耗竭理论,认为当局部区域累积蠕变应变达到断裂延性值时,损伤达到临界值,结构即告失效:

$$D_c = \int_0^{t_h} \frac{\dot{\bar{\varepsilon}}_c}{\bar{\varepsilon}_f} \mathrm{d}t$$

式中,$\dot{\bar{\varepsilon}}_c$ 为保载期间的瞬时等效蠕变应变率,$\bar{\varepsilon}_f$ 为考虑应力温度等影响因素的蠕变延性;t_h 为蠕变保载持续时间。蠕变延性为结构断裂时的蠕变应变,可通过单轴蠕变试样延伸率获

取,或通过其截面收缩率换算,其影响因素有温度、应力、工艺等,316H 蠕变断裂应变随归一化应力的变化如图 8-7-7 所示,可见其试验值较为离散,为保守起见,采用其下限值作为需用蠕变延性。

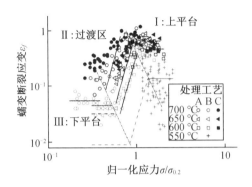

A—辊式穿孔、冷拉和 1 100 ℃/10 min 水淬;B—热挤压、冷拉和 1 130 ℃水淬;C—热挤压、冷拉和固溶处理。

图 8-7-7　316H 蠕变断裂应变随归一化应力的变化

R5 使用线性累计损伤法计算总损伤要求 $D_f+D_c<1$,蠕变疲劳损伤包络线如图 8-7-8 所示,$D_f+D_c\geqslant1$,即认为裂纹萌生,即认为材料失效。

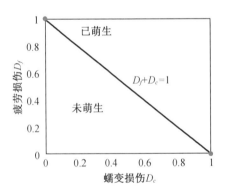

图 8-7-8　R5 蠕变疲劳损伤包络线

8.7.5　高温蠕变研究趋势

随着近年来国内外高温反应堆研发设计的开展,对金属材料高温蠕变的研究也逐渐深入。蠕变研究主要分为两个方向,一是以宏观试验为基础,用不同方法分析拟合所得试验数据,得到表述蠕变曲线的本构方程,并根据本构及规范进行数值模拟以得到工程分析结果,该方向对蠕变本质研究较少,所涵盖的专业比较复杂。二是从微观层面出发,研究蠕变的物理机制及对蠕变特性的影响,是材料领域的前沿研究内容,但目前尚无较为统一的理论,只是对不同的蠕变机理有了一定的认识,在提高材料蠕变性能方面有一定成果。以下对这两方面做详细的介绍。

1. 宏观角度

以宏观试验为基础,建立基于蠕变数据拟合的唯象本构模型,此类方法相对简单,工程上也便于应用。在实际应用时,为得到较好的拟合模型,往往需要忽略部分因素,导致出现一定误差,且由于不涉及材料的蠕变物理机制,对拟合模型的调整存在很多可行性问题,在适用范围上存在很大的局限性,为确保安全不得不进行十分保守的估计。而在复合作用如蠕变疲劳、辐照蠕变、蠕变屈曲等方面,往往需要进行专门的试验,得到不同参数下的宏观复合作用数据以进行拟合,既花费大量人力物力,普适性又相当有限,且在复杂工况下,试验与工况条件差距较大,可能出现无法预料的意外情况,对工程本身也有一定的风险。

同时,21世纪后受科技进展影响,本构模型的研究出现了大量非线性内容,如分形几何、突变论、人工神经网络等理论。这些理论从不同层次、不同角度揭示复杂现象的本质,为唯象本构模型的进一步研究提供了理论支持。其中,神经网络用训练学习代替数学本构模型,能从噪声数据中得出复杂的非线性关系,方法选取合适时,在实验数据的拟合效果上强于本构模型,是一种较为新颖的研究方法。但就其本质而言,该方法仍然是一种强拟合方法,同样存在可行性和普适性的问题。

2. 微观角度

从物理机制上研究蠕变的机理,可以根据不同的蠕变机理直接建立不同的蠕变本构模型,具有实际的物理意义,可以很好地与有限元软件结合,甚至直接对材料的微观结构进行建模计算,发展前景较好。但蠕变机理过于复杂,相关的理论研究虽有一定成果,却存在各种问题,目前并无一致认可的理论。

微观研究内容主要有三大类:一是基于位错和各种晶体缺陷交互作用的变形研究,这类研究从位错和各种晶体缺陷的交互作用出发,分析材料的扩散、位错和滑移微观运动机制,探究蠕变过程中微观组织的变形过程。二是基于孔洞长大理论(CGM)的研究,这类研究从空洞的形核和长大出发,分析材料的损伤和失效,该方法已经在某些国家的高温强度设计准则和评定规范中得到广泛引用。三是连续损伤力学方法(CDM),连续损伤力学以连续介质力学和不可逆热力学为基础,引入损伤变量,使得含损伤变量的材料本构模型能够真实地描述损伤材料的宏观力学行为,该方法通过选取合适的损伤变量,可以利用有限元软件,模拟出工程构件中损伤演化的过程,把材料的微观损伤机制与宏观现象联系起来,以宏观唯象的方法描述材料细观结构的劣化,并可以提供蠕变试验无法得到的局部应力应变场的数据,是一种有较高实用价值的方法。

微观角度的优势在于对蠕变物理本质的认识,对于微观机制已经足够清楚的材料,可以直接推导出合理且适用范围较大的蠕变本构方程,即使在应力、温度等条件变化较大时,与实验数据的误差也能保持在规范许可范围之内;但微观情况下各种组织相互作用,机制极其复杂,研究难度大,各种理论难以统一,并且公式繁杂、计算成本高昂,难以走向工程应用,整体而言,同样存在许多问题。

总的来说,上述两种方法最终都是通过蠕变本构来描述蠕变特性,各有优势,各有问题。现有各种蠕变本构模型的理论基础、观点和方法千差万别,其适用范围、拟合精度和计算结果也差别很大,很难公认一个适用性足够强的本构模型,只能结合结构特点、应力范围、温度水平和精度要求等具体条件适当选用。

实际上,现在各种规范和实际工程中应用最广泛的还是基于实验数据、计算精度符合工程要求、形式精简和应用简单的宏观唯象拟合蠕变本构模型。在部分科研工作中,往往是将宏观微观结合,一方面根据宏观实验拟合选取较为直接的材料蠕变本构模型,另一方面根据材料性质,选取适合的微观理论模型进行耦合,最终得到具有一定物理本质且更精确的本构模型,以改善蠕变评价的保守性。

习 题

1. 已知某材料在简单拉伸时满足 $\sigma = \varphi(\varepsilon) = E\varepsilon(1-\omega\varepsilon)$ 曲线规律,假设弹性时泊松比 $\mu \neq \dfrac{1}{2}$,求在拉伸过程中的规律。

2. 已知某材料在简单拉伸时满足线性强化规律,即有

$$\sigma = \begin{cases} E\varepsilon & \varepsilon \leqslant \sigma_s \\ \sigma_s + E'(\varepsilon - \varepsilon_s) & \varepsilon > \sigma_s \end{cases}$$

在弹性时泊松比 $\mu \neq \dfrac{1}{2}$,试问 $\bar{\sigma}(\bar{\varepsilon})$ 曲线是什么形式?

3. 某材料在纯拉伸时进入强化后满足弹性时泊松比 $\dfrac{d\sigma}{d\varepsilon^p} = \varphi' = C$。若采用米塞斯等向强化模型,求该材料在纯剪切时的 $\dfrac{d\tau}{d\gamma}$ 表达式。

4. 已知某单元体满足 $\sigma_x = \sigma_y = \varepsilon_z = 0$ 条件,其余剪应力剪应变为零。求:

(1)若材料为米赛斯理想塑性材料时,当 σ 刚刚到达最大值 σ_{max} 时,是否会产生塑性变形。

(2)如材料的简单拉伸曲线为 $\sigma = \varphi(\varepsilon)$ 时,根据单一曲线假定,并假设 $\mu = \dfrac{1}{2}$,问此时 $\sigma_x = f(\varepsilon_x)$ 曲线是怎样的?

参 考 文 献

[1] 王仁,黄文彬,黄筑平. 塑性力学引论[M]. 北京:北京大学出版社,1992.

[2] 轩福贞,宫建国. 基于损伤模式的压力容器设计原理[M]. 北京:科学出版社,2020.

[3] 杨桂通. 弹塑性力学引论[M]. 2版. 北京:清华大学出版社,2013.

[4] 徐秉业,刘信声,沈新普. 应用弹塑性力学[M]. 2版. 北京:清华大学出版社,2017.

［5］ 穆霞英.蠕变力学［M］.西安:西安交通大学出版社,1990.

［6］ 梁浩宇.金属材料的高温蠕变特性研究［D］.太原:太原理工大学,2013.

［7］ JOOSEF B. Creep mechanics［M］. Berlin:Springer,2003.

［8］ 张力文,钟玉平.金属高温蠕变理论研究进展及应用［J］.材料导报,2015,29:409-416.

［9］ 王晓艳.UNS N10003 合金高温蠕变理论模型与数值模拟研究及应用［D］.上海:中国科学院上海应用物理研究所,2018.

［10］ 陈惠发,萨里普 A F.弹性与塑性力学［M］.余天庆,王勋文,刘再华,编译.北京:中国建筑工业出版社,2004.

［11］ 余同希,薛璞.工程塑性力学［M］.2 版.北京:高等教育出版社,2010.

［12］ 涂善东,轩福贞,王卫泽.高温蠕变与断裂评价的若干关键问题［J］.金属学报,2009,45(7):781-787.

［13］ 常愿.复杂应力下电站部件蠕变损伤及微观组织演变的研究［D］.北京:华北电力大学,2017.

［14］ 彭鸿博,张宏建.金属材料本构模型的研究进展［J］.机械工程材料,2012,36(3):5-10,75.

［15］ 张力文,钟玉平.金属高温蠕变理论研究进展及应用［J］.材料导报,2015,29(S1):409-416.

［16］ NORTON F H. The creep of steel at high temperatures［M］. London:McGraw-Hill,1929.

［17］ KACHANOV L M. Time of the rupture process under creep conditions［J］. USSR Division of Engineering Science,1958,8:2631.

［18］ ROBOTNOV Y N. Creep problems in structural members［M］. Amsterdam:North - Holland Publishing Company,1969.

［19］ 涂善东.高温结构完整性原理［M］.北京:科学出版社,2003.

［20］ BECKER A,HYDE T,SUN W,et al. Benchmarks for finite element analysis of creep continuum damage mechanics［J］. Computational Materials Science,2002,25(1-2):34-41.

［21］ ROBINSON E L. Effect of temperature variation on the creep strength of steels［J］. Transaction of the ASME,1938,60:253-259.

［22］ 温建锋,轩福贞,涂善东.高温构件蠕变损伤与裂纹扩展预测研究新进展［J］.压力容器,2019,36(2):38-50.

第 3 篇　数值方法及力学评价基础

第9章　差分法基本理论

差分法是一种古老的数值解法,但至今仍在流体数值算法中占有重要地位。差分法的基本思路,是把基本方程和边界条件(一般均为微分方程)近似地改用差分方程(代数方程)来表示,把求解微分方程的问题改换成为求解线性代数方程的问题。

9.1　基本差分公式

首先导出弹性力学常用的差分公式,以便建立差分方程。

在弹性体上用相隔等间距 h 且平行于坐标轴的两组平行线织成网格,网线的交点称为节点,如图9-1-1所示。

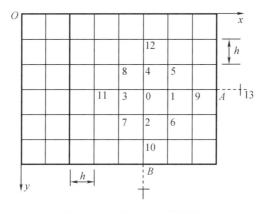

图9-1-1　差分法网线节点

设 $f=f(x,y)$ 为弹性体内的某连续函数,它可能是某一个应力分量、位移分量,或者是应力函数或者温度等。在平行于 x 轴的一条网线上,函数只随 x 坐标的改变而变化。如在 3-0-1 上,在邻近节点 0 处,函数 f 可以按泰勒级数展开为

$$f=f_0+\left(\frac{\partial f}{\partial x}\right)_0(x-x_0)+\frac{1}{2!}\left(\frac{\partial^2 f}{\partial x^2}\right)_0(x-x_0)^2+\frac{1}{3!}\left(\frac{\partial^3 f}{\partial x^3}\right)_0(x-x_0)^3+\frac{1}{4!}\left(\frac{\partial^4 f}{\partial x^4}\right)_0(x-x_0)^4+\cdots$$

$$(9\text{-}1\text{-}1)$$

在节点 3 及节点 1,x 分别等于 x_0-h 及 x_0+h,即 $x-x_0$ 分别等于 $-h$ 及 h。代入式(9-1-1),得到

$$f_3=f_0-h\left(\frac{\partial f}{\partial x}\right)_0+\frac{h^2}{2}\left(\frac{\partial^2 f}{\partial x^2}\right)_0-\frac{h^3}{6}\left(\frac{\partial^3 f}{\partial x^3}\right)_0+\frac{h^4}{24}\left(\frac{\partial^4 f}{\partial x^4}\right)_0-\cdots$$

$$(9\text{-}1\text{-}2)$$

$$f_1 = f_0 + h \left(\frac{\partial f}{\partial x} \right)_0 + \frac{h^2}{2} \left(\frac{\partial^2 f}{\partial x^2} \right)_0 + \frac{h^3}{6} \left(\frac{\partial^3 f}{\partial x^3} \right)_0 + \frac{h^4}{24} \left(\frac{\partial^4 f}{\partial x^4} \right)_0 + \cdots \tag{9-1-3}$$

假定网格间距 h 充分小,则可不计 $x - x_0$ 的三次幂及更高次幂,式(9-1-2)及式(9-1-3)成为

$$f_3 = f_0 - h \left(\frac{\partial f}{\partial x} \right)_0 + \frac{h^2}{2} \left(\frac{\partial^2 f}{\partial x^2} \right)_0 \tag{9-1-4}$$

$$f_1 = f_0 + h \left(\frac{\partial f}{\partial x} \right)_0 + \frac{h^2}{2} \left(\frac{\partial^2 f}{\partial x^2} \right)_0 \tag{9-1-5}$$

联立求解 $\left(\frac{\partial f}{\partial x} \right)_0$ 及 $\left(\frac{\partial^2 f}{\partial x^2} \right)_0$,即可得到对 x 的一阶和二阶导数在节点 0 的差分公式

$$\left(\frac{\partial f}{\partial x} \right)_0 = \frac{f_1 - f_3}{2h} \tag{9-1-6}$$

$$\left(\frac{\partial^2 f}{\partial x^2} \right)_0 = \frac{f_1 + f_3 - 2f_0}{h^2} \tag{9-1-7}$$

同理可得对 y 的一阶和二阶导数在节点 0 的差分公式

$$\left(\frac{\partial f}{\partial y} \right)_0 = \frac{f_2 - f_4}{2h} \tag{9-1-8}$$

$$\left(\frac{\partial^2 f}{\partial y^2} \right)_0 = \frac{f_2 + f_4 - 2f_0}{h^2} \tag{9-1-9}$$

式(9-1-1)~式(9-1-4)称为基本差分公式,可由此导出其他差分公式。例如,用式(9-1-6)及式(9-1-8),可导出混合二阶导数的差分公式,即

$$
\begin{aligned}
\left(\frac{\partial^2 f}{\partial x \partial y} \right)_0 &= \left[\frac{\partial}{\partial x} \left(\frac{\partial f}{\partial y} \right) \right]_0 \\
&= \frac{\left(\frac{\partial f}{\partial y} \right)_1 - \left(\frac{\partial f}{\partial y} \right)_3}{2h} \\
&= \frac{\frac{f_6 - f_5}{2h} - \frac{f_7 - f_8}{2h}}{2h} \\
&= \frac{1}{4h^2} \left[(f_6 + f_8) - (f_5 + f_7) \right]
\end{aligned}
\tag{9-1-10}
$$

同样,可从式(9-1-7)及式(9-1-9)导出四阶导数的差分公式:

$$
\begin{cases}
\left(\dfrac{\partial^4 f}{\partial x^4} \right)_0 = \dfrac{1}{h^4} \left[6f_0 - 4(f_1 + f_3) + (f_9 + f_{11}) \right] \\[2mm]
\left(\dfrac{\partial^4 f}{\partial x^2 \partial y^2} \right)_0 = \dfrac{1}{h^4} \left[4f_0 - 2(f_1 + f_2 + f_3 + f_4) + (f_5 + f_6 + f_7 + f_8) \right] \\[2mm]
\left(\dfrac{\partial^4 f}{\partial y^4} \right)_0 = \dfrac{1}{h^4} \left[6f_0 - 4(f_2 + f_4) + (f_{10} + f_{12}) \right]
\end{cases}
\tag{9-1-11}
$$

差分公式(9-1-6)及式(9-1-8)是以网格间距为 h 的节点两侧的两个函数值来表示该节点的一阶导数值,称为中点导数公式。有时也需要用到节点同一侧的两个函数值来表示该节点处的一阶导数值,称为端点导数公式,导出如下:

首先把导数 $\left(\dfrac{\partial f}{\partial x}\right)_0$ 用水平方向的 $f_0 f_1 f_9$ 来表示。为此,在式(9-1-1)中令 $x = x_0 + 2h$,即 $x - x_0 = 2h$,并略去 $x - x_0$ 的三次幂及更高次幂,得出

$$f_9 = f_0 + 2h\left(\frac{\partial f}{\partial x}\right)_0 + 2h^2\left(\frac{\partial^2 f}{\partial x^2}\right)_0 \tag{9-1-12}$$

再从式(9-1-5)及式(9-1-12)中消去 $\left(\dfrac{\partial^2 f}{\partial x^2}\right)_0$,即可得到端点导数公式

$$\left(\frac{\partial f}{\partial x}\right)_0 = \frac{-3f_0 + 4f_1 - f_9}{2h} \tag{9-1-13}$$

同样操作,也可把导数 $\left(\dfrac{\partial f}{\partial x}\right)_0$ 用竖直方向的 $f_0 f_3 f_{11}$ 来表示:

$$f_{11} = f_0 - 2h\left(\frac{\partial f}{\partial x}\right)_0 + 2h^2\left(\frac{\partial^2 f}{\partial x^2}\right)_0 \tag{9-1-14}$$

再从式(9-1-4)及式(9-1-14)中消去 $\left(\dfrac{\partial^2 f}{\partial x^2}\right)_0$,可得端点导数公式

$$\left(\frac{\partial f}{\partial x}\right)_0 = \frac{3f_0 - 4f_3 + f_{11}}{2h} \tag{9-1-15}$$

同理可得端点导数公式

$$\left(\frac{\partial f}{\partial y}\right)_0 = \frac{-3f_0 + 4f_2 - f_{10}}{2h} \tag{9-1-16}$$

$$\left(\frac{\partial f}{\partial y}\right)_0 = \frac{3f_0 - 4f_4 + f_{12}}{2h} \tag{9-1-17}$$

可见,中点导数公式反映了节点两边的函数变化,端点导数公式只反映了节点一侧的函数变化,显然前者精度较高。所以,应尽可能应用中点导数公式。

在导出上述差分公式时,分别略去了网格间距 h 的三次及更高次幂,f 因而简化为 x 或 y 的二次函数。这就是说,在连续两段网线间距之内,f 是按抛物线变化的,故称抛物线差分公式。

导出差分公式时,如果在式(9-1-1)中把 $(x - x_0)^2$ 项也略去不计,而由式(9-1-4)及式(9-1-5)分别得出基本差分公式

$$\left(\frac{\partial f}{\partial x}\right)_0 = \frac{f_0 - f_3}{h} \tag{9-1-18}$$

$$\left(\frac{\partial f}{\partial x}\right)_0 = \frac{f_1 - f_0}{h} \tag{9-1-19}$$

式(9-1-1)中的 f 被简化为 x 的线性函数,在一段网格间距之内,函数 f 按直线变化,因此,称为直线差分公式。也可继续导出其高阶导数的差分公式。但这种差分公式精度较

低,因而很少采用。

另外,如在式(9-1-1)中保留$(x-x_0)^3$及$(x-x_0)^4$的项,将该式应用于节点1、3、9、11,得出$\left(\dfrac{\partial f}{\partial x}\right)_0$、$\left(\dfrac{\partial^2 f}{\partial x^2}\right)_0$、$\left(\dfrac{\partial^3 f}{\partial x^3}\right)_0$、$\left(\dfrac{\partial^4 f}{\partial x^4}\right)_0$的四个方程,联立求解可得出四个基本差分公式。这种差分公式当然更加精确,但因为涉及节点太多,用起来非常烦琐,故很少采用。

9.2 平面问题差分解求解过程

在不计体力的情况下,平面问题中的应力分量σ_x、σ_y、τ_{xy}可以用应力函数的二阶导数Φ表示如下:

$$\sigma_x = \frac{\partial^2 \Phi}{\partial y^2}, \sigma_y = \frac{\partial^2 \Phi}{\partial x^2}, \tau_{xy} = -\frac{\partial^2 \Phi}{\partial x \partial y} \tag{9-2-1}$$

在如图9-1-1所示的网格,应用差分公式(9-1-9)、式(9-1-7)、式(9-1-10),可以把任一节点处的应力分量表示为

$$\begin{cases} (\sigma_x)_0 = \left(\dfrac{\partial^2 \Phi}{\partial y^2}\right)_0 = \dfrac{1}{h^2}\left[(\Phi_2 + \Phi_4) - 2\Phi_0\right] \\[2mm] (\sigma_y)_0 = \left(\dfrac{\partial^2 \Phi}{\partial x^2}\right)_0 = \dfrac{1}{h^2}\left[(\Phi_1 + \Phi_3) - 2\Phi_0\right] \\[2mm] (\tau_{xy})_0 = \left(-\dfrac{\partial^2 \Phi}{\partial x \partial y}\right)_0 = \dfrac{1}{4h^2}\left[(\Phi_5 + \Phi_7) - (\Phi_6 + \Phi_8)\right] \end{cases} \tag{9-2-2}$$

可见,只要已知各节点处的Φ值,就可以求得各节点处的应力分量。如有常量体力的作用,可先将它变换为面力的作用。

为了求得弹性体边界以内各节点处的Φ值,首先需要把应力函数的重调和方程变换为差分方程。为此,要把差分公式(9-1-11)代入$(\nabla^4 \Phi)_0 = 0$,即

$$\left(\frac{\partial^4 \Phi}{\partial x^4}\right)_0 + 2\left(\frac{\partial^4 \Phi}{\partial x^2 \partial y^2}\right)_0 + \left(\frac{\partial^4 \Phi}{\partial y^4}\right)_0 = 0$$

得出

$$20\Phi_0 - 8(\Phi_1 + \Phi_2 + \Phi_3 + \Phi_4) + 2(\Phi_5 + \Phi_6 + \Phi_7 + \Phi_8) + (\Phi_9 + \Phi_{10} + \Phi_{11} + \Phi_{12}) = 0 \tag{9-2-3}$$

对于弹性体边界以内的每一节点,都可以建立一个差分方程。但是,对于边界内一行的(距边界h)节点,差分方程中还将包含边界上各节点处的Φ值,以及边界外一行虚节点处的Φ值。

为了求得边界上各节点处的Φ值,须应用应力边界条件,即

$$l(\sigma_x)_S + m(\tau_{xy})_S = \bar{f}_x, \quad m(\sigma_y)_S + l(\tau_{xy})_S = \bar{f}_y$$

将式(9-2-1)代入,将其变换为

$$\begin{cases} l\left(\dfrac{\partial^2 \Phi}{\partial y^2}\right)_S - m\left(\dfrac{\partial^2 \Phi}{\partial x \partial y}\right)_S = \bar{f}_x \\ m\left(\dfrac{\partial^2 \Phi}{\partial x^2}\right)_S - l\left(\dfrac{\partial^2 \Phi}{\partial x \partial y}\right)_S = \bar{f}_y \end{cases} \tag{9-2-4}$$

设边界条件如图 9-2-1 所示,可见

$$l = \cos(\boldsymbol{n}, x) = \cos\alpha = \frac{\mathrm{d}y}{\mathrm{d}s}$$

$$m = \cos(\boldsymbol{n}, y) = \sin\alpha = -\frac{\mathrm{d}x}{\mathrm{d}s}$$

故式(9-2-4)即为

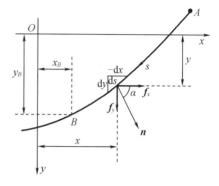

图 9-2-1 差分法边界条件

$$\frac{\mathrm{d}y}{\mathrm{d}s}\left(\frac{\partial^2 \Phi}{\partial y^2}\right)_S + \frac{\mathrm{d}x}{\mathrm{d}s}\left(\frac{\partial^2 \Phi}{\partial x \partial y}\right)_S = \bar{f}_x$$

$$-\frac{\mathrm{d}x}{\mathrm{d}s}\left(\frac{\partial^2 \Phi}{\partial x^2}\right)_S - \frac{\mathrm{d}y}{\mathrm{d}s}\left(\frac{\partial^2 \Phi}{\partial x \partial y}\right)_S = \bar{f}_y$$

或改写为

$$\frac{\mathrm{d}}{\mathrm{d}s}\left(\frac{\partial \Phi}{\partial y}\right)_S = \bar{f}_x, \qquad -\frac{\mathrm{d}}{\mathrm{d}s}\left(\frac{\partial \Phi}{\partial x}\right)_S = \bar{f}_y \tag{c}$$

将式(9-2-5)从 A 点到 B 点对 s 积分,得到

$$\left(\frac{\partial \Phi}{\partial y}\right)_A^B = \int_A^B \bar{f}_x \mathrm{d}s, \qquad -\left(\frac{\partial \Phi}{\partial x}\right)_A^B = \int_A^B \bar{f}_y \mathrm{d}s$$

或

$$\begin{cases} \left(\dfrac{\partial \Phi}{\partial y}\right)_B = \left(\dfrac{\partial \Phi}{\partial y}\right)_A + \displaystyle\int_A^B \bar{f}_x \mathrm{d}s \\ \left(\dfrac{\partial \Phi}{\partial x}\right)_B = \left(\dfrac{\partial \Phi}{\partial x}\right)_A - \displaystyle\int_A^B \bar{f}_y \mathrm{d}s \end{cases} \tag{9-2-6}$$

另一方面,对全微分形式 $\mathrm{d}\Phi = \dfrac{\mathrm{d}\Phi}{\mathrm{d}x}\mathrm{d}x + \dfrac{\mathrm{d}\Phi}{\mathrm{d}y}\mathrm{d}y$,沿 s 从 A 点到 B 点积分,则由分部积分得

$$(\Phi)_A^B = \left(x\frac{\partial \Phi}{\partial x}\right)_A^B - \int_A^B x\frac{\mathrm{d}}{\mathrm{d}s}\left(\frac{\partial \Phi}{\partial x}\right)\mathrm{d}s + \left(y\frac{\partial \Phi}{\partial y}\right)_A^B - \int_A^B y\frac{\mathrm{d}}{\mathrm{d}s}\left(\frac{\partial \Phi}{\partial y}\right)\mathrm{d}s$$

或将式(9-2-5)代入得

$$(\Phi)_A^B = \left(x\frac{\partial \Phi}{\partial x}\right)_A^B + \int_A^B x\bar{f}_y \mathrm{d}s + \left(y\frac{\partial \Phi}{\partial y}\right)_A^B - \int_A^B y\bar{f}_x \mathrm{d}s$$

即

$$\Phi_B - \Phi_A = x_B\left(\frac{\partial \Phi}{\partial x}\right)_B - x_A\left(\frac{\partial \Phi}{\partial x}\right)_A + \int_A^B x\bar{f}_y \mathrm{d}s + y_B\left(\frac{\partial \Phi}{\partial y}\right)_B - y_A\left(\frac{\partial \Phi}{\partial y}\right)_A - \int_A^B y\bar{f}_x \mathrm{d}s$$

再将式(9-2-6)代入得

$$\Phi_B - \Phi_A = x_B \left[\left(\frac{\partial \Phi}{\partial x} \right)_A - \int_A^B \bar{f}_y \mathrm{d}s \right] - x_A \left(\frac{\partial \Phi}{\partial x} \right)_A + \int_A^B x \bar{f}_y \mathrm{d}s + y_B \left[\left(\frac{\partial \Phi}{\partial y} \right)_A + \int_A^B \bar{f}(x) \, \mathrm{d}s \right] -$$

$$y_A \left(\frac{\partial \Phi}{\partial y} \right)_A - \int_A^B y \bar{f}_x \mathrm{d}s$$

故得到

$$\Phi_B = \Phi_A + (x_B - x_A) \left(\frac{\partial \Phi}{\partial x} \right)_A + (y_B - y_A) \left(\frac{\partial \Phi}{\partial y} \right)_A + \int_A^B (y_B - y) \bar{f}_x \mathrm{d}s + \int_A^B (x - x_B) \bar{f}_y \mathrm{d}s$$

$$(9-2-7)$$

由式(9-2-7)、式(9-2-6)可见,如果已知 Φ_A、$\left(\frac{\partial \Phi}{\partial x} \right)_A$、$\left(\frac{\partial \Phi}{\partial y} \right)_A$,即可根据面力分量 $\bar{f}_x$、$\bar{f}_y$ 求得 Φ_B、$\left(\frac{\partial \Phi}{\partial x} \right)_B$、$\left(\frac{\partial \Phi}{\partial y} \right)_B$。把应力函数 Φ 加上一个线性函数,并不影响应力结果,因此,如果把函数 Φ 加上 $a+bx+cy$,然后调整 a、b、c 的数值,就能够使 $\Phi_A = 0$,$\left(\frac{\partial \Phi}{\partial x} \right)_A = 0$,$\left(\frac{\partial \Phi}{\partial y} \right)_A = 0$。于是,式(9-2-6)、式(9-2-7)简化为

$$\left(\frac{\partial \Phi}{\partial y} \right)_B = \int_A^B \bar{f}_x \mathrm{d}s \tag{9-2-8}$$

$$\left(\frac{\partial \Phi}{\partial x} \right)_B = -\int_A^B \bar{f}_y \mathrm{d}s \tag{9-2-9}$$

$$\Phi_B = \int_A^B (y_B - y) \bar{f}_x \mathrm{d}s + \int_A^B (x - x_B) \bar{f}_y \mathrm{d}s \tag{9-2-10}$$

以上是针对单连体导出的结果,对多连体而言,一般只能直接应用(9-2-6)和式(9-2-7),而不能使用简化式(9-2-8)至式(9-2-10)。

结合图9-2-1,可见式(9-2-8)右边的积分表示 A 与 B 之间 x 方向的面力之和,式(9-2-9)右边的积分式表示 A 与 B 之间 y 方向的面力之和,式(9-2-10)右边的积分式表示 A 与 B 之间的面力对 B 点取矩的和。(在图9-2-1所示坐标系中,矩以顺时针转动为正)。

至于边界外一行的(距边界为 h)虚节点处的 Φ 值,则可用边界内一行节点和虚节点之间求导数得到。例如,对于图9-1-1中的虚节点13、14有

$$\left(\frac{\partial \Phi}{\partial x} \right)_A = \frac{\Phi_{13} - \Phi_9}{2h}, \quad \left(\frac{\partial \Phi}{\partial y} \right)_B = \frac{\Phi_{14} - \Phi_{10}}{2h}$$

故有

$$\Phi_{13} = \Phi_9 + 2h \left(\frac{\partial \Phi}{\partial x} \right)_A, \quad \Phi_{14} = \Phi_{10} + 2h \left(\frac{\partial \Phi}{\partial y} \right)_B \tag{9-2-11}$$

差分法实际计算步骤如下:

(1)在边界上任选一点作为基点 A,取 $\Phi_A = \left(\frac{\partial \Phi}{\partial x} \right)_A = \left(\frac{\partial \Phi}{\partial y} \right)_A = 0$,然后由面力的矩求出边界上各节点的 Φ 值。

(2)由面力之和得到垂直于边界方向的导数值 $\frac{\partial \Phi}{\partial x}$ 及 $\frac{\partial \Phi}{\partial y}$,再将边界外一行虚节点处的 Φ 值用边界内相应节点处的 Φ 值来表示。

（3）对边界内各节点建立差分方程,联立求解得到节点 Φ 值。

（4）计算应力分量。

9.3 矩形截面梁的差分解

材料力学对深梁的解答是不准确甚至错误的。截面划分为 $6h$ 的网格,上边接受有集中均布载荷 q,两个下角点维持平衡,如图 9-3-1 所示。试用应力函数法求其应力分量。

由于对称性,选取梁截面半边即可。

以 A 为基准点,则 $\Phi_A = 0, \left(\dfrac{\partial \Phi}{\partial x}\right)_A = 0, \left(\dfrac{\partial \Phi}{\partial y}\right)_A = 0$,则有

$$\Phi_{B,C,D,E,FH,I,J} = 0, \quad \Phi_K = 2.5qh^2$$

$$\Phi_L = 4qh^2, \quad \Phi_M = 4.5qh^2$$

$$\left(\frac{\partial \Phi}{\partial y}\right)_{B,C,K,L,M} = 0, \quad \left(\frac{\partial \Phi}{\partial X}\right)_{E,F,G,H,I} = 3qh$$

$$\Phi_{16,17,18,19,20,21} = \Phi_{1,2,3,13,14,15}, \quad \Phi_{22,23,24,25,26} = \Phi_{3,6,9,12,15} - 6qh^2$$

$$\Phi_1 = 4.36, \quad \Phi_2 = 3.89, \quad \Phi_3 = 2.47, \quad \Phi_4 = 3.98$$

$$\Phi_5 = 3.59, \quad \Phi_6 = 2.35, \quad \Phi_7 = 3.29, \quad \Phi_8 = 3.03$$

$$\Phi_9 = 2.10, \quad \Phi_{10} = 2.23, \quad \Phi_{11} = 2.13, \quad \Phi_{12} = 1.63$$

$$\Phi_{13} = 0.92, \quad \Phi_{14} = 0.94, \quad \Phi_{15} = 0.88$$

$$\Phi_{16} = 4.36, \quad \Phi_{17} = 3.89, \quad \Phi_{18} = 2.47, \quad \Phi_{19} = 0.92$$

$$\Phi_{20} = 0.94, \quad \Phi_{21} = 0.88, \quad \Phi_{22} = -3.53, \quad \Phi_{23} = -3.65$$

$$\Phi_{24} = -3.90, \quad \Phi_{25} = -4.37, \quad \Phi_{26} = -5.12$$

$$(\sigma_x)_M = -0.28q$$

$$(\sigma_x)_{1,4,7,10,13,A} = -0.24q, -0.31q, -0.37q, -0.25q, 0.39q, 1.84q$$

而材料力学的计算结果是

$$(\sigma_x)_M = -0.75q, \quad (\sigma_x)_A = 0.75q$$

由图 9-3-2 可见,对于深梁,材料力学算出的应力远不能反映实际情况。

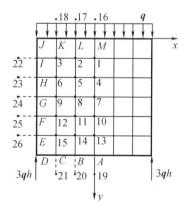

图 9-3-1 深梁截面差分法网格

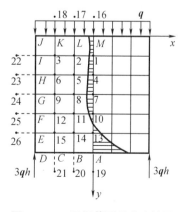

图 9-3-2 深梁截面差分法结果

9.4　热应力问题的差分解

按应力求解热应力的平面问题,要把用应力及温差表示的物理方程代入应变协调方程。在平面应力时,物理方程为

$$\begin{cases} \varepsilon_x = \dfrac{1}{E}(\sigma_x - \mu\sigma_y) + \alpha T \\[2mm] \varepsilon_y = \dfrac{1}{E}(\sigma_y - \mu\sigma_x) + \alpha T \\[2mm] \gamma_{xy} = \dfrac{2(1+\mu)}{E}\tau_{xy} \end{cases}$$

其中 T 是温差,而不是某温度场中的温度。代入应变协调方程得

$$\frac{\partial^2}{\partial y^2}\left(\frac{\sigma_x - \mu\sigma_y}{E} + \alpha T\right) + \frac{\partial^2}{\partial x^2}\left(\frac{\sigma_y - \mu\sigma_x}{E} + \alpha T\right) = \frac{\partial^2}{\partial x \partial y}\left(\frac{2(1+\mu)}{E}\tau_{xy}\right) \tag{9-4-1}$$

另外,在平衡微分方程中,设体力分为零,可得

$$\frac{\partial\sigma_x}{\partial x} + \frac{\partial\tau_{xy}}{\partial y} = 0, \qquad \frac{\partial\sigma_y}{\partial y} + \frac{\partial\tau_{xy}}{\partial x} = 0 \tag{9-4-2}$$

式(9-4-1)、式(9-4-2)即按应力求解时的基本微分方程。

利用平衡微分方程(9-4-2),可简化相容方程(9-4-1)。将式(9-4-2)中的第一式及第二式分别对 x 及 y 求导,然后相加,得

$$2\frac{\partial^2\tau_{xy}}{\partial x \partial y} = -\frac{\partial^2\sigma_x}{\partial x^2} - \frac{\partial^2\sigma_y}{\partial y^2}$$

代入式(9-4-1),化简后相容方程成为

$$\nabla^2(\sigma_x + \sigma_y) + E\alpha\,\nabla^2 T = 0 \tag{9-4-3}$$

在热应力问题中,没有体力作用,因此,也可引用应力函数,使问题进一步简化。命

$$\sigma_x = \frac{\partial^2\Phi}{\partial y^2}, \quad \sigma_y = \frac{\partial^2\Phi}{\partial x^2}, \quad \tau_{xy} = -\frac{\partial^2\Phi}{\partial x \partial y} \tag{9-4-4}$$

平衡微分方程总能满足。代入式(9-4-3),得出用应力函数表示的相容方程

$$\nabla^4\Phi + E\alpha\,\nabla^2 T = 0 \tag{9-4-5}$$

对于平面应变问题,须将其中的 E 换为 $\dfrac{E}{1-\mu^2}$,α 换为 $(1+\mu)\alpha$。在热应力问题中,面力 $\bar{f}_x = \bar{f}_y = 0$。因此,如在边界上选定基点 A,取 $\Phi_A = \left(\dfrac{\partial\Phi}{\partial x}\right)_A = \left(\dfrac{\partial\Phi}{\partial y}\right)_A = 0$,则在任意一点 B 都有

$$\Phi_B = \left(\frac{\partial\Phi}{\partial x}\right)_B = \left(\frac{\partial\Phi}{\partial y}\right)_B = 0, 即在边界的所有各点都有$$

$$\varPhi = \frac{\partial \varPhi}{\partial x} = \frac{\partial \varPhi}{\partial y} = 0 \tag{9-4-6}$$

可见,求解热应力的平面问题,就简化为在式(9-4-6)所示的边界下求解微分方程(9-4-5),然后按照式(9-4-4)求应力分量。

用差分法求解温度应力时,须将微分方程(9-4-5)化为差分方程。参照图9-1-1,利用差分公式(9-1-7)及式(9-1-9),有

$$(\nabla^2 T)_0 = \frac{1}{h^2}(T_1 + T_2 + T_3 + T_4 - 4T_0) \tag{9-4-7}$$

利用差分公式(9-1-11),有

$$(\nabla^4 \varPhi)_0 = \frac{1}{h^4}\big[20\varPhi_0 - 8(\varPhi_1 + \varPhi_2 + \varPhi_3 + \varPhi_4) + 2(\varPhi_5 + \varPhi_6 + \varPhi_7 + \varPhi_8) +$$
$$(\varPhi_9 + \varPhi_{10} + \varPhi_{11} + \varPhi_{12})\big] \tag{9-4-8}$$

对于任一内节点,由式(9-4-5)有

$$(\nabla^4 \varPhi)_0 + E\alpha(\nabla^2 T)_0 = 0 \tag{9-4-9}$$

将式(9-4-7)及式(9-4-8)代入式(9-4-9),即得所需的差分方程

$$20\varPhi_0 - 8(\varPhi_1 + \varPhi_2 + \varPhi_3 + \varPhi_4) + 2(\varPhi_5 + \varPhi_6 + \varPhi_7 + \varPhi_8) + (\varPhi_9 + \varPhi_{10} + \varPhi_{11} + \varPhi_{12}) +$$
$$E\alpha h^2(T_1 + T_2 + T_3 + T_4 - 4T_0) \tag{9-4-10}$$

边界条件式(9-4-6)也须化为差分形式。由图9-1-1及式(9-1-6),可见

$$\varPhi_{13} = \varPhi_9 + 2h\left(\frac{\partial \varPhi}{\partial x}\right)_A, \quad \varPhi_{14} = \varPhi_{10} + 2h\left(\frac{\partial \varPhi}{\partial y}\right)_B \tag{9-4-11}$$

根据边界条件式(9-4-6),有 $\varPhi_A = \varPhi_B = 0$ 和

$$\left(\frac{\partial \varPhi}{\partial x}\right)_A = 0, \quad \left(\frac{\partial \varPhi}{\partial y}\right)_B = 0$$

代入式(9-4-11),即得边界条件的差分形式

$$\varPhi_A = \varPhi_B = 0, \varPhi_{13} = \varPhi_9, \varPhi_{14} = \varPhi_{10} \tag{9-4-12}$$

热应力平面问题差分解中,边界上各节点处的 $\varPhi$ 值为零,而边界外一行虚节点处的 $\varPhi$ 值,等于边界内一行相应节点处的 $\varPhi$ 值。

可见,用差分法求解温度应力问题,就是在式(9-4-12)所示的边界条件下求解(9-4-10)型的差分方程。这些方程中只有内节点处的 $\varPhi$ 值为未知,因而方便求解,用式(9-2-2)求得各节点处的应力分量。可见,与载荷作用时的应力问题相比,温差作用时的热应力问题是比较简单的。

此外,由于无热源的平面稳定温度场满足调和方程,因而两个此类温场之差也满足调和方程,即温差 T 满足 $\nabla^2 T = 0$。于是,在任一内节点处将有 $T_1 + T_2 + T_3 + T_4 - 4T_0 = 0$,而(9-4-10)型的差分方程组将成为齐次线性方程组。结合边界条件(9-4-12),仍然是齐次线性方程组,因而应力函数 $\varPhi$ 中只有零解。应力分量也只有零解。可知,在没有边界约束的单连体中,两个无热源的平面稳定温场之差不会引起任何热应力。

参 考 文 献

[1] 徐芝纶.弹性力学(上册)[M].5版.北京:高等教育出版社,2016.

[2] 王洪纲.热弹性力学概论[M].北京:清华大学出版社,1989.

[3] 李维特.黄保海,毕仲波.热应力理论分析及应用[M].北京:中国电力出版社,2004.

第10章 能量原理及变分法

由于弹性力学问题的精确解答通常很难得到,因此,寻求近似解法便具有重要意义。变分法即为近似解法中最有效的方法之一,变分法基本思想是把求解微分方程的定解问题转化为求解与之等价的泛函极值(或驻值)问题。而求解时,泛函的极值(或驻值)问题又可以转变成函数的极值(或驻值)问题,最后归结为求解线性代数方程组。20世纪60年代兴起的有限元法,在工程上广泛应用,其理论基础就是变分法。

变分法中涉及的泛函,是以函数为自变量的函数,通俗地说,泛函就是函数的函数。弹性力学变分法中所研究的泛函,就是弹性体的能量。因此,弹性力学中的变分法又称为能量法。

10.1 应变势能及泛函基本概念

对于弹性静力学问题,假定弹性体在受力过程中始终保持静力平衡,没有动能的改变,也没有非机械能的改变。根据热力学第一定律,外力所做的功就完全转变为弹性体的变形能。这一能量称为应变能(也称应变势能,或内能)。应变能可以用应力在其相应应变上所做的功(等于外力功)来计算。

设弹性体只在某方向如 x 方向,受有均匀正应力 σ_x,相应正应变为 ε_x,则其每单位体积内具有的应变能,即应变能密度为

$$v_\varepsilon = \int_0^{\varepsilon_x} \sigma_x \mathrm{d}\varepsilon_x \tag{10-1-1}$$

可见,应变能密度是以应变分量为自变量的泛函,在图10-1-1中表示为应力应变曲线下方的一部分面积。

在图10-1-1中的应力、应变曲线左上方的一部分面积,记为

$$v_c = \int_0^{\sigma_x} \varepsilon_x \mathrm{d}\sigma_x \tag{10-1-2}$$

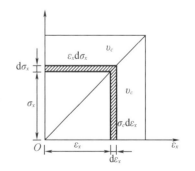

v_c 是以应力分量为自变量的泛函,表示单位体积内的应变余能,称为应变余能密度。在图10-1-1中为矩形面积 $\sigma_x \varepsilon_x$ 除去 v_ε 的余下部分。

图10-1-1 应变势能与应变余能

当弹性体应力、应变关系为线性时,由于 $\sigma_x = E\varepsilon_x$,有

$$v_\varepsilon = \int_0^{\varepsilon_x} \sigma_x \mathrm{d}\varepsilon_x = \frac{1}{2}\sigma_x \varepsilon_x \tag{10-1-3}$$

$$v_c = \int_0^{\sigma_x} \varepsilon_x \mathrm{d}\sigma_x = \frac{1}{2}\varepsilon_x \sigma_x \tag{10-1-4}$$

此时,应变能密度和应变余能密度数值相等,但自变量不同。

同理,设弹性体只在 x 和 y 方向受有均匀的切应力 τ_{xy},相应的切应变为 γ_{xy},则其应变能密度为 $\tau_{xy}\gamma_{xy}/2$。

当弹性体具有全部六个应力分量 σ_x、σ_y、σ_z、τ_{yz}、τ_{zx}、τ_{xy} 时,显然,任何方向的应力分量都会对其他方向的应变产生影响,那么,应变能似乎将随着弹性体受力次序的不同而不同。实际上,由于能量守恒,应变能的大小完全取决于应力应变的最终大小,而与中间过程即受力次序无关,否则,将得到错误结论。例如,按不同加载次序对同一容器加压至同一数值,容器将产生不一样的变形,这显然与事实不符。因此,假定六个应力分量和六个应变分量全都同时按比例增加到最终大小,就可以算出相应于每个应力分量的应变能密度,然后叠加,从而得出全部应变能密度:

$$v_\varepsilon = \frac{1}{2}(\sigma_x \varepsilon_x + \sigma_y \varepsilon_y + \sigma_z \varepsilon_z + \tau_{yz}\gamma_{yz} + \tau_{zx}\gamma_{zx} + \tau_{xy}\gamma_{xy}) \tag{10-1-5}$$

弹性体受力通常并不均匀,各应力分量和应变分量一般都是位置坐标的函数,因而应变能密度 V_ε 一般也是位置坐标的函数。为了得出整个弹性体的应变能 V_ε,必须把应变能密度 v_ε 在整个弹性体的体积内进行积分,设弹性体的体积为 V,则有

$$V_\varepsilon = \int_V v_\varepsilon \mathrm{d}V \tag{10-1-6}$$

将式(10-1-5)代入,即得

$$V_\varepsilon = \frac{1}{2}\int_V (\sigma_x \varepsilon_x + \sigma_y \varepsilon_y + \sigma_z \varepsilon_z + \tau_{yz}\gamma_{yz} + \tau_{zx}\gamma_{zx} + \tau_{xy}\gamma_{xy})\mathrm{d}V \tag{10-1-7}$$

应变能也是以应变分量为自变量的泛函,利用空间问题物理方程,可将应变能密度和应变能用应变分量来表示

$$\begin{cases} \sigma_x = \dfrac{E}{1+\mu}\left(\dfrac{\mu}{1-2\mu}\theta + \varepsilon_x\right) \\[2mm] \sigma_y = \dfrac{E}{1+\mu}\left(\dfrac{\mu}{1-2\mu}\theta + \varepsilon_y\right) \\[2mm] \sigma_z = \dfrac{E}{1+\mu}\left(\dfrac{\mu}{1-2\mu}\theta + \varepsilon_z\right) \\[2mm] \tau_{yz} = \dfrac{E}{2(1+\mu)}\gamma_{yz} \\[2mm] \tau_{zx} = \dfrac{E}{2(1+\mu)}\gamma_{zx} \\[2mm] \tau_{xy} = \dfrac{E}{2(1+\mu)}\gamma_{xy} \end{cases} \tag{10-1-8}$$

其中体积应变 $\theta = \varepsilon_x + \varepsilon_y + \varepsilon_z$。将式(10-1-8)代入式(10-1-5),简化后得

$$V_\varepsilon = \frac{E}{2(1+\mu)}\left[\frac{\mu}{1-2\mu}\theta^2 + (\varepsilon_x^2 + \varepsilon_y^2 + \varepsilon_z^2) + \frac{1}{2}(\gamma_{yz}^2 + \gamma_{zx}^2 + \gamma_{xy}^2)\right] \tag{10-1-9}$$

并由式(10-1-6)得弹性体的应变能表达式

$$V_\varepsilon = \frac{E}{2(1+\mu)} \int_V \left[\frac{\mu}{1-2\mu} \theta^2 + (\varepsilon_x^2 + \varepsilon_y^2 + \varepsilon_z^2) + \frac{1}{2}(\gamma_{yz}^2 + \gamma_{zx}^2 + \gamma_{xy}^2) \right] dV$$

(10-1-10)

由于 $0 < \mu < 0.5$，可知弹性体的应变能总不为负。在所有应变分量都等于零的情况下，应变能才等于零。

将式(10-1-9)分别对六个应变分量求导，再参考式(10-1-8)，可得

$$\begin{cases} \dfrac{\partial v_\varepsilon}{\partial \varepsilon_x} = \sigma_x, \dfrac{\partial v_\varepsilon}{\partial \varepsilon_y} = \sigma_y, \dfrac{\partial v_\varepsilon}{\partial \varepsilon_z} = \sigma_z \\[2mm] \dfrac{\partial v_\varepsilon}{\partial \gamma_{yz}} = \tau_{yz}, \dfrac{\partial v_\varepsilon}{\partial \gamma_{zx}} = \tau_{zx}, \dfrac{\partial v_\varepsilon}{\partial \gamma_{xy}} = \tau_{xy} \end{cases}$$

(10-1-11)

可见，弹性体的应变能密度对于任一应变分量的改变率，就等于相应的应力分量。

同理，应变余能是以应变为自变量，进行相同的变换和推理，可以得出应变与能的相应表达式。在此不再赘述。

10.2 变分法基本原理

10.2.1 位移变分方程

设弹性体在外载荷作用下处于平衡状态，u、v、w 为弹性体中的实际位移分量，它们满足用位移分量表示的平衡微分方程，并满足位移边界条件以及用位移分量表示的应力边界条件。假想这些位移分量发生了位移边界条件允许的微小改变，即改变后的位移分量仍然满足边界条件，弹性体仍然处于平衡状态，该位移即所谓虚位移或位移变分 δu、δv、δw，即

$$u' = u + \delta u, \quad v' = v + \delta v, \quad w' = w + \delta w$$

下面探讨此时的能量的变化。

假定弹性体在虚位移过程中没有温度的改变，也没有速度的改变，即没有热能或动能的改变。按照能量守恒定理，应变能的增加应当等于外力所做的功，此处为虚功。外力包括体力分量 f_x、f_y、f_z，以及面力分量 $\bar{f}_x$、$\bar{f}_y$、$\bar{f}_z$，并且，由于虚位移极其微小，则在此过程中，外力的大小和方向可以认为不变。则应变能的增量为

$$\delta V_\varepsilon = \int_V (f_x dV \delta u + f_y dV \delta v + f_z dV \delta w) + \int_S (\bar{f}_x dS \delta u + \bar{f}_y dS \delta v + \bar{f}_z dS \delta w)$$

其中，S 是弹性体的边界。由于虚位移或位移变分 δu、δv、δw 是在位移边界条件的允许下发生的，因此，在位移边界 S_u 上，$\delta u = \delta v = \delta w = 0$，上式的面积分只须包括全部受已知面力的边界 S_σ。则有

$$\delta V_\varepsilon = \int_V (f_x \delta u + f_y \delta v + f_z \delta w) dV + \int_S (\bar{f}_x \delta u + \bar{f}_y \delta v + \bar{f}_z \delta w) dS$$

(10-2-1)

该方程即位移变分方程，也称拉格朗日变分方程。

10.2.2 虚功原理

应用位移变分方程,可以得出虚功原理,又称虚位移原理或虚功方程,推导如下。

由于变分运算与定积分运算可以交换次序,则有

$$\delta V_{\varepsilon} = \delta \int_V v_{\varepsilon} \mathrm{d}V = \int_V \delta v_{\varepsilon} \mathrm{d}V$$

把应变能密度 V_{ε} 看做应变分量的函数,并应用式(10-1-2),得到

$$\delta V_{\varepsilon} = \int_V \left(\frac{\partial v_{\varepsilon}}{\partial \varepsilon_x} \delta \varepsilon_x + \frac{\partial v_{\varepsilon}}{\partial \varepsilon_y} \delta \varepsilon_y + \frac{\partial v_{\varepsilon}}{\partial \varepsilon_z} \delta \varepsilon_z + \frac{\partial v_{\varepsilon}}{\partial \gamma_{yz}} \delta \gamma_{yz} + \frac{\partial v_{\varepsilon}}{\partial \gamma_{zx}} \delta \gamma_{zx} + \frac{\partial v_{\varepsilon}}{\partial \gamma_{xy}} \delta \gamma_{xy} \right) \mathrm{d}V$$

$$= \int_V (\sigma_x \delta \varepsilon_x + \sigma_y \delta \varepsilon_y + \sigma_z \delta \varepsilon_z + \tau_{yz} \delta \gamma_{yz} + \tau_{zx} \delta \gamma_{zx} + \tau_{xy} \delta \gamma_{xy}) \mathrm{d}V$$

代入位移变分方程(10-2-1),即得

$$\int_V (f_x \delta u + f_y \delta v + f_z \delta w) \mathrm{d}V + \int_{S_\sigma} (\bar{f}_x \delta u + \bar{f}_y \delta v + \bar{f}_z \delta w) \mathrm{d}S$$

$$= \int_V (\sigma_x \delta \varepsilon_x + \sigma_y \delta \varepsilon_y + \sigma_z \delta \varepsilon_z + \tau_{yz} \delta \gamma_{yz} + \tau_{zx} \delta \gamma_{zx} + \tau_{xy} \delta \gamma_{xy}) \mathrm{d}V \qquad (10\text{-}2\text{-}2)$$

此即虚功原理。把该方程右边的各项称为应力在虚应变上所做的虚功,则虚功原理表示:如果弹性体处于平衡状态,那么,在虚位移过程中,外力在虚位移上所做的虚功,等于应力在相应的虚应变上所做的虚功。

10.3 最小势能原理

从位移变分方程出发,可推出弹性力学中的一个重要原理,即最小势能原理。在虚位移过程中,外力的大小和方向可以视为不变,只是作用点有了改变。于是,可以把方程(10-2-1)改写为

$$\delta V_{\varepsilon} = \int_V [\delta(f_x u) + \delta(f_y v) + \delta(f_z w)] \mathrm{d}V + \int_{S_\sigma} [\delta(\bar{f}_x u) + \delta(\bar{f}_y v) + \delta(\bar{f}_z w)] \mathrm{d}S$$

将变分与定积分交换次序,移项得

$$\delta \left[V_{\varepsilon} - \int_V (f_x u + f_y v + f_z w) \mathrm{d}V - \int_{S_\sigma} (\bar{f}_x u + \bar{f}_y v + \bar{f}_z w) \mathrm{d}S \right] = 0 \qquad (10\text{-}3\text{-}1)$$

用 V_p 代表外力势能($u=v=w=0$ 时初始状态下的势能为零),它等于外力在实际位移上所做的功冠以负号,即

$$V_p = - \int_V (f_x u + f_y v + f_z w) \mathrm{d}V - \int_{S_\sigma} (\bar{f}_x u + \bar{f}_y v + \bar{f}_z w) \mathrm{d}S \qquad (10\text{-}3\text{-}2)$$

代入式(10-3-1),即得

$$\delta(V_{\varepsilon} + V_p) = 0 \qquad (10\text{-}3\text{-}3)$$

$V_{\varepsilon} + V_p$ 是应变能与外力势能的总和,也称为弹性体的总势能,可见,在给定的外力作用下,实际存在的位移应使总势能的变分成为零。由此推出下述原理:在给定的外力作用下,

在满足位移边界条件的所有各组位移中,实际存在的一组位移应使总势能成为极值。考虑二阶变分,则可得到 $\delta^2(V_\varepsilon+V_p)>0$,由此可知:对于稳定平衡状态,这个极值是极小值。又由于弹性力学的解具有唯一性,总势能的极小值就是最小值。因此,上述原理称为最小势能原理。

由此可知,位移变分方程、虚功原理和最小势能原理三种表述的本质是完全相同的,都是在弹性体处于平衡状态,在假定发生虚位移时,虚功和弹性变形能之间功能守恒定理的不同表现形式。当满足一定条件时,三者等价,此即变分法的基本原理。

由前节已知,实际存在的位移,除了满足位移边界条件以外,还应当满足用位移表示的平衡微分方程和应力边界条件;由本节可知,实际存在的位移,除了满足位移边界条件,还要满足位移变分方程(虚功原理,或最小势能原理)。而且,通过运算还可以从位移变分方程导出平衡微分方程和应力边界条件。所以,位移变分方程等价于平衡微分方程和应力边界条件。

那么,如果位移分量除了满足位移边界条件以外,还满足应力边界条件,那么,从能量观点来看,弹性体的位移变分又应当满足什么条件,下面就给出这一问题的解答。

由于位移分量的变分,应变分量也将有相应的变分。按照几何方程,应变分量的变分为

$$
\begin{cases}
\delta\varepsilon_x = \delta\dfrac{\partial u}{\partial x} = \dfrac{\partial}{\partial x}\delta u, \cdots \\[3mm]
\delta\gamma_{yz} = \delta\left(\dfrac{\partial w}{\partial y}+\dfrac{\partial v}{\partial z}\right) = \dfrac{\partial}{\partial y}\delta w + \dfrac{\partial}{\partial z}\delta v, \cdots
\end{cases} \tag{10-3-4}
$$

由于应变分量的变分,应变能也将有相应的变分

$$
\delta V_\varepsilon = \int_V \delta v_\varepsilon \mathrm{d}V
$$

把应变能密度 V_ε 看作应变分量的函数,则上式成为

$$
\delta V_\varepsilon = \int_V \left(\frac{\partial v_\varepsilon}{\partial \varepsilon_x}\delta\varepsilon_x + \cdots + \frac{\partial v_\varepsilon}{\partial \gamma_{yz}}\delta\gamma_{yz} + \cdots\right)\mathrm{d}V
$$

将式(10-2-2)及式(10-3-4)代入,得

$$
\delta V_\varepsilon = \int_V \left[\sigma_x\frac{\partial}{\partial x}\delta u + \cdots + \tau_{yz}\left(\frac{\partial}{\partial y}\delta w + \frac{\partial}{\partial z}\delta v\right) + \cdots\right]\mathrm{d}V \tag{10-3-5}
$$

上式右边共有9项,对每一项进行分部积分,并应用高斯公式,将体积分转化为面积分。则对于其中的第一项,有

$$
\int_V \sigma_x\frac{\partial}{\partial x}\delta u\mathrm{d}V = \int_V \frac{\partial}{\partial x}(\sigma_x\delta u)\mathrm{d}V - \int_V \frac{\partial \sigma_x}{\partial x}\delta u\mathrm{d}V = \int_S l\sigma_x\delta u\mathrm{d}S - \int_V \frac{\partial \sigma_x}{\partial x}\delta u\mathrm{d}V
$$

对于其余各项进行同样的处理,则式(10-3-5)成为

$$
\delta V_\varepsilon = \int_S \left[(l\sigma_x + m\tau_{xy} + n\tau_{zx})\delta u + (m\sigma_y + n\tau_{zy} + l\tau_{xy})\delta v + (n\sigma_z + l\tau_{xz} + m\tau_{yz})\delta w\right]\mathrm{d}S -
$$
$$
\int_V \left[\left(\frac{\partial \sigma_x}{\partial x} + \frac{\partial \tau_{yx}}{\partial y} + \frac{\partial \tau_{zx}}{\partial z}\right)\delta u + \left(\frac{\partial \sigma_y}{\partial y} + \frac{\partial \tau_{zy}}{\partial z} + \frac{\partial \tau_{xy}}{\partial x}\right)\delta v + \left(\frac{\partial \sigma_z}{\partial z} + \frac{\partial \tau_{xz}}{\partial x} + \frac{\partial \tau_{yz}}{\partial y}\right)\delta w\right]\mathrm{d}V
$$

代入位移变分方程(10-1-10),由于在位移边界 S_u 上,位移变分 $\delta u = \delta v = \delta w = 0$,进行整理后可得

$$\int_V \left[\left(\frac{\partial \sigma_x}{\partial x} + \frac{\partial \tau_{yx}}{\partial y} + \frac{\partial \tau_{zx}}{\partial z} + f_x \right) \delta u + \left(\frac{\partial \sigma_y}{\partial y} + \frac{\partial \tau_{zy}}{\partial z} + \frac{\partial \tau_{xy}}{\partial x} + f_y \right) \delta v + \right.$$

$$\left. \left(\frac{\partial \sigma_z}{\partial z} + \frac{\partial \tau_{xz}}{\partial x} + \frac{\partial \tau_{yz}}{\partial y} + f_z \right) \delta w \right] \mathrm{d}V - \int_S \left[\left(l\sigma_x + m\tau_{xy} + n\tau_{zx} - \bar{f}_x \right) \delta u + \right.$$

$$\left. \left(m\sigma_y + n\tau_{zy} + l\tau_{xy} - \bar{f}_y \right) \delta v + \left(n\sigma_z + l\tau_{xz} + m\tau_{yz} - \bar{f}_z \right) \delta w \right] \mathrm{d}S$$

$$= 0$$

其中,面积分仍只包括全部受已知面力的边界 S_σ。如果应力边界条件也得到满足,利用弹性体空间问题的应力边界条件,则上式简化为

$$\int_V \left[\left(\frac{\partial \sigma_x}{\partial x} + \frac{\partial \tau_{yx}}{\partial y} + \frac{\partial \tau_{zx}}{\partial z} + f_x \right) \delta u + \left(\frac{\partial \sigma_y}{\partial y} + \frac{\partial \tau_{zy}}{\partial z} + \frac{\partial \tau_{xy}}{\partial x} + f_y \right) \delta v + \right.$$

$$\left. \left(\frac{\partial \sigma_z}{\partial z} + \frac{\partial \tau_{xz}}{\partial x} + \frac{\partial \tau_{yz}}{\partial y} + f_z \right) \delta w \right] \mathrm{d}V = 0 \tag{10-3-6}$$

此即当位移分量同时满足位移边界条件及应力边界条件时,位移变分所应满足的方程,也称伽辽金变分方程。

10.4　位移变分法的应用

位移表示的应变势能积分式为

$$V_\varepsilon = \frac{E}{2(1+\mu)} \iiint \left[\left(\frac{\mu}{1-2\mu} \left(\frac{\partial u}{\partial x} + \frac{\partial v}{\partial y} + \frac{\partial w}{\partial z} \right)^2 + \left(\frac{\partial u}{\partial x} \right)^2 + \left(\frac{\partial v}{\partial y} \right)^2 + \left(\frac{\partial w}{\partial z} \right)^2 \right) + \right.$$

$$\left. \frac{1}{2} \left(\left(\frac{\partial u}{\partial y} + \frac{\partial v}{\partial x} \right)^2 + \left(\frac{\partial v}{\partial z} + \frac{\partial w}{\partial y} \right)^2 + \left(\frac{\partial u}{\partial z} + \frac{\partial w}{\partial x} \right)^2 \right) \right] \mathrm{d}x \mathrm{d}y \mathrm{d}z$$

可见,在平面应变问题中,应变势能简化为

$$V_\varepsilon = \frac{E}{2(1+\mu)} \int \left[\frac{\mu}{1-2\mu} \left(\frac{\partial u}{\partial x} + \frac{\partial v}{\partial y} \right)^2 + \left(\frac{\partial u}{\partial x} \right)^2 + \left(\frac{\partial v}{\partial y} \right)^2 + \frac{1}{2} \left(\frac{\partial u}{\partial y} + \frac{\partial v}{\partial x} \right)^2 \right] \mathrm{d}x \mathrm{d}y$$

平面应力问题中,须做弹性常量代换,得到

$$V_\varepsilon = \frac{E}{2(1-\mu^2)} \int \left[\left(\frac{\partial u}{\partial x} \right)^2 + \left(\frac{\partial v}{\partial y} \right)^2 + 2\mu \frac{\partial u}{\partial x} \frac{\partial v}{\partial y} + \frac{1-\mu}{2} \left(\frac{\partial u}{\partial y} + \frac{\partial v}{\partial x} \right)^2 \right] \mathrm{d}x \mathrm{d}y$$

位移分量为

$$u = u_0 + \sum_m A_m u_m \quad v = v_0 + \sum_m B_m v_m$$

使用利兹法时,平面问题的方程为

$$\frac{\partial V_\varepsilon}{\partial A_m} = f_x u_m \mathrm{d}x \mathrm{d}y + \bar{f}_x u_m \mathrm{d}S$$

$$\frac{\partial V_\varepsilon}{\partial B_m} = f_y v_m \mathrm{d}x\mathrm{d}y + \bar{f}_y v_m \mathrm{d}S$$

伽辽金法计算量小,但对边界条件要求较高,位移函数需同时满足位移和应力边界条件。在特殊情况,如仅有位移边界,而无应力边界,也可认为应力边界条件得到满足,则伽辽金法十分方便。以下给出变分法简单实例的求解。

例1 薄板承受均布压力如图 10-4-1 所示,不计体力,求薄板的位移。

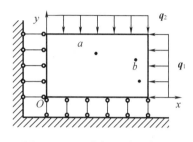

根据平面应力问题的位移分量表达式,及薄板的位移边界条件,可将位移函数设为

$$u = x(A_1 + A_2 x + A_3 y + \cdots)$$
$$v = y(B_1 + B_2 x + B_3 y + \cdots)$$

显然,位移边界条件能够满足。由于边界上没有

图 10-4-1 薄板承受均布压力

非零位移条件,则初始位移函数 u_0 和 v_0 均为零。对于应力边界条件,当左边和下边的位移条件确定时,应力条件几乎不可能给定,即应力边界条件不满足。所以,只能使用利兹法,而不能用伽辽金法。

此时,只取少数待定系数即可,如只取一个,则位移分量为

$$u = A_1, u_1 = A_1 x, v = B_1, v_1 = B_1 y$$

平面应力状态的应变势能表达式为

$$V_\varepsilon = \frac{E}{2(1-\mu^2)} \int \left[\left(\frac{\partial u}{\partial x}\right)^2 + \left(\frac{\partial v}{\partial y}\right)^2 + 2\mu \frac{\partial u}{\partial x}\frac{\partial v}{\partial y} \right] \mathrm{d}x\mathrm{d}y$$

代入可得

$$V_\varepsilon = \frac{E}{2(1-\mu^2)} \int\!\!\int_0^a\!\!\int_0^b (A_1^2 + B_1^2 + 2\mu A_1 B_1) \mathrm{d}x\mathrm{d}y$$

即

$$V_\varepsilon = \frac{Eab}{2(1-\mu^2)}(A_1^2 + B_1^2 + 2\mu A_1 B_1)$$

由前式 $\dfrac{\partial V_\varepsilon}{\partial A_1} = \int \bar{f}_x u_1 \mathrm{d}s, \dfrac{\partial V_\varepsilon}{\partial B_1} = \int \bar{f}_y, v_1 \mathrm{d}s$ 可知

右边界: $x = a, \bar{f}_x = -q_1, \mathrm{d}s = \mathrm{d}y$,则有

$$\int \bar{f}_x u_1 \mathrm{d}s = \int_0^b (-q_1) a \mathrm{d}y = -q_1 ab$$

上边界: $y = b, \bar{f}_y = -q_2, \mathrm{d}s = \mathrm{d}x$,则有

$$\int \bar{f}_y, v_1 \mathrm{d}s = \int_0^a (-q_2) b \mathrm{d}x = -q_2 ab$$

可得

$$\frac{\partial V_\varepsilon}{\partial A_1} = -q_1 ab, \qquad \frac{\partial V_\varepsilon}{\partial B_1} = -q_2 ab$$

即

$$\frac{Eab}{2(1-\mu^2)}(2A_1+2\mu B_1)=-q_1ab$$

$$\frac{Eab}{2(1-\mu^2)}(2B_1+2\mu A_1)=-q_2ab$$

解得

$$A_1=-\frac{q_1-\mu q_2}{E},\quad B_1=-\frac{q_2-\mu q_1}{E}$$

$$u=-\frac{q_1-\mu q_2}{E}x,\quad v=-\frac{q_2-\mu q_1}{E}y$$

例 2　不考虑剪切效应时,直杆弯曲的应变能为

$$V_\varepsilon=\frac{1}{2}\int_0^l\frac{M^2(x)}{EI}\mathrm{d}x=\frac{1}{2}\int_0^l EI\left(\frac{\mathrm{d}^2w}{\mathrm{d}x^2}\right)^2\mathrm{d}x$$

已知悬臂梁如图 10-4-2 所示,抗弯刚度为 EI,
求最大挠度值。

解　设

$$w=(a_2x^2+a_3x^3)$$

图 10-4-2　悬臂梁端点受集中力

满足固定端边界条件:

$$w_{x=0}=0,w'_{x=0}=0$$

用最小势能原理确定待定系数

$$V_\varepsilon=\frac{1}{2}\int_0^l\frac{M^2(x)}{EI}\mathrm{d}x=\frac{EI}{2}\int_0^l(2a_2+6a_3x)^2\mathrm{d}x$$

$$V_p=-Fw_{x=L}=-F(a_2L^2+a_3L^3)$$

$$E_t=\frac{EI}{2}\int_0^l(2a_2+6a_3x)^2\mathrm{d}x-F(a_2L^2+a_3L^3)$$

由最小势能原理可得

$$\delta E_t=0,\text{即}\frac{\partial E_t}{\partial a_2}\delta a_2+\frac{\partial E_t}{\partial a_3}\delta a_3=0$$

展开为

$$\frac{\partial E_t}{\partial a_3}=\frac{EI}{2}\int_0^l 12x(2a_2+6a_3)\mathrm{d}x-FL^3=0$$

$$\frac{\partial E_t}{\partial a_2}=\frac{EI}{2}\int_0^l 4(2a_2+6a_3)\mathrm{d}x-FL^2=0$$

整理得

$$2a_2L+3a_3L^2=\frac{FL^2}{2EI}$$

$$a_2L+2a_3L^2=\frac{FL^2}{6EI}$$

解得

$$a_2 = \frac{FL}{2EI}$$

$$a_3 = -\frac{FL}{6EI}$$

$$w = \frac{FL}{6EI}x^2\left(3-\frac{x}{L}\right)$$

$$w_{max} = w_{x=L} = \frac{FL^3}{3EI}$$

例3　如图 10-4-3 所示,中点承受集中力 **P** 的简支梁,求梁的挠曲线方程。

①利兹法。

位移势函数假设为:

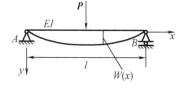

图 10-4-3　简支梁中点受集中力

$$w = a\sin\frac{\pi}{l}x \quad (0 \leqslant x \leqslant l) \qquad (10\text{-}4\text{-}1)$$

a 为待定系数。则可知,满足左右两端的边界条件。

$$w(0) = 0, \quad w(l) = 0$$

则弹性应变能

$$V_\varepsilon = \frac{EI}{2}\int_0^l \left(\frac{\mathrm{d}^2 w}{\mathrm{d}x^2}\right)^2 \mathrm{d}x = \frac{\pi^4 EI a^2}{4l^3}$$

$$\frac{\partial V_\varepsilon}{\partial a} = \frac{\pi^4 EI}{2l^3}a$$

体力为零,则可知

$$\iint \bar{f}_x u_m \mathrm{d}s = P\sin\frac{\pi}{l}\frac{l}{2} = P$$

由利兹方程得到

$$\frac{\partial V_\varepsilon}{\partial a} = P$$

则可得

$$\frac{\pi^4 EI}{2l^3}a = P \quad a = \frac{2l^3}{\pi^4 EI}P$$

挠曲线为

$$w = \frac{2l^3 P}{\pi^4 EI}\sin\frac{\pi}{l}x$$

②最小势能原理法。

在同样的试探函数下,系统总势能为

$$E_t = \frac{EI}{2}\int_0^l EI\left(\frac{\mathrm{d}^2 w}{\mathrm{d}x^2}\right)^2 \mathrm{d}x - Pw/x = \frac{l}{2}$$

将 w 代入：

$$E_t = \frac{\pi^4 EI}{4l^3}a^2 - Pa$$

则由最小势能原理得

$$\frac{\partial E_t}{\partial a} = 0$$

则

$$a = \frac{2l^3}{\pi^4 EI}P$$

结果与利兹法一样。

③也可以使用不同的位移函数,例如,设位移势函数为多项式

$$w = \frac{x}{l}\left(1 - \frac{x}{l}\right)\left[A_1 + A_2\,\frac{x}{l}\left(1 - \frac{x}{l}\right)\right]$$

其中, A_1、A_2 为待定常数。

则可知

$$w_0 = 0,\ w_1 = \frac{x}{l}\left(1 - \frac{x}{l}\right),\ w_2 = \left(\frac{x}{l}\right)^2\left(1 - \frac{x}{l}\right)^2$$

显然,位移边界条件 $w_{(0)} = 0$, $w_{(l)} = 0$ 满足。

梁的变形能为

$$V_\varepsilon = \frac{EI}{2}\int_0^l EI\left(\frac{\mathrm{d}^2 w}{\mathrm{d}x^2}\right)^2 \mathrm{d}x = \frac{2EI}{5l^3}\left(5A_1^2 + A_2^2\right)$$

则有

$$\frac{\partial V_\varepsilon}{\partial A_1} = \frac{4EI}{l^3}A_1 \qquad \frac{\partial V_\varepsilon}{\partial A_2} = \frac{4EI}{5l^3}A_2$$

又可知

$$\int_0^l q(x)w_1\mathrm{d}x = Pw_{1\left(x=\frac{L}{2}\right)} = P/4$$

$$\int_0^l q(x)w_2\mathrm{d}x = Pw_{2\left(x=\frac{L}{2}\right)} = P/16$$

由利兹法可知

$$\frac{\partial V_\varepsilon}{\partial A_1} = \int_0^l q(x)w_1\mathrm{d}x$$

$$\frac{\partial V_\varepsilon}{\partial A_2} = \int_0^l q(x)w_2\mathrm{d}x$$

解之可得

$$A_1 = \frac{Pl^3}{16EI}\ A_2 = \frac{5Pl^3}{64EI}$$

挠曲线方程为

$$w = \frac{Pl^3}{64EI}\frac{x}{l}\left(1-\frac{x}{l}\right)\left[4+5\frac{x}{l}\left(1-\frac{x}{l}\right)\right]$$

梁的中点挠度为：$w = \dfrac{21Pl^3}{1\,024EI}$，材料力学中点挠度为：$w = \dfrac{Pl^3}{48EI}$

误差分析可知，材料力学结果偏大 $1/64$，即 $1.562\,5\%$。

10.5　功的互等定理

设同一弹性体在某一状态中所受的体力为 f'_x、f'_y、f'_z，应力边界上所受的面力为 $\overline{f'_x}$、$\overline{f'_y}$、$\overline{f'_z}$，位移边界上所受的已知位移为 $\overline{u'}$、$\overline{v'}$、$\overline{w'}$，引起的应力、应变、位移为 σ'_x、$\cdots$、ε'_x、$\cdots$、u'、v'、w'；它在另一状态中所受的体力为 f''_x、f''_y、f''_z，应力边界上所受的面力 $\overline{f''_x}$、$\overline{f''_y}$、$\overline{f''_z}$，位移边界上所受的已知位移为 $\overline{u''}$、$\overline{v''}$、$\overline{w''}$，引起的应力、应变、位移为 σ''_x、$\cdots$、ε''_x、$\cdots$、u''、v''、w''。

于是，第一状态中的外力在第二状态中的位移上所做的功为

$$W_{12} = \int_V (f'_x u'' + f'_y v'' + f'_z w'')\,\mathrm{d}V + \int_S (\overline{f'_x}u'' + \overline{f'_y}v'' + \overline{f'_z}w'')\,\mathrm{d}S \qquad (10\text{-}5\text{-}1)$$

式中，$\overline{f'_x}$、$\overline{f'_y}$、$\overline{f'_z}$ 为第一状态弹性体边界上的面力边界条件，在位移边界上是约束的面力，但在位移边界上 u''、v'' 和 w'' 是已知的值。

把面力边界条件表达式

$$\begin{cases} \overline{f'_x} = l\sigma_x + m\tau_{yx} + n\tau_{zx} \\ \overline{f'_y} = m\sigma_y + n\tau_{zy} + l\tau_{xy} \\ \overline{f'_z} = n\sigma_z + l\tau_{xz} + m\tau_{yz} \end{cases}$$

代入式（10-5-1），结合高斯公式以及全微分可得

$$\begin{aligned}
\int_S (\overline{f'_x}u'' + \overline{f'_y}v'' + \overline{f'_z}w'')\,\mathrm{d}S &= \int_S \big[(l\sigma'_x + m\tau'_{yx} + n\tau'_{zx})u'' + (m\sigma'_y + n\tau'_{zy} + l\tau'_{xy})v'' + \\
&\quad (n\sigma'_z + l\tau'_{xz} + m\tau'_{yz})w'' \big]\,\mathrm{d}S \\
&= \int_V \Bigg[\left(\frac{\partial}{\partial x}\sigma'_x + \frac{\partial}{\partial y}\tau'_{yx} + \frac{\partial}{\partial z}\tau'_{zx}\right)u'' + \left(\frac{\partial}{\partial y}\sigma'_y + \frac{\partial}{\partial z}\tau'_{zy} + \frac{\partial}{\partial x}\tau'_{xy}\right)v'' + \\
&\quad \left(\frac{\partial}{\partial z}\sigma'_z + \frac{\partial}{\partial x}\tau'_{xz} + \frac{\partial}{\partial y}\tau'_{yz}\right)w'' \Bigg]\,\mathrm{d}V + \int_V \Bigg[\sigma'_x\frac{\partial u''}{\partial x} + \sigma'_y\frac{\partial v''}{\partial y} + \sigma'_z\frac{\partial w''}{\partial z} + \\
&\quad \tau'_{yz}\left(\frac{\partial w''}{\partial y} + \frac{\partial v''}{\partial z}\right) + \tau'_{zx}\left(\frac{\partial u''}{\partial z} + \frac{\partial w''}{\partial x}\right) + \tau'_{xy}\left(\frac{\partial v''}{\partial x} + \frac{\partial u''}{\partial y}\right) \Bigg]\,\mathrm{d}V
\end{aligned}$$

$$(10\text{-}5\text{-}2)$$

代入式（10-5-1），应用空间问题几何方程得

$$W_{12} = \int_V \Bigg[\left(\frac{\partial}{\partial x}\sigma'_x + \frac{\partial}{\partial y}\tau'_{yx} + \frac{\partial}{\partial z}\tau'_{zx} + f'_x\right)u'' + \left(\frac{\partial}{\partial y}\sigma'_y + \frac{\partial}{\partial z}\tau'_{zy} + \frac{\partial}{\partial x}\tau'_{xy} + f'_y\right)v'' +$$

$$\left(\frac{\partial}{\partial z}\sigma'_z + \frac{\partial}{\partial x}\tau'_{xz} + \frac{\partial}{\partial y}\tau'_{yz} + f'_z\right)w'' + \sigma'_x\varepsilon''_x + \sigma'_y\varepsilon''_y + \sigma'_z\varepsilon''_z + \tau'_{yz}\gamma''_{yz} + \tau'_{zx}\gamma''_{zx} + \tau'_{xy}\gamma''_{xy}\Big]dV$$

再应用空间平衡微分方程可得

$$W_{12} = \int_V (\sigma'_x\varepsilon''_x + \sigma'_y\varepsilon''_y + \sigma'_z\varepsilon''_z + \tau'_{yz}\gamma''_{yz} + \tau'_{zx}\gamma''_{zx} + \tau'_{xy}\gamma''_{xy})dV \qquad (10\text{-}5\text{-}3)$$

同样可得第二状态中的外力在第一状态中的位移上所做的功为

$$W_{21} = \int_V (\sigma''_x\varepsilon'_x + \sigma''_y\varepsilon'_y + \sigma''_z\varepsilon'_z + \tau''_{yz}\gamma'_{yz} + \tau''_{zx}\gamma'_{zx} + \tau''_{xy}\gamma'_{xy})dV \qquad (10\text{-}5\text{-}4)$$

利用空间问题物理方程,将式(10-5-3)及式(10-5-4)中的应力分量都用应变分量表示,即得

$$W_{12} = W_{21} = \iiint \{\lambda\theta'\theta'' + G[2(\varepsilon'_x\varepsilon''_x + \varepsilon'_y\varepsilon''_y + \varepsilon'_z\varepsilon''_z) + (\gamma'_{yz}\gamma''_{yz} + \gamma'_{zx}\gamma''_{zx} + \gamma'_{xy}\gamma''_{xy})]\}dxdydz$$

其中,$\theta' = \varepsilon'_x + \varepsilon'_y + \varepsilon'_z$;$\theta'' = \varepsilon''_x + \varepsilon''_y + \varepsilon''_z$。

可知,第一状态的外力在第二状态外力导致的位移上所做的功,等于第二状态的外力在第一状态外力导致的位移上所做的功,此即功的互等定理。

应用功的互等定理,有时可以简便地求得弹性体的整体变形。

例1 设有等截面的直杆,受有两个大小相等而方向相反的横向压力 $\boldsymbol{F}_1$ 及纵向拉力 $\boldsymbol{F}_2$,如图 10-5-1(a)所示,杆的横截面积为 A,求杆的总伸长。

显然,应用功的互等定理求解比较方便。如图 10-5-1(b)所示,把横向施压状态 $\boldsymbol{F}_1$ 当作第一状态,则纵向受拉 $\boldsymbol{F}_2$ 为第二状态,横向施压在纵向产生的位移即所求总伸长 δ_1,则纵向受拉导致杆的横向收缩为 $\delta_2 = \mu\dfrac{F_2 b}{AE}$。根据功的互等定理,有 $F_1\delta_2 = F_2\delta_1$,即

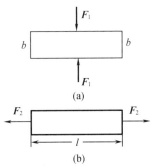

图 10-5-1 等截面直杆受拉压载荷

$$F_1\mu\frac{F_2 b}{AE} = F_2\delta_1$$

从而得出 $\delta_1 = \mu\dfrac{F_1 b}{AE}$。且可知,杆的伸长与杆的截面形状无关,与杆的长度 l 也无关。

例2 弹性体如图 10-5-2 所示,受一对力 $\boldsymbol{P}$ 和均布压力 $\boldsymbol{q}$,求体积的变化 ΔV。

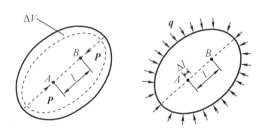

图 10-5-2 弹性体受压力和对力

三向受压时,AB 的应变为

$$\varepsilon_{AB} = (q - 2\mu q)$$

$$\Delta l = \varepsilon_{AB} l = (1 - 2\mu) q l / E$$

由功的互等定理:

$$P \Delta l = q \Delta V$$

可知

$$\Delta V = (1 - 2\mu) P l / E$$

可见,体积变化与物体形状无关,仅与 P 的大小、其作用点距离及材料常数有关。

10.6　变分法与有限元

基于能量原理的变分法为数值计算提供了理论基础,其中基于最小势能原理的里兹法等可用于数值计算。里兹法的要点是要找到满足全部边界条件的位移函数,而这种函数一般难以找到,尤其在边界不规整的情况下,要找到符合全部边界条件的位移函数,是几乎不可能的,所以该方法的应用受到极大限制。

20 世纪 50 年代以来,在变分法基础上发展起来的有限元方法,采用了单元离散,分片插值的方法,这就避免了寻找位移函数的困难。虽然带来了计算工作量大的问题,但由于计算机的快速发展,工作量大的问题得到解决,有限元法得以迅速发展。

变分法的意义,也在于它是有限元等数值方法的基础。

习　　题

1. 铅直平面内的正方形薄板,边长为 $2a$,四边固定,只受重力作用,无面力。泊松比为 μ,试取位移分量表达式为

$$u = \left(1 - \frac{x^2}{a^2}\right)\left(1 - \frac{y^2}{a^2}\right)\frac{x}{a}\,\frac{y}{a}\left(A_1 + A_2 \frac{x^2}{a^2} + A_3 \frac{y^2}{a^2} + \cdots\right)$$

$$v = \left(1 - \frac{x^2}{a^2}\right)\left(1 - \frac{y^2}{a^2}\right)\left(B_1 + B_2 \frac{x^2}{a^2} + B_3 \frac{y^2}{a^2} + \cdots\right)$$

试用里兹法求位移分量及应力分量。

2. 矩形薄板,四边固定,受有平行于板面的体力作用。设坐标轴如图 1 所示,试用利兹法求解。位移试函数取为

$$u = \sum_m \sum_n A_{mn} \sin\frac{m\pi x}{a}\sin\frac{n\pi y}{b}$$

$$v = \sum_m \sum_n B_{mn} \sin\frac{m\pi x}{a}\sin\frac{n\pi y}{b}$$

其中,m 和 n 为正整数。

3. 设矩形薄板宽为 $2a$,高为 b,如图 2 所示,左右两边和底边固定,上边自由,且上边位移为 $u=0$,$v=-\eta\left(1-\dfrac{x^2}{a^2}\right)$,不计体力,试求薄板的位移和应力。

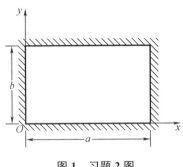

图 1　习题 2 图

4. 梁一端固定,另一端弹性支承,其跨度为 l,抗弯刚度 EI 为常数,梁端支承弹簧的刚度系数为 k。梁受有均匀分布载荷 q 作用如图 3 所示。

(1)构造两种形式(多项式、三角函数)的梁挠度试函数 $w(x)$;

(2)用最小势能原理或里兹法求其多项式形式的挠度近似解(取 1 项待定系数)。

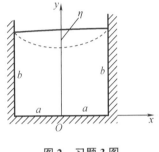

图 2　习题 3 图

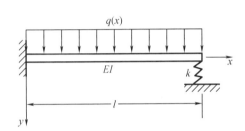

图 3　习题 4 图

参 考 文 献

[1]　徐芝纶. 弹性力学(上册)[M]. 5 版. 北京:高等教育出版社,2016.

[2]　陈惠发,萨里普 A F. 弹性与塑性力学[M]. 余天庆,王勋文,刘再华,编译. 北京:中国建筑工业出版社,2004.

[3]　杨桂通. 弹塑性力学引论[M]. 2 版. 北京:清华大学出版社,2013.

[4]　黄筑平. 连续介质力学基础[M]. 北京:高等教育出版社,2003.

[5]　胡海昌. 弹性力学的变分原理及其应用[M]. 北京:科学出版社,1981.

[6]　陆明万,罗学富. 弹性理论基础[M]. 北京:清华大学出版社,1990.

[7]　铁摩辛柯 S P,古地尔 J N. 弹性理论[M]. 徐芝纶,译. 北京:高等教育出版社,2013.

[8]　钱伟长. 变分法及有限元[M]. 北京:科学出版社,1980.

[9]　列宾逊. 弹性力学问题的变分解法[M]. 叶开沅,卢文达,译. 北京:科学出版社,1958.

[10]　卓家寿. 弹塑性力学中的广义变分原理[M]. 北京:中国水利电力出版社, 1989.

第11章　工程有限元方法

对于核工程领域的许多力学问题,人们可以给出其数学模型及基本方程(常微分方程和偏微分方程)。但能用解析方法精确求解的,只适用于具有简单的几何形状、简单的边界条件和大为简化的本构关系等极少数情况,对于一般的核工程弹塑性问题,想求出精确解几乎是不可能的,而必须借助于其他方法获得近似解。20 世纪 60 年代以来,计算机技术飞速发展,有力推动了数值计算方法的快速进步。借助计算机用有限元方法可以求解任何实际边值问题的增量非弹性分析,这给塑性分析带来极大的便利,给经典塑性理论注入了较新的观念,并使之得到更广泛的应用。

偏微分方程数值方法有两种,一是有限差分法,其特点是直接求解基本方程和相应条件的近似解,差分法对求解欧拉坐标系下的流体力学问题具有自身的优势,因此,在流体力学领域至今仍占支配地位。但固体力学问题通常使用拉格朗日坐标,加上固体形状复杂,采用有限元方法更为适合。

有限单元法不直接从微分方程和边界条件出发求解,而是从等效的积分形式出发,等效积分的一般形式是加权余量法,适用于普遍的方程。如果方程具有某些特定性质,那么等效积分解法可归结为求某个泛函的变分,即求泛函的极值问题,如里兹法。但与加权余量法和变分法不同的是,有限元法不在整个求解域上假设位移函数,而是在各个特定单元上分别假定位移函数,这就克服了假设全域位移函数的困难,是近代工程数值分析领域的重大突破。

11.1　有限元基本原理

有限元方法起源于西方工程学术界对收音机和导弹的结构设计。其基本原理与结构力学中的位移法相似,即把复杂的结构体视为有限个单元的组合,把连续体离散成有限数量的单元和节点,各单元在节点处彼此连续而组成整体。首先对单元进行特性分析,再根据各单元在节点处的平衡协调条件建立方程,然后整体求解。这样先离散再综合,就把复杂连续体的计算问题转化为简单单元的分析与综合问题。有限元求解可采取位移法、力法和混合法等方法。

有限元法可近似把物体看作由离散的有限多个单元组成的集合体。在给定坐标系下,物体的位移在物体内部作为分块连续函数近似,这个函数在每一个单元内部是连续的,在边界上也具有一定的连续性,如图 11-1-1 所示。

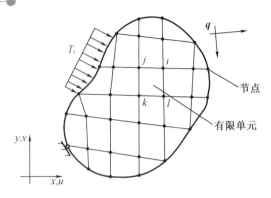

图 11-1-1　有效单元及其边界

有限元分析方法包括以下步骤。

①结构离散化,划分单元,把无限结构划分为有限数量单元。

②选择位移函数。为了能用节点位移表示单元体的位移、应力和变形,在分析连续体时必须对单元中的位移分布做出假定,即假定位移是坐标的某种函数,该函数称为位移函数或形函数,用矩阵 $\boldsymbol{N}$ 表示,$\boldsymbol{U}$ 为单元位移,则有

$$u = NU$$

③分析单元的力学特性。

a. 几何方程。由位移表达式导出用节点位移表示单元应变的关系式。$\boldsymbol{B}$ 为应变位移矩阵,则

$$\varepsilon = BU$$

b. 物理方程。由应变表达式导出用节点位移表示单元应力的关系式,也称弹性方程,$\boldsymbol{D}$ 为弹性本构矩阵,则有

$$\delta = DBU = D\varepsilon$$

c. 虚功原理。建立作用于单元上的节点力和节点位移之间的关系式,即单元的平衡方程。$\boldsymbol{K}$ 为刚度矩阵。

$$KU = R$$

④计算等效节点力。弹性体经过离散以后,假定力是通过节点从一个单元传递到另一个单元,但连续体实际的力是从单元的公共边界传递到另一单元的,因而,这种作用在单元边界上的面力、体力等,都需要等效到节点上去,所用方法为虚功等效。

⑤装配总体刚度矩阵。建立结构的平衡方程有两方面内容,即组装总刚度矩阵和总载荷列阵。

$$K\delta = R$$

⑥求解节点位移和计算单元应力。

11.2 弹性问题的有限元方法

有限元法作为近六十年来兴起的新型数值算法,已经在工程应用领域获得了极大的成功,目前,无论核工程,还是航天航空化工机械等领域,有限元仿真分析都在结构设计中占据统治性的地位。它能够模拟大型复杂结构的力学、流场、电磁场及流固耦合、热固耦合等多物理场模拟计算。

有限元方法的原理相当复杂,本书只以平面结构的有限单元法为例,进行有限元基本理论概念的介绍,而系统深入的学习,需参考专门书籍。

作为一个简单例子,图11-2-1是带圆孔的平板,上、下两端受均布压力,孔边显然存在应力集中问题。试用有限元法求解该问题。

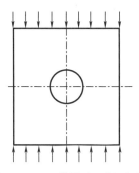

图 11-2-1　带圆孔平板受均
布压力

11.2.1 平面问题的离散化

对于平面问题,可选择使用图 11-2-2 所示的三节点三角形单元、四节点正方形单元、四节点矩形单元和四节点四边形单元。

   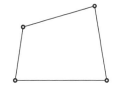

图 11-2-2　平面问题单元的主要类型

显然网格划分越规则越好,但是实际结构边界不可能是规则形状,对于二维平面问题,除了内部区域可划分出规则网格外,接近边界处无法避免要划分为三角形或四边形等不规则网格。

显然可根据对称性截取平板的1/4 进行分析,截开的两条对称线需要施加人工边界,根据结构特点,该边界为零位移边界。采用三节点三角形单元对平板进行离散。划分网格后的力学模型如图11-2-3所示,这是一个由离散的三角形单元组成的集合体,各单元之间以节点相连。在给定坐标系下,在物体内部,位移是分块连续函数近似的。

该函数单元网格在每一个单元内部都是连续的,在

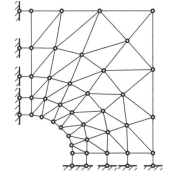

图 11-2-3　1/4 模型的网格单元

边界上也具有一定的连续性。计算结果的精度和单元网格的疏密程度密切相关,工程计算中,往往需要经过由粗到精的多次逼近计算,并进行网格敏感性分析,得到合适的网格划分结果,才能得到结构的真实应力值。

11.2.2 平面三节点三角形单元属性

如果把弹性体离散成为有限数量的单元体,而且单元很小,此时就很容易利用其节点的位移,构造出单元位移插值函数如图 11-2-4 所示。

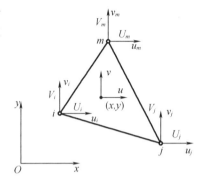

图 11-2-4 三角形单元插值函数

位移函数矩阵形式为

$$\begin{pmatrix} u(x & y) \\ v(x & y) \end{pmatrix} = \begin{bmatrix} 1 & x & y & 0 & 0 & 0 \\ 0 & 0 & 0 & 1 & x & y \end{bmatrix} \begin{pmatrix} \alpha_1 \\ \alpha_2 \\ \alpha_3 \\ \alpha_4 \\ \alpha_5 \\ \alpha_6 \end{pmatrix}$$

即

$$\boldsymbol{f} = \boldsymbol{M}\boldsymbol{\alpha}$$

由于位移函数适用于单元中的任意一点,所以代入 3 个节点的坐标后,得出节点处位移函数为

$$\begin{pmatrix} u_i \\ v_i \\ u_j \\ v_j \\ u_m \\ v_m \end{pmatrix} = \begin{bmatrix} 1 & x_i & y_i & 0 & 0 & 0 \\ 0 & 0 & 0 & 1 & x_i & y_i \\ 1 & x_j & y_j & 0 & 0 & 0 \\ 0 & 0 & 0 & 1 & x_j & y_j \\ 1 & x_m & y_m & 0 & 0 & 0 \\ 0 & 0 & 0 & 1 & x_m & y_m \end{bmatrix} \begin{pmatrix} \alpha_1 \\ \alpha_2 \\ \alpha_3 \\ \alpha_4 \\ \alpha_5 \\ \alpha_6 \end{pmatrix}$$

简写为

$$\boldsymbol{U} = \boldsymbol{A}\boldsymbol{\alpha}$$

解出

$$\boldsymbol{\alpha} = \boldsymbol{A}^{-1}\boldsymbol{U}$$

$$\boldsymbol{A}^{-1} = \frac{1}{2\Delta} \begin{bmatrix} a_i & 0 & a_j & 0 & a_m & 0 \\ b_i & 0 & b_j & 0 & b_m & 0 \\ c_i & 0 & c_j & 0 & c_m & 0 \\ 0 & a_i & 0 & a_j & 0 & a_m \\ 0 & b_i & 0 & b_j & 0 & b_m \\ 0 & c_i & 0 & c_j & 0 & c_m \end{bmatrix}$$

Δ 是三角形单元的面积,当三角形单元节点 i、j、m 按逆时针次序排列时,则有

$$\Delta = \frac{1}{2} \mid \Delta \mid = \frac{1}{2} (x_i y_j + x_j y_m + x_m y_i) - \frac{1}{2} (x_j y_i + x_m y_j + x_i y_m)$$

$$\begin{cases} a_i = \begin{vmatrix} x_j & y_j \\ x_m & y_m \end{vmatrix} = x_j y_m - x_m y \\[3mm] b_i = - \begin{vmatrix} 1 & y_j \\ 1 & y_m \end{vmatrix} = y_j - y_m \\[3mm] c_i = \begin{vmatrix} 1 & x_j \\ 1 & x_m \end{vmatrix} = x_m - x_j \end{cases}$$

将 i、j、m 进行轮换,可得出另外两组带脚标的公式。

由于方程直接解出的位移都是节点处的数值,这些直接由解方程得到的节点值称为高斯解,对应的点称为高斯点。而要得到单元其余位置的解,则需要根据位移函数进行插值,所以,单元位移函数为节点位移的插值函数,即

$$u = \frac{1}{2\Delta} [(a_i + b_i x + c_i y) u_i + (a_j + b_j x + c_j y) u_j + (a_m + b_m x + c_m y) u_m]$$

$$= \frac{1}{2\Delta} \sum_{i, j, m} (a_i + b_i x + c_i y) u_i$$

$$v = \frac{1}{2\Delta} [(a_i + b_i x + c_i y) v_i + (a_j + b_j x + c_j y) v_j + (a_m + b_m x + c_m y) v_m]$$

$$= \frac{1}{2\Delta} \sum_{i, j, m} (a_i + b_i x + c_i y) v_i$$

令

$$N_i = \frac{1}{2\Delta} (a_i + b_i x + c_i y)$$

则 N_i、N_j、N_m 即为形函数,于是位移函数表达式用形函数表示为

$$\begin{cases} u = N_i u_i + N_j u_j + N_m u_m = \sum_{i, j, m} N_i u_i \\[3mm] v = N_i v_i + N_j v_j + N_m v_m = \sum_{i, j, m} N_i v_i \end{cases}$$

以矩阵形式表达为

$$f = \begin{pmatrix} u \\ v \end{pmatrix} = \begin{bmatrix} N_i & 0 & N_j & 0 & N_m & 0 \\ 0 & N_i & 0 & N_j & 0 & N_m \end{bmatrix} \begin{pmatrix} u_i \\ v_i \\ u_j \\ v_j \\ u_m \\ v_m \end{pmatrix} = [IN_i + IN_j + IN_m] U$$

由于单元上非节点位置的解,是由节点的解根据形函数插值得到的,可见,形函数对结构表面的拟合精度,将直接影响到计算结果的精度。显然,形函数曲线越贴近结构表面,计

算结果越精确。对于平面型表面,线性位移即一次函数就能足够拟合精确,但对于曲面型表面,一次函数显然无法精确拟合,此时需要曲线性位移函数,即二次函数才能拟合精确。

为构造内插精度较高的有限单元,经常需要用到等参公式,在等参公式中,形函数需要使用广义坐标或自然坐标表示,再对单元内的坐标和位移进行内插。直角坐标与自然坐标单元如图11-2-5所示。

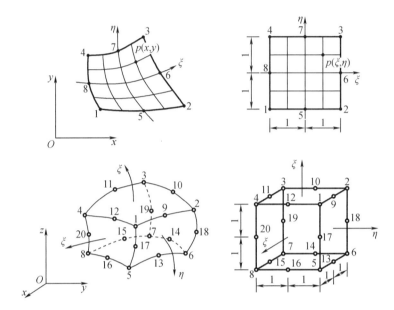

图11-2-5 直角坐标与自然坐标单元

形函数的构造要符合一个重要前提,即在广义坐标系中,形函数在本节点的函数值为1,在其余节点的函数值都为0。则在顶角节点与边中点上的形函数分别为

$$\begin{cases} N_1 = \dfrac{1}{4}(1-\xi)(1-\eta)(-\xi-\eta-1) \\ N_2 = \dfrac{1}{4}(1+\xi)(1-\eta)(\xi-\eta-1) \\ N_3 = \dfrac{1}{4}(1-\xi)(1+\eta)(-\xi+\eta-1) \\ N_4 = \dfrac{1}{4}(1+\xi)(1+\eta)(\xi+\eta-1) \end{cases}$$

$$\begin{cases} N_5 = \dfrac{1}{2}(1-\xi^2)(1-\eta) \\ N_6 = \dfrac{1}{2}(1-\xi^2)(1+\eta) \\ N_7 = \dfrac{1}{2}(1-\eta^2)(1-\xi) \\ N_8 = \dfrac{1}{2}(1-\eta^2)(1+\xi) \end{cases}$$

可知,上述形函数满足构造要求。

11.2.3　单元的应力与应变

由几何方程可得到

$$\boldsymbol{\varepsilon} = \begin{pmatrix} \varepsilon_x \\ \varepsilon_y \\ \gamma_{xy} \end{pmatrix} = \begin{bmatrix} \dfrac{\partial}{\partial x} & 0 \\ 0 & \dfrac{\partial}{\partial y} \\ \dfrac{\partial}{\partial y} & \dfrac{\partial}{\partial x} \end{bmatrix} \begin{pmatrix} u \\ v \end{pmatrix}$$

代入 u、v 并求偏导数得

$$\begin{pmatrix} \varepsilon_x \\ \varepsilon_y \\ \gamma_{xy} \end{pmatrix} = \begin{bmatrix} \dfrac{1}{2\Delta}(b_i u_i + b_j u_j + b_m u_m) \\ \dfrac{1}{2\Delta}(c_i v_i + c_j v_j + c_m v_m) \\ \dfrac{1}{2\Delta}(c_i u_i + c_j u_j + c_m u_m) + (b_i v_i + b_j v_j + b_m v_m) \end{bmatrix}$$

$$\begin{pmatrix} \varepsilon_x \\ \varepsilon_y \\ \gamma_{xy} \end{pmatrix} = \left\{ \begin{array}{c} \dfrac{1}{2\Delta}(b_i u_i + b_j u_j + b_m u_m) \\ \dfrac{1}{2\Delta}(c_i v_i + c_j v_j + c_m v_m) \\ \dfrac{1}{2\Delta}(c_i u_i + c_j u_j + c_m u_m) + (b_i v_i + b_j v_j + b_m v_m) \end{array} \right\}$$

即

$$\boldsymbol{\varepsilon} = \boldsymbol{B}\boldsymbol{U}$$

由于应变位移矩阵 $\boldsymbol{B}$ 是常量,采用了线性位移函数的话,则单元内各点应变分量也都是常量,这种单元称为常应变三角形单元。

$$\boldsymbol{B} = \frac{1}{2\Delta} \begin{bmatrix} b_i & 0 & b_j & 0 & b_m & 0 \\ 0 & c_i & 0 & c_j & 0 & c_m \\ c_i & b_i & c_j & b_j & c_m & b_m \end{bmatrix} = \begin{bmatrix} B_i & B_j & B_m \end{bmatrix}$$

由弹性力学物理方程可知,其应力与应变有如下关系:

$$\boldsymbol{\sigma} = \boldsymbol{D}\boldsymbol{\varepsilon}$$

则有

$$\boldsymbol{\sigma} = \boldsymbol{D}\boldsymbol{B}\boldsymbol{U} = \boldsymbol{S}\boldsymbol{U}$$

$$\boldsymbol{S} = \boldsymbol{D}\boldsymbol{B} = \begin{bmatrix} S_i & S_j & S_m \end{bmatrix}$$

$\boldsymbol{S}$ 称为应力转换矩阵,对平面应力问题,其子矩阵为

$$S_i = \frac{E}{2(1-\mu^2)\Delta}\begin{bmatrix} b_i & \mu c_i \\ \mu b_i & c_i \\ \dfrac{1-\mu}{2}c_i & \dfrac{1-\mu}{2}b_i \end{bmatrix}$$

应力分量也是一个常量。在一个三角形单元中各点应力相同,一般用形心点表示,其应变也可同样表示。

11.2.4 单元刚度矩阵

用虚功原理来建立节点力和节点位移间的关系式,从而得出三角形单元的刚度矩阵,如图 11-2-6 所示。

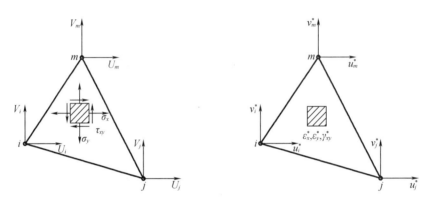

图 11-2-6 三角形单元

节点力列向量和应力列向量分别为

$$\boldsymbol{F}^e = \begin{bmatrix} F_i & F_j & F_m \end{bmatrix}^{\mathrm{T}} = \begin{bmatrix} U_i & V_i & U_j & V_j & U_m & V_m \end{bmatrix}^{\mathrm{T}}$$

$$\boldsymbol{\sigma} = \begin{bmatrix} \sigma_x & \sigma_y & \tau_{xy} \end{bmatrix}^{\mathrm{T}}$$

节点虚位移列向量和虚应变列向量为

$$\boldsymbol{\delta}^{*e} = \begin{bmatrix} \delta_i^* & \delta_j^* & \delta_m^* \end{bmatrix}^{\mathrm{T}} = \begin{bmatrix} u_i^* & v_i^* & u_j^* & v_j^* & u_m^* & v_m^* \end{bmatrix}^{\mathrm{T}}$$

$$\boldsymbol{\varepsilon}^* = \begin{bmatrix} \varepsilon_x^* & \varepsilon_y^* & \gamma_{xy}^* \end{bmatrix}^{\mathrm{T}}$$

用虚功原理建立三角形单元的虚功方程为

$$(\boldsymbol{\delta}^{*e})^{\mathrm{T}}\boldsymbol{F}^e = \iint \{\boldsymbol{\varepsilon}^*\}^{\mathrm{T}}\{\boldsymbol{\sigma}\} t\,\mathrm{d}x\mathrm{d}y$$

把 $\boldsymbol{\varepsilon}^* = \boldsymbol{B}\boldsymbol{\delta}^{*e}$ 及 $\boldsymbol{\varepsilon}^{*\mathrm{T}} = (\boldsymbol{\delta}^{*e})^{\mathrm{T}}\boldsymbol{B}^{\mathrm{T}}$ 代入得

$$(\boldsymbol{\delta}^{*e})^{\mathrm{T}}\boldsymbol{F}^e = (\boldsymbol{\delta}^{*e})^{\mathrm{T}}\iint \boldsymbol{B}^{\mathrm{T}}\boldsymbol{\sigma} t\,\mathrm{d}x\mathrm{d}y$$

由于虚位移是任意的,等号两边可左乘

$$\left[(\boldsymbol{\delta}^{*e})^{\mathrm{T}} \right]^{-1}$$

得到

$$F^e = \iint B^{\mathrm{T}} \sigma t \mathrm{d}x\mathrm{d}y \delta^e$$

$$= \iint B^{\mathrm{T}} DB t \mathrm{d}x\mathrm{d}y \delta^e$$

$$= k^e \delta^e$$

三角形单元的刚度矩阵可写成

$$k^e = B^{\mathrm{T}} DB t \iint \mathrm{d}x\mathrm{d}y = B^{\mathrm{T}} DB t \Delta$$

用分块矩阵形式表示

$$k^e = \begin{bmatrix} k_{ii} & k_{ij} & k_{im} \\ k_{ji} & k_{jj} & k_{jm} \\ k_{mi} & k_{mj} & k_{mm} \end{bmatrix}$$

11.2.5　整体刚度矩阵

结构的平衡条件可用所有节点的平衡条件表示。假定 i 节点为结构中的任一公共节点,则该节点平衡条件为

$$F_i = P_i$$

其中, i 节点的节点力列向量 $F_i = \begin{pmatrix} \sum_e U_i \\ \sum_e V_i \end{pmatrix}$; $\sum_e$ 围绕 i 节点所有单元的节点力的向量和; i 节点的载荷列向量 $P_i = \begin{pmatrix} X_i \\ Y_i \end{pmatrix}$ 。

每个节点由两个平衡方程组成,若结构共有 n 个节点,则有 $2n$ 个平衡方程。整个结构的平衡条件可求和得到

$$\sum_{i=1}^{n} F_i = \sum_{i=1}^{n} \{P_i\} \quad i = 1,2,\cdots,n$$

$$\sum_{i=1}^{n} P_i = P$$

$$= [P_1 \quad P_2 \quad P_3 \quad \cdots \quad P_n]^{\mathrm{T}}$$

$$= [X_1 \quad Y_1 \quad X_2 \quad Y_2 \quad \cdots \quad X_n \quad Y_n]^{\mathrm{T}}$$

$$\sum_{i=1}^{n} F_i = \sum_{e=1}^{n_e} k^e \delta^e = K\delta$$

其中, K 为结构整体刚度矩阵; δ 为结构的节点位移列向量。

$$K = \sum_{e=1}^{n_e} k^e = \sum_{e=1}^{n_e} \iint B^{\mathrm{T}} DB t \mathrm{d}x\mathrm{d}y$$

$$\delta = [\delta_1 \quad \delta_2 \quad \cdots \quad \delta_n]^{\mathrm{T}} = [u_1 \quad v_1 \quad u_2 \quad v_2 \quad \cdots \quad u_n \quad v_n]^{\mathrm{T}}$$

则得

$$\boldsymbol{K\delta} = \boldsymbol{P}$$

整体刚度矩阵也可按节点写成分块矩阵的形式：

$$\boldsymbol{K} = \begin{bmatrix} K_{11} & K_{12} & \cdots & K_{1j} & \cdots & K_{1n} \\ K_{21} & K_{22} & \cdots & K_{2j} & \cdots & K_{2n} \\ \vdots & \vdots & & \vdots & & \vdots \\ K_{i1} & K_{i2} & \cdots & K_{ij} & \cdots & K_{in} \\ \vdots & \vdots & & \vdots & & \vdots \\ K_{n1} & K_{n2} & \cdots & K_{nj} & \cdots & K_{nn} \end{bmatrix}$$

整体刚度方程经过约束处理后，即可求出节点位移，进而求出应力场。

整体刚度矩阵是由在整体坐标系下，矩阵按照节点编号的顺序组成的行和列的原则，将全部单元刚度矩阵扩展成 $n \times n$ 方阵后，按各自位置直接叠加组装得到。

$$\overline{\boldsymbol{K}}^1 = \begin{bmatrix} \bar{k}_{11}^1 & \bar{k}_{12}^1 & 0 & 0 \\ \bar{k}_{21}^1 & \bar{k}_{22}^1 & 0 & 0 \\ 0 & 0 & 0 & 0 \\ 0 & 0 & 0 & 0 \end{bmatrix}$$

$$\overline{\boldsymbol{K}}^2 = \begin{bmatrix} 0 & 0 & 0 & 0 \\ 0 & \bar{k}_{22}^2 & \bar{k}_{23}^2 & 0 \\ 0 & \bar{k}_{32}^2 & \bar{k}_{33}^2 & 0 \\ 0 & 0 & 0 & 0 \end{bmatrix}$$

$$\overline{\boldsymbol{K}}^3 = \begin{bmatrix} 0 & 0 & 0 & 0 \\ 0 & 0 & 0 & 0 \\ 0 & 0 & 0\bar{k}_{33}^3 & \bar{k}_{34}^3 \\ 0 & 0 & \bar{k}_{43}^3 & \bar{k}_{44}^3 \end{bmatrix}$$

单元刚度矩阵集成得出整体刚度矩阵

$$\overline{\boldsymbol{K}} = \overline{\boldsymbol{K}}^1 + \overline{\boldsymbol{K}}^2 + \overline{\boldsymbol{K}}^3 = \begin{matrix} 1 \\ 2 \\ 3 \\ 4 \end{matrix} \begin{bmatrix} \bar{k}_{11}^1 & \bar{k}_{12}^1 & 0 & 0 \\ \bar{k}_{21}^1 & \bar{k}_{22}^1 + \bar{k}_{22}^2 & \bar{k}_{23}^2 & 0 \\ 0 & \bar{k}_{32}^2 & \bar{k}_{33}^2 + \bar{k}_{33}^3 & \bar{k}_{34}^3 \\ 0 & 0 & \bar{k}_{43}^3 & \bar{k}_{44}^3 \end{bmatrix}$$

11.3　弹塑性问题的有限元分析

在弹塑性问题分析中,因为应力应变的非线性关系,控制方程是应变的非线性方程,也是节点位移的非线性方程。因此,在给定外力的条件下,解这个方程必须用迭代法,况且因为变形历史取决于弹塑性本构关系。所以随着外力实际变化所进行的增量分析必须跟踪位移、应变和应力(所施加的外力引起)。

在增量分析中,外力历史可表示为在确定的加载步,内外力增量的逐渐累积,在 $m+1$ 步中,外力可以表示为

$$^{m+1}\boldsymbol{R} = {}^{m}\boldsymbol{R} + \Delta\boldsymbol{R} \tag{11-3-1}$$

其中左上标 m 指第 m 个增量步,$\Delta\boldsymbol{R}$ 是从第 m 步到第 $m+1$ 步步的外力增量,假设第 m 步的解 $^{m}\boldsymbol{U}$、$^{m}\boldsymbol{\sigma}$、$^{m}\boldsymbol{\varepsilon}$ 已知,则在第 $m+1$ 步相当于载荷增量 $\Delta\boldsymbol{R}$,有

$$^{m+1}\boldsymbol{U} = {}^{m}\boldsymbol{U} + \Delta\boldsymbol{U}$$

$$^{m+1}\boldsymbol{\sigma} = {}^{m}\boldsymbol{\sigma} + \Delta\boldsymbol{\sigma}$$

$$^{m+1}\boldsymbol{F} = {}^{m+1}\boldsymbol{R}$$

利用这些公式,式(11-3-1)可重新写成

$$^{m+1}\boldsymbol{F} = \int_{V} \boldsymbol{B}^{\mathrm{T}\,m+1}\boldsymbol{\sigma}\mathrm{d}V$$

其中,$^{m+1}\boldsymbol{F}$ 是作用于节点处的等效应力,则有

$$\int_{V} \boldsymbol{B}^{\mathrm{T}}\Delta\boldsymbol{\sigma}\mathrm{d}V = {}^{m+1}\boldsymbol{R} = \int_{V} \boldsymbol{B}^{\mathrm{T}\,m}\boldsymbol{\sigma}\mathrm{d}V \tag{11-3-2}$$

式(11-3-2)实际上反映了外力 $^{m+1}\boldsymbol{R}$ 和内 $^{m+1}\boldsymbol{F}$ 的平衡。则上式是有限元增量公式的控制方程。解这个方程以求位移增量和应力增量,涉及两种数值算法。第一种是用于解非线性联立方程组,从而求出位移增量。第二种是确定与应变增量相应的应力增量,这个应变增量是在给定的应力状态和变形历史条件下算出的。

11.4　求解非线性方程组的算法

求解非线性方程的算法很多,在有限元分析中,基于牛顿迭代法及其改进的三种方法和弧长法的应用非常广泛。

在第 $m+1$ 个增量步中,弹塑性增量分析有限元分析的控制方程可以用位移 $\boldsymbol{U}$ 的形式写成

$$\boldsymbol{\varPsi}^{m+1}\boldsymbol{U} = {}^{m+1}\boldsymbol{F}({}^{m+1}\boldsymbol{U}) - {}^{m+1}\boldsymbol{R}$$

该方程表明外力 $^{m+1}\boldsymbol{R}$ 和内力 $^{m+1}\boldsymbol{F}$ 之间的一种平衡,所以,解该方程的迭代法称为平衡迭代法。以下将介绍这三种方法。

11.4.1　Newton-Raphson 法

假设在 $(m+1)$ 增量步中,位移的第 $i-1$ 次近似值已经得到,并用 $^{m+1}\boldsymbol{U}^{i-1}$ 表示,由泰勒级数展开式将 $\boldsymbol{\Psi}^{m+1}\boldsymbol{U}$ 在 $^{m+1}\boldsymbol{U}^{i-1}$ 处展开,忽略所有高于线性项的高次项,可得:

$$\boldsymbol{\Psi}(^{m+1}\boldsymbol{U}^{i-1}) + \frac{\partial \boldsymbol{\Psi}}{\partial \boldsymbol{U}}\bigg|_{^{m+1}\boldsymbol{U}^{i-1}}(^{m+1}\boldsymbol{U} - ^{m+1}\boldsymbol{U}^{i-1}) = 0$$

$$\frac{\partial \boldsymbol{\Psi}}{\partial \boldsymbol{U}}\bigg|_{^{m+1}\boldsymbol{U}^{i-1}}\Delta \boldsymbol{U}^i + ^{m+1}\boldsymbol{F}^{i-1} - ^{m+1}\boldsymbol{R} = 0$$

其中:

$$\Delta \boldsymbol{U}^i = ^{m+1}\boldsymbol{U} - ^{m+1}\boldsymbol{U}^{i-1}$$

$$^{m+1}\boldsymbol{F}^{i-1} = ^{m+1}\boldsymbol{F}(^{m+1}\boldsymbol{U}^{i-1}) = \int_V \boldsymbol{B}^{\mathrm{T}m+1}\boldsymbol{\sigma}^{(i-1)}\mathrm{d}V$$

由于

$$^{m+1}\boldsymbol{K}^{i-1} = \frac{\partial \boldsymbol{F}}{\partial \boldsymbol{U}}\bigg|_{^{m+1}\boldsymbol{U}^{i-1}} = \int_V \boldsymbol{B}^{\mathrm{T}}\boldsymbol{C}\big|_{^{m+1}\boldsymbol{U}^{i-1}}\boldsymbol{B}\mathrm{d}V$$

其中, $\boldsymbol{C}\big|_{^{m+1}\boldsymbol{U}^{i-1}}$ 是与位移 $^{m+1}\boldsymbol{U}^{i-1}$ 相对应的弹塑性矩阵; $^{m+1}\boldsymbol{K}^{i-1}$ 是结构的切向刚度矩阵。

Newton-Raphson 方法的迭代方案可按下式得到

$$^{m+1}\boldsymbol{K}^{i-1}\Delta \boldsymbol{U}^i = ^{m+1}\boldsymbol{R} - ^{m+1}\boldsymbol{F}^{i-1}$$

$$^{m+1}\boldsymbol{U}^i = ^{m+1}\boldsymbol{U}^{i-1} + \Delta \boldsymbol{U}^i$$

$$^{m+1}\boldsymbol{U}^0 = {}^m\boldsymbol{U}, \ ^{m+1}\boldsymbol{K}^0 = {}^m\boldsymbol{K}, \ ^{m+1}\boldsymbol{F}^0 = {}^m\boldsymbol{F}(i=1,2,\cdots)$$

整个迭代过程直到一个合适的收敛准则时停止。单自由度的非线性迭代过程可用图 11-4-1 说明。

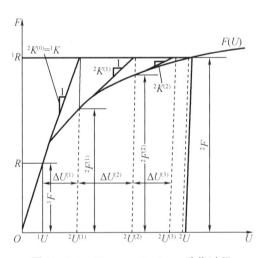

图 11-4-1　Newton-Raphson 迭代过程

Newton-Raphson 算法有较高的二次收敛速率,但须注意,方程侧向刚度矩阵在每个迭代步中都要计算和分解,对于一个大系统来说,花费过分高昂,而且对于理想的塑性材料或者是应变软化材料,切向矩阵在迭代过程中变成奇异矩阵或病态矩阵,就可能造成解非线性方程组的困难,因此必须用改进的 Newton-Raphson 方法。

11.4.2 改进的 Newton-Raphson 方法

为减少刚度矩阵计算和分解中花费昂贵的操作,Newton-Raphson 法的一个改进方法,是在方程中用第 n 个($n<m$)加载步时计算所得的刚度矩阵替代切向刚度矩阵 $^{m+1}K^{i-1}$,如果矩阵只是在第一个加载步的开始计算,在初始弹性矩阵 K_0 在所有加载步都将使用,这种方法称为初应力法,通常刚度矩阵是在每个加载步的开始计算的,或者对于第 $m+1$ 步,其刚度矩阵可用

$$^nK = {}^{m+1}K^0 = {}^mK$$

改进的 Newton-Raphson 法的迭代方案可表示为

$$^nK\Delta U^i = {}^{m+1}R - {}^{m+1}F^{i-1}$$

$$^{m+1}U^i = {}^{m+1}K^{i-1} + \Delta U^i$$

$$^{m+1}U^0 = {}^mU, {}^{m+1}F^0 = {}^mF$$

这个迭代过程需要一直进行,直到一个合适的收敛标准得到满足。对于单自由度非线性问题改进后的牛顿迭代过程可用图 11-4-2 说明。

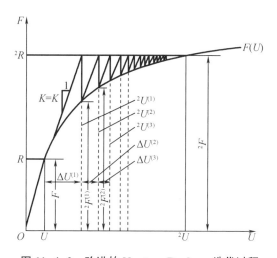

图 11-4-2 改进的 Newton-Raphson 迭代过程

改进的 Newton-Raphson 法比 Newton-Raphson 法包含较少的矩阵计算和分解。对于一个大系统来说,这将大大减少一个循环迭代中的工作量,但是改进法是线性收敛,通常比原来的算法收敛的更慢,这样对于特殊的非线性问题,如果用改进的方法,将需要更多的迭代步数才能达到熟练收敛,在某些情况下,比如在分析应变软化材料时,收敛将过分缓慢。这种算法的收敛速度在很大程度上取决于刚度矩阵的更新次数,刚度矩阵更新越频繁,达到收敛所需迭代次数就越少。此外,刚度矩阵可能变成奇异或病态矩阵的问题仍然存在。

另外一个与改进的 Newton-Raphson 法有关的问题是,如果外力的改变导致要分析的结构卸载,比如在结构的某个区域,应力状态从塑性状态卸载到弹性状态,这个算法可能得不到一个有效结果。除非每当卸载被检出后,刚度矩阵重新计算,这样就增加了改进方法编

程程序的复杂程度。

11.4.3 准 Newton 法

Newton-Raphson 法和改进的 Newton-Raphson 法之间的一个折中办法是准 Newton 法，Newton-Raphson 法要求结构的刚度矩阵在每次迭代时都要计算和分解，这将导致较高的收敛速率，但却需要大量的工作计算时间，另一方面为减少每次迭代循环中的计算工作量，而在多次循环迭代中保持同一刚度矩阵，结果形成了较低的收敛速率。与上述两种方法不同，准牛顿法使用了低秩矩阵去更新刚度矩阵的逆矩阵，这将导致对刚度矩阵的割线逼近，准牛顿法属于矩阵更新法一类的方法。迭代将一直进行到满足一个合适的收敛标准位置，单自由度非线性问题的迭代过程如图 11-4-3 所示。

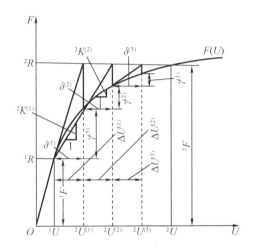

图 11-4-3　准 Newton 法迭代过程

准牛顿方法的一个迭代步所需的计算工作量，比改进的牛顿法要多，而比 Newton-Raphson 法要少的多，但是这种方法有一个比改进的 Newton-Raphson 法好得多的收敛特性，它的收敛速率介于线性收敛和二次收敛之间，而且由于用了更新刚度的方法，本算法中的刚度矩阵相对于另外两个利用矩阵更新法的算法来说，显得不那么重要。实际上，一个结构的初始刚度矩阵甚至可以用于所有增量步，而不会导致较大的影响，因此这个方法可适用于加工硬化、应变软化或理想塑性材料的弹塑性分析，而且卸载时不会引起任何麻烦，因此这个方法为常规弹塑性材料的非线性联立方程组的求解提供了一个安全有效的方法，这是目前使用最好的一个算法。

11.4.4 弧长法

弧长法和牛顿法相似，从形式上来看，二者所不同的是，弧长法的收敛基准是一条弧线，如图 11-4-4 所示，牛顿法是水平线，即牛顿法是与水平线相交，而弧长法则是与弧线相交。

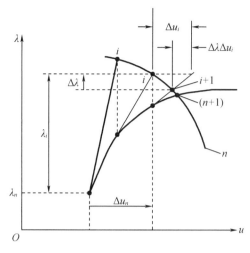

图 11-4-4　弧长法迭代过程

弧长法与牛顿法在数学上有很大不同,牛顿法只适用于收敛水平线低于上凸顶点或高于下凹顶点的情况,而弧长法则适用于具有极值的函数。另外,二者收敛曲线与函数曲线的位置状态也不同。牛顿法收敛水平线与函数曲线有三种状态:相切、低于或高于曲线顶点。当载荷增量接近曲线顶点时,微小的载荷增量就可能导致位移无限增长而不收敛。如果载荷增量跨过曲线顶点时,迭代的交点可能会在顶点两侧摆动,也导致不收敛。弧长法的收敛弧线与函数曲线只有两种位置,即弧线与曲线顶点相交或不相交于。只要不是离顶点太近,当不交于顶点时,迭代过程总是收敛的。当交于顶点时,过交点的切线是水平的,意味着位移无限大而不收敛。但这个问题是容易避免的,比如可以修改弧长半径或载荷增量。

换个角度看,在迭代过程中,牛顿法的不平衡载荷下降比较慢,而弧长法的不平衡载荷下降比较快,容易收敛,代价是载荷增量也在变小,有利有弊,如果迭代过程只在单调上升或下降的函数中进行,则两种方法都收敛,但达到收敛时,弧长法需要的步数要多于牛顿法,加之弧长法每步的计算量也大,弧长法的计算时间也较长。

收敛准则通常有位移准则、力准则和能量准则,分别从位移的角度、内外力平衡的角度以及不平衡力做功的角度来设置收敛准则。任何一种准则都可以用来终止迭代,但是收敛允许值的选择必须非常谨慎。因为较大的收敛准则将得到一个不准确的结果。而较小的收敛准则又将造成计算工作量的浪费。

在上述增量本构关系中,必须进行数值积分,才能从有限的应变增量得到有限的应力增量。因为在加载步中施加的载荷增量不是无穷小,而是一个有限值,所以导致应力应变的增量也是一个有限值。完成这个数值积分的算法与解非线性联立方程组的算法一起,构成了弹塑性有限元分析的核心。一个不合适的算法,不仅会导致解答误差,而且会影响平衡迭代的收敛,甚至会导致迭代发散。因此应力的计算通常耗费大量计算时间,因此算法的效率也很重要。

11.5 有限元算法实例

深梁跨中受集中力 F 的作用如图 11-5-1 所示,取 $\mu=0$,$t=1$,试用有限元法求跨中位移。

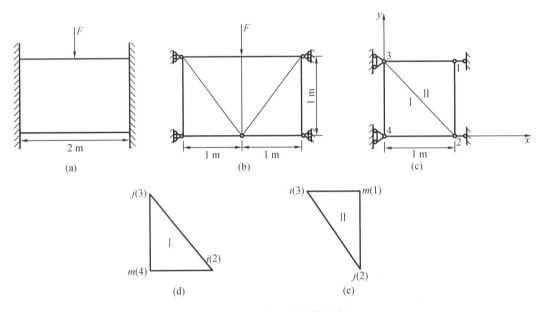

图 11-5-1 深梁跨中受集中应力

①将图 11-5-1（a）划分网格离散结构,如图 11-5-1(b)所示。由于结构具有对称性,可取 $l/2$ 进行分析,如图 11-5-1(c)所示。

②图 11-5-1(c)中,只有两个未知节点位移 v_1、v_2,其余节点位移均为零。

未知的节点位移列阵是 $\boldsymbol{\delta}=(v_1 \quad v_2)^{\mathrm{T}}$,对应的节点载荷列阵是

$$\boldsymbol{F}_L=\left(-\frac{F}{2} \quad 0\right)^{\mathrm{T}}$$

③对应于未知节点位移的平衡方程式为

$$v_1: \sum_e F_{1y} = \sum_e = F_{L1y} = -\frac{F}{2} \tag{11-5-1}$$

$$v_2: \sum_e F_{2y} = \sum_e = F_{L2y} = 0 \tag{11-5-2}$$

④对于三角形单元,按照节点的局部编号 (i,j,m),节点力公式是

$$\begin{pmatrix} F_{ix} \\ F_{iy} \\ F_{jx} \\ F_{jy} \\ F_{mx} \\ F_{my} \end{pmatrix} = \boldsymbol{k} \begin{pmatrix} u_i \\ v_i \\ u_j \\ v_j \\ u_m \\ v_m \end{pmatrix} \quad i=2, j=3, m=4$$

对于单元 Ⅰ，节点的局部编号与整体编号的关系是 $i=2, j=3, m=4, k$ 和节点编号代入上式，装配总刚度矩阵，可得

$$
\begin{pmatrix} F_{2x} \\ F_{2y} \\ F_{3x} \\ F_{3y} \\ F_{4x} \\ F_{4y} \end{pmatrix} = E \begin{bmatrix} 0.5 & 0 & 0 & 0 & -0.5 & 0 \\ 0 & 0.25 & 0.25 & 0 & -0.25 & -0.25 \\ 0 & 0.25 & 0.25 & 0 & -0.25 & -0.25 \\ 0 & 0 & 0 & 0.5 & 0 & -0.5 \\ -0.5 & -0.25 & -0.25 & 0 & 0.75 & 0.25 \\ 0 & -0.25 & -0.25 & -0.5 & 0.25 & 0.75 \end{bmatrix} \begin{pmatrix} u_2 \\ v_2 \\ u_3 \\ v_3 \\ u_4 \\ v_4 \end{pmatrix}
$$

其中 $u_2 = u_3 = v_3 = u_4 = v_4 = 0$，由上式知 I 单元中 F_{Iy} 不存在，而

$$F_{2y} = 0.25 E v_2 \tag{11-5-3}$$

对于单元 Ⅱ，结点的局部编号与整体编号的关系是 $i=3, j=2, m=1$，如图 11-5-1(e) 所示，经装配总刚度矩阵，最终可得

$$
\begin{pmatrix} F_{3x} \\ F_{3y} \\ F_{2x} \\ F_{2y} \\ F_{1x} \\ F_{1y} \end{pmatrix} = E \begin{bmatrix} 0.5 & 0 & 0 & 0 & -0.5 & 0 \\ 0 & 0.25 & 0.25 & 0 & -0.25 & -0.25 \\ 0 & 0.25 & 0.25 & 0 & -0.25 & -0.25 \\ 0 & 0 & 0 & 0.5 & 0 & -0.5 \\ -0.5 & -0.25 & -0.25 & 0 & 0.75 & 0.25 \\ 0 & -0.25 & -0.25 & -0.5 & 0.25 & 0.75 \end{bmatrix} \begin{pmatrix} u_3 \\ v_3 \\ u_2 \\ v_2 \\ u_1 \\ v_1 \end{pmatrix}
$$

其中 $u_3 = v_3 = u_2 = u_1 = 0$。由上式，可得 Ⅱ 单元的结点力

$$F_{1y} = -0.5 E v_2 + 0.75 E v_1 \tag{11-5-4}$$

$$F_{2y} = 0.5 E v_2 - 0.5 E v_1 \tag{11-5-5}$$

⑤将各单元的节点力代入式(11-5-1)、式(11-5-2)得

$$-0.5 E v_2 + 0.75 E v_1 = -\frac{F}{2}$$

$$0.75 E v_2 - 0.5 E v_1 = 0$$

从上两式解出节点位移值

$$v_1 = -\frac{6}{5} \frac{F}{E}$$

$$v_2 = -\frac{4}{5} \frac{F}{E}$$

显然，位移 $v_1 > v_2$。

11.6　核工程力学分析软件

11.6.1　有限元分析软件的强大功能

随着计算机技术的飞速发展和有限元理论的逐渐成熟,有限元仿真分析软件也越来越功能强大,在包括核反应堆工程研发设计中发挥越来越重要的作用。优秀的有限元分析软件能够高效进行结构力学模拟分析,其能够模拟分析的对象越来越多,所能模拟的问题的难度也越来越大,不仅能够得到复杂大型结构力学问题的仿真解答,而且还能辅助结构设计优化。

这些软件可建立各种复杂的几何模型,提供灵活的图形数据接口,实现不同分析软件之间的模型转换,从而节省较多的工作量。有限元分析软件的主要分析功能包括:

静力分析:用于静态载荷,可以考虑结构的线性及非线性行为,例如大变形、大应变、应力刚化、接触、塑性、超弹及蠕变等。

动力分析:模态分析可计算线性结构的自振频率及振型,谱分析用于计算振动引起的结构应力和应变(响应谱或 PSD)。谐响应分析可确定线性结构对随时间按正弦曲线变化的载荷的响应。瞬态动力学分析可确定结构对随时间任意变化的载荷的响应。结构非线性行为分析如特征屈曲分析,用于计算线性屈曲载荷并确定屈曲模态形状,结合瞬态动力学分析可以实现非线性屈曲分析。其他分析如基于裂纹扩展断裂失效的断裂分析,疲劳分析用于模拟大变形,非线性显式分析可求解冲击、碰撞等问题,是目前的最有效的方法。

热应力分析:计算由于热膨胀或收缩不均匀引起的应力。另外,也可以进行高温蠕变分析等。

流体分析:容器内流体分析考虑容器内的非流动流体的影响,可以确定由晃动引起的静水压力。流体动力学耦合分析考虑流体约束质量的动力响应基础上,结构动力学分析中使用流体耦合单元。

耦合分析:分析考虑两个或多个物理场之间的相互作用。如果两个物理场之间相互影响,单独求解一个物理场是不可能得到正确结果的,因此需要一个能够将两个物理场组合到一起求解的分析软件,如流固耦合分析、热固耦合分析等。

11.6.2　使用软件的潜在风险

毋庸置疑,软件只是工程计算的工具,是工程计算人员手中的利器,但软件远远不是打开一切工程问题的万能钥匙,要正确认识软件在工程设计计算中的作用,并正确使用软件进行可信范围内的计算分析,能够对计算结果进行基本的正确性判断和识别,以便去伪存真,给工程设计提供可靠的正确的结果。而不应该过度依赖、迷信甚至夸大软件的作用。对于那些结构、载荷以及边界条件都比较典型,其仿真结果经过试验验证的问题,则软件仿真分析得到的结果是完全可信的。相反,对于那些复杂的结构、载荷以及边界问题,很可能已经超出软件的适用范围,但经过一番输入输出,照样可以得到看似漂亮的结果。但其可靠性如何,是需要打上一个大大的问号的。

目前工程设计越来越趋向一个潜在危险的方向,那就是工程计算人员过度依赖仿真软件,不管什么问题,也不管软件适用不适用,常常不假思索就展开仿真计算,建立简化模型,输入数据,得到看似漂亮的计算结果。软件是一个黑盒子,使用人员无法知道太多内部核心技术数学原理,也很难判断软件的适用性问题,而且软件的集成化程度越来越高,对使用人员的专业能力要求越来越低,给使用者控制干预甚至辨明中间技术环节的权限越来越少,这对仿真结果的判断都是非常不利的。

实际上,软件只是在美欧等西方国家盛行而推崇的,但并不是所有国家都如此,俄罗斯工程实力非常强大,但其工程设计计算基本不依靠大型软件,而是依靠深厚的数学等专业基础学科。

11.7 核工程弹塑性分析实例

设备在轴向压力、弯矩或其联合作用下可能出现弹性或弹塑性屈曲,有限元分析可提供各工况下的临界失稳载荷,并通过实际载荷与临界失稳载荷的比较,来确定设备能否通过失稳评定。对于理想弹塑性材料,设备大变形计算达到临界失稳时,可能表现为屈曲,也可能表现为屈服,本文只针对临界屈曲失稳进行介绍。

某核电站核测量设备的套管承受地震、接管和自重等轴向载荷作用,各工况承受的轴向压力与折合弯矩见表11-7-1。对于屈曲计算,不考虑内压的作用是保守的。

表 11-7-1　各工况失稳计算中的载荷

	轴向压力 Q/N	弯矩 $M/(N \cdot m)$
设计工况	1 899.5	769.1
正常工况	1 899.5	604.8
异常工况	2 089.5	784.5
紧急工况	2 279.4	720.7
事故工况	3 039.2	1 158.4

在仿真分析中,按时间载荷步持续施加载荷,直到载荷不增加而变形却无限增大时,即可判定此时的载荷为极限载荷。各级准则下限值系数 λ 的值列于表 11-7-2 中,设极限载荷与实际载荷的比值为 λ,则当计算得到的 λ 大于等于表中所列数值时,即认为符合屈曲评价要求。计算采用 Newton-Raphson 迭代法,当载荷不增加而变形仍然增加时,可判定为结构变形无限增大,即发生了屈曲,计算结束。

表 11-7-2　各级准则载荷限值系数

准则	O 级准则	A 级准则	B 级准则	C 级准则	D 级准则
λ	1.7	1.7	1.7	1.5	1.5

11.7.1　计算模型

套管总长为 400 mm,一端作为加载端,另一端保守延长 $4\sqrt{Rt}$ (R 为接管外半径,t 为接管壁厚),并把延长后的端部设为固定端,以避免刚化的固定边界对套管屈曲产生影响,这样增加了模型的总长度,减小了总体刚度,这是保守的。有限元模型如图 11-7-1 所示。

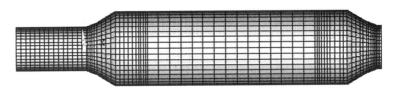

图 11-7-1　测量管有限元模型

在模型上同时施加轴向压力与弯矩,并按照载荷步逐步施加,直到出现载荷不增加而变形无限增大的情况。弹性模量 1.9×10^5 MPa,屈服应力 138 MPa,均为最高温度下的材料参数,选用双线性等向强化模型 BISO,该模型适用于初始各向同性材料的大应变问题,其应力应变曲线如图 11-7-2 所示。

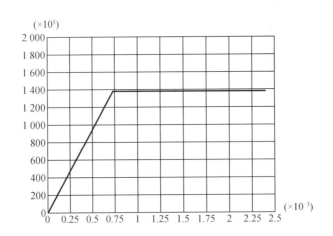

图 11-7-2　测量管应力、应变曲线

初算计算时选用 Newton-Raphson 迭代法,但结果显示不收敛,原因和理想塑性材料较软容易产生病态有关。为适应材料非线性和几何非线性,改用弧长法做增量计算。

11.7.2 确定临界失稳载荷

O级准则、A级准则、B级准则的载荷限值系数相同,且异常工况下的载荷值较大,因此若异常工况下套管不发生屈曲,则设计、正常工况下套管也不会发生失稳。

临界失稳载荷对应于"位移—载荷曲线"的切线达到竖直时的载荷值。从加载端某点的"位移—载荷(TIME)曲线"可以看出临界失稳发生的时刻。TIME 是轴向压力与弯矩按固定比例增长的载荷系数,临界失稳时的 TIME 乘以施加总载荷即得临界失稳载荷。

事故工况下套管加载端某点的"竖直位移-载荷(TIME)曲线"如图 11-7-3 所示。可见,在 0.5 载荷步时,套管竖直位移急剧增加,显然在该载荷下发生了屈曲。

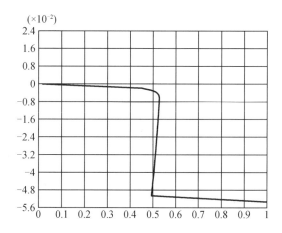

图 11-7-3 测量管数值位移载荷曲线

事故工况下临界载荷与实际载荷的比值及评定结果见表 11-7-3。

表 11-7-3 套管事故工况评定结果

工况	失稳载荷与事故工况载荷的比值 λ'	限值 λ
事故工况	2.6	1.1

可见,事故工况载荷作用下套管载荷比值远大于限值,说明该工况不可能发生失稳。图 11-7-4(a)为套管临界失稳时的变形与应力,图 11-7-4(b)为失稳后的变形与应力。

（a）   （b）

图 11-7-4　测量管有限元云图

参 考 文 献

［1］　徐芝纶.弹性力学(上册)［M］.5 版.北京:高等教育出版社,2016.

［2］　胡于进.有限元分析及应用［M］.北京:机械工业出版社,2009.

［3］　陈惠发,萨里普 A F.弹性与塑性力学［M］.余天庆,王勋文,刘再华,编译.北京:中国建筑工业出版社,2004.

［4］　美国机械工程师学会.ASME2004 版锅炉及压力容器规范［S］.上海:科学技术文献出版社,2007.

［5］　王忠金.塑性成形有限元方法［M］.北京:哈尔滨工业大学出版社,2017.

［6］　古普塔 K K,米克 J L.多学科有限元分析［M］.2 版.李亚智,王天宏,译.北京:航空工业出版社,2018.

［7］　谷骁勇.力学问题有限元分析方法及其建模实践研究［M］.北京:中国原子能出版社,2019.

［8］　周喻,王莉.简明工程弹性力学与有限元分析［M］.北京:冶金工业出版社,2019.

［9］　戴宏亮,周加喜.工程有限元及数值计算［M］.武汉:华中科技大学出版社,2019.

第 12 章　核工程结构力学分析与评价

12.1　力学分析规范简介

规范是为了保证设备运行安全而执行的法律法规,或者说,规范是工程设备合格与否的验收准则。规范对设备设计、制造、检验及在役检查等环节进行明确规定。力学分析评价规范是设计过程中关于设备强度、刚度和稳定性及寿命评价等方面的验收准则。

核电厂设计规范是最为全面系统的核工程规范。世界上最广泛应用和认可的核电规范是美国机械工程师学会 ASME 第 III 卷,它定期吸收补充世界核工程设计中的新技术。法国借鉴 ASME 规范的成果,结合本国核电设计经验,推出了核电规范 RCCM,其他如德国日本等国,也形成了本国特色的核电规范,但全面性系统性均不如 ASME,此外,研究堆等其他核设施也大都参照核电规范开展,而近年来蓬勃发展的高温堆,其温度范围已经远超核电厂,但目前的高温堆设计规范并不像核电规范那么成熟。

随着近十几年核电行业的快速发展,我国已积累了越来越丰富的核电厂设计制造及运行经验,而且国内一些设计院所也已经在某些领域展开了设计规范的研究及编制工作,相信中国特色的核电规范的问世已经为时不远了。

核工程设备应力分析的目的,是为了证明在各种载荷作用下,设备在寿期内不发生特定形式的失效,并具有一定的安全裕度。所以,应力分析需要制定一套可执行的分析评价准则,以便给出工程结论。力学分析评价规范实际上即规定了设备失效模式、安全分级、抗震类别、工况类别、载荷组合、准则级别等内容。这些规则大多都是和特定的核工程结构设备直接相关,而不具有普适性。

12.2　核设备分级

核设备分级的目的是提供与安全和抗震等要求相对应的设备鉴别方法,也就是便于提供及识别与核安全分级、质量分组、抗震分类、规范等级及其他工业标准等有关的详细信息。

反应堆安全级别通常分为核一级、二级、三级和非核安全级。安全级别不同,对应的设计、制造、检验等要求也不同。

抗震类别是对核设备所要求的抗震等级进行区分,抗震等级不同,所要求能够承受的地震等级也不同。抗震等级与安全分级关系密切,安全等级高的设备,其抗震等级往往也较高。

工况是反应堆运行所处的特定状况,可划分为运行工况态和事故工况两大类。运行工况包括正常运行和预计运行事件,事故工况包括设计基准事故和超设计基准严重事故。

在运行寿期内,各系统和部件通常处于正常运行状态,预计运行事件、设计基准事故和严重事故状态可能出现的频率是截然不同的。在不同状态下,相关系统和部件所承受的压力、温度、机械载荷、循环周期或瞬态值也完全不同。

从工程角度出发,对各种复杂情况区别对待,体现在对系统和部件运行工况的恰当分类上。建立假想事件与运行工况之间的关系,明确各类运行工况下,不同安全级别的部件和设备为保证其压力边界的完整性所应遵循的设计准则。如果这些准则得到满足,则认为这些设备部件的相关安全性能得到了保证。

系统和部件正常运行时的工况通常划分正常工况(normal)、异常工况(upset)、紧急工况(emergency)和事故工况(fault)四类。除此之外,还必须考虑试验工况和设计工况,因此,部件与设备的设计必须明确下述六类工况。

设计工况(design):为包络运行工况而人为设定的状况,又称基准工况,其设定的温度压力要求比实际运行值高出一定比例。

正常工况(normal):设备正常运行所处的工况,即稳态运行和正常瞬态;这是核电厂运行经常发生的状况。

异常工况(upset):设备正常运行中预计会发生的故障或偏离状况,发生概率比正常瞬态要低得多。

紧急工况(emergency):必须考虑其发生但很少发生的状况,发生概率比异常工况要低得多,核电厂按寿期内低于25次考虑。

事故工况(fault):其严重后果必须考虑但极不可能发生的状况;其发生概率比紧急瞬态还要低很多。

附加工况(addition):后果极其恶劣而假想其发生时的状况。

试验工况(test):设备压力试验时的状况。

显然,每个工况都存在一些特定的载荷,不全包括但也不限于重量、温度、压力、地震、支撑反力等。与每一类工况相关的载荷都必须规定一个与之相适应的准则级别,这些准则级包括O级、A级、B级、C级和D级。

安全专业和力学专业对工况的界定不尽相同,前者是以事件概率和事故后果划分,后者是以设备失效和结构完整性评价划分。同一事件,两个专业可能会归为不同的工况考虑,但通常都是相同的,设计工况和试验工况是力学专业独有的两类工况。

12.3 核设备力学分析与评价

核设备必须设计成能承受特定工况下所有载荷的作用,或者说必须具备抵抗这些载荷的能力。而力学分析实质上就是采用合理的分析方法,得到设备在这些载荷作用下的应力变形等结果,并按规范规定的准则进行评价,证实应力变形等相关指标处于可接受的范围,而不会发生所防范的失效模式,即达到结构完整性评价的目的,为设备正常运行和安全提供力学保障。

对于常见核反应堆,力学分析所防范的失效模式包括过度变形、塑性失稳、弹性失稳或屈曲、渐进性变形(棘轮)、渐进性开裂(疲劳)及快速断裂等。对于高温反应堆,还包括蠕变、蠕变屈曲及蠕变疲劳相互作用等。其中蠕变、疲劳等渐进性失效属于长时效应,即寿命评价。这些规则主要针对压力边界,不保证设备正常的运行性能,辐照、腐蚀等失效也不属于此范围。

核设备应力分析是以线弹性理论为基础的,实际上,在绝大多数失效形式中都包含塑性变形,直接与塑性性能有关,塑性方法通常需要大量计算,需要准确掌握塑性区材料的应力应变关系。另外,理论计算分析包括仿真模拟,都不是万能的,有些复杂的重要部件需要通过实验方法验证,即把部件的比例模型置于等效载荷下确定变形和应力。应力分析方法包括三大类:弹性分析法,弹塑性分析法和实验应力分析法。

虽然应力或变形最大的位置只是位于局部,但是由于技术和实现能力的限制,需要对结构进行整体分析。非常必要进行局部分析时,局部边界上的载荷作用,必须加以精确或保守施加。

早期压力容器设计中,基本是根据经验确定设计参数,辅助以简单的校核计算,行业经验的不断积累,逐渐形成设计规范,对容器设计参数、材料选用、制造工艺、检验方法等进行明确规定,作为行业标准执行。这种基于经验的设计方法称为规则法。

规则法提出了一整套可遵循的设计要求,对当时压力容器行业的发展起到了积极作用,但由于该方法更多是实践经验的反应,没有较深的理论支撑,不安全,也不经济。随着生产实践的开展,人们发现,严格按照规则法设计的容器,发生了很多破坏现象,说明规则法在安全方面存在很大问题,需要改进。分析法就应运而生了。

分析法吸取了规则法过分依赖经验忽视理论计算而造成容器破坏的教训,摒弃了一些粗略的经验规定,而把详细的理论计算提升到一个很高的位置。根据力学理论,对压力容器结构参数进行详细的计算分析与评价,从而使设计更加科学合理,在安全和经济的结合方面达到了一个新高度。必须指出的是,分析法走向应用,也与计算手段的丰富,比如计算机技术的快速发展,以及制造水平的提高和检验手段的丰富具有很大关系。

目前,安全重要的核设备应力分析常使用分析法。规则法只在安全要求不高的设备中使用。本书只对分析设计法进行系统介绍。

12.3.1 常规反应堆结构应力分析与评价

核设备应力分析是一个基于理论合理性和工程可行性的综合分析优化过程,其中规定了很多特殊概念和工程方法,对其中一些具有特别含义的术语简单介绍如下:

不连续性:描述结构几何形式或材料成分的改变,包括几何不连续和材料不连续,几何不连续分为整体结构不连续和局部结构不连续。整体结构不连续影响压力容器整个壁厚的应力或应变分布,如容器直筒段与封头连接处。局部结构不连续应力只引起局部变形,如小半径圆角即属于局部结构不连续,而部分焊透的焊缝,既属于局部结构不连续,也属于材料不连续。

应力:单位面积上的载荷,根据其方向分为正应力和剪应力,分别表示垂直于基准面和位于基准面内的应力分量。

机械应力:由压力、重力、地震等外部机械载荷产生的应力,不因塑性变形而减小是机械应力的重要特性。

热应力:由温度不均匀分布或材料热胀系数不同引起的自平衡应力。热应力将随着塑性变形的产生而减小,自限性是其重要属性。

安定性:描述结构在经历几个载荷循环之后,其变形稳定保持在总体弹性范围内,没有渐进性变形产生的状态。

弹性安定性:经历几个载荷循环后,结构上任意一点的应力状态都处于弹性范围内,则结构处于弹性安定状态。

塑性安定性:在经受几个载荷循环后,结构性能仍维持弹塑性,并且在每一个循环周期均保持不变,则这种结构具有塑性安定性,塑性安定排除了渐进性变形的可能。

总体安定性:塑性变形仅出现在小于截面支承长度的集中区域,即允许有限的局部塑性,但结构整体的变形行为仍保持线性,这种具有塑性安定性的结构称为总体稳定性。这种状态下,弹性部分阻止了塑性变形的发展,可确保没有渐进性变形。

棘轮效应:材料在非对称应力控制的循环载荷作用下产生的塑性变形累积现象,棘轮效应产生的塑性变形是逐渐累加的渐进性变形,具有不可逆性,它无法减小,更不可能消失。

核设备应力分析与评价的方法与设备失效模式紧密相连,为防范特定的失效模式,必须对压力容器进行充分的应力评价,核承压容器力学评价通常采用应力分类法,该方法规定了一系列与普通定义所不同的应力概念,这些概念不具有通常应力的物理含义,完全是为应力分析评价服务的,其具体定义如下:

薄膜应力:基准线段上正应力的平均值。根据应力分布区域的不同,分为总体薄膜应力和局部薄膜应力。

弯曲应力(P_b):基准线上的正应力扣除薄膜应力后的剩余部分。

一次应力:通常由外部机械载荷引起,也包括任何不能通过局部蠕变或塑性应变完全松弛的长时热应力或位移控制应力,它不因结构塑性变形而减小。一次应力超出限值将引起结构截面整体屈服或过度变形,对结构整体失效危害很大,必须严格限制。一次应力可分类为一次薄膜应力和一次弯曲应力,前者又可分为总体一次薄膜应力(P_m)和局部一次薄膜应力(P_L)。

二次应力(Q):在热载荷或位移控制载荷作用下,由于结构变形协调而产生,当超过某一限值后,即随着结构变形的增加而减小,即具有自我限制的特点。二次应力只引起结构局部失效,不导致整体屈服,对结构总体安定性、热棘轮效应等渐进性变形具有相当贡献,因此也必须加以限制。能够通过小的局部塑性应变或蠕变应变完全松弛的弯曲应力,也属于二次应力,如接管根部的弯曲应力。

峰值应力(F):与局部应力集中相联系,为减去所有线性应力 $P_m(P_L)$、P_b 和 Q 后在结构截面上的剩余部分,峰值应力单独作用产生的合力和合力矩均为零,其数值等于总应力与一次应力和二次应力的差值,它不引起总体变形,只对疲劳失效和快速断裂有贡献。

各分类应力在压力容器的取位如图 12-3-1 所示。其中,A 表示总体区,B 表示局部区,C 表示峰值区。

强度理论:在工程应用上,主要使用最大主应力理论和最大剪应力理论,分别对应于材料弹性失效和塑性失效。对于核工程而言,使用的金属材料一般塑性很好,绝大部分应力分析评价都适用最大剪应力理论,只有在极少数情况,如抗震分析及安全三级设备,才使用最大主应力理论。

应力强度:塑性失效评价所使用的当量应力,数值上等于最大剪应力的 2 倍。

如前所述,在既定载荷作用下,各工况都会产生相应的变形和应力,这些应力需要满足一定的评价准则,从而防范某些失效模式,O 级应力评价准则见表 12-3-1。

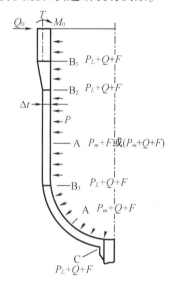

图 12-3-1　压力容器应力评定路径

表 12-3-1　O 级应力评价准则

应力类型	一次应力		
	总体薄膜	局部薄膜	弯曲
应力符号	Pm	Pl	Pb
准则级别	Pm≤Sm	Pl≤1.5Sm	Pl+Pb≤1.5Sm

由于管道系统的失效破坏模式和设备结构具有很大不同,因而其应力评价准则有很大不同,管道系统力学评价不采用应力分类法,而是取轴向应力为最大主应力理论进行评价,对于压力容器而言,单纯在压力作用下,管道的最大主应力并非轴向应力,而是环向应力,但是,基于工程经验,管道系统最危险的应力是轴向应力,所以,对管道系统的评价是以轴向应力为准。安全级别不同的管道系统,其评价要求也不同,二三级管道的评价准则见表 12-3-2。

表 12-3-2　二三级管道系统的评价准则

准则	载荷工况	含义表述	对应公式
O 级	设计工况	设计压力,重量及其它持续载荷	$S_{SL}=\dfrac{PD}{4t}+0.75i\dfrac{M_A}{Z}\leq 1.0S_h$
A 级	正常工况	热胀载荷	$S_g=i\dfrac{M_C}{Z}\leq S_A$
		如热应力超限,则持续载荷与热胀作用的总和	$S_{Tg}=\dfrac{PD}{4t}+0.75i\dfrac{M_A+M_B}{Z}\leq S_h+S_A$
B 级	异常工况	压力重量及遵从 B 级准则的偶然载荷 OBE	$S_a=\dfrac{PD}{4t}+0.75i\dfrac{M_A+M_B}{Z}\leq 1.2S_h$
D 级	事故工况	压力重量及遵从 D 级准则的偶然载荷 SSE	$S_a=\dfrac{PD}{4t}+0.75i\dfrac{M_A+M_B}{Z}\leq 2.4S_h$

公式相关符号含义见规范。

对于承受循环载荷的设备,比如寿期内启停堆、正常运行时温度压力波动及低烈度地震造成的循环载荷,这些载荷单次作用对结构强度并不会造成较大影响,但作用次数多到一定程度,就会对结构造成严重破坏,即通常所说的疲劳破坏。与前文强度评价中的短时载荷所造成的结构破坏不同,疲劳载荷造成的破坏是和循环次数也就是作用时间密切相关,所以,疲劳破坏评价属于寿命评价范畴。

疲劳分析与评价的具体方法可查阅相关规范。

12.3.2　高温反应堆结构应力分析与评价

上述结构或管道力学分析评价方法,只适用于普通核电厂,即温度不超过 350 ℃的反应堆设备。而对高温反应堆而言,结构温度达到 500 ℃以上乃至更高,比如快中子反应堆,熔盐堆,铅铋堆、以及空间堆等堆型,由于高温作用非常突出,其结构失效模式也发生了很大变化,比如热变形、热棘轮、蠕变、屈曲等行为,都要比常规反应堆结构突出很多,这些行为的分析评价,并没有常规反应堆结构力学分析评价方法那么成熟系统,仍处在发展完善阶段。

目前公开发布的高温反应堆结构力学分析评价规范为美国的 ASME,它给出了相对系统的分析评价方法,即便是弹性方法,也比常规评价方法复杂得多。据作者对高温反应堆结构分析评价经验,这些高温结构分析评价方法中的弹性方法已经相当烦琐,而且大多数设备都无法满足评价要求,而对于非弹性分析评价方法,规范中也做了相关规定,但其评价要求仍然很难满足。说明这些方法都过分保守,不适合目前工程普遍应用,也不排除其他原因,如目前的材料性能无法满足高温反应堆工程应用的需要。英国的 R5 规程也对高温结构非弹性蠕变疲劳分析评价给出不同于 ASME 的方法,即基于延性耗竭的评价方法。

对高温设备力学分析评价,ASME 规范高温反应堆 NH 分卷给出了具体规定,2015 年又把 NH 相关内容归入 ASME 第 5 册高温反应堆。高温反应堆结构应力分析评价包括载荷控制的应力限制与应变和变形限制,载荷控制的应力限制和核电厂评价类似,仍然按工况按分类应力取路径进行评价。应变和变形限制包括结构完整性的变形和应变限制以及蠕变疲劳评定准则,其评价都不再分工况取分类应力按路径逐一评价,而是综合考虑所有持续较长的运行工况(ABC 工况),对变形、蠕变损伤和疲劳损伤等进行综合评价。

应变和变形限制评价结构总变形,分为弹性法和简化非弹性法两种。蠕变疲劳评价二者累计的总损伤,也包括弹性方法和非弹性方法两种。载荷控制的应力限制见表 12-3-3 和表 12-3-4,应变和变形限制和蠕变疲劳评价过程非常复杂烦琐,可见相关规范。

表 12-3-3 高温 1 级部件分析法设计准则(HBB-3222)

工况	应力限制(一次应力)		
	总体薄膜应力 P_m	薄膜+弯曲应力 P_L+P_b	薄膜+弯曲应力 P_L+P_b/K_t
设计	$P_m \leqslant 1.0S_0$	$P_L+P_b \leqslant 1.5S_0$	—
A	$P_m \leqslant S_{mt}$	$P_L+P_b \leqslant KS_m$	$P_L+P_b/K_t \leqslant S_t$
B	$P_m \leqslant S_{mt}$	$P_L+P_b \leqslant KS_m$	$P_L+P_b/K_t \leqslant S_t$
C	$P_m \leqslant \min(1.2S_m, 1.0S_t)$	$P_L+P_b \leqslant 1.2KS_m$	$P_L+P_b/K_t \leqslant S_t$
D	$P_m \leqslant \min(0.67S_r, 0.8RS_r)$	P_L+P_b(D 级限值)	$P_L+P_b/K_t \leqslant \min(0.67S_r, 0.8RS_r)$

注:相关符号含义见规范说明。

表 12-3-4 高温 2 级部件分析法设计准则(HCB-3300)

使用限制	应力类别	
	薄膜应力 σ_m	薄膜应力+弯曲应力 σ_m(或 σ_1)$+\sigma_b$
A	$\sigma_m \leqslant 1.0S$	σ_m(或 σ_1)$+\sigma_b \leqslant 1.5S$
B	$\sigma_m \leqslant 1.10S$	σ_m(或 σ_1)$+\sigma_b \leqslant 1.65S$
C	$\sigma_m \leqslant 1.5S$	σ_m(或 σ_1)$+\sigma_b \leqslant 1.8S$
D	$\sigma_m \leqslant 2.0S$	σ_m(或 σ_1)$+\sigma_b \leqslant 2.4S$

12.4 核工程力学分析与评价实例

在对结构应力分析评价的学习基础上,本节将结合一个简单的工程实例,介绍应力分析评价的主要过程。

我国第三代先进核电站 AP1000 管道系统使用了一种新设计的流量计,要求流量计在各个厂房任意方向安装使用时,均需满足抗震要求。流量计结构如图 12-4-1 所示,具体包括测量管、指示器、法兰及管内结构,指示器与测量管通过两个螺栓连接,螺栓一端焊接在测量管上,指示器总体呈单侧偏心布置。

流量计的外载荷包括自重(包括指示器、浮子等全部结构以及介质)、内压、接管载荷和地震。流量计主要参数如下:设计压力 1.5 MPa,设计温度 150 ℃,介质为冷却水。

流量计载荷包括自重(含全部结构及介质)、内压、接管载荷和地震。其中,自重与内压属于持续载荷,地震属于临时载荷,而接

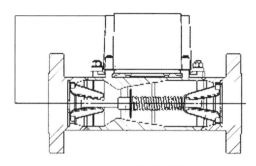

图 12-4-1　流量计结构

管载荷包含自重、内压、地震和热膨胀等因素。其中,自重与内压的大小、方向均确定,而地震载荷方向则是不确定的。接管载荷方向也不确定,计算采用最保守方法进行不利组合,以便能够包络流量计的各种安装方位。

位移约束条件如下:在入口法兰(左法兰)密封面密封圆处施加轴向零位移,其他位移限制仅为阻止刚体位移,即流量计入口端是固定端,出口端(右法兰)是自由端。

采用实体元 Solid45 对结构进行离散,指示器质量用集中质量代替,用质量单元 MASS21 模拟。模型中指示器两个螺栓各取 5.0 mm,螺栓的一端与测量管焊接,另一端与指示器底板连接。质心与指示器的两个螺栓通过 ANSYS 程序的刚性域连接,质量单元三个方向的位移与靠近固定端的螺栓的三个方向的位移分别耦合,与靠近自由端的螺栓只与 Y、Z 方向的位移耦合。放开轴向位移是为了防止热膨胀过度约束而导致应力失真。有限元模型如图 12-4-2 所示。

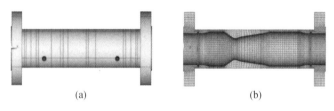

(a)　　　　　　　　　　　　　　　(b)

图 12-4-2　流量计有限元模型

流量计模态分析得到的第一阶振型频率为 180.3 Hz,如图 12-4-3(a)所示,表现为指示器螺栓的梁式振动;第二阶振型频率为 330.3 Hz,如图 12-4-3(b)所示,表现为在流量计中轴的梁式振型。由于第一阶频率高于 33 Hz,因此采用静力法计算地震载荷引起的应力。

(a)　　　　　　　　　　　　　　　(b)

图 12-4-3　流量计振型分布

根据流量计的结构特点,测量管的评定应力分类线如图 12-4-4(a)所示,其中 1、3、5、

6、8、9、10、12 为总体结构不连续区,评定局部薄膜应力、薄膜加一次弯曲应力及一次加二次应力。应力分类线 2、4、7、11 为总体结构连续区,评定总体薄膜和薄膜加一次弯曲应力。在实际评定中,均把薄膜加一次弯曲应力及一次加二次应力保守当作总体薄膜应力评定。设计工况应力云图如图 12-4-4(b)所示。设计工况分类应力与限值见表 12-4-1。

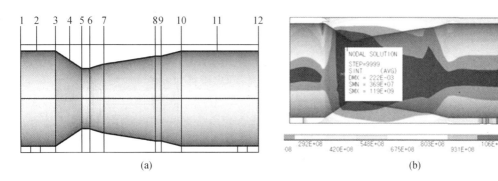

(a)   (b)

图 12-4-4　流量计有限元计算结果

表 12-4-1　设计工况分类应力与限值(单位:MPa)

评定位置	P_m		P_m(或 P_L)+P_b	
	计算值	许用值 0.85×S	计算值	许用值 0.85×1.5S
1	—	—	74.0	104.4
2	60.5	69.6	—	—
4	35.3	69.6	—	—
5	—	—	42.3	104.4
7	24.1	69.6	—	—
10	—	—	67.4	104.4
11	46.8	69.6	—	—
12	—	—	60.7	104.4

结果可知,流量计满足规范对该设备结构完整性的要求。

需要说明的是,结构力学分析评价的结论,只能是针对结构完整性给出的,说明力学分析结果是否满足规范相关评价要求,一般而言,只要力学分析结果满足规范要求,就等于能够保持结构完整。其次,力学分析结论也不能对功能完整性给出结论,结构完整是功能完整的必要条件,而不是充分条件。简单地说,力学分析只能说明能够保持结构完整,但结构完整的设备不等于能够正常工作。

参 考 文 献

[1] 戴守通,郭孝威,毛欢,等.FT011 浮子流量计应力分析的载荷不利组合[J].原子能科学技术,2015,49:247-251.

[2] 铁摩辛柯 S P,古地尔 J N.弹性理论[M].3 版.徐芝纶,译.北京:高等教育出版社,2013.

[3] 钱伟长.变分法及有限元(上册)[M].北京:科学出版社,1980.

[4] 李维特,黄保海,毕仲波.热应力理论分析及应用[M].北京:中国电力出版社,2004.